空间电子信息科学与技术系列

通信卫星反射面天线技术

万继响　李　立
陶　啸　王旭东　编著

上海科学技术出版社

内 容 提 要

本书首先介绍通信卫星反射面天线的基础知识、国内外发展趋势以及发展路线；然后对反射面天线进行分类，详细介绍每一类天线的技术原理、技术特点、基本设计方法、工程应用场景等知识；最后对星载反射面天线的特殊效应和特殊指标以及天线分系统的布局组成进行了阐述。可供从事通信卫星天线设计的科技人员、高等院校电磁场与微波技术等专业高年级本科生和研究生阅读。

图书在版编目（CIP）数据

通信卫星反射面天线技术 / 万继响等编著. -- 上海：上海科学技术出版社, 2024.1
（空间电子信息科学与技术系列）
ISBN 978-7-5478-6256-8

Ⅰ. ①通… Ⅱ. ①万… Ⅲ. ①通信卫星－反射面天线 Ⅳ. ①TN82②V474.2

中国国家版本馆CIP数据核字(2023)第130421号

通信卫星反射面天线技术

万继响　李　立　陶　啸　王旭东　编著

上海世纪出版(集团)有限公司
上海科学技术出版社　出版、发行
(上海市闵行区号景路159弄A座9F-10F)
邮政编码 201101　www.sstp.cn
上海盛通时代印刷有限公司印刷
开本 787×1092　1/16　印张 19.25
字数 468 千字
2024年1月第1版　2024年1月第1次印刷
ISBN 978-7-5478-6256-8/TN・40
定价：99.00元

本书如有缺页、错装或坏损等严重质量问题，请向印刷厂联系调换

本书编审委员会

主　任： 沈大海

副主任： 谭小敏　宋燕平

委　员： 王　伟　于洪喜　何兵哲　李正军　王五兔
殷新社　吴春邦　马小飞　周　颖　翟盛华

前 言

我国正处于从航天大国迈向航天强国的关键阶段，各类通信卫星对星载反射面天线的设计提出了极高的要求，呈现出多种类、多功能的发展趋势，专业技术人员对于通信卫星反射面天线专业知识和工程应用场景的学习十分迫切。由于星载反射面天线的专业性极强，目前市场鲜有此类图书。本书结合西安空间无线电技术研究所近 40 年的型号研制成果、预研课题成果以及国外最新的发展趋势，对通信卫星反射面天线的设计理论、方法、关键技术和工程应用进行了阐述，无论对相关专业科研人员或高校研究生而言，均可作为入门及深入研究的有益参考。因此，其在高年级本科生、研究生培养方面和推进我国先进通信卫星发展等方面均有重要价值。

西安空间无线电技术研究所作为我国有效载荷的研制基地，承担了我国约 80%通信卫星反射面天线的研制，在产品研制方面积累了丰富的技术成果和经验，特别是通过 DFH－3 系列通信卫星和 DFH－4 系列通信卫星的研制，固面天线技术水平得到了极大提升，在赋形反射面天线、双栅天线、多波束反射面天线、平面反射阵天线等领域都取得了长足发展，目前我国通信卫星天线系统实现了国外先进宇航企业的主流天线配置方案，具备了从 L～Q/V 频段复杂天线分系统的研制能力，具有较强的国际竞争力。

本书对西安空间无线电技术研究所通信卫星天线近 40 年的研究成果进行总结，对国内外通信卫星反射面天线的最新进展进行了阐述。本书具有以下特点：① 技术前沿，专业特点鲜明。本书紧贴航天强国建设的发展需求，对通信卫星反射面天线专业知识和技术进行了针对性介绍，并将国内外最新研究进展和我国航天工程研究成果结合成册。② 逻辑关系明确，可读性强。本书将各类反射面天线分类，从基本概念出发，详细介绍了每一类天线的技术原理、技术特点、基本设计方法等，遵循本专业人员认知规律，可读性强，并方便专业人员进行不同类型天线的技术查询。③ 基础理论和工程应用紧密结合。本书结合了技术原理和实际工程应用背景，既有各类天线的专业知识和天线系统基础知识，又包含在各类卫星上应用的技术问题，学术性和工程性兼具，受众范围广。

本书共 11 章，由万继响、李立、陶啸、王旭东等完成。万继响、李立负责全书内容的架构设计，万继响、陶啸负责全书的统稿。其中，第 1 章由李立、万继响撰写，第 2 章～第 4 章由万继响撰写，第 5 章、第 7 章由于飞撰写，第 6 章由张乔杉撰写，第 8 章由陶啸撰写，第 9 章由龚琦撰写，第 10 章由张乔杉、王旭东撰写，第 11 章由王旭东、陶啸撰写。

本书还得到了西安空间无线电技术研究所宋燕平主任、于洪喜总工程师、李正军副总工程师、吴春邦副总工程师、马小飞所长、于瑞霞副部长、王五兔研究员、梁新海研究员的关心和支持，在此一并表示感谢。

科技发展日新月异，技术进步永不停歇，虽然我们竭力而为，但受限于水平和能力，书中难免有疏漏和不足，恳请广大读者和专家批评指正。

目　录

第1章　绪　　论

星载天线是卫星有效载荷技术的重要组成部分，主要用于辐射和接收无线电波。由于卫星链路远距离和空间环境等特殊因素的需要，星上广泛采用的天线形式为具有高增益等特点的反射面天线，已应用于多种卫星有效载荷上实现通信、导航、中继、遥感、数据传输等业务，是星载天线中应用最广泛、产品成熟度最高的一类天线形式。虽然应用于不同空间领域的反射面天线设计原理基本是一样的，但不同的应用需求设计上也会存在一定差异，本书主要以通信卫星反射面天线设计为主进行介绍。

1.1　卫星通信的起源

1945 年 10 月，亚瑟・查理斯・克拉克（A. C. Clarke）在英国《无线电世界》（*Wireless World*）杂志第 10 期发表了《地球外的中继——卫星能提供全球范围的无线电覆盖吗?》（*Extra-Terrestrial Relays, Can Rocket Stations Give World-wide Radio Coverage?*）的文章，提出地球同步卫星通信的设想。1957 年，苏联发射第一颗人造卫星，证实了克拉克设想的科学性。由于这一伟大贡献，国际天文联合会将赤道上空的同步卫星轨道命名为克拉克轨道。

卫星通信的发展过程，可以分为以下两个主要的阶段。

1) 卫星通信的试验阶段

- 1957 年，苏联发射第一颗人造卫星“斯普特尼克”1 号，人类开始进入太空新纪元。
- 1958 年 12 月，美国发射“斯科尔”广播试验卫星，进行磁带录音信号的传输。
- 1960 年 8 月，美国发射“回声”（ECHO）卫星，首次完成了有源延迟中继通信。
- 1962 年 7 月，美国发射了“电星一号”（TELESTAR－1）低轨道通信卫星，在 6 GHz/4 GHz 实现了横跨大西洋的电话、电视、传真和数据的传输，奠定了商用卫星通信的技术基础。
- 1963 年以后开始进行同步卫星通信试验。1963 年 7 月和 1964 年 8 月，美国航空航天局先后发射了 3 颗 SYNCOM 卫星，第 1 颗未能进入预定轨道；第 2 颗进入周期为 24 h 的倾斜轨道；最后 1 颗进入了似圆形的静止同步轨道，成为世界上第 1 颗试验性静止通信卫星。利用它成功地进行了电话、电视和传真的传输试验，并在 1964 年秋用它向美国转播在日本东京举行的奥林匹克运动会实况。至此，卫星通信的试验阶段基本结束。

2) 卫星通信的实用阶段

在卫星通信技术发展的同时，承担卫星通信业务和管理的组织机构也逐渐完备，1964 年 8 月 20 日，美国、日本等 11 个国家为了建立世界性的商业卫星网，在美国华盛顿成立了世界性商业卫星临时组织，并于 1965 年 11 月正式定名为国际通信卫星组织（INTELSAT，International Telecommunication Satellite Organization）。该组织在 1965 年 4 月把第一代“国际通信卫星”

(INTELSAT-I,原名“晨鸟”)送入了静止同步轨道(图 1-1 为两位科学家正在调试“晨鸟 1 号”),正式承担国际通信业务。这标志着卫星通信开始进入实用与发展的新阶段。

图 1-1　两位科学家正在调试“晨鸟 1 号”

1.2　我国通信卫星发展简史

1957 年秋和 1958 年春,苏联和美国相继发射世界上第 1 颗和第 2 颗人造地球卫星,引起了中国科学家的高度关注。1958 年,中国科学院副院长竺可桢、力学所所长钱学森、地球物理所所长赵九章等向政府提出了研制中国人造地球卫星的建议。图 1-2 为赵九章及他写给周总理的信。毛泽东主席在 1958 年中共八届二中全会上发出伟大号召:“我们也要搞人造卫星”。

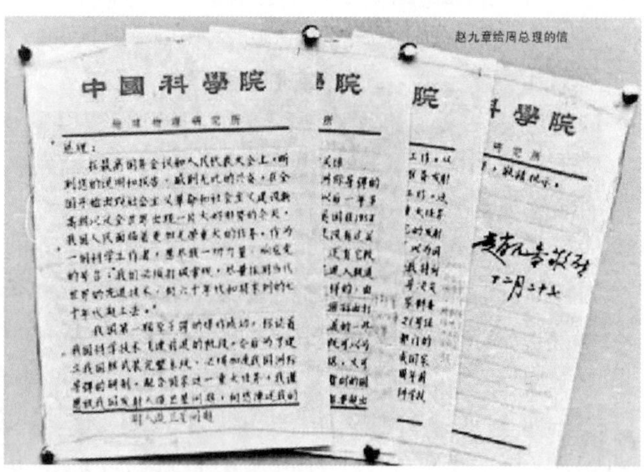

图 1-2　研制中国人造地球卫星的建议

1968年2月20日，人造卫星、宇宙飞船研究院正式成立，研究院命名为“中国人民解放军第五研究院”（也称新五院，后来更名为七机部五院、航天部五院、中国空间技术研究院，简称空间技术研究院），其任务是全国空间技术研究中心，负责国家空间技术的抓总工作，七机部副部长钱学森兼任院长，开启了我国人造卫星从“无”到“有”，从“航天大国”到“航天强国”的发展历程。图1-3为钱学森就此事与科研人员亲切交谈。

图1-3 科研人员亲切交谈

我国通信卫星发展历史：

- 1970年4月，成功发射第1颗DFH-1试验卫星，使中国成为世界上第5个能制造和发射人造卫星的国家。
- 1984年4月，成功发射第1颗DFH-2同步轨道试验卫星，使中国成为世界上第5个自行研制和发射地球静止轨道卫星的国家。
- 1997年5月，成功发射第1颗DFH-3卫星，是中国第一代采用三轴稳定技术的同步轨道卫星。
- 2007年12月，成功发射第1颗DFH-4卫星，是我国独立开发、具有自主知识产权的新一代大型地球同步轨道卫星公用平台，其技术水平与目前国际同类卫星平台先进水平相当。
- 2019年9月，成功发射第1颗DFH-5卫星，是我国自主开发的新一代大型桁架式卫星平台，各项技术指标国际领先。

1.3 通信卫星天线技术发展的历程

自1957年苏联发射人类第1颗人造卫星至今，通信卫星经过60多年的发展，通信卫星天线也经历了5代的发展，如图1-4所示。

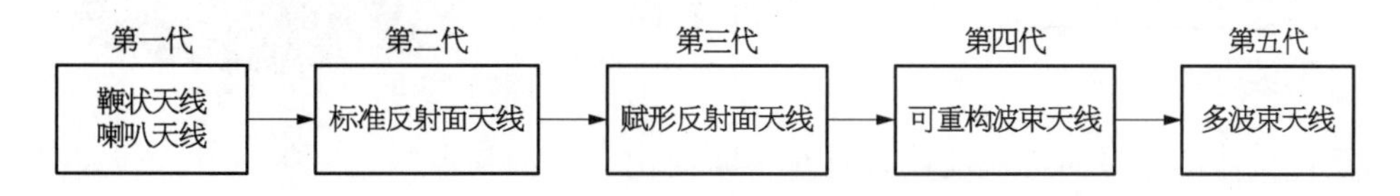

图1-4 通信卫星天线的发展历程

1.3.1 第一代通信卫星天线：单元天线

第一代通信卫星处于技术试验阶段，主要是验证卫星的发射与运行以及通信转发的功能等，第一代通信卫星天线采用低增益的单元天线。

人类历史上的第1颗人造卫星——苏联的斯普特尼克1号卫星[1]（见图1-5），采用自旋稳定控制方式，该卫星呈球形，卫星外部装有 4 根鞭状天线：2 根长 2.4 m，2 根长 2.9 m。星载无线电发射机采用 20.005 MHz 和 40.002 MHz 的频率发送无线电信号。

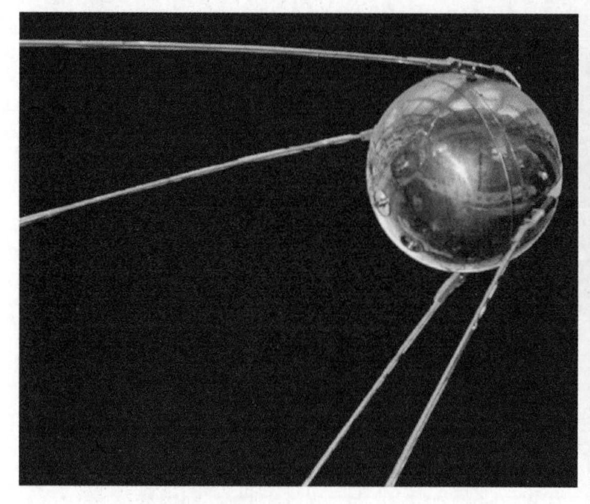

图 1-5　斯普特尼克 1 号卫星与天线

图 1-6　东方红 1 号卫星与天线

我国的第 1 颗人造卫星——东方红 1 号卫星于 1970 年发射(见图 1-6)，采用自旋姿态稳定方式，卫星近似球形的 72 面体，配置了 4 根 2 m 多长的鞭状超短波天线，以 20.009 MHz 的短波频率发射《东方红》音乐[2]。

东方红 2 号卫星(见图 1-7)于 1984 年发射，采用自旋稳定方式，主体为圆柱形，采用全球波束圆锥喇叭天线，配置了 2 路 C 波段转发器，工作在地球同步轨道，也是一颗试验卫星[3]，这颗卫星使中国成为世界上第 5 个自行研制和发射地球静止轨道卫星的国家。

图 1-7　东方红 2 号卫星与天线

1.3.2　第二代通信卫星天线：标准反射面天线

由于低轨通信卫星的对地覆盖区是在不断变化的，而同步轨道卫星可以实现特定覆盖区的全天候通信，因此早期的实用通信卫星主要工作在同步轨道。为了提高特定覆盖区域的波束增益，开始采用高增益的反射面天线。为了实现期望区域的良好覆盖，对于标准抛物面形式的反射面天线，可以通过切割反射面或多馈源合成技术来实现[4]。

1970 年发射的 Intelsat Ⅳ卫星(见图 1-8)是国际上第二代同步轨道通信卫星，在国际上首次装备了基于多馈源合成技术的抛物面天线，通过多个馈源合成形成赋形波束，以实现对指定区域的匹配覆盖。

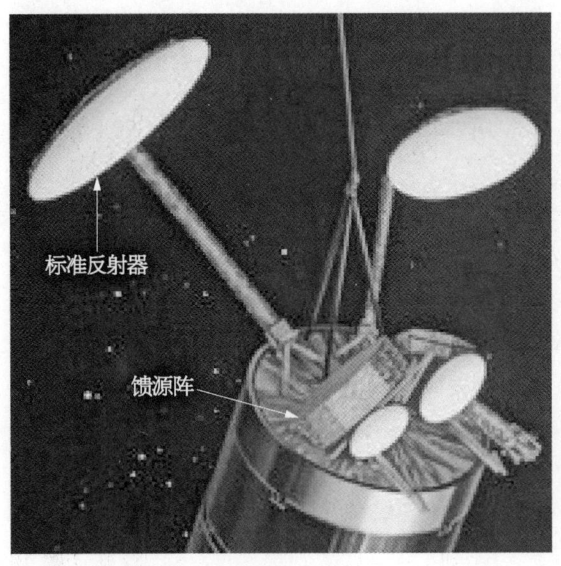

图 1-8 Intelsat Ⅳ卫星与天线

图 1-9 东方红 2 号 A 卫星与天线

1988 年发射的东方红 2 号 A 卫星(见图 1-9)采用了椭圆口径的单馈源标准抛物面天线，采用单馈源照射反射器，这也是我国首次研制成功的实用通信天线。

1997 年发射的东方红 3 号卫星(见图 1-10)采用多馈源赋形的双栅反射面天线，通过多馈源合成实现对国土的匹配覆盖(见图 1-11)，天线收发共用，由双栅反射面、馈源组件、展开机构和支撑结构组成。前反射器为水平极化，后反射器为垂直极化，每种极化的馈源阵由 7 个喇叭组成，采用极化隔离技术实现频率复用，水平和垂直极化各配置 12 路转发器，该天线从德国 MBB 公司引进。

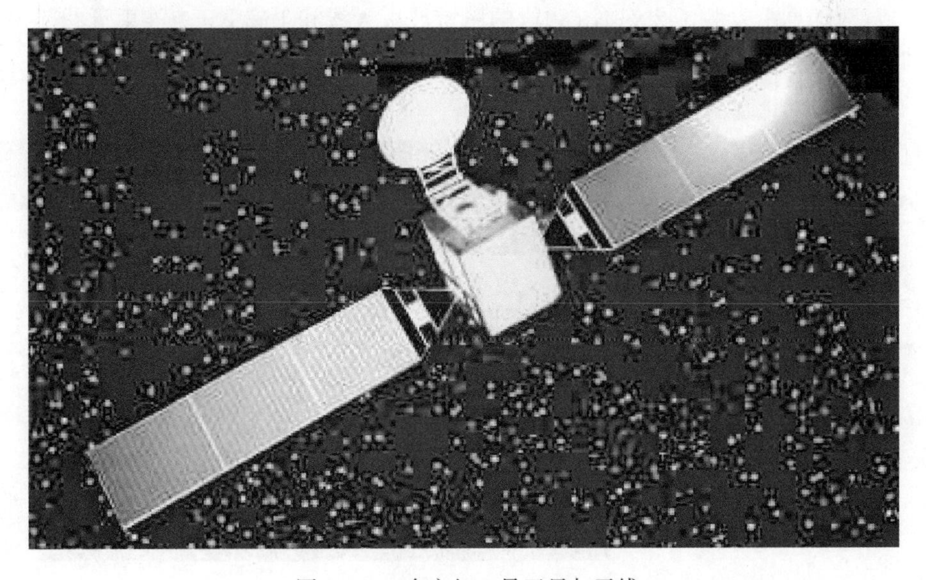

图 1-10 东方红 3 号卫星与天线

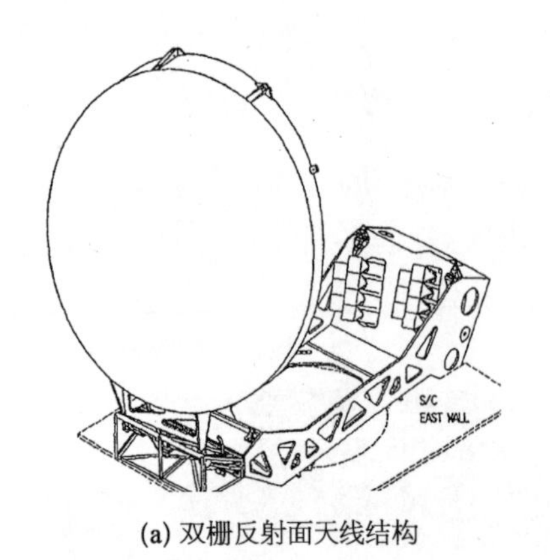

(a) 双栅反射面天线结构

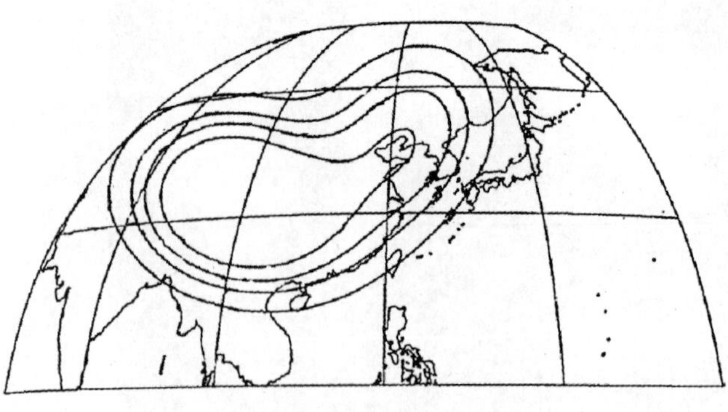

(b) 多馈源赋形的波束覆盖图(下行)

图 1-11　东方红 3 号卫星 C 频段双栅天线

1.3.3　第三代通信卫星天线：赋形反射面天线

多馈源赋形技术的主要缺点是馈源阵复杂、存在较高的馈电损耗，且收发共用难度较大。如果采用单馈源馈电，对标准反射面进行赋形设计，这是一个巨大的技术飞跃。该技术减少了馈电损耗和馈源的复杂度，提高了波束效率，天线增益性能改善 1～2 dB。随着赋形反射面优化设计技术和加工技术的提升，单馈源赋形反射面天线开始被广泛应用[5,6]。

2003 年，我国的中星 20 卫星发射成功，采用东方红 3 号卫星平台，其中 C 频段天线和 Ku 频段全国波束天线采用了反射面赋形技术，实现了对指定服务区的匹配覆盖。2 副天线均采用偏置赋形反射面天线形式(见图 1-12)，馈电部件采用了收发共用的波纹喇叭馈源组件。

2006 年 10 月发射的鑫诺二号卫星天线分系统(见图 1-13)由 5 副通信天线组成，其中东西天线首次采用 Ku 频段可展开双反射面天线，产生全国波束；图 1-14 给出了双反射面天线的基本组成，对地面上安装了 2 副 Ku 频段的区域波束天线和 1 副 Ku 点波束天线。该卫星的研制成功，标志着我国具备了复杂天线分系统的研制能力。

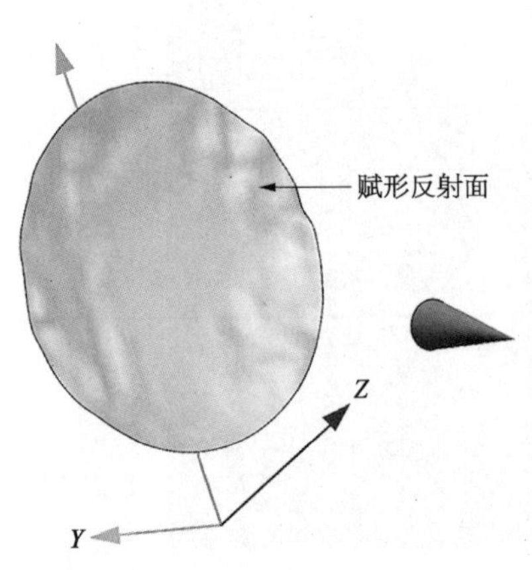

图 1-12　偏置赋形反射面天线

图 1-13　鑫诺二号卫星天线分系统

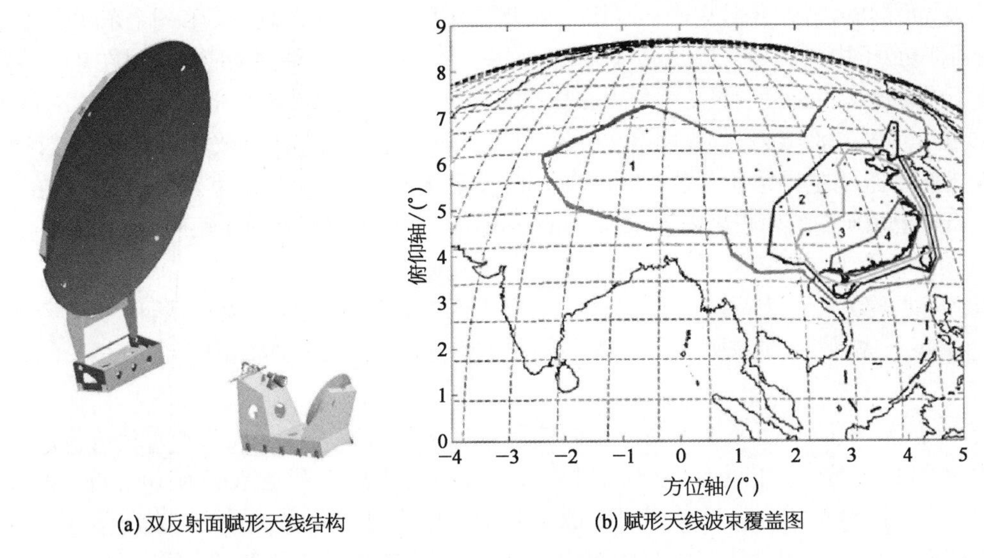

(a) 双反射面赋形天线结构 (b) 赋形天线波束覆盖图

图 1-14 SINO-2 号卫星 Ku 频段双反射面赋形天线

1.3.4 第四代通信卫星天线：可重构波束天线

1）无源波束可重构天线

ASYRIO(Antenna System Reconfiguration in Orbit)[7]是 ESA 资助的一个发展计划，目标是发展可重构的微波器件，将它们应用于需要覆盖区重构的通信卫星天线系统。相关的硬件主要包括天线模型、一系列满足空间应用要求的可重构组件。通过地面软件控制，它们有能力在空间工作并进行重构。

该天线计划用于第二代 Ku 频段西班牙电信卫星 HISPSAT Ⅱ系统上。设计的基础是采用多波束反射面天线以满足高增益的要求，由固定的标准抛物面反射器和具有可重构能力的多波束馈电系统组成，通过双栅反射器将收发馈电网络分开，如图 1-15 所示。

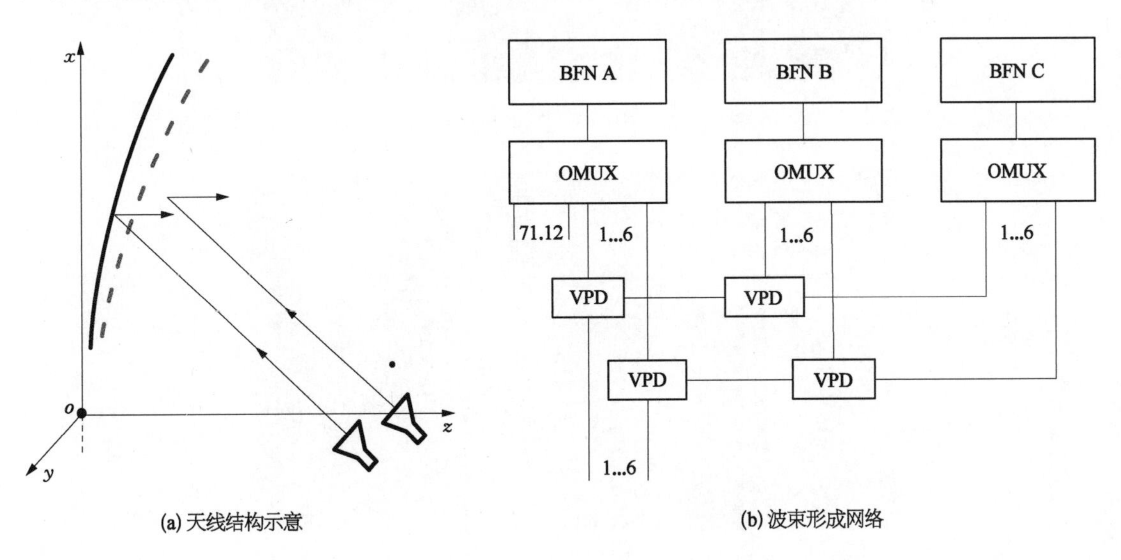

(a) 天线结构示意 (b) 波束形成网络

图 1-15 HISPSAT Ⅱ卫星上的可重构天线及波束形成网络

该天线可形成3个区域波束，一个西班牙和北非波束A、一个中欧波束B和一个东欧波束C，通过控制可变功分网络可以组合成波束A+B，B+C和A+B+C。这种网络能够同时在几组转发器上形成不同的波束，从而使卫星功率集中在特定的服务区内。该可变波束形成网络基本上是无源的，主要由几个固定区域波束形成网络和可变功分器组成，通过地面控制改变可变功分器的功分比实现波束可变，有的网络还有多工器，从而同时实现几个不同的赋形波束。该技术还用在ESA资助Alenia公司研制的用于将来Eutelsat、Intelsat和Italsat等卫星上的在轨重构波束天线上。

2）有源波束可重构天线

有源可重构天线分为两种：① 通过波束形成网络自适应改变波束形状，例如调零天线。② 通过波束合成网络实现波束的扫描覆盖以及波束形状的改变，例如相控阵天线。

（A）调零天线

美军的MILSTAR Ⅱ[8]上配置有上行中等数据率的自适应抗干扰调零天线，它的设计是口径为40 in的偏置卡塞格伦天线，如图1-16所示。该天线的馈电系统为13个单元组成的馈源阵。当上行检测到干扰时，利用程控波束形成网络可自适应改变天线的方向图，使方向图零点对准干扰方向。MILSTAR Ⅱ上调零天线的波束形成网络如图1-17所示。

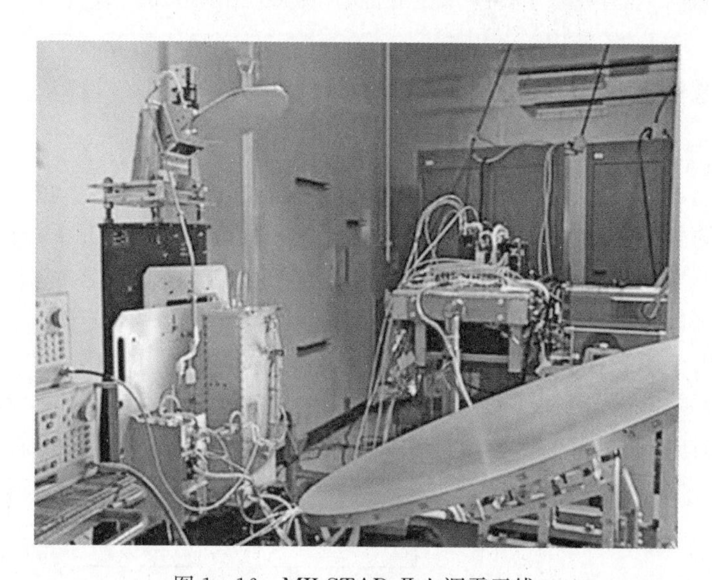

图1-16　MILSTAR Ⅱ上调零天线

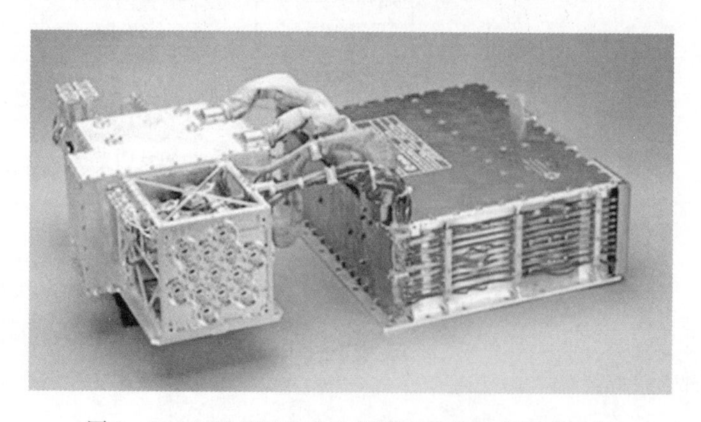

图1-17　MILSTAR Ⅱ上调零天线的波束形成网络

波束形成网络是可重构天线的核心，图 1－18 给出了美国主要军事通信卫星的波束形成网络。

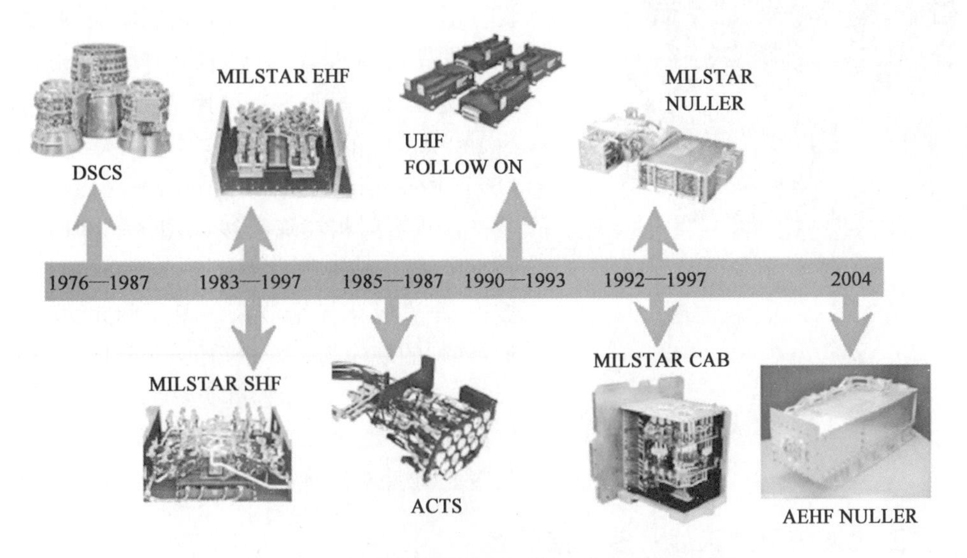

图 1－18 美国主要的军事通信卫星波束形成网络

(B) 相控阵天线

欧洲量子卫星(Eutelsat Quantum)于 2021 年发射，采用了灵活的 Ku 频段相控阵天线技术[9]，在轨具备 5 大可重构能力：波束赋形、波束扫描、波束捷变、动态功率调配和频率可调，以实现从“应用适应卫星”到“卫星适应应用”的转变[9]。

欧洲量子卫星 Ku 频段相控阵天线采用收发分开的工作方式(见图 1－19)，分别产生 8 个波束。其中发射相控阵天线为相控阵馈电反射面体制，布局在东西板上；接收相控阵天线为直射阵体制，布局在对地板上，有利于高收发隔离的实现。

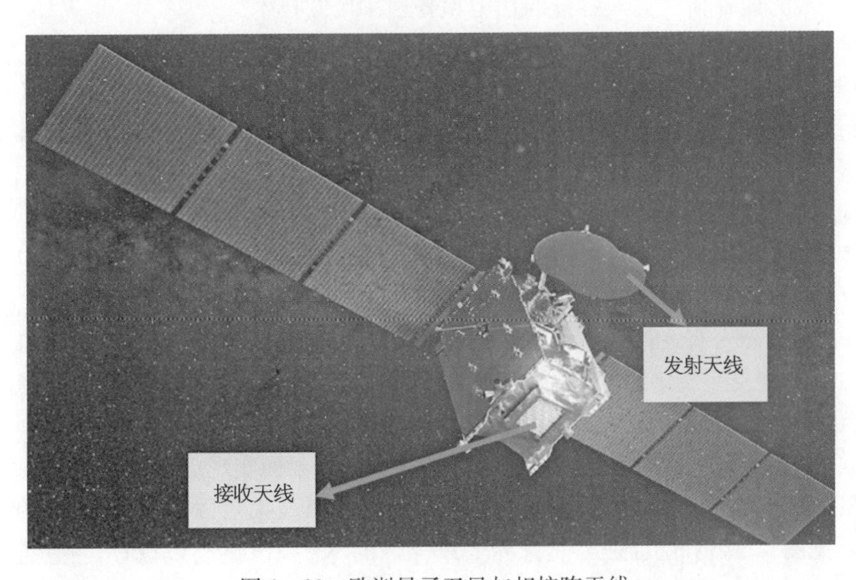

图 1－19 欧洲量子卫星与相控阵天线

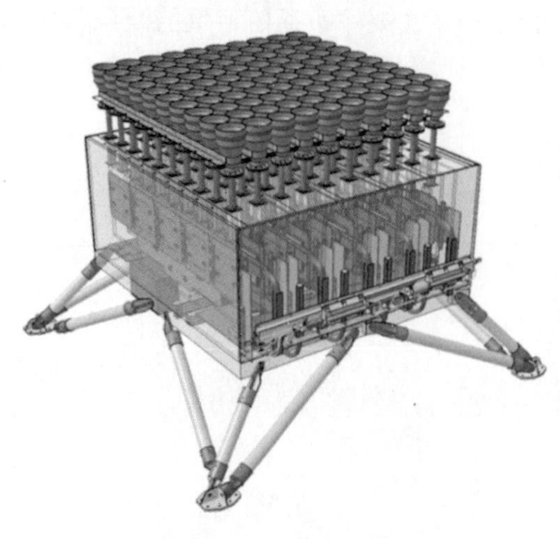

图 1-20　欧洲量子卫星接收相控阵天线

欧洲量子卫星的“ELSA +（ELectrically Steerable Antenna)”有源接收相控阵天线是由 Airbus Defence & Space 公司研制的，ELSA+有一些在轨继承性基础，包括用于 Hispasat 36W1 卫星的 DRA - ELSA 和用于安全军事通信的 SpainSAT 上的在轨可编程多波束天线 IRMA(In Orbit Reconfigurable Multibeam Antenna)。

接收直射相控阵天线如图 1-20 所示，工作在 Ku 频段，波束数目为 8 个，其中水平极化 4 个波束，垂直极化 4 个波束。单元间距为 3.2 个波长，阵列的规模为 100 个单元，为有限扫描相控阵天线。通过软件将相控阵天线的波束灵活性优势发挥到了极致，如实现动态功率调配、波束的捷变与缓变、波束的跳变与凝视、波束形状在轨调整等。

1.3.5　第五代通信卫星天线：多波束天线

随着卫星宽带多媒体业务需求的快速增长，卫星的工作频率开始迈向 Ku 和 Ka 频段，当工作频率提高后，由于空间衰减和雨衰的增大，加之卫星系统对于天线增益要求的提高，传统单波束赋形天线不能满足系统对增益的要求，因此在高频段工作的星载天线主要采用多波束天线技术。

卫星上使用多波束天线有许多优点：它能够同时产生多个高增益点波束覆盖所关心的区域，从而增加了卫星向地球的辐射功率通量密度，提供较高 EIRP 和 G/T 值，满足对系统链路的要求，使用户可用较小口径的天线，从而大大减小系统成本，提高经济效益。另外为了通信容量的扩展，多波束天线还具有较低旁瓣，可以使波束空间隔离和极化隔离，达到多次频率复用，从而加大可用带宽，使通信容量大幅度增加，有限的频谱资源得到有效的利用。因此多波束天线技术已成为国外新一代大容量通信卫星普遍采用的技术[10~12]。

1）国际首颗多波束卫星 ANIK - F2

加拿大通信卫星公司(Telesat)2004 年 7 月 18 日发射入轨的阿尼克- F2(AniK - F2)通信卫星是世界上首颗面向大众消费者的商用 Ka 频段宽带卫星，也是首颗基于多波束体制的通信卫星，其采用了收发分开工作的 4 口径多波束天线形式，波束宽度 1°，采用 8 副反射面实现了 45 个波束的覆盖，如图 1-21 所示。

2）国际首颗容量破 50 Gb/s 的高容量通信卫星 Ka - Sat 卫星

Ka - Sat 卫星在 2010 年第 3 季度发射，采用高功率的 Eurostar E3000 型卫星平台。发射质量 5.8 t，卫星总功率 15 kW，有效载荷功率达 11 kW，在轨设计寿命 15 年，在轨示意图如图 1-22 所示。

Ka - Sat 宽带卫星系统中的 Ka 频段天线采用的是加拿大 MDA 公司研发的 4 口径多波束天线，伴随馈源组件技术的进步，天线为收发共用工作，相比于过去收发天线分开的方案，大大节省了天线的重量和空间资源需求，进而使得可以采用更大的反射面实现更窄更多的波束覆盖。

卫星采用了 86 个 Ka 频段波束宽度为 0.6°的高性能点波束对欧洲大陆、北非和波斯湾地区进行覆盖(见图 1-23)，这也是当时世界上最先进的 Ka 频段点波束设计，卫星总容量超过 70 Gb/s，可以满足 100 万个家庭终端的应用需求。

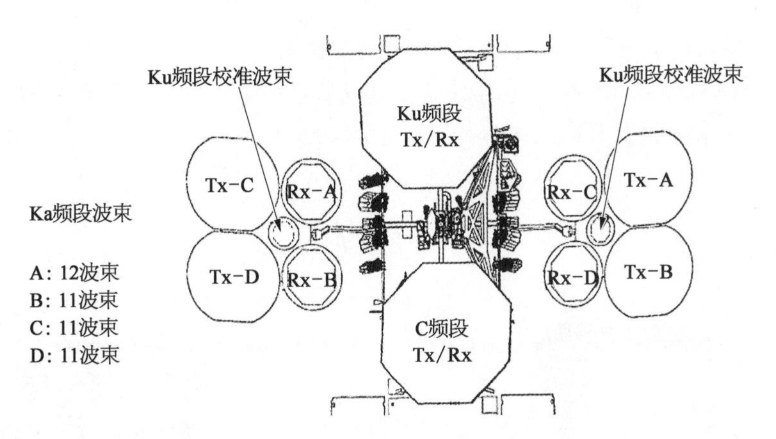

图 1－21 ANIK－F2 卫星的天线配置

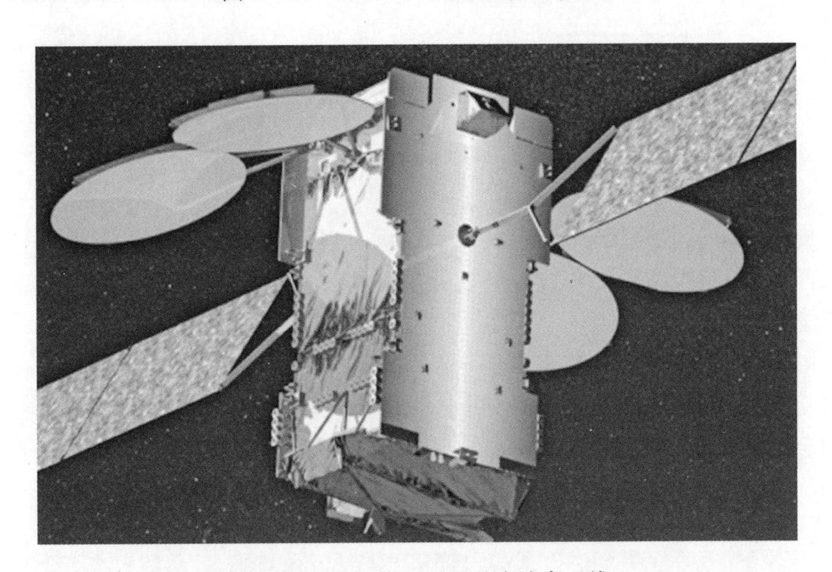

图 1－22 Ka－Sat 卫星及多波束天线

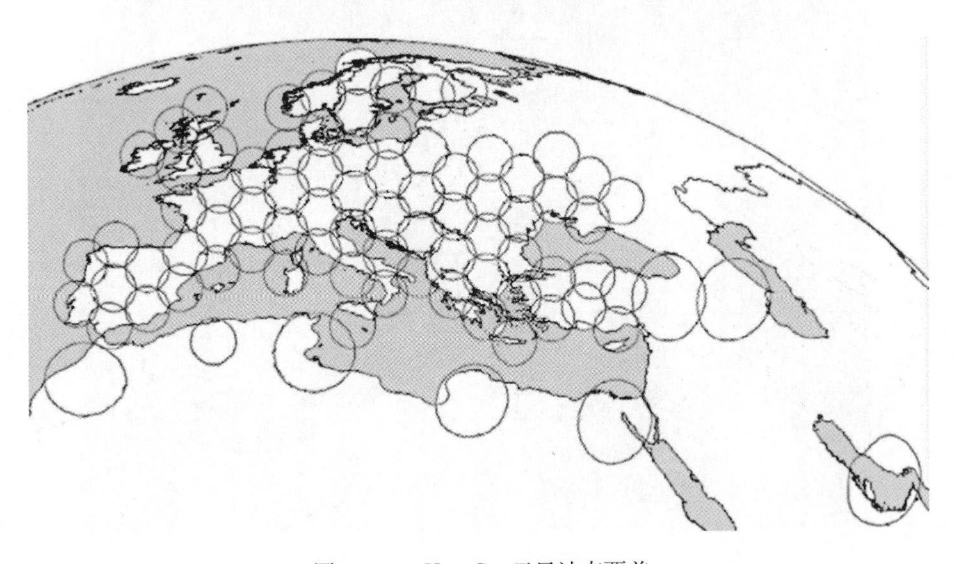

图 1－23 Ka－Sat 卫星波束覆盖

3）我国首颗 Ka 频段大容量通信卫星 CS－16 卫星

2017 年，我国首颗 Ka 大容量通信卫星发射成功，在国内首次采用了 Ka 频段多口径多波束天线形式，天线采用收发共用的工作模式，卫星容量达 20 Gb/s，如图 1－24 所示。

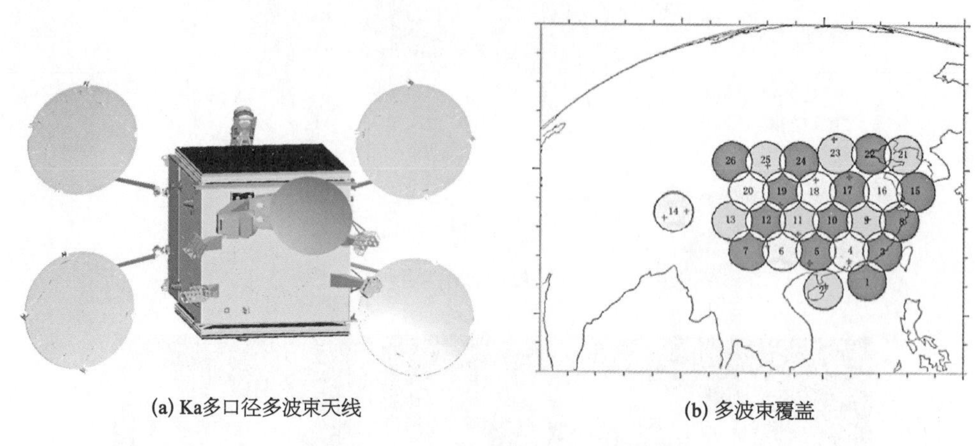

(a) Ka多口径多波束天线　　(b) 多波束覆盖

图 1－24　CS－16 卫星天线与波束覆盖

天线布局采用重叠收拢展开形式，突破了高性能多波束天线设计、宽带高性能双圆极化馈源组件、东（西）板两副天线重叠收拢及在轨异步二维展开、高精度反射面、高精度在轨校准等多项技术难题，中国通信卫星迈入了大容量时代。

4）国际首颗窄带移动多波束卫星

国际移动卫星 4（Inmarsat－4）的空间段是由 4 颗地球静止轨道卫星组成的星座，覆盖除南北极外的全球区域，如图 1－25 所示。其工作在 L 频段，天线采用多馈源合成多波束的形式，通过 120 个馈源和数字波束合成网络形成 248 个波束，反射器口径为 9 m。

图 1－25　Inmarsat－4 环形天线

5）国内首颗窄带移动多波束卫星

天通一号卫星(见图1-26)是我国第一颗针对移动业务的同步轨道多波束通信卫星，其工作在S频段，覆盖国土和领海及热点海域，达到国际第三代移动通信卫星载荷水平。天线采用合成多波束的形式，通过64个馈源和模拟波束合成网络形成109个波束。反射器口径为15.6 m，这也是国内首个在轨应用的柔性环形天线，通过采用大型可展开柔性天线，提供了足够高的天线增益，可以为各类手持终端和小型移动终端提供话音和数据通信覆盖，使得我国进入卫星移动通信的手机时代，具有重要的里程碑意义。

(a) 大口径环形天线

(b) 天线覆盖区

图1-26 天通一号卫星

6）国内首颗超高通量试验卫星

2019年，基于东方红五号平台的实践20号卫星发射，东西板采用三重叠天线技术[见图1-27(a)]，使得卫星平台装载天线的能力大幅度提高。在东西板上了装载了Q/V星地馈电载荷，在对地面上装载了W频段天线[见图1-27(b)]，这些新技术的在轨验证，标志着我

(a) 三重叠天线

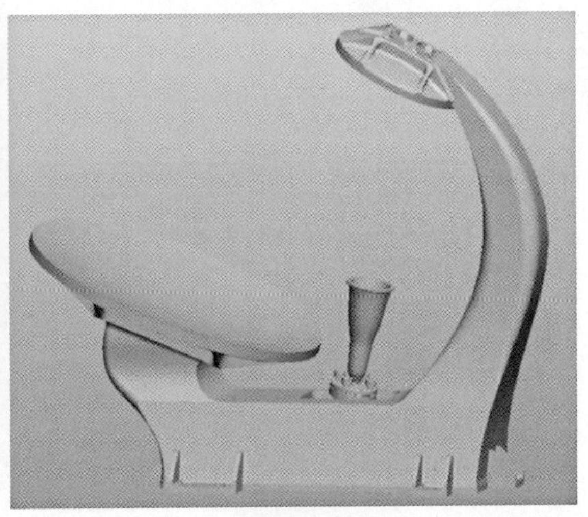

(b) W频段天线

图1-27 实践20号新技术验证卫星

国通信卫星天线技术迈入世界先进行列，也为后续超高通量通信卫星的高频段馈电链路载荷奠定了技术基础。

参考文献

[1] 罗缉.科罗廖夫：把第一颗人造卫星送入太空.太空探索，2018(7)：64-65.

[2] 陈士祥."东方红一号"卫星结构研制、总装、测试关键技术的突破.航天器环境工程，2015(2)：127-129.

[3] 张国航.东方红二号：从"无"到"有"的跨越.太空探索，2020(4)：12-14.

[4] Zaghloul Amir, Y. Hwang, R. Sorbello. Advanced in multi-beam communication satellite antenna. IEEE. Proceedings, 1990, 65: 1214-1232.

[5] Sletten C J. Reflector antennas and surface shaping techniques in reflector and lens antennas: analysis and design using personal computers. Norwood, MA: Artech House, 1988: 115-185.

[6] Hou Q, Yan L. A study on the global design of the onboard shaped reflector antennas. Spacecraft engineer, 2007, 16: 22-29.

[7] Martin M J, Montesano Crone, Garcia R. ASYRIO: antenna system reconfiguration in orbit. IEEE Antennas & Propagation Magazine, 1995, 37(3): 7-14.

[8] Don J Hinshilwood, Robert B Dybdal. Adaptive nulling antennas for military communications. Crosslink, 2001, 3(1): 30-37.

[9] Hector Fenech, Amos Sonya. Eutelsat quantum: A game changer. 33rd AIAA International Communications Satellite Systems Conference and Exhibition.

[10] 丁伟，陶啸，叶文熙，等.高轨道高通量卫星多波束天线技术研究进展.空间电子技术，2019，16(1)：62-69.

[11] 丁伟，陶啸.Ka 频段宽带通信卫星多波束天线技术概述.空间电子技术，2015，12(5)：8-13，27.

[12] 万继响，弓金刚，叶文熙，等.我国星载通信天线的发展与趋势.2017 年全国天线年会，2017 年 10 月，西安.

第2章　通信卫星反射面天线的基础知识

2.1　卫星通信与卫星通信系统

2.1.1　卫星通信的优缺点

卫星通信是在地面微波中继通信(见图 2-1)和空间技术的基础上发展起来的。微波中继通信是一种“视距”通信,即只有在“看得见”的范围内才能通信。而通信卫星的作用相当于离地面很高的微波中继站。由于作为中继的卫星离地面很高,因此经过一次中继转接之后即可进行长距离的通信(见图 2-2)。

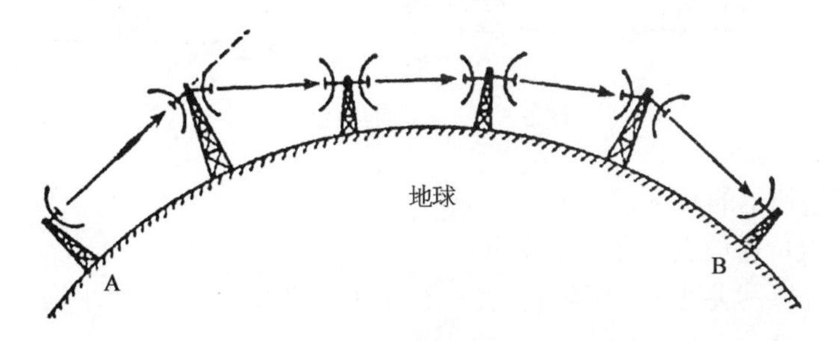

图 2-1　地面微波中继通信

图 2-2　卫星微波中继通信

2.1.1.1 卫星通信的优点

相对于地面微波中继通信，卫星通信具有如下优点（见图 2－3）：

（1）覆盖区域大，通信距离远，且费用与通信距离无关。3 颗位于同步轨道的卫星可实现全球通信，它是远距离越洋通信和电视转播的主要手段。

（2）具有多址通信能力，覆盖区内所有地面站都可以相互通信。

（3）频带宽，通信容量大，一颗卫星可以配置多个频段的多个转发器，而最新发展的超高通量卫星，单星容量可达 1 Tb/s。

（4）通信机动灵活，卫星通信系统的建立不受地理条件的限制，地面站可以建立在边远山区、海岛、汽车、飞机和舰艇上，而随着卫星性能和容量的逐步提高，小型化的终端可以方便使用者随身携带。

（5）通信质量好、可靠性高，电波主要在自由空间传播，通信可靠性可达 99.8％以上。

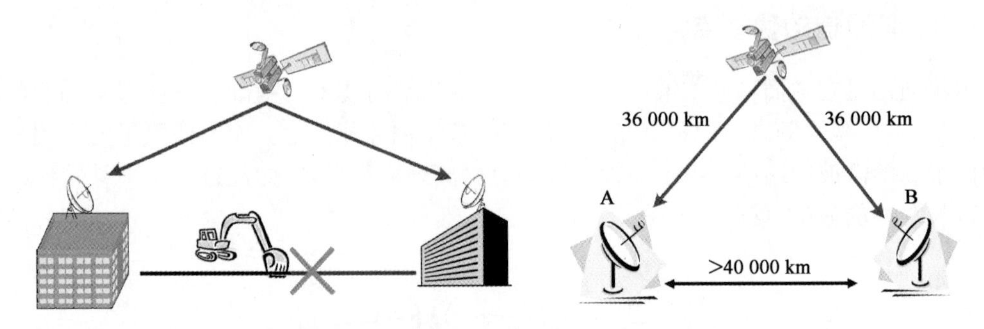

图 2－3 卫星通信的优势

2.1.1.2 卫星通信的缺点

同步轨道的卫星通信也存在一些缺点：

（1）通信卫星的一次投资费用较高，在运行中难以进行检修，故要求通信卫星具备高可靠性和较长的使用寿命。

（2）同步轨道卫星在地球高纬度地区通信效果不好，并且两极地区为通信盲区，需要发射极轨道的通信卫星。

（3）同步轨道（GEO）卫星通信传输距离长，信号传输时延较大（见图 2－4），单跳时延最

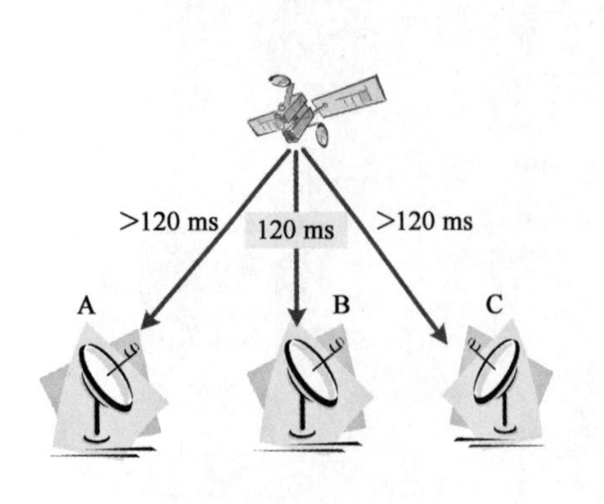

图 2－4 卫星通信延迟

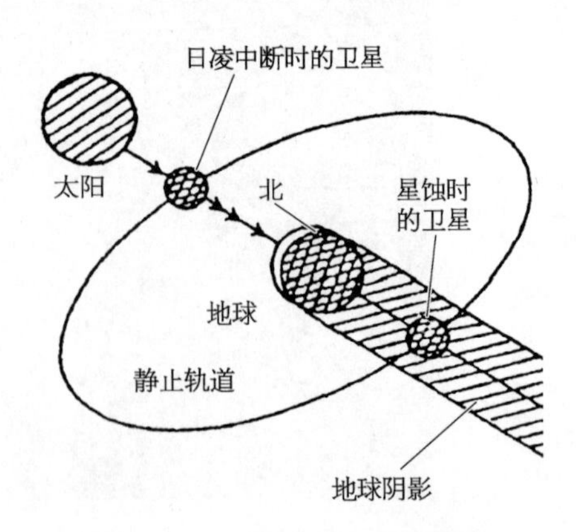

图 2－5 日凌中断和星蚀现象

大为0.27 s。为了降低时延,近年来低轨通信卫星星座逐渐兴起,如国外的One Web低轨卫星星座、StarLink低轨卫星星座以及我国的国家互联网低轨卫星星座等。

(4) 存在日凌中断和星蚀现象(见图2-5),在春分或秋分期间,会出现短暂的信号中断或信号干扰现象。

2.1.2　卫星典型的轨道

2.1.2.1　卫星轨道的分类

卫星轨道按不同的要素可以分成不同的类型。

1) 按轨道形状分

(1) 圆轨道:地球的中心位于圆形轨道的圆心。

(2) 椭圆轨道:地球的中心位于椭圆轨道的一个焦点上。

2) 按卫星轨道倾角(见图2-6)分

(1) 赤道轨道卫星:卫星轨道面与赤道面重合,轨道倾角为0°。

(2) 极轨道卫星:卫星轨道面与赤道面垂直,与地球南北两极的轴线重合,轨道倾角为90°。

(3) 倾斜轨道卫星:卫星轨道面与赤道面之间的夹角在0°~90°之间。

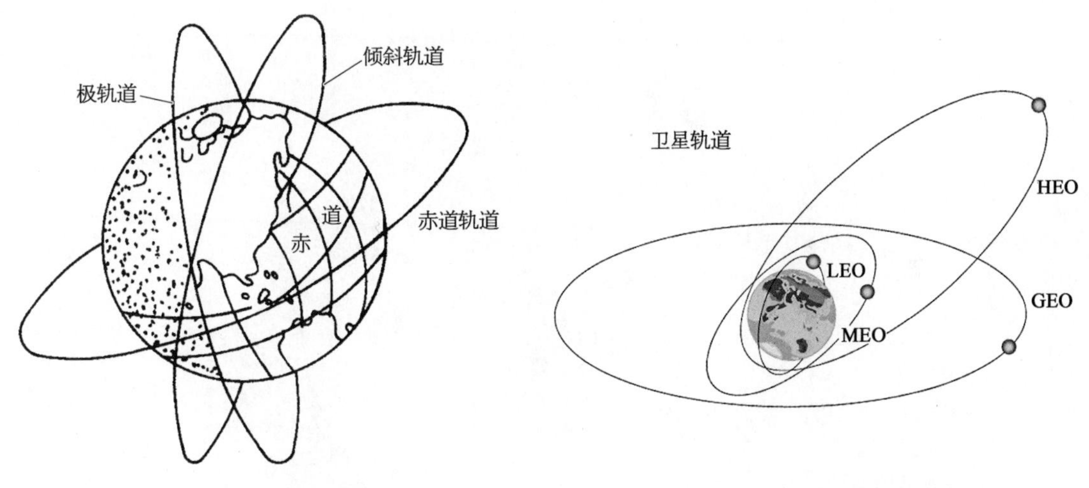

图2-6　卫星轨道倾角　　　　图2-7　卫星轨道高度说明

3) 按卫星轨道离地面的高度(见图2-7)分

(1) 低轨道(LEO):又称近地轨道,运行轨道500~2 000 km。

(2) 中轨道(MEO):运行轨道在2 000~35 786 km之间。

(3) 静止轨道(GEO):其轨道高度为35 786 km。

(4) 椭圆轨道(HEO):具有较低近地点和极高远地点的椭圆轨道,远地点高于35 786 km。

2.1.2.2　同步轨道的特点

同步轨道卫星(GEO)高度约为35 785.5 km(通常近似为36 000 km),运行周期24小时,可以覆盖全球面积的42.4%(见图2-8),相邻卫星间隔至少为1.5°~2°。

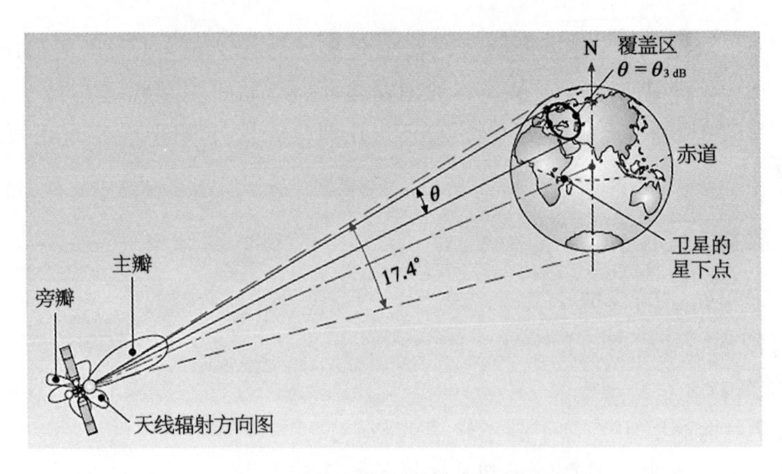

图 2-8　同步轨道卫星的天线覆盖区

1）优点

- 无需地面站跟踪要求。
- 无需星间移交要求，永远可见。
- 三颗星覆盖全球，不包括极地地区（见图 2-9）。
- 几乎没有多普勒频移，简化了接收机。

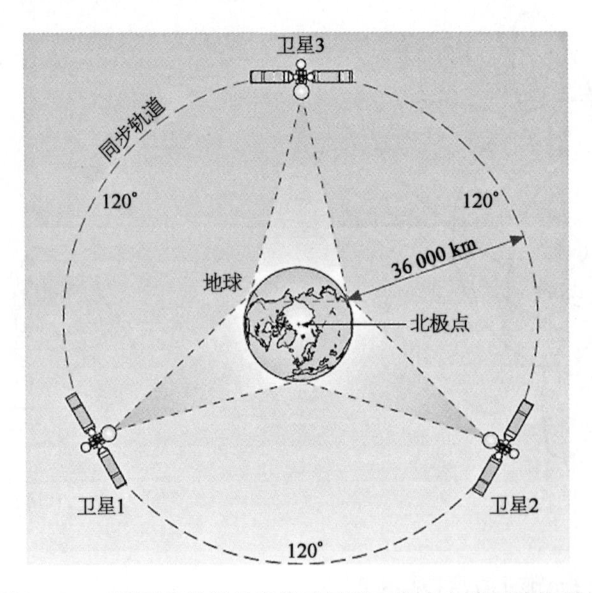

图 2-9　三颗同步轨道的通信卫星即可完成全球区域的覆盖

2）缺点

- 较长的时延。
- 不能有效覆盖高纬度地区（>77°）。

2.1.2.3　轨道高度的选择

如图 2-10 所示，范・艾伦辐射带指在地球附近的近层宇宙空间中包围着地球的高能粒子辐射带，其分为内外两层，内带高度为 1 500～5 000 km，外带高度为 13 000～20 000 km。

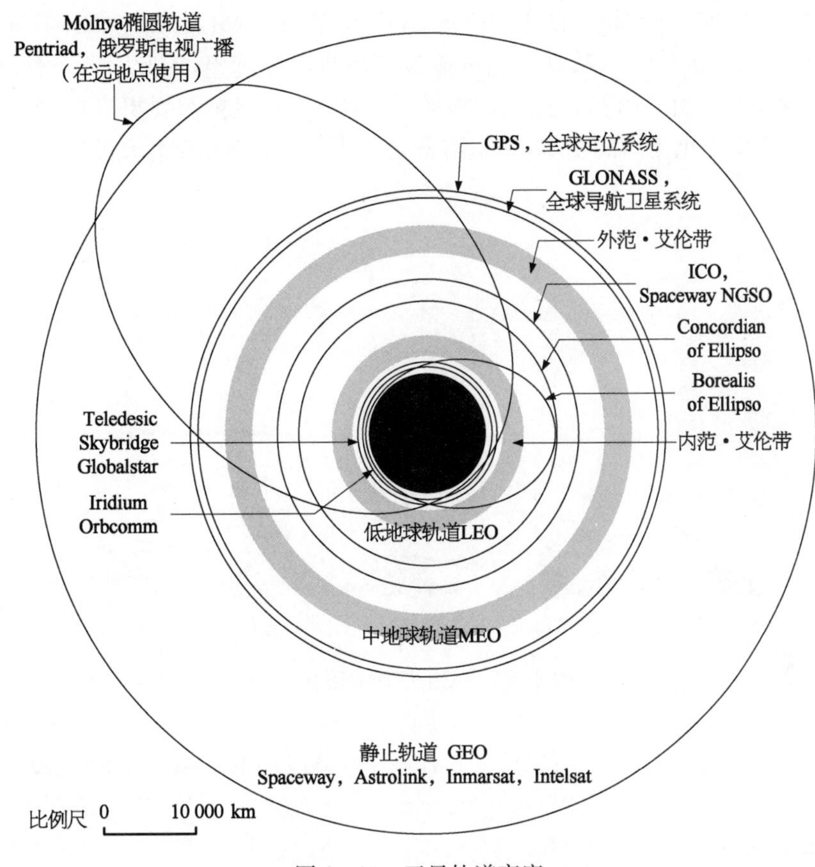

图 2－10　卫星轨道高度

内外层之间存在范・艾伦带缝，缝中辐射很少。范・艾伦辐射带将地球包围在中间。范・艾伦带内的高能粒子对载人空间飞行器、卫星等都有一定危害，其内外带之间的缝隙则是辐射较少的安全地带。此外，当高度低于 700 km 时大气阻力对卫星运动的影响较大。因此，通常选择卫星高度的 3 个窗口是：

(1) 700～1 500 km。

(2) 5 000～13 000 km。

(3) 20 000 km 以上。

2.1.3　通信卫星的主要业务

主要分为固定卫星业务(FSS)、移动卫星业务(MSS)和广播卫星业务(BSS)。

1) 固定卫星业务

这些业务主要发生在固定地面站与卫星之间(见图 2－11)，两者为清晰的视距通信，链路余量为 3～6 dB。

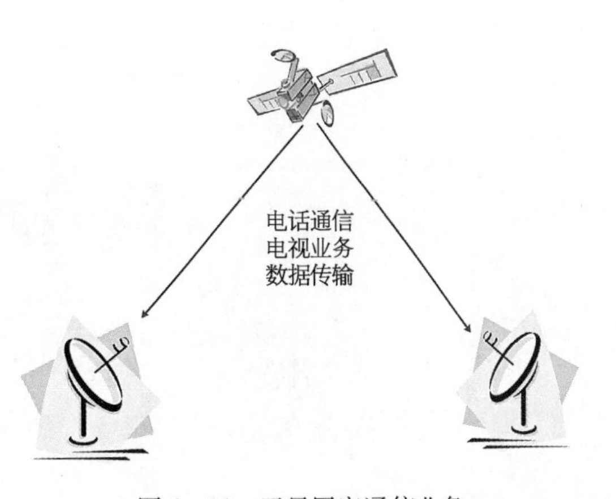

图 2－11　卫星固定通信业务

2) 移动卫星业务

这些业务主要发生在移动地面站与卫星之

间(见图 2-12)。卫星工作在较低的 VHF 和 UHF 频段(137 MHz,400/432 MHz)及 L/S 频段(1.6/1.5 GHz,2.5/2.6 GHz),移动终端可能被遮挡或部分遮挡,因此需要工作在能够容纳非视距通信的频段上。由于植被、建筑、山坡等的遮挡,这些卫星需要更高的链路余量(10~22 dB)。它们也需要提供更高的功率(功率谱密度),特别是面对小型移动终端通信时。

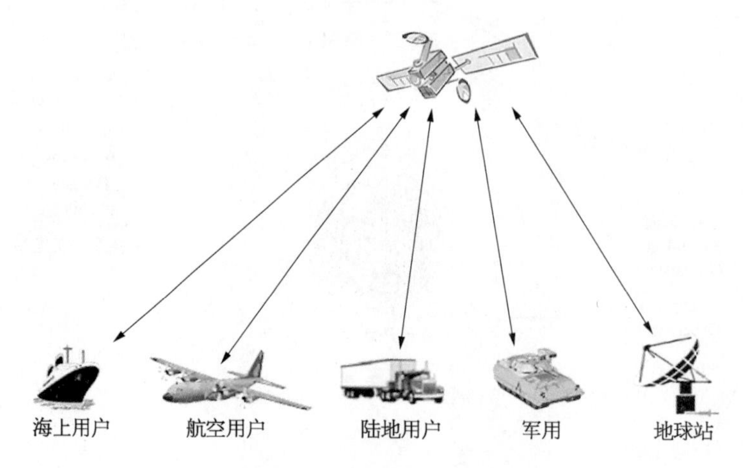

图 2-12 卫星移动通信业务

对于海上用户和航空用户,也可以使用工作在 Ku 频段和 Ka 频段的多波束天线来实现移动业务通信。

3) *广播卫星业务*

广播功能主要是通过卫星向大众发射无线通信业务,通信模式为:① 单点发送卫星接收;② 卫星转发多点接收,如图 2-13 所示。根据 ITU 的分配,主要工作在 18/12 GHz。美国的 DirecTV 和 Dish,欧洲的 BskyB 和 Eutelsat Hotbird,日本的 NHK 广播卫星以及加拿大的 Nimiq 都是典型的直播业务卫星。用于 BSS 业务的终端口径一般在 0.35~0.8 m。BSS 卫星时常也提供直播到户(direct-to-the-home, DTH)的卫星业务。这些卫星提供较高的功率,因此能够向较小的家庭接收终端提供服务。

图 2-13 面向固定终端的卫星广播通信业务

2.1.4　卫星通信系统简介

典型的卫星通信系统组成如图 2-14 所示，由卫星、地球站、监控管理、跟踪遥测 4 部分组成。其中监控管理主要用于卫星业务和载荷管理，而跟踪遥测主要用于平台管理。

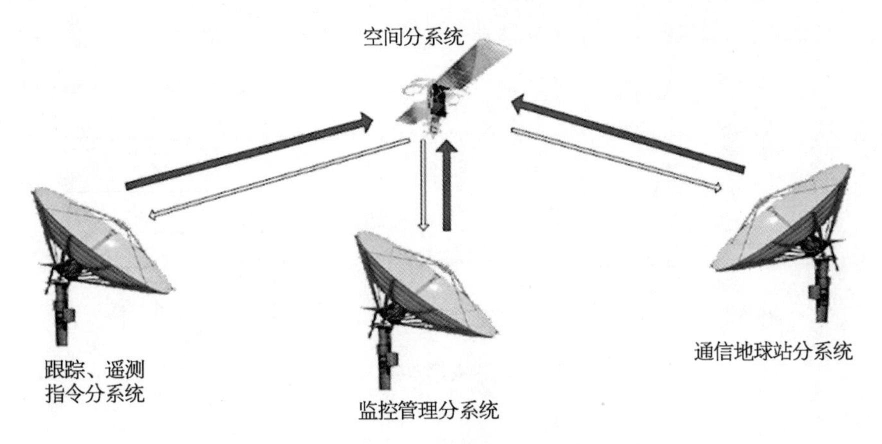

图 2-14　卫星通信系统组成

通信卫星可以分为卫星平台和有效载荷两大部分，其中卫星平台由 6 个分系统组成。

(1) 推进分系统：一般来说，卫星整体质量的 25%是用来保持姿态和轨道的燃料。

(2) 控制分系统：由各种传感器(地球传感器、太阳传感器、陀螺等)、姿态轨道处理器(计算机)和执行机构(喷嘴、动量轮等)组成，用来确保卫星姿态指向和轨道定点误差在允许的范围内。

(3) 温控分系统：控制卫星工作部件的温度，使其正常工作。

(4) 供配电分系统：为卫星提供所需的电源输出。

(5) 结构分系统：为卫星提供结构安装。

(6) 测控分系统：为卫星提供遥控和遥测。

(7) 有效载荷：转发器分系统和天线分系统。

如图 2-15 所示，有效载荷包括 2 个分系统：转发器分系统和天线分系统。常用的星上透明转发有效载荷功能为：

(1) 接收来自地面的信号。

(2) 将载波频率从上行转换到下行。

(3) 放大信号。

(4) 向地面发射信号。

第 1 和第 4 两个功能由天线分系统完成，第 2 和第 3 两个功能由转发器分系统完成。

卫星有效载荷的两个关键指标为 EIRP 和 G/T 值，分别用于衡量卫星发射和接收的能力。

EIRP(dBW)：由放大器输出功率 P_t、天线发射增益 G_t、天线与放大器之间的损耗决定。

G/T(dB/K)：卫星接收系统的品质因数，定义为天线接收增益 G_r 与接收系统噪声温度 T 的比值。

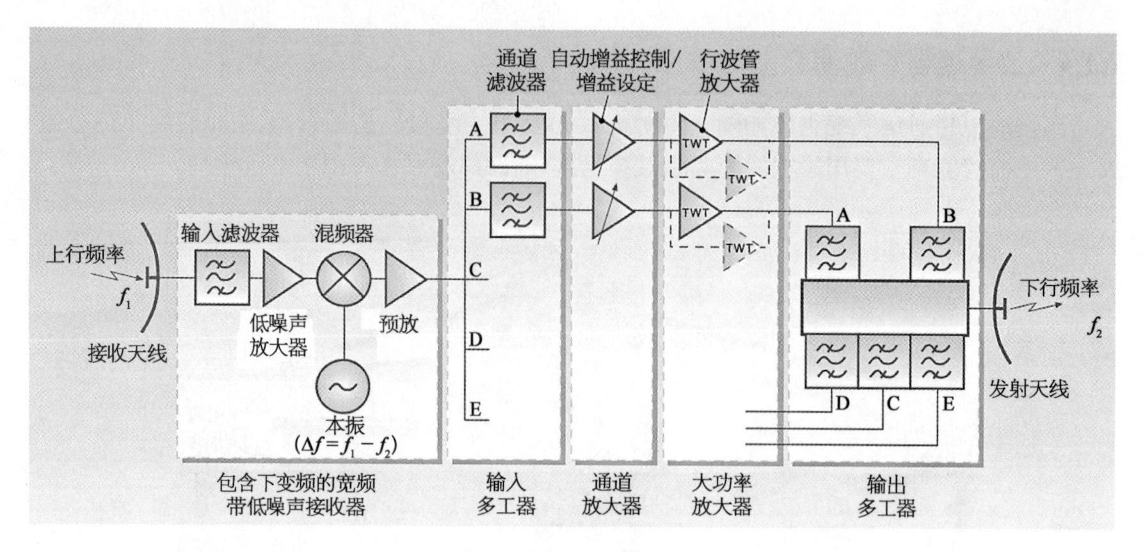

图 2－15　有效载荷组成

2.2　通信卫星反射面天线的主要形式和主要指标

2.2.1　通信卫星反射面天线的主要形式

通信卫星反射面天线可以从两个维度进行分类：

（1）从反射面与馈源的构型配置上可以分为前馈单反射面天线、偏馈单反射面天线、前馈双反射面天线、偏馈双反射面天线等。此外，还有一些特殊的反射面结构形式如双栅反射面天线等。

（2）从反射面的实现方式上可以分为金属反射面天线、复材反射面天线、网状反射面天线等。

2.2.1.1　天线构型分类

主要反射面天线构型分类如图 2－16 所示。

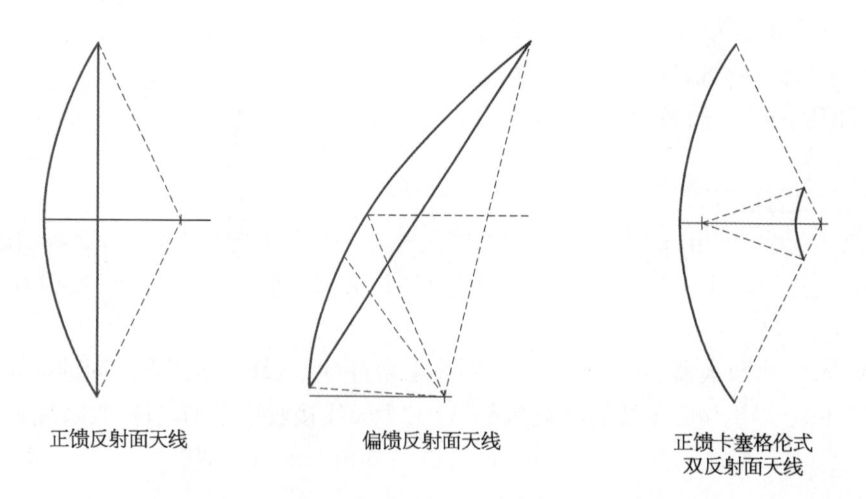

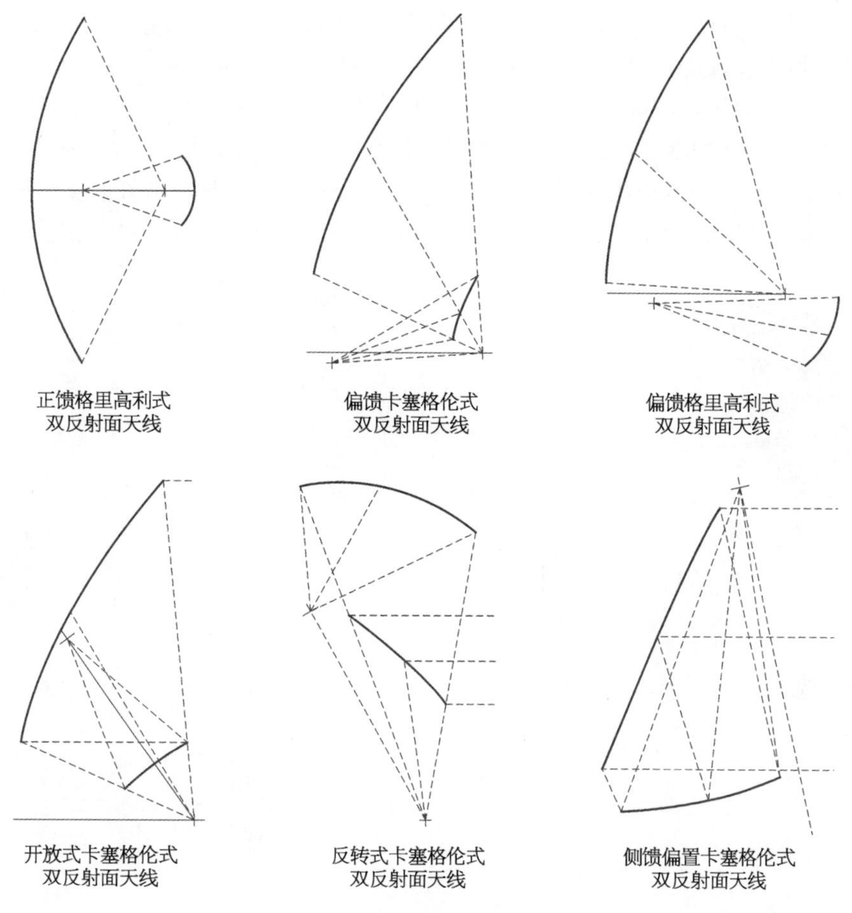

图 2－16　反射器结构分类

正馈反射面天线、正馈卡塞格伦双反射面天线和环焦天线结构紧凑，一般安装在卫星对地板上，主要用作点波束天线，如图 2－17 所示。而正馈格里高利双反射面天线由于纵向结构尺寸较大，一般很少采用。

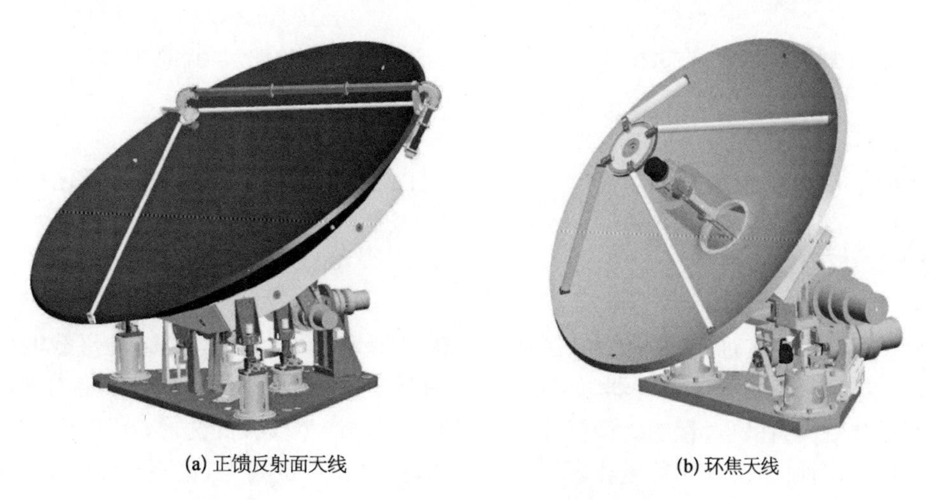
(a) 正馈反射面天线　(b) 环焦天线

图 2－17　正馈类型反射面天线的星上应用

偏馈反射面天线(见图 2-18)易于收拢,因此在卫星的东舱板、西舱板和对地板上均可安装。特别是东西舱板,以偏馈反射面天线为主,主要有标准反射面和赋形反射面两种形式,其中标准反射面主要用作点波束天线或多波束天线,而赋形反射面主要用于对覆盖区有特定形状要求的天线。偏馈格里高利双反射面天线具有良好的交叉极化性能,在采用频率复用的高性能通信载荷中得到了广泛的应用;侧馈偏置卡塞格伦双反射面天线具有良好的宽角扫描性能,可以应用于广域覆盖的多波束卫星系统。其他形式的偏馈双反射面在通信卫星天线应用较少。

(a) 可展开偏馈格里高利双反射面赋形天线

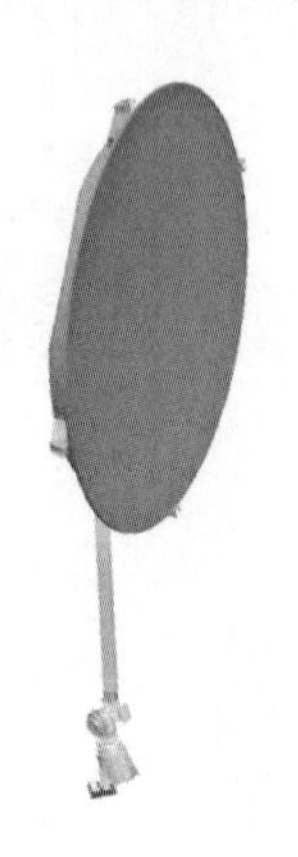

(b) 可展开多波束单反射面天线

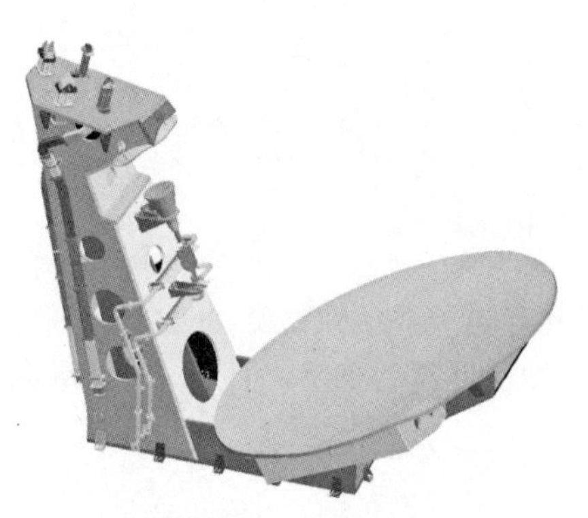

(c) 固定偏馈格里高利双反射面赋形天线

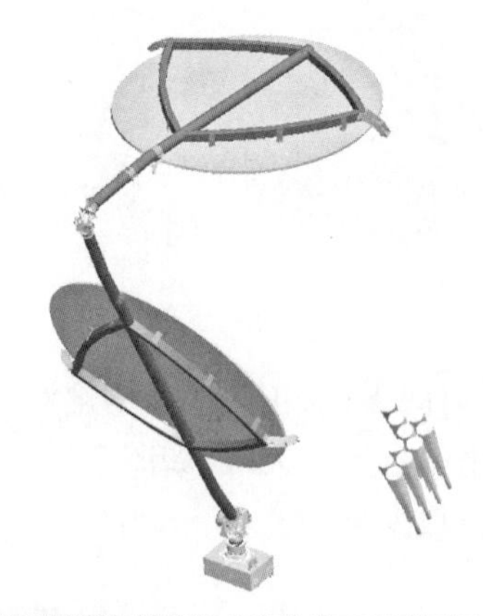

(d) 可展开侧馈偏置卡塞格伦双反射面天线

图 2-18 偏馈类型反射面天线的星上应用

由于栅条的极化选择特性,双栅反射面天线(见图 2-19)具有良好的交叉极化特性(一般优于 27 dB),可满足频率复用条件,广泛应用于频率复用的通信卫星中。

2.2.1.2 反射器实现分类

1) 金属反射器

金属反射器由于其加工过程简单、制造效率高,在地面的应用场景较多,在星载天线中,其主要应用于结构复杂的异形反射器,如环焦天线的副反射器(见图 2-20)。但由于铝合金材料的膨胀系数较大,在轨过程的高低温环境会使得反射器产生较大的变形,无法保持天线在温变环境下的稳定性能,若采用殷钢或者钛合金材料,由于其重量太大,也不具备装载卫星平台的可能性,因此卫星上基本不使用金属材料制造的反射器。

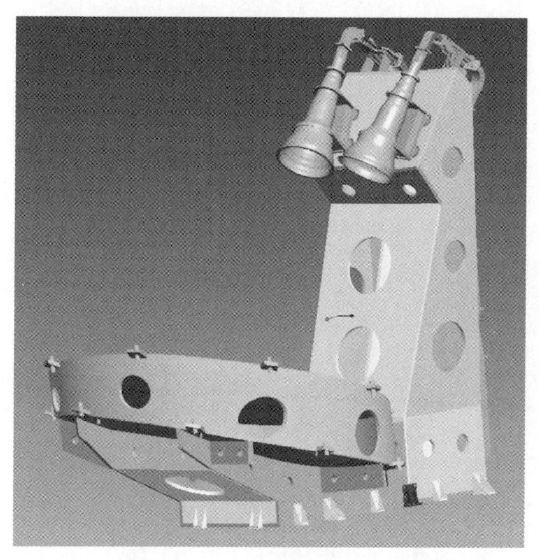

图 2-19　双栅天线的星上应用

图 2-20　金属反射器(环焦天线副反射器)

2) 复合材料反射器

为了实现大口径天线的高稳定性和轻量化要求，需要寻求性能更好的材料。先进复合材料具有强度高、刚度高、可设计性强、重量轻、尺寸稳定性好以及便于大面积整体成形等独特优点，随着航天技术的迅速发展，航天产品上使用的复合材料制件也越来越多，并呈现零件尺寸大、孔位精度高、外形结构复杂等特点，最典型为应用于反射器的制造。复合材料反射器一般采用高强度、高模量的 M40J/环氧系列碳纤维预浸料面板/铝蜂窝夹层结构，如图 2-21 所示。

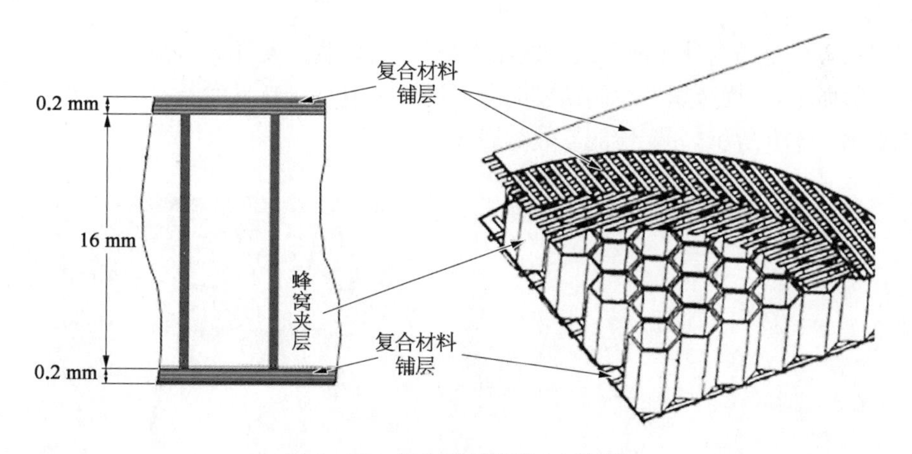

图 2-21　复合材料蜂窝夹层结构

天线反射器由反射面、背筋、展开臂等部分组成，其中反射面、背筋均使用了碳纤维蜂窝夹层结构，为了提高背筋与主承力件(锁紧释放装置连接臂、展开臂)的连接强度，背筋通常采用加密蜂窝结构，对于不同类型的反射器，均采用相同的复合材料结构，其主要区别在于背筋的形式，如图 2-22 所示。

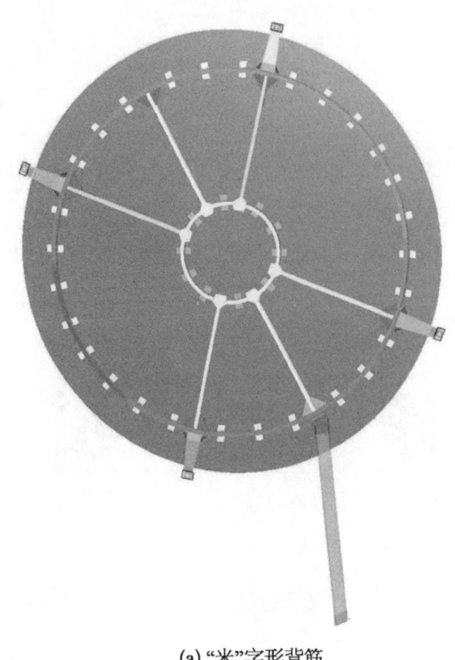

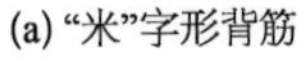

(a)"米"字形背筋　　(b)"井"字形背筋

图 2-22　反射器组件

3）网状天线

为了适应不同的工作需求，卫星通信对星载天线的各项技术指标的要求越来越高，星载天线向大型化方向发展的需求越来越迫切。然而，受到固面天线制造技术、卫星平台空间、航天运载工具的运载重量和运载空间的限制，采用复合材料制造的固面天线极限口径为 4 m 以内。

空间网状天线是国内外实现星载天线向大型化、高展收比发展的结构方法，结构特点主要体现在其反射面上，采用金属丝编制而成的金属网代替复合材料反射器实现电磁波的反射，其结构形式如图 2-23 所示，主要性能参数如表 2-1 所示。

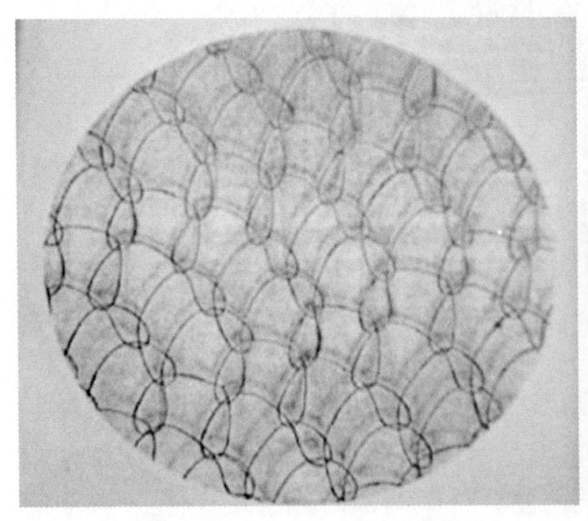

图 2-23　金属网结构及柔性天线

表 2-1　金属网主要性能参数

序　号	参　　数	技 术 指 标
1	金属丝材料	镀金钼丝、不锈钢镀镍
2	工作频率	C,X,Ku,Ka
3	单位面积密度	60～95 g/m^2
4	微波反射率	≥96%
5	光透射率	≥90%

图 2-24 展示了几种典型的双层网状反射面结构，包括环形桁架支撑三角形索网结构、伞状肋支撑四边形索网结构、伞状肋支撑楔形索网结构和伞状肋支撑三角形索网结构。相比于单层网状结构，双层网状结构在高形面精度和高稳定性方面更具潜力，但其设计和制造工艺方面也相对复杂。网状天线反射面通常由支撑桁架、索网以及金属反射网(金属网)3 个部分组成。环形支撑桁架为可展开结构，发射阶段收拢在一起，以减少占用体积，发射到预定轨道之后展开，对索网结构提供支撑边界。对于双层网状结构，其索网结构又可以分为 3 部分，包括前索网、背索网和张紧索(竖向索)，前后索网通过竖向的张力阵形成张紧结构，通过适当的设计和调整，使得前索网形成理想反射面形状。金属丝网铺附在前索网背面，形成真正意义上的天线反射面，用于反射电磁波。

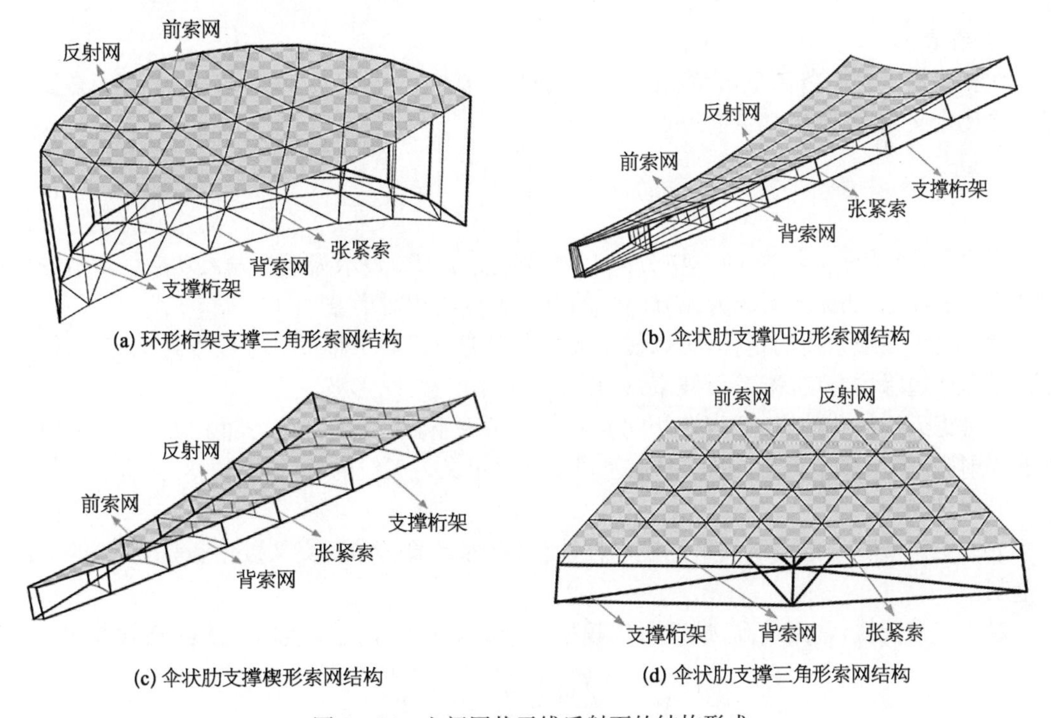

图 2-24　空间网状天线反射面的结构形式

2.2.2 通信卫星反射面天线的主要指标

2.2.2.1 反射面天线主要电性能指标要求

1) 覆盖区

天线波束是指卫星天线发射出来的电磁波在地球表面上形成的形状，表示天线辐射特性与空间方向的关系。而覆盖区定义为波束性能(如增益、旁瓣和交叉极化等)满足指标要求的覆盖区域。

对于期望覆盖区的区域，既可以采用赋形波束覆盖，也可以采用多波束覆盖。图 2-25 为中国大陆与周边沿海区域分别采用赋形波束和多波束覆盖的示意图。

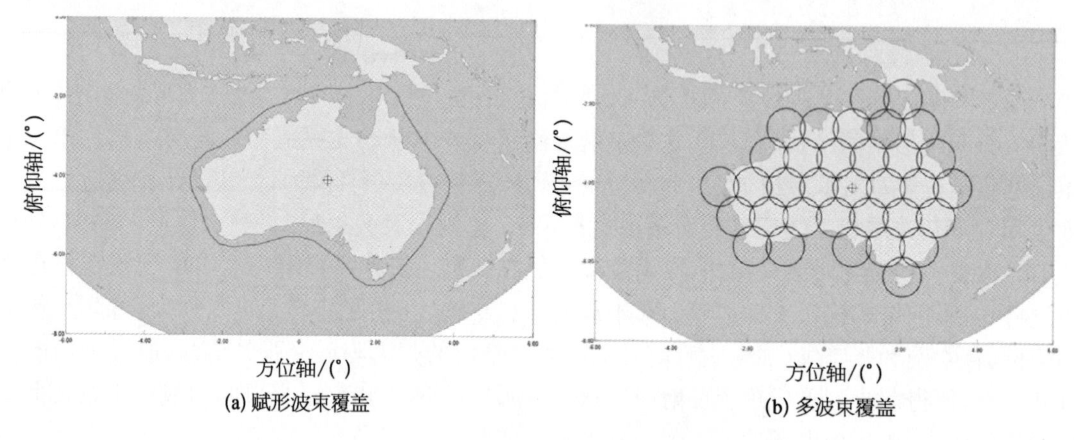

图 2-25 天线波束覆盖对比

2) 增益(G)

在相同输入功率条件下，天线在 $(\theta,\ \varphi)$ 方向上产生的辐射强度 $P(\theta,\ \varphi)$ 与理想点源辐射强度之比定义为天线在该方向上的增益系数[1]。

$$G(\theta,\ \varphi)=\frac{P(\theta,\ \varphi)}{P_0/4\pi} \tag{2-1}$$

式中，$P(\theta,\ \varphi)$ 表示天线在 $(\theta,\ \varphi)$ 方向上的辐射强度，P_0 表示天线的输入功率。增益的单位用 dBi 表示，以反映标准天线为无方向性的点源天线的相对增益。

增益是天线最主要的指标，可以衡量天线辐射能量的集中程度。如没有特殊说明，增益一般指覆盖区边缘增益(标准笔形波束)或覆盖区最小增益(赋形波束)。

当考虑天线极化的影响时，在相同输入功率条件下，天线某极化分量在 $(\theta,\ \varphi)$ 方向上产生的辐射强度 $P(\theta,\ \varphi)$ 与理想点源辐射强度之比定义为天线的部分增益。

3) 工作带宽

天线工作带宽是指天线满足一定电性能指标(如增益、旁瓣、交叉极化和驻波等)的工作频率范围。

对于窄带天线，常用最高、最低可用频率的差与中心频率之比表示天线的相对带宽，即：

$$W_{\mathrm{q}}=\frac{f_{\mathrm{U}}-f_{\mathrm{L}}}{f_0}\times 100\% \tag{2-2}$$

式中，f_U 为高频，f_L 为低频，f_0为中心频率。

对于宽带天线，带宽常以倍频的形式表示：

$$W_q = \frac{f_U}{f_L} \tag{2-3}$$

4）极化方式

天线辐射波的极化特性随方向而变，旁瓣辐射的极化可能与主瓣的极化大不一样。因此，没有特殊说明情况下，天线的极化是指在电磁波最大辐射方向上的极化，其定义为在最大辐射方向上电场矢量端点运动的轨迹。一般可分为线极化（水平极化和垂直极化）、圆极化和椭圆极化[2,3]。

星载天线的极化方式以卫星坐标系为参考定义。对于同步轨道卫星，如图 2－26 所示，卫星坐标系 xyz 的原点在卫星的中心，3 个坐标轴的定义如下：

- x_s 轴—卫星飞行方向，滚动 Roll 轴，指向东。
- y_s 轴—根据 x，z 轴定义满足右手螺旋定律，俯仰 Pitch 轴，指向南。
- z_s 轴—指向星下点，偏航 Yaw 轴，指向地心。

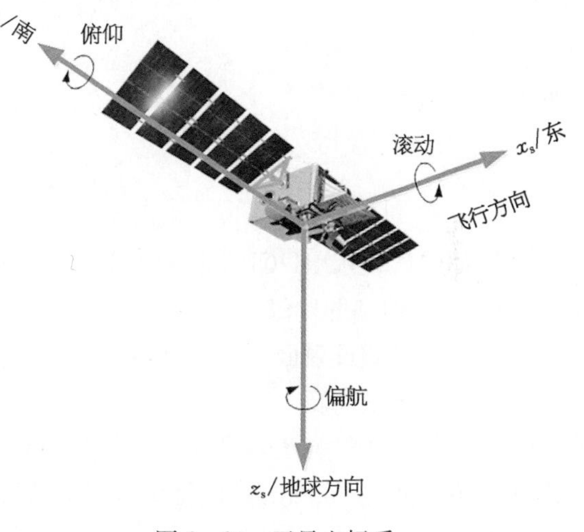

图 2－26　卫星坐标系

除非有特殊说明，一般情况下卫星天线线极化是指波束指向星下点状态下的极化，定义如下[4]：

（A）线极化

- 水平极化：电场矢量方向与赤道面平行即东西方向，与卫星坐标系 x_s轴平行。
- 垂直极化：电场矢量方向与赤道面垂直即南北方向，与卫星坐标系 y_s轴平行。

（B）圆极化

- 右旋圆极化：当沿着电波传播方向看去，电场矢量的旋转方向是顺时针的。
- 左旋圆极化：当沿着电波传播方向看去，电场矢量的旋转方向是逆时针的。

5）交叉极化、交叉极化鉴别率、交叉极化隔离度

与主极化正交的极化称为交叉极化（XP），交叉极化电平定义为天线正交极化分量与主极化分量的最大值之比。

在天线系统中交叉极化通常是不期望的。在频率不复用的场合，交叉极化浪费了能量；在极化复用的场合，则可能引起两极化通道信号间的干扰。与天线交叉极化有关的指标主要有两个：① 交叉极化鉴别率（XPD）；② 交叉极化隔离度（XPI）。

（A）交叉极化鉴别率

如图 2－27 所示，理想极化波在传输途径中，由于存在着去极化效应媒质（如喇叭、反射器、雨滴等），会产生不同程度的交叉极化分量。E_1 通过去极化媒质后产生主极化分量 E_{1CP} 和交叉极化

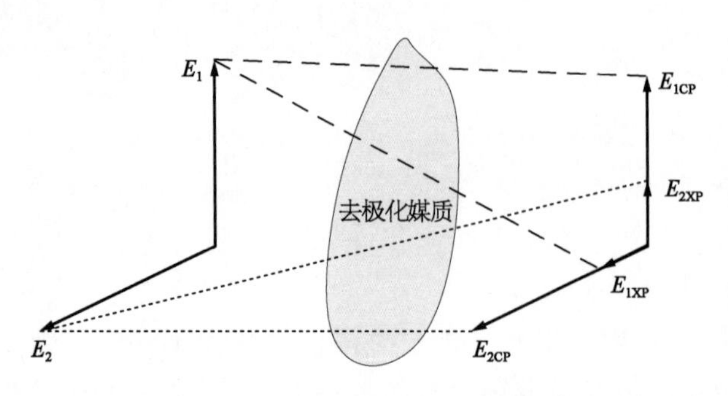

图 2-27　去极化媒质产生交叉极化分量

分量 E_{1XP}，而 E_2 通过去极化媒质后产生主极化化分量 E_{2CP} 和交叉极化分量 E_{2XP}。

两个正交的信道间，由于系统本身的极化不纯或传输途径中去极化源的存在，会使两信道间产生不同程度的干扰。衡量两正交极化信道干扰程度的一个指标是 XPD，定义为以某一极化状态发射电磁波时，主极化波接收功率与交叉极化波接收功率的比值(以 dB 为单位)[5]。

$$XPD_1 = 20\lg \frac{E_{1CP}}{E_{1XP}} \tag{2-4}$$

或

$$XPD_2 = 20\lg \frac{E_{2CP}}{E_{2XP}} \tag{2-5}$$

例如，“1”表示 RHCP，“2”表示 LHCP，则 XPD 是在 RHCP 波发射情况下 RHCP 波功率与 LHCP 波功率的比值。

具体到星载反射面天线，可以定义为服务区内各点交叉极化与主极化的比值。

(B) 极化隔离度

一个相似的量度是 XPI，定义为两个极化正交信号以相同的电平值发射，以同一极化状态接收电磁波，接收到的主极化功率与交叉极化功率的比值(以 dB 单位)。

$$XPI_1 = 20\lg \frac{E_{1CP}}{E_{2XP}} \tag{2-6}$$

或

$$XPI_2 = 20\lg \frac{E_{2CP}}{E_{1XP}} \tag{2-7}$$

同样的，如果“1”表示 RHCP，“2”表示 LHCP，则 XPI 是在 RHCP 波发射情况下 RHCP 接收功率与在 LHCP 波发射情况下 RHCP 接收功率的比值。

在实际测试中一般测量 XPD，这时，主极化信号 E_{1CP} 和交叉极化信号 E_{1XP} 是独立测试的。

6) 波束指向精度

波束指向精度定义为天线波束轴方向与所需要方向之间的夹角，是衡量主波束偏离程度的度量。

对于标准反射面产生的点波束，在天线方向图最大值附近，有近似公式[6]：

$$G(\Delta\theta) \approx G_m e^{2.77}\left(\frac{\Delta\theta}{\theta_{3\,dB}}\right)^2 \tag{2-8}$$

式中 e=2.718，为常数；G_m 为天线增益；$\Delta\theta$ 为偏离波束最大辐射方向的角度；$\theta_{3\,dB}$ 为天线的半功率波束宽度。

于是可得天线指向误差引起的增益损失为

$$L_{Tr} \approx 10\lg\left[e^{2.77}\left(\frac{\Delta\theta}{\theta_{3\,dB}}\right)^2\right] = 12\times\left(\frac{\Delta\theta}{\theta_{3\,dB}}\right)^2 \quad \text{dB} \tag{2-9}$$

显然，当偏角达到天线 3 dB 波束宽度一半时，增益降低了 3 dB。通常情况下，要求天线波束指向跟踪精度小于或等于波束宽度的 1/10 即 $\Delta\theta=\frac{\theta_{3\,dB}}{10}$。此时，波束指向误差带来的增益损失为 0.12 dB。

固定区域波束天线覆盖区设计时应考虑波束指向误差带来的影响，具体方法是通过扩大覆盖区设计来消除。对于东四平台，覆盖区扩大量一般为 0.1°；对于东三平台，覆盖区扩大量一般为 0.15°。

7）驻波比

信号在传输过程中，因各部件的连接阻抗不匹配，导致有反射波存在，入射波与反射波叠加形成驻波，驻波电压最大值与最小值之比称为驻波比。

$$VSWR=\frac{1+|\Gamma_{re}|}{1-|\Gamma_{re}|} \tag{2-10}$$

式中，天线系统的反射系数定义为在所测量的天线端口处的反射波电压与入射波电压之比，可表示为 $\Gamma_{re}=\frac{U_r}{U_i}$。这里 U_r 为反射波电压，U_i 为入射波电压。该指标涉及天线的辐射能力，也影响场在馈线中的分布。

驻波比主要由馈电系统决定，是衡量天线系统阻抗匹配好坏的一个重要指标，也是传输损耗的一个重要指标。它是行波系数的倒数，其值在 1～+∞之间，驻波比为 1 时表示完全匹配，为无穷大时表示全反射，完全失配。

8）旁瓣电平

在大多数情况下，特别是强方向性天线，其方向图通常包含多个波瓣，最大辐射方向所在的波瓣称为主瓣，其余的波瓣称为旁瓣或副瓣，如图 2-28 所示。为了定量表示旁瓣的大小，定义了旁瓣电平（旁瓣最大值与主瓣最大值之比）[7,8]。

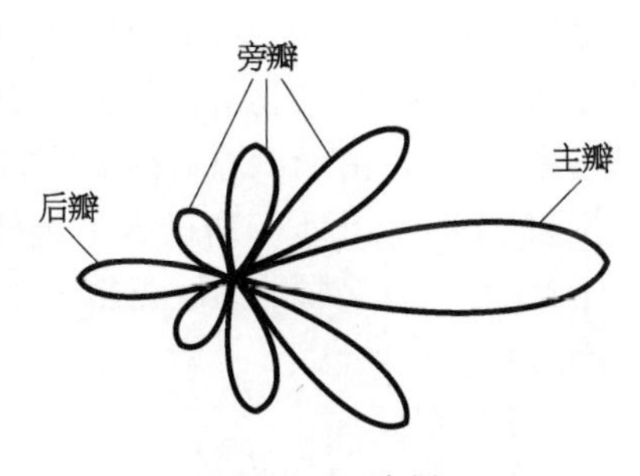

图 2-28　旁瓣

9）收发端口隔离度

收发端口隔离度定义为天线发射端口入射波功率与同一频段接收端口接收到该信号功率之比，可用传输系数 S_{21} 表示。

发射端口的发射信号可以通过天线耦合到接收端口（指发射频率），同样发射端口的杂波（指接收频率）也会漏射到接收端口，因此，收发端口隔离度在发射频段和接收频段均需要考核。这种收发端口间的相互耦合既可以是收发共用部件间的直接耦合，也可以通过空间耦合。

根据收发隔离度指标要求，对隔离度进行分配。收发隔离主要分极化隔离、频率隔离、空间隔离 3 种情况。此外，连接处的电磁泄漏也会影响到收发隔离度，法兰压力引起的泄漏应小于－65 dB，以致该项影响可以忽略。

对于一个特定的天线系统，存在哪几类收发隔离形式需要具体问题具体分析，一般要求设计余量：＞10 dB。天线收发隔离度预算如表 2－2 所示。

表 2－2　天线收发隔离度指标预算

序号	名　称	收发隔离度指标/dB	备　　注
1	极化隔离	ISO_P	
2	频率隔离	ISO_F	应考虑温度影响
3	空间隔离	ISO_S	优化布局
4	收发隔离度合计	ISO	线性和

10）微放电

微放电现象又称二次电子倍增效应，是指在真空大功率条件下，电子在外加电磁场的加速下，在两金属表面或单个介质表面上激发的二次电子发射与倍增的效应，是衡量天线功率容量的度量之一。

11）无源互调(PIM)

无源互调是信号失真的一种形式，这种信号失真的表现和大多数射频通信系统中有源部件所产生的交调产物很相似。当有两个或多个频率大功率信号处于同一无源射频部件时，由于部件中非线性电压-电流关系，多个频率信号混频组合就产生了互调产物，其频率为各种谐波频率的和或差。

对无源射频部件而言，互调失真由非线性源产生，典型的非线性源有使用材料的非线性、金属间相互接触不良、不同材料之间的接点、锈蚀物、灰尘和污染物等。对收发共用天线的通信系统而言，由于无源射频部件的非线性，落在接收频带的 PIM 产物进入卫星接收系统形成干扰噪声，直接影响系统正常工作，严重时可能导致系统失效。

12）C/I

C/I 定义为载波功率与干扰功率之比，该指标多用于多波束天线，由于同频波束之间存在干扰，需要进行相应的性能评估。在多波束天线中它与波束方向性、波束辐射功率、频率复用方式等相关，如图 2－29 所示。

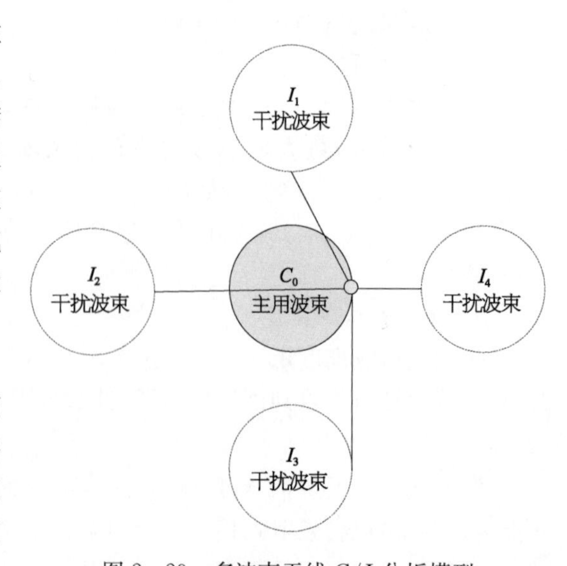

图 2－29　多波束天线 C/I 分析模型

设同频干扰用户的发射功率为 P_c，用户到卫星链路的损耗为 L_c，用户所在位置相对波束轴向偏离角度为 θ_c，那么，卫星接收到的有用信号功率为

$$C=\frac{P_c}{L_c}\cdot G(\theta_c) \tag{2-11}$$

卫星收到的干扰信号功率为

$$I=\sum_i \frac{P_i}{L_c}\cdot G(\theta_i) \tag{2-12}$$

式中，$G(\theta_i)$ 为天线的增益函数。因此，卫星接收到的 C/I 值为

$$\frac{C}{I}=\frac{P_c\cdot G(\theta_c)}{\sum_i P_i\cdot G(\theta_i)} \tag{2-13}$$

从上式可以看出，影响 C/I 指标的因素主要为波束的副瓣电平、频率复用次数和频率复用规划。

2.2.2.2　反射面天线主要结构性能指标要求

1）反射面形面精度

天线形面精度通常使用均方根值(RMS)进行表征，并使用最佳拟合形面(BFS)的概念和方法处理反射面的形面误差，通过反射器坐标系位移 D_x，D_y，D_z，转角 R_x，R_y，R_z 共6个自由度以及焦距变化的调整，减小反射面加工误差对天线增益的影响，如图2-30所示，假设 d_i 为实际加工形面与理论形面法向尺寸误差，则拟合后的反射器形面精度均方根值为

$$RMS=\sqrt{\frac{\sum_{i=1}^{n}d_i^2}{n}} \tag{2-14}$$

式中，n 为形面测试中测试点的数量。

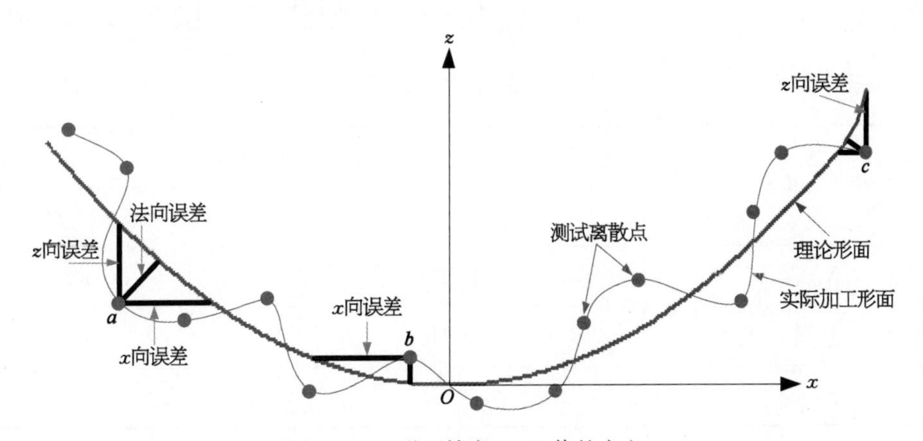

图2-30　形面精度RMS值的定义

2）刚度和强度[9]

卫星的发射环境为星载天线所经历的最为严苛的动力学环境，包括火箭发动机点火、关

机、阵风、纵向耦合振动等瞬态振动引起的低频振动环境，推进系统推进时的反射噪声，最大动压时的气动噪声引起的宽带随机振动环境，火工品引爆产生的冲击环境等。因此星载天线需具有较高的刚度，避免与卫星平台结构或者其他结构发生动力耦合产生过大的载荷，同时也可以满足天线变形控制的要求；天线也要有较高的强度，在承受预计力学环境下结构不发生破坏(如塑性变形、断裂、失稳等)。

(A) 刚度要求

星载天线的刚度一般采用模态的概念来表示(模态指天线的固有频率和其对应的振型)，如果天线的固有频率与卫星的固有频率比较接近，就会在该频率下产生较强的动力耦合，使星载天线产生很大的动载荷造成产品破坏。天线的固有频率由卫星总体根据整星的频率要求提出，一般卫星平台与主要部件及主要部件之间的基频相差应该在 $\sqrt{2}$ 倍以上，比如东四平台卫星整星 x 向的基频一般在 18 Hz 左右(空箱状态)，因此天线 x 向的基频通常需要大于 30 Hz。

轨道阶段飞行任务期间，天线展开状态的固有频率也要避免与姿态控制系统控制回路的频率发生耦合或由于基频过低增加系统控制难度，引起天线反射器指向角度不稳定或者卫星姿态误差等问题。

模态分析方法假设结构为线弹性体，且不考虑阻尼，采用以节点位移为变量，将结构离散成具有 n 个自由度的系统，其自由振动方程为

$$M_x(t)+Kx(t)=0 \tag{2-15}$$

特征方程为

$$(K-\omega^2 M)\varphi=0 \tag{2-16}$$

式中，ω 为特征值，模态分析中成为模态频率；φ 为特征矢量，模态分析中称为振型。

模态分析通过结构理想化得到刚度矩阵 K 和质量矩阵 M，求解特征方程得到模态频率 ω 和振型 φ 的特征。

星载天线设计中的模态分析以航天器卫星平台坐标系为基准，求解得出天线收拢状态和展开状态的一阶固有频率，典型 DFH-4 系列卫星东西天线收拢展开基频要求如表 2-3 所示。

表 2-3　天线基频要求

方　向	天线一阶固有频率要求	
	锁紧状态	展开状态
X_S	>30 Hz	>2 Hz
Y_S	>30 Hz	>2 Hz
Z_S	>60 Hz	>2 Hz

(B) 强度要求

天线强度分析将覆盖地面操作、发射载荷和在轨载荷，作用于天线部件上造成的力学环境包括以下几点：

(1) 准静态载荷。天线在地面操作以及飞行过程中受到静载荷的作用。一般来说，静载荷是指稳态过程过载加速度与瞬态动载荷折合成的静载荷相加而得到的准静态载荷，天线准静态设计要求一般由卫星总体给出，静力模型包括从星体连接面开始的所有天线结构。

(2) 正弦振动载荷。在模态分析的基础上，正弦振动根据总体下发的天线振动试验条件进行频率响应分析，得到天线应力最大部位和关键部位的位移、加速度响应和载荷。关键部位包括主要天线部件的最大响应点、天线与卫星接口位置以及相关的应力集中或变形最大部位。正弦振动响应分析时，输入加速度曲线按照总体文件规定的下凹条件和限幅条件进行分析。

(3) 随机振动载荷/噪声载荷。噪声环境产生的波动性声压会在面积质量比较大的天线部件(如面积较大的天线反射面、支撑塔等)产生频率很宽的振动相应，其频率范围通常为 20～10 000 Hz；高频随机响应主要作用于天线馈源、机构等部件，因而该类部件的力学环境条件用随机振动载荷代替噪声载荷；通过分析，可以得到天线最大部位和关键部位的位移、加速度响应和载荷，按照 3σ 的概率，实际最大应力可能为分析得到的 RMS 应力数值的 3 倍。

(4) 结构安全裕度。完成上述计算分析后，所有天线零部件在经受各种力学环境载荷或空间环境载荷后，其安全裕度均需满足表 2-4 的最小值的要求。安全裕度(margins of safety)计算公式为

$$M.S.=\frac{S_a}{S_e}-1 \tag{2-17}$$

式中，$M.S.$ 为安全裕度；S_a 为许用载荷或其对应的许用应力，单位为 N(MPa)；S_e 为鉴定载荷或其相应的应力，单位为 N(MPa)。

表 2-4　结构设计的最小安全裕度

金属材料	安全裕度	复合材料	安全裕度
屈服强度 σ_s	0.00	失效 FPF	0.25
破坏强度 σ_f	0.20	承载强度	0.25
稳定性	0.25	稳定性	0.30

3) 天线质量特性[6]

卫星质量特性主要包括卫星的质量、质心、转动惯量等，天线一般安装于卫星东、西舱板及对地板上，属于舱外安装设备，集中质量大，特别是东西舱板安装的展开天线，展开后反射器质心距离卫星坐标系坐标轴更远，转动惯量较大，成为影响卫星精确姿控的一个重要因素，因而需计算分析天线分系统展开、收拢两种状态下天线的质量特性，作为卫星质心平衡的设计输入，减少配重重量，满足运载火箭飞行以及在轨运行的要求。

对于目前主流的 DFH-4 系列的三轴稳定卫星，为便于计算，质量特性计算坐标系一般选取卫星坐标系为计算坐标系，即卫星与运载火箭对接面相垂直并与火箭纵轴重合的轴为 Z_S 轴，横坐标 X_S，Y_S 轴取在卫星下沿，这样所有计算天线及其部组件的质心到卫星坐标系的值均为已知，而且所有质心纵坐标均为正值，计算不易出错。

(A) 质心位置计算

根据各计算单元的质量 m_i 和其坐标 x_i，y_i 和 z_i，按下式算出天线的质心 x_a，y_a，z_a：

$$x_{\mathrm{a}}=\frac{\sum_{i=1}^{n} m_i x_i}{\sum_{i=1}^{n} m_i}$$

$$y_{\mathrm{a}}=\frac{\sum_{i=1}^{n} m_i y_i}{\sum_{i=1}^{n} m_i}$$

$$z_{\mathrm{a}}=\frac{\sum_{i=1}^{n} m_i z_i}{\sum_{i=1}^{n} m_i} \tag{2-18}$$

式中，i 为第 i 个计算单元；n 为计算单元总数。

天线的质心位置与天线分系统的布局有关，可以根据天线布局位置进行调整。

(B) 转动惯量计算

由于天线各部件重量、质心位置已知，为方便计算，一般提供卫星总体转动惯量以卫星坐标系的坐标轴方向为基准，定义为过天线质心的惯量。

计算转动惯量可按步骤进行，首先计算每个单元自身转动惯量，$J_{x_1 i}$，$J_{y_1 i}$，$J_{z_1 i}$，计算坐标系原点取在该单元质心，而自身坐标系 $O_1X_1Y_1Z_1$ 的 3 个轴分别平行于卫星坐标系 $O_SX_SY_SZ_S$ 的 3 个轴；再把每个单元当作质点计算在参考坐标系中的转动惯量；而后将每个单元的转动惯量按 3 个轴分别相加起来得出天线绕参考坐标轴的转动惯量；最后将天线的转动惯量移轴到通过天线质心的坐标系 $O_a x_a y_a z_a$（其 3 轴与 $O_SX_SY_SZ_S$ 的 3 轴平行）上，得出天线通过自身质心坐标系的转动惯量 J_{x_a}，J_{y_a}，J_{z_a} 为

$$J_{x_{\mathrm{a}}}=\sum_{i=1}^{n} J_{x_1 i}+\sum_{i=1}^{n} m_i\left(y_i^2+z_i^2\right)-\left(y_{\mathrm{a}}^2+z_{\mathrm{a}}^2\right) \sum_{i=1}^{n} m_i$$

$$J_{y_{\mathrm{a}}}=\sum_{i=1}^{n} J_{y_1 i}+\sum_{i=1}^{n} m_i\left(x_i^2+z_i^2\right)-\left(x_{\mathrm{a}}^2+z_{\mathrm{a}}^2\right) \sum_{i=1}^{n} m_i$$

$$J_{z_{\mathrm{a}}}=\sum_{i=1}^{n} J_{z_1 i}+\sum_{i=1}^{n} m_i\left(x_i^2+y_i^2\right)-\left(x_{\mathrm{a}}^2+y_{\mathrm{a}}^2\right) \sum_{i=1}^{n} m_i \tag{2-19}$$

目前由于计算机辅助三维设计工具如 Pro/E，UG，CATIA 等应用极为广泛，因此计算过程大大简化，可以通过模型材料密度的准确赋值结合精确的模型设计快速得到上述质量信息。

4) 天线机构驱动裕度要求

天线机构驱动力矩的设计必须满足安全裕度的要求，机构驱动力矩安全裕度分为静力矩裕度和动力矩裕度（对于线性机构，可以用驱动力代替驱动力矩）：

静力矩裕度＝[（驱动力矩－产生加速度所需的驱动力矩）/ 阻力矩]$^{-1}$

动力矩裕度＝[（驱动力矩－阻力矩）/ 产生加速度所需的驱动力矩]$^{-1}$

式中，产生加速度所需要的驱动力矩为系统启动所需要的加速度力矩；阻力矩为系统摩擦力矩、波导或电缆弯曲等一起作用产生的阻力矩。

天线展开驱动力矩应保证运动过程中任意工况下、任意位置上的静力矩裕度大于 1.0，静力矩裕度也应该给出设计的上限值，以保证天线展开和跟踪扫描时产生的冲击不对卫星姿态产生影响；机构运动过程中任意工况下、任意位置上的动力矩裕度大于 0.25；需频繁启动的机构，动力矩裕度应大于 1.0。

在断电情况下，运动部件（如驱动机构）要提供足够的阻力和保持力矩，以防止机构转动以及在轨卫星姿态调整时的加速度导致天线指向产生变化。

2.3　反射面天线的分析方法

从赫兹时代开始，反射面天线就已经存在了，它们是增益高、重量轻、易装载天线系统的最佳解决方案之一。物理光学（PO）分析方法的使用提供了所需要的性能估计精度，几乎所有的航天器反射面天线都是使用物理光学进行设计或分析的，并且所测量性能的精度在计算值的百分之几范围内。

除了物理光学分析方法之外，还需要利用许多其他方法来对天线系统进行完整的设计和分析，在物理光学分析方法中，需要准确的程序来设计分析馈源喇叭，将远场方向图变换到近场，综合程序被用来确定最大增益的反射面形状。物理光学分析、馈源喇叭分析、球面波分析和双反射器赋形部分虽已经在文献[11]中提到，但是这些概念非常基础，本书略对它们进行说明。在多频段系统的使用中，需要用到频率选择面的设计和分析工具，还需要用到评定轻便展开天线网面效果的程序，本节给出上述这些方法的基本数学描述，它们的应用实例会在后面提到。

2.3.1　天线辐射方向图分析

到目前为止，最重要的分析工具是物理光学，它被用来计算来自反射面的散射场（即反射面天线）。激励散射场的电流是由处于空间任意位置的馈源或其他反射面等辐射源产生的电磁波，在导体表面感应出来的。物理光学近似的表面感应电流是在反射面光滑、横向尺寸相对波长而言足够大的条件下等效得到的。封闭的反射表面被划分为来自源的射线直接照射区 S_1（照射区）和来自源的射线几何阴影区 S_2（阴影区），如图 2-31 所示，表面感应电流分布的物理光学可近似为

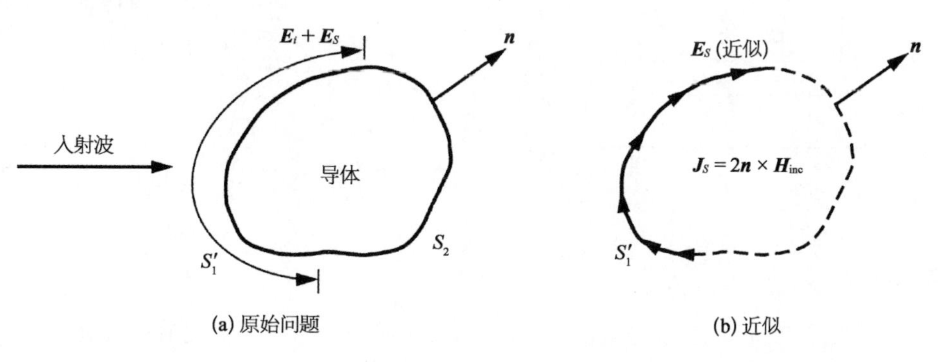

图 2-31　物理光学近似

$$\begin{cases} J_S = 2(\boldsymbol{n} \times \boldsymbol{H}_{inc}) & S_1 \\ J_S = 0 & S_2 \end{cases} \tag{2-20}$$

式中，$\boldsymbol{n}$ 为表面法向；$\boldsymbol{H}_{inc}$ 为入射场，该表达式被代入辐射积分公式中来计算散射场。

Rusch 和 Potter[12]全面地介绍了深空网(DSN)反射面天线早期的分析技术。最近，随着计算机运行速度和内存量提高了好几个数量级，提出了一个非常简单且功能强大的稳健算法，用于计算物理光学辐射积分。该算法非常重要[13,14]，下面具体介绍。

一个最简单的反射面天线计算程序是以辐射积分的离散近似为基础的。计算时用三角形的小平面代替实际的反射面表面，这种反射面表示法类似于一个测地圆顶。假设在每个小平面上物理光学电流的幅度和相位都是不变的，这样辐射积分就简化为一个简单的求和。该程序最初是在 1970 年开发的，已经证明该程序对于反射面的分析具有惊人的稳健性和有效性，特别是在近场计算且表面导数未知的情况下。

计算机程序的可用性显著增强是由于两个方面的改进：第一是随着时间的推移，计算机的运行速度和内存成倍增长；第二是更精密的物理光学表面电流近似方法的发展，允许使用更大的小平面，后者的改进是由于对表面电流采用了线性相位近似方法。在每一个三角区域内，积分结果是投影三角形的二维傅里叶变换。该三角形函数积分可以用闭合形式计算，最终的物理光学积分就是对这些变换进行求和。

2.3.1.1　详细的数学推导

反射面表面的物理光学辐射积分 Σ 可以表示为[14]

$$H(r) = -\frac{1}{4\pi}\int_{\Sigma}\left(\mathrm{j}k + \frac{1}{R}\right)\boldsymbol{R} \times J_s(r')\,\frac{\mathrm{e}^{-\mathrm{j}kR}}{R}\mathrm{d}s' \tag{2-21}$$

式中，r 为电磁场中的某个点；r' 为源点；$R = |r - r'|$ 为两点间的距离；$\boldsymbol{R} = |r - r'|/R$ 是单位矢量。

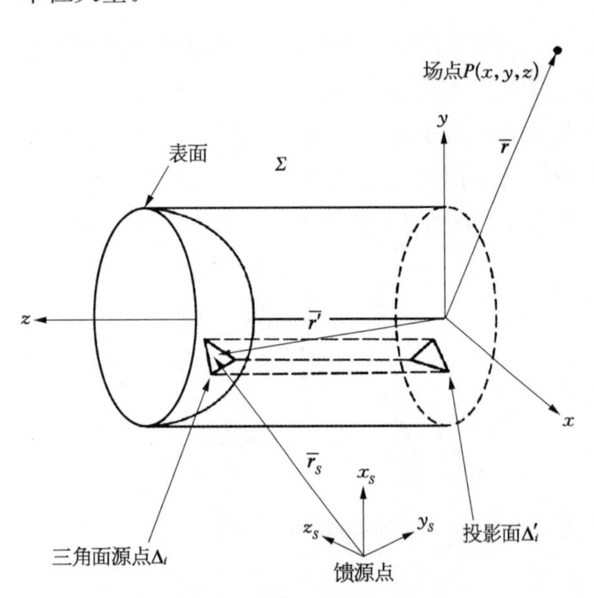

图 2-32　反射面分析坐标系和典型的三角形平面

为了便于分析，实际的表面 Σ 被相邻的一组三角形小平面代替。选择的这些小平面 Δ_i 在表面上投影的尺寸大致相等。图 2-32 显示了一个典型的小平面及其在 $x-y$ 平面上的投影。令 (x_i, y_i, z_i) 表示每个三角形的质心，其中下标 $i = 1, 2, \cdots, N$ 分别与每个三角形对应。这样通过用三角形平面代替实际的表面 Σ 获得的场可近似表示为

$$H(r) = -\frac{1}{4\pi}\sum_{i=1}^{N}\int_{\Delta_i}\left(\mathrm{j}k + \frac{1}{R}\right)\boldsymbol{R} \times J(r')\,\frac{\mathrm{e}^{-\mathrm{j}kR}}{R}\mathrm{d}s' \tag{2-22}$$

在式(2-22)中，J 是在三角形小平面上估计的等效表面电流，因为三角形较小，预计

在给定小平面的面积上 $\boldsymbol{R}$ 和 R 不会有变化。因而，令 $\boldsymbol{R}_i$ 和 R_i 为在每个小平面质心 (x_i, y_i, z_i) 获得的值，则式(2-22)可变形为

$$H(r)=\frac{1}{4\pi}\sum_{i=1}^{N}\left[\mathrm{j}k+\frac{1}{R_i}\right]\boldsymbol{R}_i\times T_i(r) \tag{2-23}$$

$$T_i(r)=\int_{\Delta_i}J_i(r')\frac{\mathrm{e}^{-\mathrm{j}kR}}{R_i}\mathrm{d}s' \tag{2-24}$$

经变换，入射场 H_s 按照反射面坐标系有

$$J_i(r')=2\boldsymbol{n}_i\times H_s(r') \tag{2-25}$$

假设入射场可以用如下函数形式表示为

$$H_s=h_s(r_i)\frac{\mathrm{e}^{-\mathrm{j}kr_s}}{4\pi r_{si}} \tag{2-26}$$

式中，r_s 为到源点的距离，r_{si} 是从三角形质心到源点的距离。那么，式(2-24)可以写成

$$T_i(r)=\frac{\boldsymbol{n}_i\times h_s(r_i)}{2\pi R_i r_{si}}\int_{\Delta_i}\mathrm{e}^{-\mathrm{j}k(R+r_s)}\mathrm{d}s' \tag{2-27}$$

使用雅可比行列式可近似为

$$R(x, y)+r_s(x, y)=\frac{1}{k}(a_i-u_i x-v_i y) \tag{2-28}$$

式中，a_i，u_i，v_i 为常量，表达式又可以写为

$$T_i(r)=\frac{\boldsymbol{n}_i\times h_s(r_i)}{2\pi R_i r_{si}}J_{\Delta_i}\mathrm{e}^{-\mathrm{j}a_i}\int_{\Delta_i}\mathrm{e}^{\mathrm{j}(u_i x'+v_i y')}\mathrm{d}x'\mathrm{d}y' \tag{2-29}$$

其中垂直于面 $z=f(x, y)$ 的表面为

$$N_i=-\boldsymbol{x}f_{xi}-\boldsymbol{y}f_{yi}+\boldsymbol{z} \tag{2-30}$$

式中，$f_x=\dfrac{\partial f}{\partial x}$，雅可比行列式为

$$J_{\Delta_i}=|N_i|=(f_{xi}^2+f_{yi}^2+1)^{1/2} \tag{2-31}$$

可以看出这个积分是第 i 个投影三角形 Δ_i' 的二维傅里叶变换，可表示为

$$S(u, v)=\int_{\Delta_i}\mathrm{e}^{\mathrm{j}(ux'+vy')}\mathrm{d}x'\mathrm{d}y' \tag{2-32}$$

可以如文献[15]所介绍的那样以闭合形式计算，总的辐射积分是所有三角形变换之和。

2.3.1.2　双反射面天线的应用

物理光学积分方法是按时序形式分析双反射面天线的。首先，馈源照射副反射面，则副反射面上的电流被确定；之后，来自副反射面的近场散射照射主反射面，则其感应电流被确定；然后主反射面散射场通过对这些电流作积分变换确定。

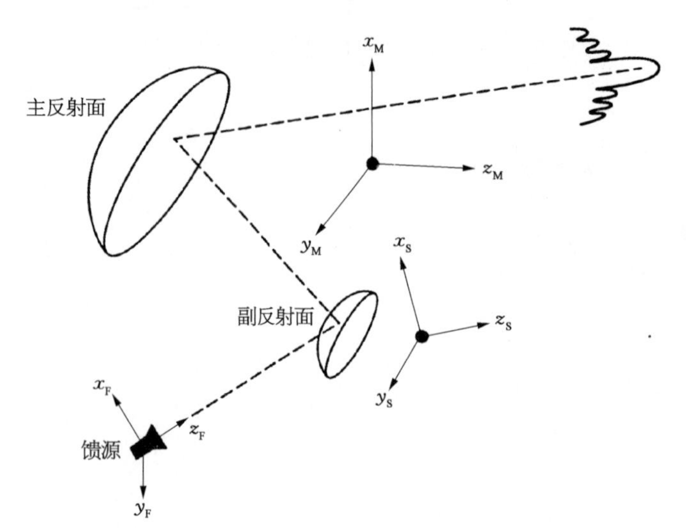

图 2-33　双反射面坐标系

由馈源、副反射面、主反射面推算方向图需要进行复杂的坐标系变化，各坐标系间的相互关系如图 2-33 所示，其中 (x_F, y_F, z_F) 是馈源坐标系，(x_S, y_S, z_S) 是副反射面坐标系，(x_M, y_M, z_M) 是主反射面坐标系。

2.3.1.3　常用的坐标系转换

在前面两节中，使用了两种截然不同的坐标系：反射面坐标系和馈源坐标系，而且有时在另一个坐标系中显示计算的方向图更为方便。因此，我们必须知道参量从一个坐标系到另一个坐标系的变化关系。

变化可以是平移，也可以是旋转，所需的变换公式见下面描述，它们是笛卡儿-球坐标系变换和使用欧拉角的坐标旋转。

笛卡儿-球坐标变换传统上以矩阵形式给出，矢量 $\boldsymbol{H}$ 的分量记为 (H_x, H_y, H_z)，球坐标分量记为 (H_r, H_θ, H_ϕ)，变换关系为

$$\begin{bmatrix} H_r \\ H_\theta \\ H_\phi \end{bmatrix} = \begin{bmatrix} \sin\theta\cos\phi & \sin\theta\sin\phi & \cos\theta \\ \cos\theta\cos\phi & \cos\theta\sin\phi & -\sin\theta \\ -\sin\phi & \cos\phi & 0 \end{bmatrix} \begin{bmatrix} H_x \\ H_y \\ H_z \end{bmatrix} \tag{2-33}$$

逆变换就是上述矩阵的转置。

通过使用欧拉角 (α, β, γ) 可以实现旋转。通过 3 个连续的欧拉角旋转，可将笛卡儿坐标系转换为另一个与之平行的坐标系。将两个坐标系分别表示为 (x_1, y_1, z_1) 和 (x_2, y_2, z_2)，如图 2-34 所示，各角度定义如下。

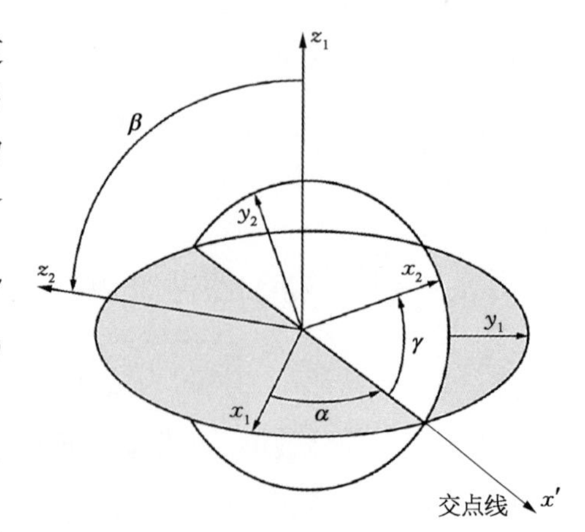

图 2-34　欧拉角的定义

α 描述的是绕 z_1 轴正向旋转，将 x_1 轴变换成 x' 轴，x' 轴与交线成一条线[(x_1, y_1) 平面与 (x_2, y_2) 平面的交线]。

β 描述的是绕交点连线 (x' 轴) 正向旋转，将 z_1 轴变换成 z_2。

γ 描述的是绕 z_2 轴正向旋转，将 x' 轴变换成 x_2 轴。

"正向旋转"定义为按相对旋转轴的右手准则所定义的角度增大方向。所描述的每个旋转仅需要使用平面解析几何坐标公式的标准旋转来实现。

当这些表示式写成矩阵形式并应用于上述情况，我们可以获得下面一个表示三维(3D)坐标旋转的矩阵等式：

$$\begin{bmatrix} x_2 \\ y_2 \\ z_2 \end{bmatrix} = \begin{bmatrix} A_{11} & A_{12} & A_{13} \\ A_{21} & A_{22} & A_{23} \\ A_{31} & A_{32} & A_{33} \end{bmatrix} \begin{bmatrix} x_1 \\ y_1 \\ z_1 \end{bmatrix} \tag{2-34}$$

式中，各矩阵元素可表示为

$$\begin{aligned}
A_{11} &= \cos\gamma\cos\alpha - \sin\gamma\cos\beta\sin\alpha \\
A_{12} &= \cos\gamma\sin\alpha + \sin\gamma\cos\beta\cos\alpha \\
A_{13} &= \sin\gamma\sin\beta \\
A_{21} &= -\sin\gamma\cos\alpha - \cos\gamma\cos\beta\sin\alpha \\
A_{22} &= -\sin\gamma\cos\alpha + \cos\gamma\cos\beta\cos\alpha \\
A_{23} &= \cos\gamma\sin\beta \\
A_{31} &= \sin\beta\cos\gamma \\
A_{32} &= -\sin\beta\cos\alpha \\
A_{33} &= \cos\beta
\end{aligned}$$

逆变换是上述矩阵的转置。

尽管公式是以坐标变换的形式给出，转换矩阵对于一个矢量的笛卡儿分量同样有效。因此，矢量 $\boldsymbol{H}$ 的分量变换式为

$$\begin{bmatrix} H_{x,2} \\ H_{y,2} \\ H_{z,2} \end{bmatrix} = \begin{bmatrix} A_{11} & A_{12} & A_{13} \\ A_{21} & A_{22} & A_{23} \\ A_{31} & A_{32} & A_{33} \end{bmatrix} \begin{bmatrix} H_{x,1} \\ H_{y,1} \\ H_{z,1} \end{bmatrix} \tag{2-35}$$

更详细的内容可参见文献[16]。

2.3.1.4 辐射方向图分析的数值范例

20 世纪 80 年代，FORTRAN 程序可用来进行上述的线性相位计算，通过与诸如文献[17]中的实测数据以及许多其他计算机代码的比较，该程序得到了广泛的检验。

一个简单而有趣的例子是如图 2-35 所示的一个椭圆情况，椭圆的投影口径约为 3 m，在偏置平面，以 x_p 轴为中心，照射函数是 $\cos^{42}\theta$ (22.3 dB 增益)，频率为 31.4 GHz。椭圆主轴长约为 350λ。图 2-36 比较了对 3 个不同栅格密度的恒定相位近似，栅格密度大约是 4 000，10 000，23 000 个三角形，这说明该方法的趋向，即取决于三角形的尺寸，而且对解的有效性有一个角度的限制。图 2-37 比较了线性相位近似与恒定相位近似(对 4 000 个三角形)的情况，证明角范围在线性相位近似中更大。

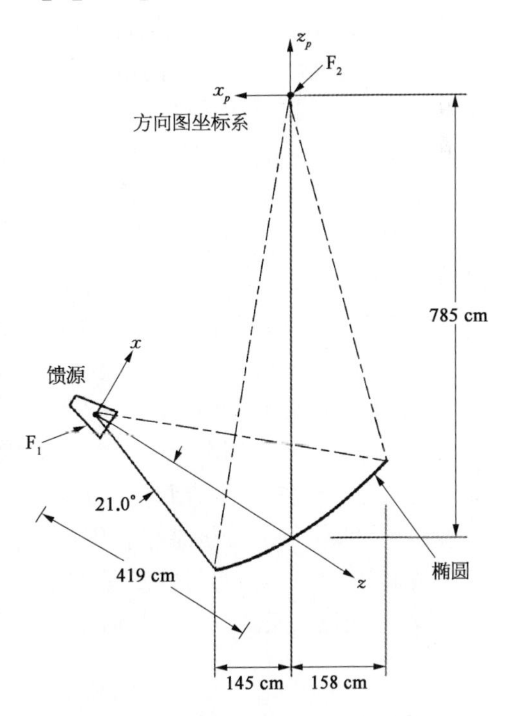

图 2-35　椭圆抛物面的几何结构

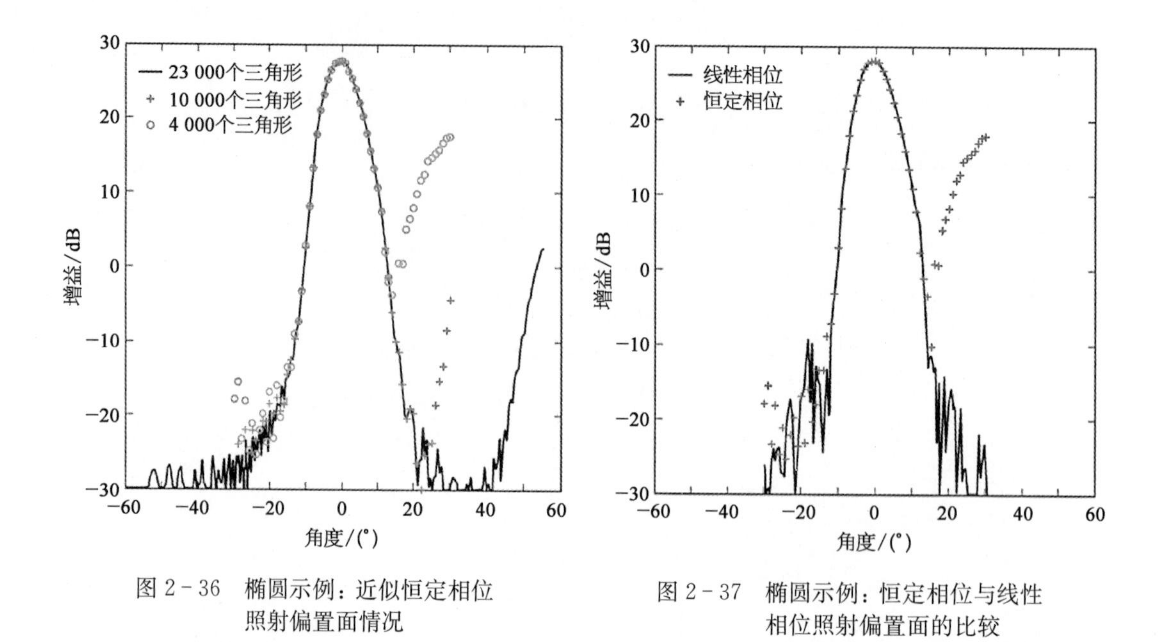

图 2-36 椭圆示例：近似恒定相位照射偏置面情况

图 2-37 椭圆示例：恒定相位与线性相位照射偏置面的比较

2.3.2 喇叭辐射方向图分析

与反射面系统分析同等重要的一个方面是准确计算馈源辐射方向图的能力，通常使用具有相等 $\boldsymbol{E}$ 和 $\boldsymbol{H}$ 平面方向图的馈源喇叭有两种类型：第一种是双模馈源喇叭[18]，第二种是波纹馈源喇叭[19]。在双模喇叭中，主模圆波导被连接到一个直径较大的波导上，经过阶跃过渡使其可以传输 TM_{11} 模(横向磁场)。其他高次模通过阶跃过渡生成。选择适当的阶跃幅度就可以从 TE_{11}(横向电场)模中精确地生成 TM_{11} 模，这样，当有两个模式通过张角喇叭部分时，$\boldsymbol{E}$ 和 $\boldsymbol{H}$ 平面方向图就变得相等。这种馈源的带宽是受限的，因为这两种模式必须在到达喇叭口面时同相，而且要求两种模式具有因频率不同而不同的相位变化速率。

在波纹馈源喇叭中，单模滑壁波导连接到波纹波导，它只支持 HE_{11}(混合)模传输。波导间的匹配是通过很短的过渡区内槽深 $\lambda/2 \sim \lambda/4$ 的渐变实现的。在过渡区内只有 HE_{11} 模可以传播，这种模式的 $\boldsymbol{E}$ 和 $\boldsymbol{H}$ 平面辐射方向图在达到平衡状态时近似相等 (槽深 $\approx \lambda/4$)。这种喇叭的带宽比双模喇叭宽，这是因为在平衡状态 (槽深 $\approx \lambda/4$) 附近，横向电场辐射方向图和 HE_{11} 模辐射方向图对槽深的微小变化相对不敏感。HE_{11} 模在单模波纹波导中生成之后，波导逐渐向外扩张到所要求的口径尺寸，同时保持槽深不变。

波纹部分主要使用由 Hoppe[20,21] 开发的计算机程序进行分析。该分析方法由 James[22] 提出，将圆波导模在每个脊和槽内的场展开，并考虑了脊和槽边缘的场匹配，由此可以得到连续边界和级联波导的分析结果。用这种方法，相邻和不相邻槽内场之间的耦合都得到考虑。计算结果是一个矩阵，它将输入模式与反射模式和口面模式联系起来。

设 $\boldsymbol{a}_1$ 为输入模式的归一化幅度矢量，则可以计算得到反射模式 $\boldsymbol{b}_1$ 和口面模式 $\boldsymbol{b}_2$。

$$\boldsymbol{b}_2 = [S_{21}]\boldsymbol{a}_1 \tag{2-36}$$

$$\boldsymbol{b}_1 = [S_{11}]\boldsymbol{a}_1 \tag{2-37}$$

式中，$[S_{21}]$ 和 $[S_{11}]$ 是计算机运算得到的散射矩阵[22]，它们由频率和设备的尺寸决定，与输入模式无关。因此，可以指定任意输入矢量 $\boldsymbol{a}_1$ 并计算反射场和口面场。使用归一化幅度计算上述内容，并用归一化矢量函数给出每种模式的场分布，就可以得到口面场 $\boldsymbol{E}_{\mathrm{B}}$，远场 $\boldsymbol{E}_{\mathrm{C}}$ 则使用 Silver 和 Ludwig[23,24]所描述的方法来计算。

$$E_{\mathrm{C}}=\frac{-1}{4\pi}\iint_{S}[-\mathrm{j}\mu\omega(\boldsymbol{n}\times\boldsymbol{H}_{\mathrm{B}})\phi+(\boldsymbol{n}\times\boldsymbol{E}_{\mathrm{B}})\times\nabla\phi]\mathrm{d}s \tag{2-38}$$

式中，μ 为自由空间磁导率；ω 为角频率，$\omega=2\pi f$；$\boldsymbol{n}$ 为垂直于口面的单位矢量；$\boldsymbol{H}_{\mathrm{B}}$ 为口面磁场；$\phi=\mathrm{e}^{-\mathrm{j}kr}/r$；$E_{\mathrm{B}}$ 为口面电场；∇ 为梯度算子；$\mathrm{d}s$ 为口面上的增量面积。其中 f 为频率；k 为波数，$k=2\pi/\lambda_0$；r 为从原点到远场点的距离。

当 $\boldsymbol{E}_{\mathrm{B}}$ 和 $\boldsymbol{H}_{\mathrm{B}}$ 用圆波导模式表示时，Silver 已经计算出积分结果[23]。因而，给定一个输入矢量和散射矩阵，就可以确定口面模式和合成的远场方向图。球面波分析技术被用来获得馈源喇叭的近场方向图，用于物理光学软件中。在整个分析过程中，必须注意确保场的幅度在功率的角度适当地归一化。可使用同样的软件对光滑壁的锥形馈源喇叭建模，建模时可将锥形喇叭看成由小阶梯和零深度波纹槽缝构成。

用模匹配技术分析波纹喇叭场得到的方向图和测量得到的方向图高度一致，实际上，如果计算和测量的方向图不匹配，很可能是由测量和加工误差引起的。

2.3.3　球面波分析

球面波扩散系数在反射面系统分析时经常使用，由此可将远场方向图变换为近场方向图，这样就可以用物理光学方法分析源的近场照射。

球面波理论在文献[24]中有详细论述，这里只作简要的介绍。在无源区域里，任何电磁场都可以用一个球面波展开表示。通常，展开项必须同时包含入射波和辐射波。如果场满足辐射条件，则只出现辐射波，且对于包含了所有源的最小球面外面，其展开式都是有效的(球心必须在展开坐标系的原点)。球面波的径向关系可由球面汉克尔函数 $h_n^2(kR)$ 给出。另外一种常见的情况是在不包含任何源的最大球内，展开式也有效。在这种情况下，入射波和辐射波能量相等，其辐射与球面贝塞尔函数 $j_n(kR)$ 有关。

尽管可用以上两种情况进行球面波展开，但最典型的还是用于天线辐射波分析。

在这两种情况中，输入场可用球表面切向电场描述。对于第一种情况，球的半径必须大于或等于包含所有源的球半径。描述远场时，球半径可视为无限。对于第二种情况，球半径必须小于或等于未包含源的最大球半径，且必须大于零。

逼近场所需的汉克尔函数指数的最大值近似等于 ka($ka+10$ 是典型值，但在某些情况下会采用更低下限)，其中 a 是包含(或不包含)所有源的球半径，分别对应第一种和第二种情况。

输入数据通过等高线 θ 和 ϕ 交叉点所定义的格栅来定义。每个点对应的幅度和相位用 E_θ 和 E_ϕ 表示，θ 的最小值约为 n 的最大值的 1.2 倍。

球面波与方位的关系用 $\sin(m\phi)$ 和 $\cos(m\phi)$ 给出，一般情况下，m 在 $0\sim n$ 之间，通常可利用对称性减少方位项的数量。圆锥馈源只辐射 $m=1$ 的模，另外还存在一种奇 ϕ 和偶 ϕ 的依存关系，通常只有一种能表现出来。对于偶数的情况，E_θ 可以只在 $\sin(m\phi)$ 项而 E_ϕ 只在 $\cos(m\phi)$ 项展开。对于奇数的情况，情形正好相反。数据球的最小 ϕ 值通常是 $2M+1$，其中

M 是 m 的最大值。

计算机输出的一组球面波展开系数可以用来计算有效区域内任意位置的场，因而计算程序的主要作用是获取包含球面(其中半径可以是无限的)上切向 E 场的数据，提供在有效区域内任意点的平均计算电磁场。

参考文献

[1] Rolf Jorgensen. Manual for GRASP7W/GRASP8W postprocessor. TICRA, 1997.

[2] 任朗.天线理论基础.北京：人民邮电出版社，1980.

[3] 叶云裳.航天器天线.北京：中国科学技术出版社，2007.

[4] Timothy Pratt.卫星通信(第二版).甘良才，译.北京：电子工业出版社，2005.

[5] 沈民谊，蔡镇远.卫星通信天线、馈源、跟踪系统.北京：人民邮电出版社，1993.

[6] Dynamic environmental criteria, NASA - HDBK - 70005. March 2001.

[7] Venkatachalam P A, Gunasekaran N, Raghavan K. An offset reflector antenna with low sidelobes, IEEE Transactions On Antennas And Propagation, VOL.AP - 33, 1985, 33(6): 660 - 662.

[8] Ramanujam P, Tun S M, Adatia N A. Sidelobe suppression in shaped reflectors for contour beams. Sixth International Conference on Antennas and Propagation(ICAP), 1989: 117 - 121.

[9] 袁家军.卫星结构设计与分析.北京：宇航出版社，2004.

[10] Imbriale W A. Large antennas of the deep space network. New Jersey: John Wiley & Sons, 2003.

[11] Rusch W V T, Potter P D. Analysis of reflector antennas. New York: Academic Press, 1970.

[12] Imbriale W A, Hodges R E. Linear-phase approximation in the triangular facet near-field physical optics computer program. Telecommunications and Data Acquisition Progress Report 42 - 102, April - June 1990, Jet Propulsion Laboratory, Pasadena, California, 47 - 56, August 15, 1990. http://ipnpr.jpl.nasa.gov/progress_report/issues.html

[13] Imbriale W A, Hodges R E. The linear phase triangular facet approximation in physical optics analysis of reflector antennas. Applied Computational Electromagnetic Society, 1991, 6(2): 74 - 85.

[14] Lee S W, Mittra R. Fourier transform of a polygonal shape function and its application in electromagnetics. IEEE Transactions on Antennas and Propagation, 1983, 31(1): 99 - 103.

[15] Rahmat-Samii Y. Useful coordinate transformations for antenna applications. IEEE Transactions on Antennas and Propagation, 1979, 27: 571 - 574.

[16] Withington J R, Imbriale W A, Withington P. The JPL beam waveguide test facility. Antennas and Propagation Society Symposium, London, Ontario, Canada, 1991: 1194 - 1197.

[17] Potter P D. A new horn antenna with suppressed sidelobes and equal beamwidths. Microwave Journal, 1963: 71 - 78.

[18] Brunstein S A. A new wideband feed horn with equal E- and H-plane beamwidths and suppressed sidelobes. Space programs summary 37 - 58, Vol. II, The Deep Space Network, Jet Propulsion Laboratory, Pasadena, California, 1969: 61 - 64.

[19] Hoppe D. Scattering matrix program for circular waveguide junctions. Cosmic Software Catalog, NASA - CR - 179669, NTO - 17245, National Aeronautics and Space Administration, Washington, D.C., 1987.

[20] Hoppe D J, Imbriale W A, Bhanji A M. The effects of mode impurity on Ka-band system performance. Telecommunications and Data Acquisition Progress Report 42 - 80, October - December 1984, Jet Propulsion Laboratory, Pasadena, California, February 15, 1985: 12 - 23. http://ipnpr.jpl.nasa.gov/progress_report/issues.html

[21] James G L. Analysis and design of TE_{11} and HE_{11}, Corrugated cylindrical waveguide mode

converters. IEEE Transactions on Microwave Theory and Techniques, Vol.MTT - 29, 1981: 1059 - 1066.

[22] Silver S. Microwave antenna theory and design, Radiation laboratory series, Vol. 12. New York: McGraw-Hill, 1949: 336 - 338.

[23] Ludwig A C. Radiation pattern synthesis for circular aperture horn antennas. IEEE Transactions on Antennas and Propagation, 1966, AP - 14: 434 - 440.

[24] Ludwig A C. Spherical wave theory. section in Handbook of antenna design (Rudge A W, Milne K, Olver A D, et al. editors), London: Peter Peregrinus, 1982.

第 3 章　单反射面天线

3.1　正馈单反射面天线结构与工作原理

单反射面天线[1]通常由反射器和馈源两部分组成，馈源的作用是发射和接收电磁波，而反射器的作用是将馈源的弱方向性波束转换为高方向性的波束。在接收方面，反射器能够将远处传来的电磁波能量经反射器反射后聚束起来，然后由馈源接收。在发射方面，则能够将馈源辐射的电磁波经反射器反射后集中向某一方向辐射。能满足这样性能的反射器有平面、球面、椭球面、双曲面和抛物面等几种形式，其中以抛物面的性能最佳。

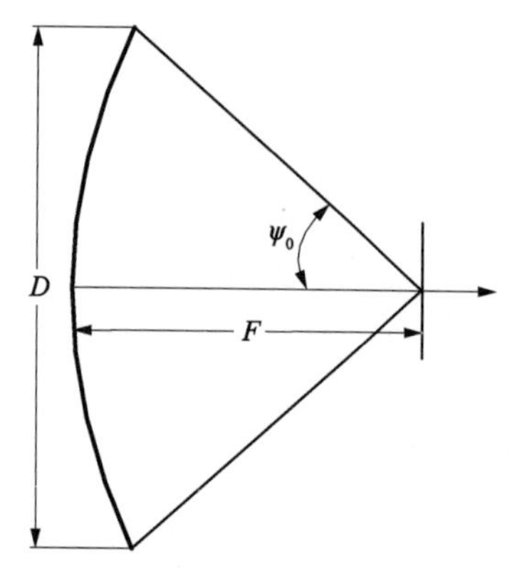

图 3－1　正馈单反射面天线结构参数

如图 3－1 所示，正馈抛物面天线主要有 3 个参数：

抛物面的口径 D：主要取决于对天线增益的要求。

抛物面的焦距 F：主要取决于交叉极化、纵向高度的限制等。

抛物面口径的张角：焦点对抛物面边缘的张角称为抛物面张角，半张角用 ψ_0 表示。

这 3 个参数中只有两个是独立的，它们之间满足：

$$\psi_0 = 2\tan^{-1}\frac{1}{4F/D} \tag{3-1}$$

通常习惯用焦距与口径直径比（F/D）的大小来表征抛物面的形状。当已知天线口径 D 与焦距 F 之后，抛物面的轮廓已定，并可以进行以下天线分类：① 满足 $F/D \leqslant 0.25(2\psi_0 \geqslant 90^\circ)$ 条件的称为短焦距天线；② 满足 $F/D \geqslant 0.5(2\psi_0 \leqslant 52^\circ)$ 条件的为长焦距天线；③ $0.25 < F/D < 0.5(52^\circ < 2\psi_0 < 90^\circ)$ 在两者之间的为中焦距天线。由于短焦距抛物面会出现反相电流，进而对天线辐射产生不利影响，应尽量避免。如果由于某种特殊原因必须采用短焦距的抛物面，应适当地切除反相电流区域。

如图 3－2 所示，正馈单反射面天线在卫星上主要用作点波束天线，为实现结构紧凑，应选取焦径比小一些的，同时考虑到交叉极化的要求，增大焦径比可以减小反射面曲率便于加工等，一般常采用 F/D 为 0.3～0.45 之间。

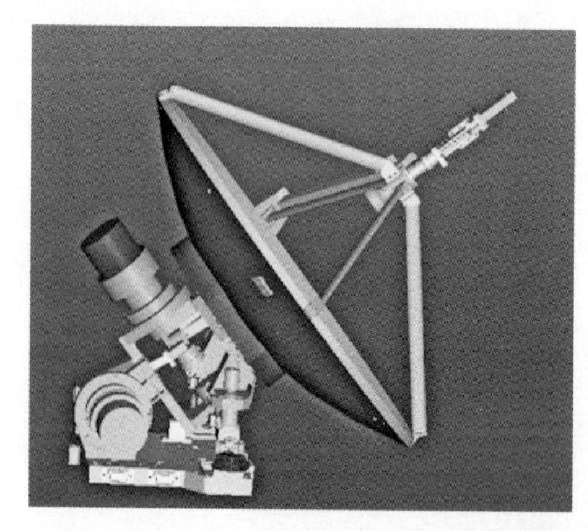
图 3－2　正馈单反射面机械可动点波束天线

3.2　偏馈单反射面天线

对于正馈单反射面天线，馈源位于旋转抛物面的正前方，馈源以及支撑它的支架对口径辐射起遮挡作用，引起较高的旁瓣电平；此外，反射能量将重新进入馈电系统，破坏天馈系统的匹配状态，如图 3-3 所示。这就是馈源与反射面相互影响的原因。

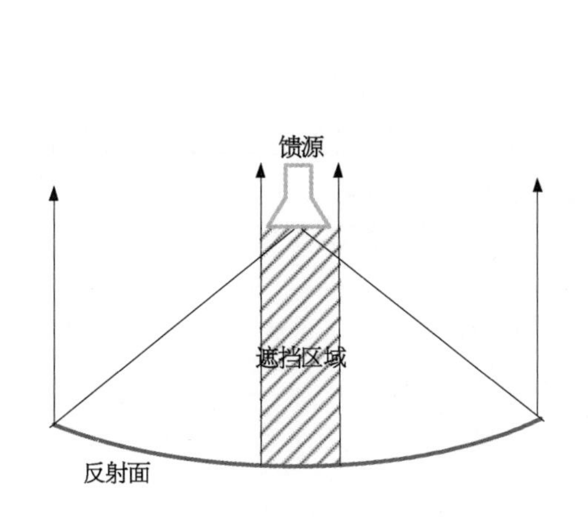

图 3-3　正馈单反射面天线馈源遮挡示意

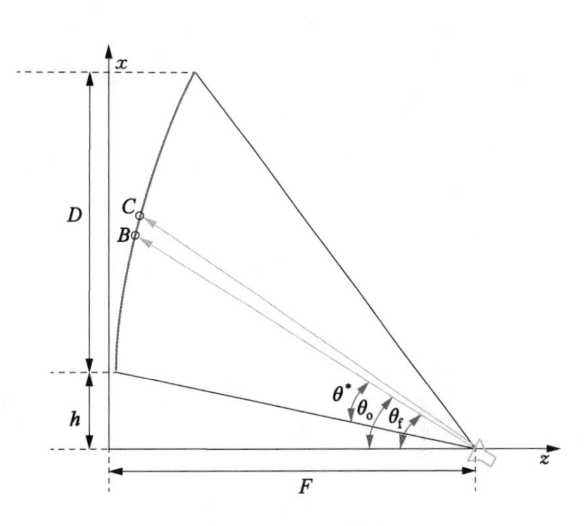

图 3-4　偏馈单反射面天线馈源遮挡示意

消除馈源与反射面影响的一种方法就是采用偏馈单反射面天线，如图 3-4 所示。图中的反射面只是旋转抛物面的一部分，馈源处于反射波作用之外，因此可以消除馈源与反射面的相互影响。

单偏置反射面天线具有如下优点：① 避免了口径遮挡；② 较高的口径效率；③ 降低了旁瓣电平；④ 反射器与馈源间有较高的隔离等。

单偏置反射面天线主要有如下参数：

D：抛物面的投影口径直径。

H：偏置高度=对称轴到反射器中心的距离。

$$H=\frac{D}{2}+h \tag{3-2}$$

F：抛物面的焦距。

θ^*：从焦点看过去，反射器的半张角。

$$\theta^*=\arctan\left[\frac{2fD}{4f^2+h(D+h)}\right] \tag{3-3}$$

θ_f：馈源指向反射器中心点 C 时相对于反射面对称轴的角度。

$$\theta_f=2\arctan\left(\frac{D/2+h}{2f}\right) \tag{3-4}$$

θ_o：馈源指向反射器角平分时相对于反射面对称轴的角度，馈源指向点 B。

$$\theta_o = \arctan\left[\frac{2f(D+2h)}{4f^2 - h(D+h)}\right] \tag{3-5}$$

在这些参数中只有 3 个参数是独立的，单偏置抛物面天线可以由天线口径、偏置高度和焦距来定义。参数选取的原则如下：

(1) 主面口径：增益。

(2) 偏置高度：射线遮挡和交叉极化电平。

(3) 焦距：交叉极化和纵向尺寸。

在确定反射面的参数后，需要进一步确定馈源的指向。如果馈源沿半锥角方向照射反射器，则由于路径损耗差异导致反射器两侧的边缘照射电平不均匀。如果馈源指向反射器的中心，则反射器两侧边缘照射电平趋于均匀，因此建议选择馈源指向反射器中心位置（见图 3-5）。

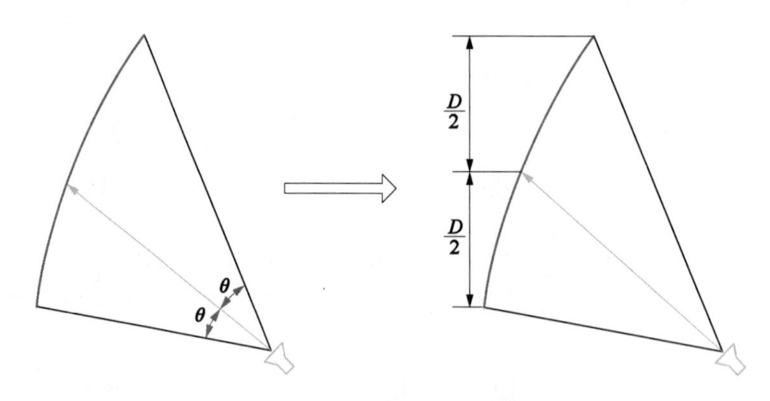

图 3-5　馈源照射角选择

3.3　天线的增益特性

反射面天线次级方向图及方向性系数的精确计算需要利用各种电磁仿真软件。实际中，在没有详细仿真计算的情况下也可采用简单的计算公式对方向性系数进行粗略估计。

对于口径天线，天线方向性系数 D_a 和天线口径面积 A 的关系为

$$D_a = \eta \frac{4\pi}{\lambda^2} A \tag{3-6}$$

式中，η 为天线口径效率，A 为天线口径面积，λ 为天线工作的波长。

对于圆口径的标准抛物面天线，其方向性系数 D_a 计算公式为

$$D_a = \eta \frac{4\pi}{\lambda^2} A = \eta \left(\frac{\pi d_a}{\lambda}\right)^2 \tag{3-7}$$

式中，d_a 为天线口径。

效率 η 由多类因素共同决定，包括：① 照射效率 η_{ill}；② 漏射效率 η_{spill}；③ 相位误差效率 η_{phase}；④ 交叉极化效率 η_{xp}；⑤ 遮挡效率 η_{block}；⑥ 阻抗失配效率 η_{mis}；⑦ 辐射效率 η_{rad}；⑧ 指向误差效率 η_{pos}；⑨ 反射器结构误差效率 η_{geom}；⑩ 反射器形面误差效率 η_{surf} 等。

$$\eta=\eta_{ill}\cdot\eta_{spill}\cdot\eta_{phase}\cdot\eta_{xp}\cdot\eta_{block}\cdot\eta_{mis}\cdot\eta_{rad}\cdot\eta_{pos}\cdot\eta_{geom}\cdot\eta_{surf}$$

1）照射效率与漏射效率

相对于均匀口径场分布，反射面口径场由于幅度锥削而引起的天线效率降低称为照射效率。另一方面，馈源照射反射面时会有一小部分能量越过抛物面边缘直接辐射到空间去，如图3-6所示，这部分能量通常不指向覆盖区，从而导致了天线效率的下降。反射面截获馈源辐射功率的百分比称为漏射效率。

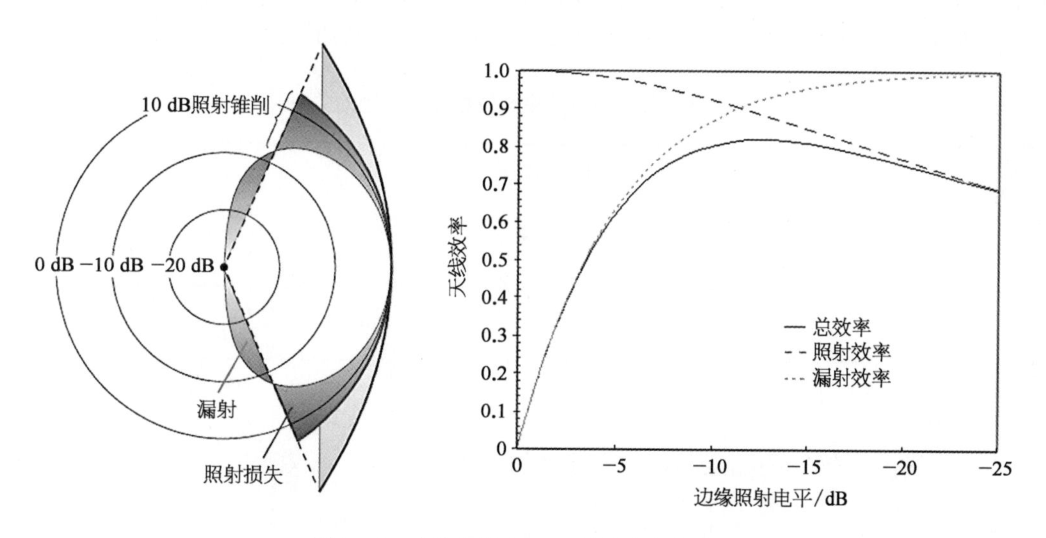

图3-6　边缘照射电平与天线效率的关系

对于给定反射面天线结构，照射效率和漏射效率主要与馈源方向图相关。馈源方向图通常用边缘照射电平来反映，图3-6给出了天线照射效率、漏射效率与边缘照射电平的关系曲线。可以看出：随着边缘照射电平的降低，漏射减少，漏射效率增加，同时口径场分布也越不均匀，口径照射效率减小。因此，口径照射效率与漏射效率之间存在一个最佳的折中，如图3-6所示，当边缘照射电平约为−11 dB时组合总效率最大，约为0.8，因此认为−12～−10 dB边缘照射电平为最佳。

2）相位误差效率

相位误差主要来自两个因素：

（1）馈源的相位误差。馈源通常只有等效的相位中心，在该相位中心处馈源产生近似的球面波。尽管如此，馈源方向图在反射器照射区域内仍存在一定的相位差，从而降低了天线的效率。

（2）型面误差。理想的反射面将产生均匀的同相口径场分布，然而，由于型面误差的存在，会再产生口径相差，降低了天线口面效率。它们是由于加工和热负载导致的变形。其中，增益降低可以看作是效率的降低，可表示为

$$L_{rs}=e^{-(4\pi\delta/\lambda)^2} \tag{3-8}$$

式中，δ 表示型面均方根误差，且假设反射器区域内的误差为高斯分布。

上式的 dB 形式如下：

$$L_{rs}=-685.8(\delta/\lambda)^2 \quad \text{dB} \tag{3-9}$$

3）交叉极化效率

反射面的去极化效应也会引起增益损失。当 θ_0 和 θ^* 小于 45°时，交叉极化引起的口径效率损失相对是比较小的，通常大于 0.98。

4）遮挡效率[1]

对于单偏置反射面天线，可以设计成无遮挡结构，此时遮挡效率为 100%。然而，对于正馈的单反射面天线，由于馈源、波导及支撑杆的存在，会遮挡反射面的辐射，导致增益下降。表 3-1 给出了不同反射面直径 D 时，口径遮挡效率 η_{block} 与遮挡结构直径 d_f 的关系。

表 3-1　口径遮挡效率与遮挡结构直径的关系

口径遮挡效率			
d_f/D	0.05	0.10	0.20
η_{block}	0.990	0.956	0.835

5）失配效率

由于天线内部存在反射，会引起输入能量的损失，称之为失配效率：

$$S_{12}=10\lg(1-S_{11}^2)=10\lg\left[\frac{4\times VSWR}{(1+VSWR)^2}\right] \tag{3-10}$$

式中，$VSWR$ 为驻波比要求值。

以下为几种典型驻波对应的失配损耗：

(1) $VSWR$ 为 1.25 时失配损耗为 0.05 dB。

(2) $VSWR$ 为 1.3 时失配损耗为 0.07 dB。

(3) $VSWR$ 为 1.5 时失配损耗为 0.18 dB。

(4) $VSWR$ 为 1.7 时失配损耗为 0.30 dB。

(5) $VSWR$ 为 2.0 时失配损耗为 0.51 dB。

6）辐射效率

由于材料的非理想性，会损耗一部分能量，将辐射功率与输入功率的比值称为辐射效率，主要包括反射器的损耗和馈源组件的损耗。

7）位置误差效率

当馈源安装存在位置误差，偏离反射面的焦点时，横向偏焦会产生线性相位差，引起波束指向偏移；纵向偏焦会产生平方率相位差，导致波束变宽，进而引起增益损失。

3.4　单反射面天线的波束偏移因子与扫描特性

1）轴对称单反射面天线的波束偏移因子

如图 3－7(a)所示，对于单反射面天线，馈源横向偏焦将会使次级波束最大指向发生偏离，波束偏移角与馈源横偏角之间有一个不大于 1 的比例因子，称为波束偏离因子，常记为 BDF[2,3]。

$$BDF = \frac{\theta}{\alpha} \tag{3-11}$$

式中，θ 为主瓣最大值方向偏移角，α 为馈源偏轴角。

波瓣偏移因子 BDF 与抛物面口径场（详见 2.3 节）、焦径比 F/D 等特性有关。其中，轴对称单反射面的波束偏移因子与焦径比、口径场分布的关系曲线如图 3－7(b)所示。从图中可以看出，F/D 较大时，波瓣偏移因子接近于 1。这是因为 F/D 越大，口径相位偏差越接近于线性律[当 F/D 趋于无限大时（平面反射面），BDF 趋近于 1]。

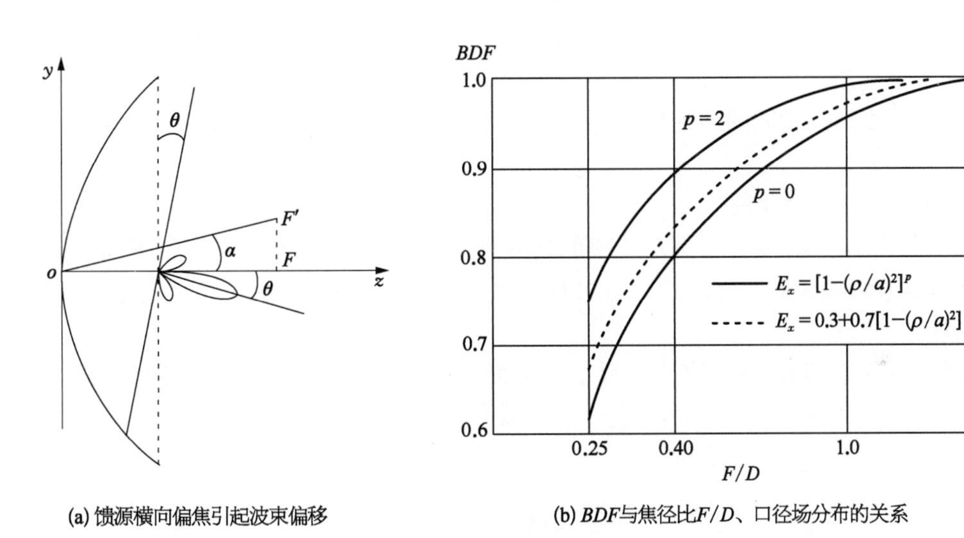

(a) 馈源横向偏焦引起波束偏移　　(b) BDF与焦径比F/D、口径场分布的关系

图 3－7　BDF 与 F/D、边缘照射电平的关系

备注：正馈分析波束扫描主要是为了考虑装配误差对波束指向的影响。

2）单偏置反射面天线的波束偏移因子

单偏置反射面天线的波束偏移因子计算与对称反射面类似。假设反射面偏置角为 θ_0，反射面的半张角为 θ^*（见图 3－8），那么单偏置反射面的焦径比为

$$(F/D)_{\text{off}} = \frac{\cos\theta^* + \cos\theta_0}{4\sin\theta^*} \tag{3-12}$$

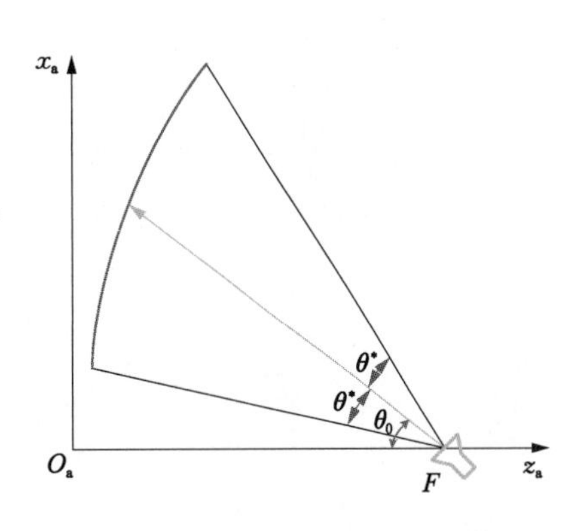

图 3－8　单偏置反射面天线示意

如果偏置反射面馈源横偏引起的次级波束偏斜仍采

用对称反射面的波束偏移因子表示的话，有[2]

$$BDF_{off}=BDF_{center}\frac{(F/D)_{off}}{(F/D)_{center}} \tag{3-13}$$

式中，BDF_{off} 和 BDF_{center} 分别为对称反射面天线和偏置反射面天线的波束偏移因子。

现举例说明，设反射面偏置角 $\theta_0=45°$，反射面的半张角 $\theta^*=40°$，则

$$(F/D)_{center}=\frac{\cos\theta^*+1}{4\sin\theta^*}=0.687 \tag{3-14}$$

$$(F/D)_{off}=\frac{\cos\theta^*+\cos 40°}{4\sin\theta^*}=0.573 \tag{3-15}$$

查图 3-7 得 $BDF_{center}=0.93$，于是可得

$$BDF_{off}=0.774 \tag{3-16}$$

由上可见，要达到相同的波束偏移角，则偏置反射面馈源的横偏要比对称反射面的馈源横偏大。

3）波束扫描性能的改进

馈源横向偏焦，可以是为了满足波束的扫描需求。扫描损耗、方向图变形、副瓣电平和交叉极化电平随着馈源偏离焦点的距离增加而增加。当横向偏焦距离大于几个波长的时候影响变得很明显。

较大的 F/D 能够减小这种影响（反射面表面更平坦），改善波束扫描性能。通过将偏焦馈源指向调整为指向反射器中心可以进一步降低偏焦性能的恶化，如图 3-9 所示，但增加了馈源的复杂度，因为它们不再平行。

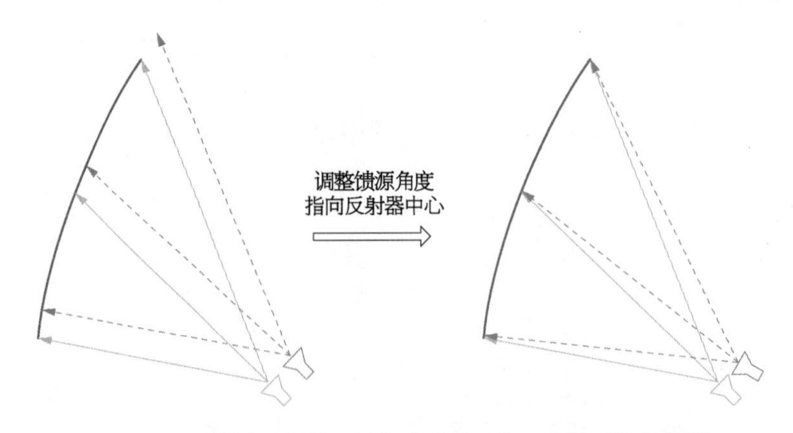

图 3-9　不同位置的馈源均指向反射面中心以保证波束性能

3.5　天线的旁瓣特性

文献[4～7]中总结了多项控制天线旁瓣电平的措施，这里主要讨论天线形式和方案已经确定的情况下如何来改善旁瓣特性。

众所周知，天线旁瓣电平主要由天线的口径场分布决定，而反射面天线的口径场分布主要由馈源方向图决定，为了获得低旁瓣特性，选择合适的反射面边缘照射电平，控制馈源的方向图以及馈源的指向都是非常重要的。

3.5.1　边缘照射电平与旁瓣电平

通过降低边缘照射电平可以改善单偏置反射面的旁瓣特性。采用较低的边缘照射电平，使口径边缘的激励强度接近于零，则它的近副瓣、宽角副瓣和后瓣电平都将比较低。其代价是增加天线口径来满足增益指标，比较适合对天线尺寸要求不严格的应用领域。

对于电大口径天线，当采用较大的边缘照射电平时即使存在馈源遮挡效应，理论上也能够获得较低的旁瓣电平，但并不适应于较小口径的天线。如图 3－10 所示，给出了口径分别为 36λ（波束宽度约为 2°）和 12λ（波束宽度约为 6°）的两种反射面天线在存在馈源遮挡情况下天线旁瓣电平与边缘照射电平的关系曲线，从中可以明显看出这一规律[4]。

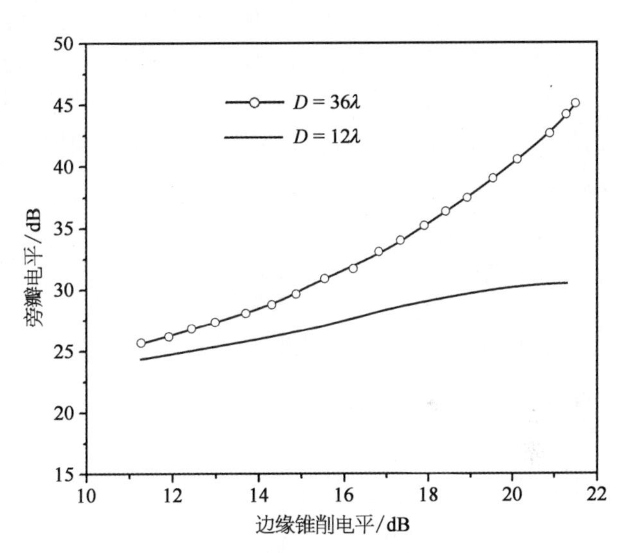

图 3－10　馈源遮挡对天线旁瓣电平的影响曲线

为了进一步改善电小尺寸反射面天线的旁瓣性能，可以沿抛物面边缘附加一圆柱形金属围边，直观地看，加上围边后，遮蔽了馈源在一定区域的宽角漏失辐射，从而降低天线的宽角副瓣电平。适当选取围边高度（一般在 5 个波长左右），可以有效地抑制宽角副瓣和后瓣电平。

3.5.2　馈源方向图形状与旁瓣电平

反射面天线的旁瓣特性不仅仅与边缘照射电平相关，还与馈源方向图的形状有关。同样的边缘照射电平，不同形状的馈源方向图在反射面上形成的口径场分布也不相同，从而产生不同的旁瓣特性。下面通过一个例子来说明馈源方向图形状是如何影响天线旁瓣电平的，通过调整哪些参数可以控制馈源的方向图。

以一偏置反射面天线（见图 3－11）为例，天线口径为 20λ，$\theta_0=37°$，研究馈源方向图对旁瓣电平的影响。

如图 3－12 所示，采用圆锥波纹喇叭作为初级馈源，通过改变结构参数可以控制其辐射方向图的形状，具体特性[5]有：

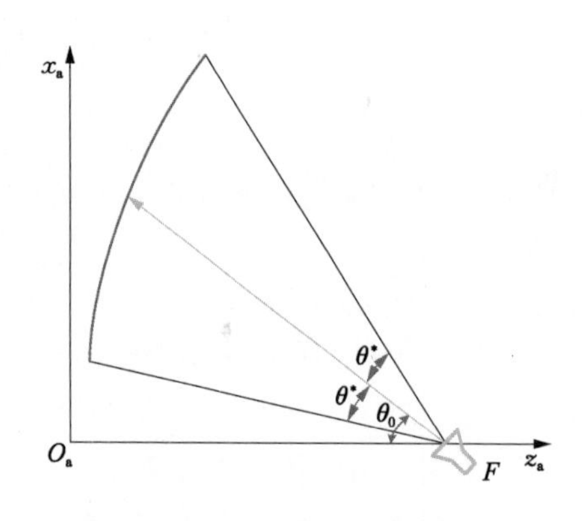

图 3-11　单偏置反射面天线结构

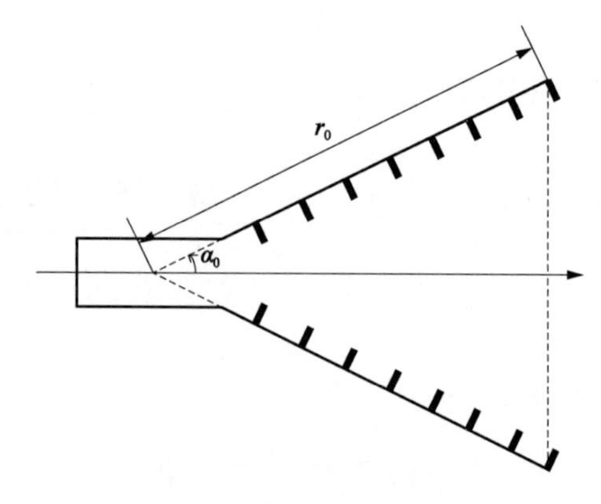

图 3-12　圆锥波纹喇叭结构

（1）张角固定时，波束宽度随长度的增加而减小。

（2）长度固定时，波束宽度随张角的增加而增加。

（3）与大张角波纹喇叭相比，小张角波纹喇叭具有更稳定的相位特性。

（4）在给定方向到达 20 dB 锥销的喇叭长度随张角的减小而增加。

在本例中，边缘照射 $\theta_c=37°$，要求边缘照射电平为 -20 dB，研究馈源方向图在不同参数情况下对天线副瓣电平特性的影响。馈源方向图如图 3-13 所示，天线方向图如图 3-14 所示。从图中可以看出：

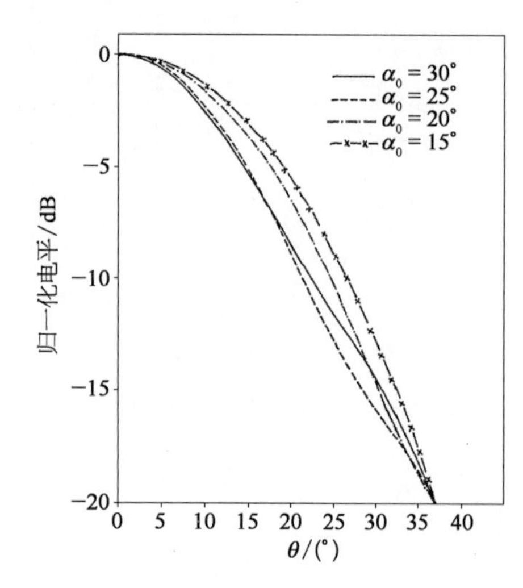

图 3-13　圆锥波纹喇叭辐射方向图

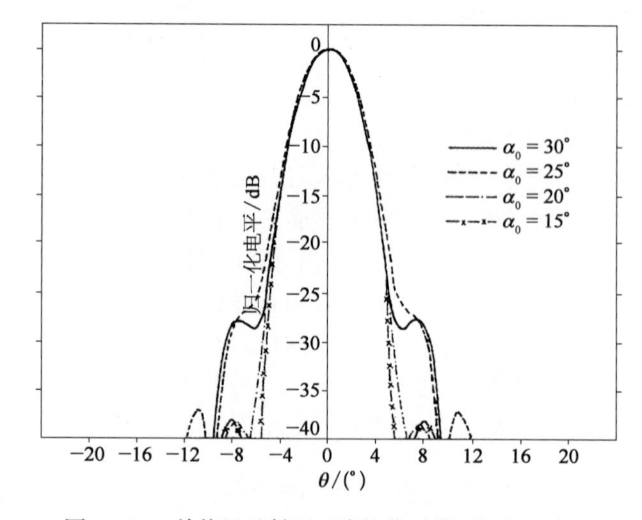

图 3-14　单偏置反射面天线的非对称面辐射方向图

（1）采用张角 $\alpha_0=25°$ 和 $\alpha_0=30°$ 的馈源，天线辐射方向图出现了不期望的“肩膀”形状，而张角 $\alpha_0=15°$ 和 $\alpha_0=20°$ 的馈源不存在此现象。

（2）对于张角 $\alpha_0=15°$ 和 $\alpha_0=20°$ 的馈源：$\alpha_0=20°$ 的馈源长度略短，波束略宽、轴向增益略低于采用 $\alpha_0=15°$ 的馈源。

（3）采用 $\alpha_0=15°$ 的馈源，轴向增益最高，旁瓣电平约为 -38 dB，且喇叭长度也可以接受。

（4）对上述 4 种馈源激励下天线的交叉极化特性也进行了分析，交叉极化电平基本相同，主要由天线结构参数决定。

综上，张角 $\alpha_0 = 15^\circ$ 的馈源显然是获得低旁瓣电平的最佳馈源，且具有稳定的相位中心。其他结构参数的反射面天线特性也在文献中研究，结论相同。

3.5.3　馈源指向与旁瓣电平

馈源方向图通常是圆对称的，当照射单偏置反射面天线时，由于结构的不对称，当馈源指向角平分线时，反射器的上下部分由于空间衰减不同，导致了不对称的反射面口径场分布，从而影响了天线的旁瓣特性。因此，对于天线的旁瓣电平而言，存在一个最佳的馈源指向角 $\psi_f = \psi_E$ 来获得最低的旁瓣电平，且对增益的影响可以忽略。

3.6　线极化单偏置反射面天线的交叉极化特性

由于单偏置反射面天线结构的非对称性，也带来了一些缺点。比如，在线极化工作时具有较高的交叉极化电平，圆极化工作时存在波束偏移。

如果反射面是无限大平面，则沿天线主轴放置的理想极化的馈源能够产生理想极化的次级方向图。然而，反射面的曲率改变了面电流线(除两个主平面)，从而产生交叉极化。

如图 3 - 15 所示，正馈反射面天线的优点是：由于反射面上感应的电流左右对称、上下对称，因此线性的交叉极化能够相互抵消，在两个主平面内交叉极化为 0。正馈反射面的最大交叉极化出现在 45°面，其位置在主波束第一零点附近。因此，正馈反射面的这种对称性保证了在 3 dB 主波束宽度内较低的交叉极化电平。

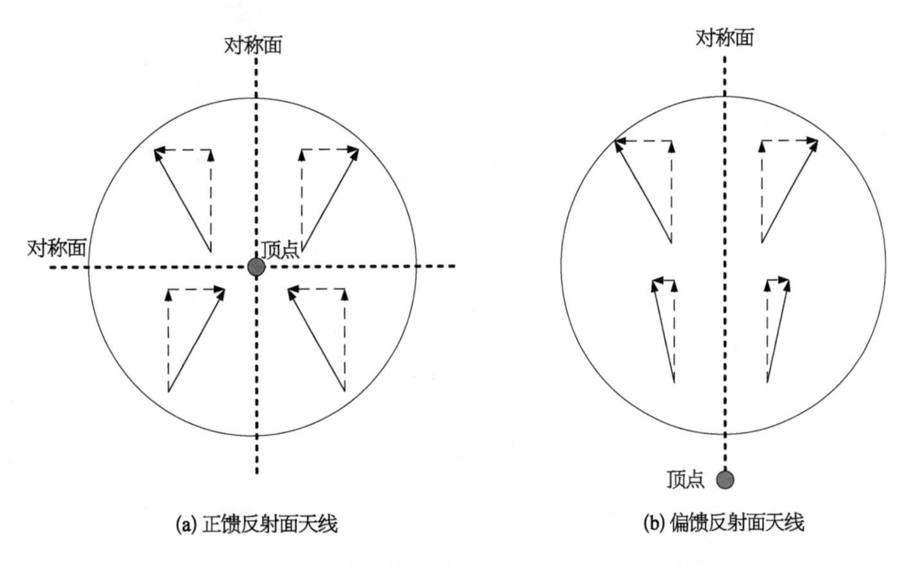

图 3 - 15　正馈和偏馈单反射面天线上的电流分布

然而，对单偏置反射面天线，即便采用纯线极化馈源馈电，也因为去极化效应产生交叉极化。单偏置反射面天线的焦区场为

$$\boldsymbol{E}_x(\rho,\ \varphi_0) = \frac{2J_1(\rho)}{\rho} + \frac{\mathrm{j}D\sin\theta_0}{F} \cdot \frac{J_2(\rho)}{\rho} \cdot \cos\varphi_0 \tag{3-17}$$

$$\boldsymbol{E}_y(\rho,\ \varphi_0) = -\frac{\mathrm{j}D\sin\theta_0}{F} \cdot \frac{J_2(\rho)}{\rho} \cdot \sin\varphi_0 \tag{3-18}$$

式中，$J_n(\rho)$ 是 n 阶 Bessel 函数，D 为反射面口径，θ_0 为偏置角度。

如图 3-15 所示，单偏置反射面保证了左右对称，而无法获得上下对称，沿偏置面的线性交叉极化无法相互抵消，从而导致了交叉极化分量。因此，单偏置反射面天线仅仅在对称面的交叉极化为 0，交叉极化峰值从对称反射面天线的 45°面转移到 90°面，在非对称面出现了两个交叉极化波瓣，且位置由第一零点区域转移到主极化−6 dB 等值线处。因此，单偏置反射面天线的交叉极化峰值通常位于主极化覆盖区内，对于 F/D 在 1～2 范围内的单偏置反射面天线，非对称面交叉极化峰值电平典型值在−32～−24 dB 范围内（位于主极化−6 dB 等值线处），这对于许多应用而言是太高了。另外，考虑到单偏置反射面天线在平行偏置面的主平面交叉极化仍为 0，因此天线工程师常尽量安排偏置面方向与覆盖区最大尺寸方向一致，以最大化覆盖区内的 XPD 性能。

图 3-16 给出了单偏置反射面天线的焦区场等值线图。

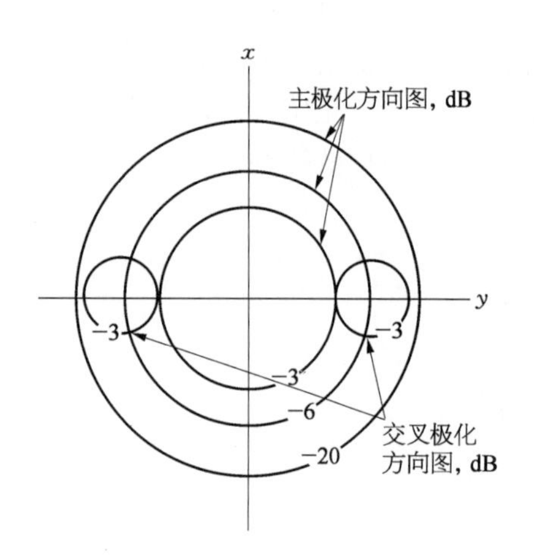

图 3-16　典型单偏置反射面天线焦区场等值线

（交叉极化峰值电平一般低于主极化峰值电平−30～−20 dB）

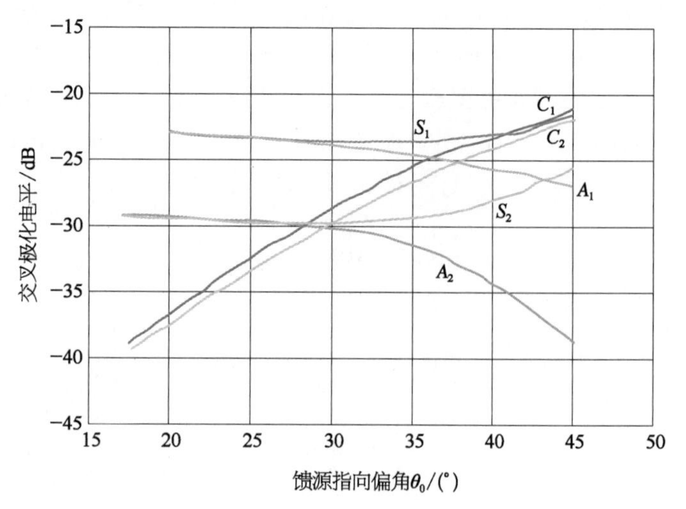

图 3-17　旁瓣电平和交叉极化电平随指向角的变化

S_1 -偏馈反射面天线对称面产生的旁瓣电平，−10 dB 照射；
S_2 -偏馈反射面天线对称面产生的旁瓣电平，−20 dB 照射；
A_1 -偏馈反射面天线非对称面产生的旁瓣电平，−10 dB 照射；
A_2 -偏馈反射面天线非对称面产生的旁瓣电平，−20 dB 照射；
C_1 -非对称面的峰值交叉极化电平，−10 dB 照射；
C_2 -非对称面的峰值交叉极化电平，−20 dB 照射

图 3-17[9] 给出了偏置反射面天线交叉极化电平随偏置角的一般趋势。可以看出，交叉极化的峰值与参数 θ_0 密切相关，而与馈源边缘照射电平不敏感；θ_0 越大，交叉极化电平越高。因此，如果要求整个主波束内均为线极化（比如，低于−35 dB），则必须采用较小的偏置角以及长焦距结构来降低交叉极化。同时，需要注意的是，馈源的锥削并不会对交叉极化产生明显的影响，增加馈源锥削从−10 dB 到−20 dB，天线的最大交叉极化电平仅仅降低 1 dB。

对于要求低交叉极化的应用，单偏置反射面天线存在挑战，特别是由于降低交叉极化的可

调参数很少。从上面的研究可以发现交叉极化电平与偏置角度密切相关。降低了馈源指向角 θ_0，也即增加 F/D（依次降低了馈源指向角 θ_0），交叉极化电平会明显改善，然而，调整 F/D 往往受到空间等因素的限制。下面介绍在 F/D 不变的情况下如何优化馈源的指向角，在增益与交叉极化电平之间进行折中。

（1）天线参数。

口径：$D = 85.5\lambda$

偏置高度：$h = D/8$

焦径比：$F/D = 1.3$

（2）馈源参数。

馈源采用对称的 Gaussian 辐射方向图来模拟，馈源极化方向平行 x_f 方向，馈源的锥削电平为 −10 dB。

（3）数值结果。

图 3－18 给出了交叉极化电平、波束增益和旁瓣随馈源指向角变化的曲线。注意到，增益曲线有一个较宽的峰值，而 XPOL 随着馈源指向角 θ_0 的降低而降低。

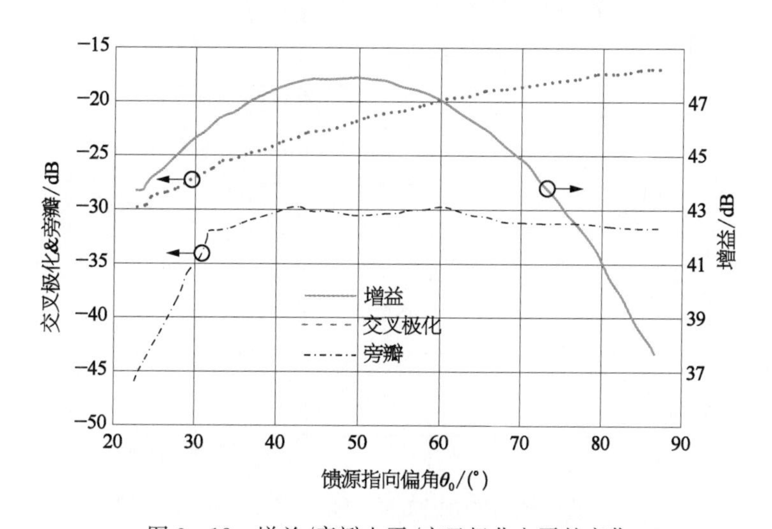

图 3－18　增益/旁瓣电平/交叉极化电平的变化

研究表明：交叉极化特性对馈源指向角非常敏感，适当减小馈源指向角可明显改善交叉极化特性，但会导致天线泄露损耗有所增加。对于交叉极化设计，降低馈源指向角 θ_0 直至交叉极化性能满足要求，或者增益降低不满足要求。

3.7　圆极化单偏置反射面的极化基本特性

采用纯圆极化馈源馈电，单偏置反射面天线并不会产生交叉极化信号。虽然入射波的每个线极化分量都产生了一个交叉极化分量，但是考虑两主线极化分量的相位正交性，两正交主极化矢量和一对相位非对称的交叉极化矢量叠加后产生了同样的旋向。因此，合成信号产生了纯的圆极化波，对称的和非对称的分量合成导致波束偏离了视轴方向，偏离的方向与极化旋向有关[8]。

当圆极化馈源照射偏置抛物面时会产生波束偏移现象。在垂直主偏置面的平面内，辐射方向图出现了小角度的波束指向偏移。天线远场波束 RHCP 与 LHCP 向相反方向偏移。因此，对于双圆极化天线，覆盖固定区域的最小增益性能将有所下降。当圆极化馈源偏焦工作时，即使是对称的反射面，也会出现该现象。波束偏移角度明显影响了天线的波束指向精度，在先进的天线应用中应考虑这些。

1）波束偏移角度

波束偏移是由于入射场的去极化效应在反射器的口径面上产生了线性相移。如果面向波的传播方向，则右旋圆极化波偏向垂直面的左边，而左旋圆极化波偏向垂直面的右边，如图 3－19 所示。Adatia 和 Rudge 推导了圆极化馈源位于焦点处时单偏置反射面天线的波束偏移角公式 θ_s：

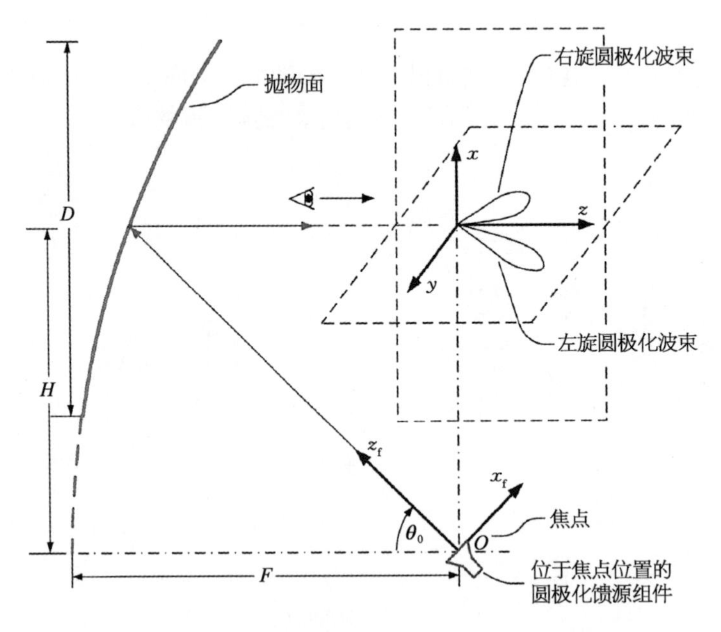

图 3－19　正交圆极化指向角偏移(馈源位于抛物面焦点处)

$$\theta_s = \mp \sin^{-1}\left(\frac{\sin\theta_0}{2Fk}\right) \tag{3-19}$$

式中，θ_0 为馈源的倾角，F 为抛物面的焦距，k 为自由空间的传播常数。右旋圆极化波取“－”，表示 $\varphi = 90°$ 面偏向 $-\theta$ 方向。左旋圆极化波取“＋”，表示 $\varphi = 90°$ 面偏向 $+\theta$ 方向。

Duan 和 Rahmat-Samii 提出了一个更通用的公式，适用于圆极化馈源位于焦点或偏焦状态下的对称抛物面和偏置抛物面。

$$\theta_s = \mp \sin^{-1}\left[\frac{\sin(\theta_0 + \theta_B)}{2Fk}\right] \tag{3-20}$$

式中，θ_B 是由于馈源在 $\varphi = 0°$ 面偏置引起的波束倾角，角度 $\theta_0 + \theta_B$ 表示入射波与辐射波之间的角度，如图 3－20 所示。

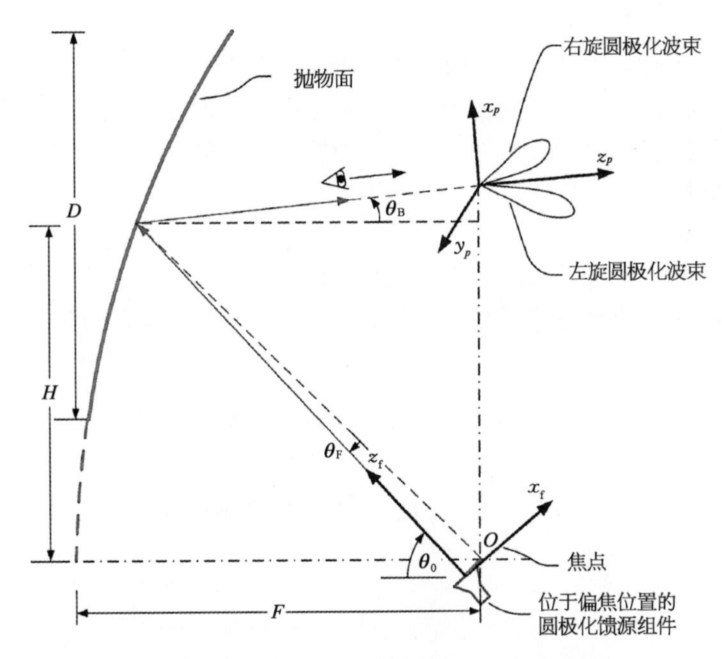

图 3-20　正交圆极化指向角偏移(馈源位于横向偏焦状态)

对于圆极化工作的单偏置反射面天线,不仅存在主极化波束偏移现象,还存在差模方向图零点偏移现象,且两者的偏移角度并不一致(见表 3-2),表中,表示差模相位分布因子 $e^{\pm j\phi}$ 的符号选择并不是任意的,依赖于模式的选择。例如,如果差模源采用 TM_{01} 和 TE_{01} 模正交相位差激励时,则 RHCP 应采用"+",LHCP 应采用"−"。另一方面,如果差模源采用两 TE_{21} 模正交相位差激励时,则 RHCP 应采用"−",LHCP 应采用"+"。

表 3-2　圆极化波束偏离方向

	馈源极化	
	右旋圆极化	左旋圆极化
和波束偏移	$\sin^{-1}\left(\dfrac{\sin\theta_0}{2Fk}\right)$	$-\sin^{-1}\left(\dfrac{\sin\theta_0}{Fk}\right)$
差波束零深偏移(相位分布因子 $e^{j\phi}$)	$\sin^{-1}\left(\dfrac{\sin\theta_0}{Fk}\right)$	0
差波束零深偏移(相位分布因子 $e^{-j\phi}$)	0	$-\sin^{-1}\left(\dfrac{\sin\theta_0}{Fk}\right)$

2) 调整馈源指向法修正波束指向偏移

虽然波束偏移现象能够有效地分离 RHCP 和 LHCP 波束,但是在大多数应用中并不希望出现波束偏移现象。Duan 和 Rahmat-Samii 提出单抛物面天线可以通过正确倾斜馈源来修正波束偏移现象:

$$\theta_0+\theta_B=0 \tag{3-21}$$

当式(3-21)满足时,则式(3-20)中的波束偏移角 θ_s 一直保持为0。对于偏焦工作的对称抛物面天线,特别是当馈源偏置距离较小时,该方法非常有效。然而,对于单偏置抛物面天线,该方法是不切实际的。因为,此时 $\theta_0 \gg \theta_B$,如果要满足式(3-21),则馈源指向将远离抛物面,产生很大的漏射。

3) 平移馈源法[9]

对于单偏置反射面天线,天线结构和坐标系如图3-21所示。反射器为标准的单偏置抛物面,投影口径为圆形,直径为 D,焦距为 F,偏置高度为 H。圆极化馈源位于焦点 O,倾角为 θ_0。反射面可以表示为

$$z=-F+\frac{(x+H)^2+y^2}{4F} \tag{3-22}$$

式中,(x, y, z) 为全局坐标系(见图3-21)。焦点 O 的坐标为 $(-H, 0, 0)$。

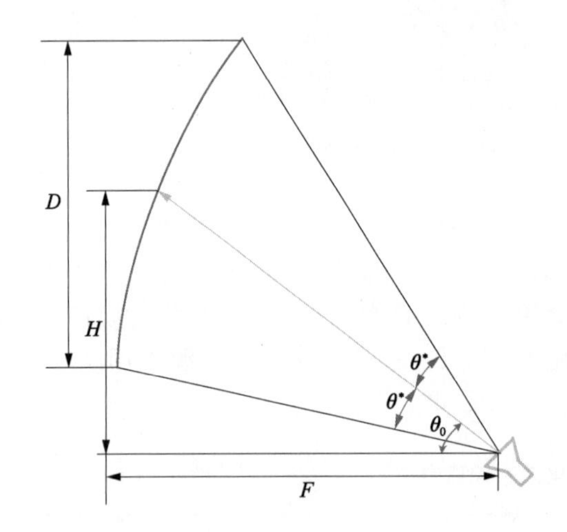

图3-21　单偏置反射面天线结构示意

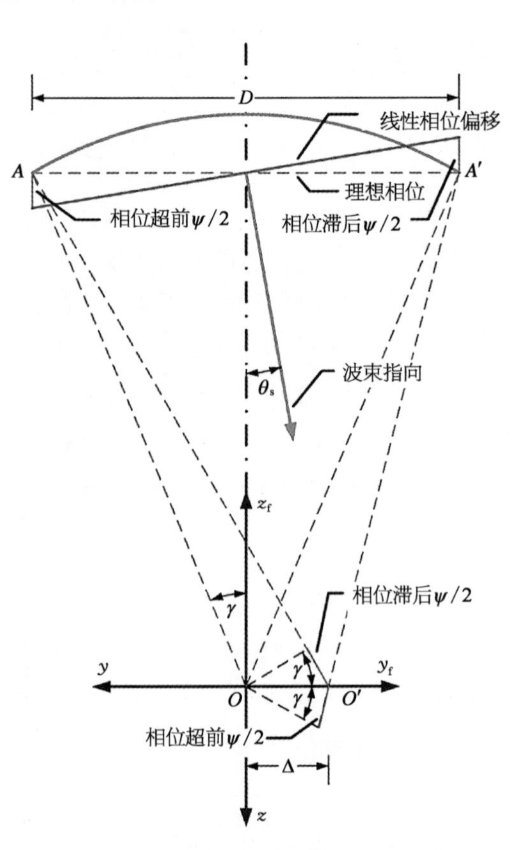

图3-22　正交圆极化指向角偏移(通过馈源横向偏焦可以修正口径场的相位偏移)

图3-22给出了图3-21垂直面的顶视图,需要注意的是 x_f 轴仅当 $\theta_0=0$ 时与 x 轴重合。对于圆极化馈源,在 $\varphi=90°$ 面由于单偏置反射面的去极化效应会产生线性相移。不失一般性,假设 A 点超前 A' 的相移为 φ。这里,$|AA'|=D$。导致辐射波束偏移 θ_s 的线性相移 φ 为

$$\varphi=-kD\sin\theta_s \tag{3-23}$$

式中,θ_s 可以通过式(3-20)预测,或通过测量、数值仿真得到。

为了补偿波束偏移,可以将馈源沿 y_f 从点 O 移到点 O'。通过正确地选择馈源位置,馈源偏焦沿 AA' 产生了一个新的反相线性相移,能够有效地减小或消除式(3-23)所描述的线性相移 φ。馈源偏移位置为

$$\Delta=\frac{\psi/2}{k\sin\gamma} \tag{3-24}$$

式中，γ 是馈源在垂直面的半张角，可以由下式确定：

$$2\gamma=\cos^{-1}\left(\frac{2\mid OA\mid^{2}-D^{2}}{2\mid OA\mid^{2}}\right) \tag{3-25}$$

式中，点 A 的坐标为 $(0,\ D/2,\ -F+[H^{2}+(D/2)^{2}]/(4F))$。

需要注意的是，假设反射器远离馈源，Δ 相比 $\mid OA\mid$ 和 $\mid O'A\mid$ 是非常小的，使得 OA 近似与 $O'A$ 平行。考虑到波束偏移角通常是非常小的，因此 Δ 也非常小，上述假设是一个非常好的近似。合并式(3-23)和式(3-24)可以估计出馈源的最优偏移位置为

$$\Delta=-\frac{D}{2}\times\frac{\sin\theta_{\mathrm{s}}}{\sin\gamma} \tag{3-26}$$

虽然式(3-26)是基于聚焦馈源的单偏置抛物面推导出来的，但是它也适用于其他的反射面结构。例如，对于偏焦馈源的单偏置反射面天线，可以采用式(3-20)代替式(3-19)来预测波束偏移角度，一旦波束偏移角度可以通过仿真获得，则可以直接适用式(3-26)。

3.8　单偏置反射面天线的匹配馈源

3.8.1　匹配馈源的工作原理

在许多应用场合，交叉极化电平是一个非常关键的指标，而采用传统的馈源(如 Potter 喇叭)是无法解决这一问题的。匹配馈源降低交叉极化的基本思想是根据场匹配原理，如果初级馈源口径处的切向电场为反射面焦平面电场的复共轭，则单偏置反射面天线非对称性产生的交叉极化能够被补偿。

传统的高性能轴对称馈源(如波纹喇叭)只提供了主极化分量的共轭匹配，因此导致了单偏置反射面的高交叉极化特性。通过在馈源口径场增加合适幅度和相位的非对称高次模，进行有效的匹配，可改善单偏置反射面天线的交叉极化性能。图 3-23 给出了两个线极化方式情况下单偏置反射面焦平面场的对称分量和非对称分量特性。

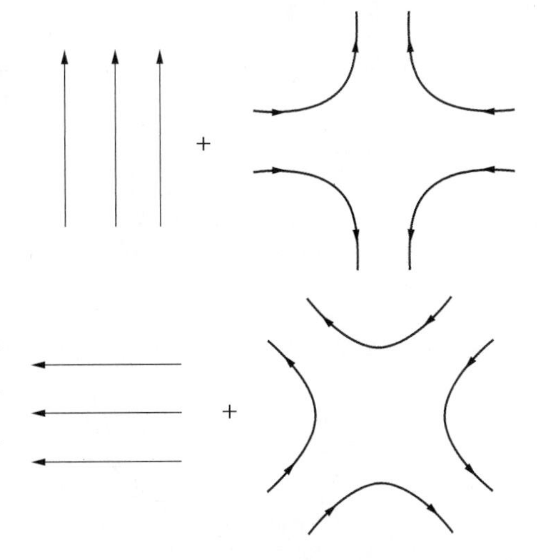

图 3-23　不同极化入射时反射面场分布

为了精确匹配这种特性，在光壁圆柱波导中，要求非对称的 TE_{21} 模，图 3-24 给出了圆锥喇叭中两个正交的 TE_{21} 模场分布，分别表示为 TE_{21}^{1} 和 TE_{21}^{2}。当反射面天线极化在对称面中(x 轴方向)，合理选择 TE_{21}^{1} 模的模系数可以实现主极化和交叉极化的同时匹配。当反射面天线极化在非对称面中(y 轴方向)，合理选择 TE_{21}^{2} 模的模系数可以实现主极化和交叉极化的同

时匹配。正交 TE_{21} 模主平面分布的差异是光壁圆柱波导边界条件强制的结果。由于主模 TE_{11} 模产生的主极化方向图缺乏轴对称性，在主模 TE_{11} 模和高次模 TE_{21} 模的基础上还必须引入 TM_{11} 模以改善馈源主极化方向图的对称性，并降低除对角平面外的其他平面交叉极化电平，如图 3-25 所示。因此，对于光壁圆锥匹配馈源，应工作在三模状态[10]，即 TE_{11} 模 + TM_{11} 模 + TE_{21} 模。

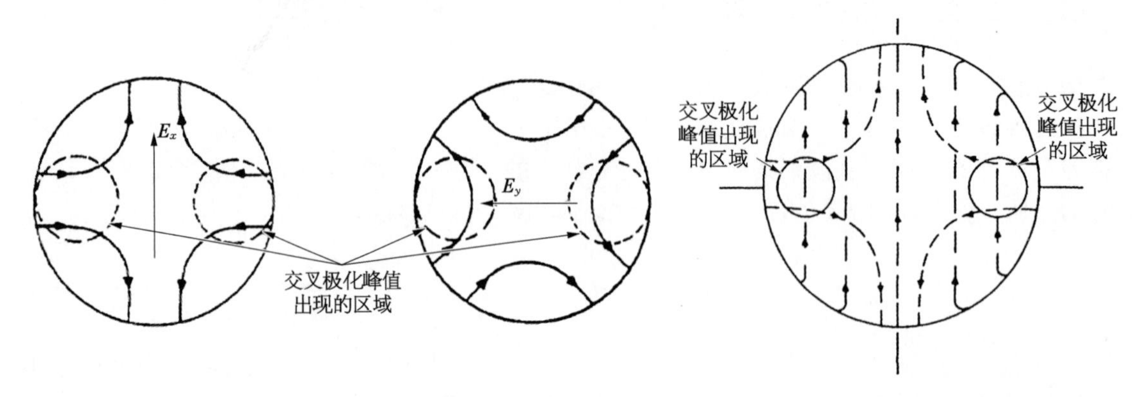

图 3-24　圆锥喇叭的正交场分布　　　　图 3-25　匹配馈源口径场分布

对于波纹喇叭，在主模 HE_{11} 模的基础上增加 HE_{21} 模[11]；对于矩形角锥喇叭馈源，通过在主模 TE_{10} 模的基础上增加 TE_{11} 模即可实现匹配馈源[12]。表 3-3 总结了 3 种常见的馈电波导结构中需要实现焦平面场共轭匹配的波导模式。圆柱波导模式也可以应用于左右旋圆极化中。目前，关于单线极化匹配馈源和双线极化匹配馈源都已有研究[13,14]。3 种类型的匹配馈源分别如图 3-26～图 3-28 所示，由于圆锥匹配馈源应用最为广泛，因此本节重点介绍圆锥匹配馈源设计。

表 3-3　不同馈源结构对应的模式

喇叭结构	模式	
	对称面（$-x$）	不对称面（y）
光壁圆锥形	$TE^1_{11}+TM^1_{11}+TE^1_{21}$	$TE^2_{11}+TM^2_{11}+TE^2_{21}$
波纹圆锥形	$HE^1_{11}+HE^1_{21}$	$HE^2_{11}+HE^2_{21}$
光壁矩形	$TE_{10}+TE_{11}/TM_{11}$	$TE_{01}+TE_{20}$

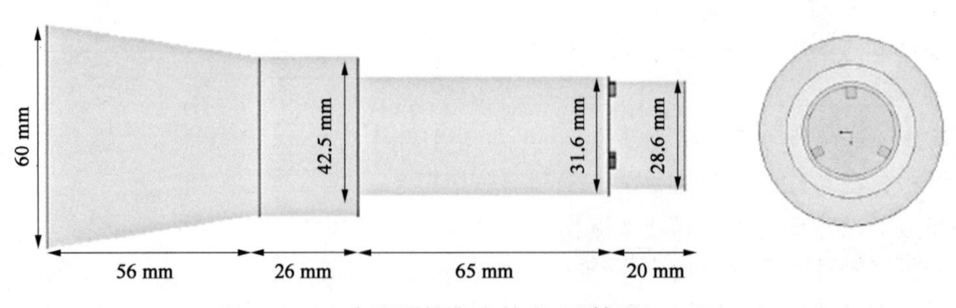

图 3-26　X 频段圆锥光壁喇叭匹配馈源（10 GHz）

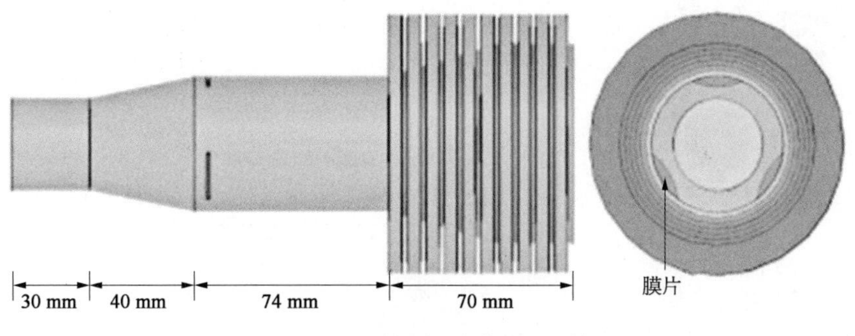

图 3 - 27　X 频段圆锥波纹匹配馈源

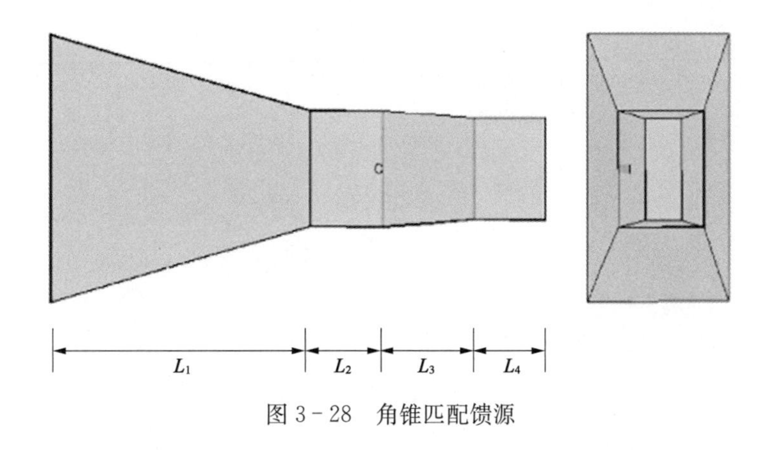

图 3 - 28　角锥匹配馈源

3.8.2　圆锥光壁匹配馈源设计

常见的匹配馈源结构如图 3 - 29[15,16]和图 3 - 30 所示，一般由两个阶梯组成的小张角喇叭。其中，第一个阶梯是非对称的，口径 D_1的确定应保证 TE_{11}模自由传输，口径 D_2选择应保证 TE_{21}传输，其他更高阶模式截止，TE_{21}模可以通过膜片、销钉等激励，图 3 - 31 给出了不同数量销钉激励的 TE_{21}模电场分布。相比而言，膜片对驻波特性的影响更小。第二阶梯是轴对称的，用于激励 TM_{11}模，口径 D_3选择应保证 TM_{11}传输，其他更高阶模式截止。同时该阶梯的对称性也可避免 TE_{21}模的进一步激励。各模式的幅度和相位主要通过阶梯高度和移相段长度调节。一般情况下，匹配馈源的长度与传统双模喇叭相比长 0.25～1.0 个波长。

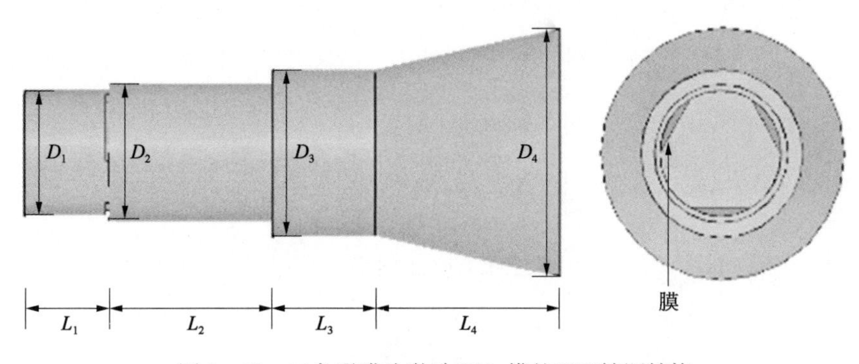

图 3 - 29　三角形膜片激励 TE_{21}模的匹配馈源结构

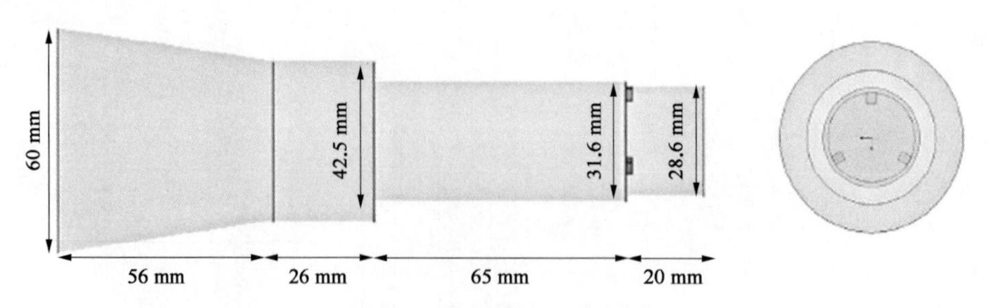

图 3-30 X 频段销钉激励 TE_{21} 模的匹配馈源结构

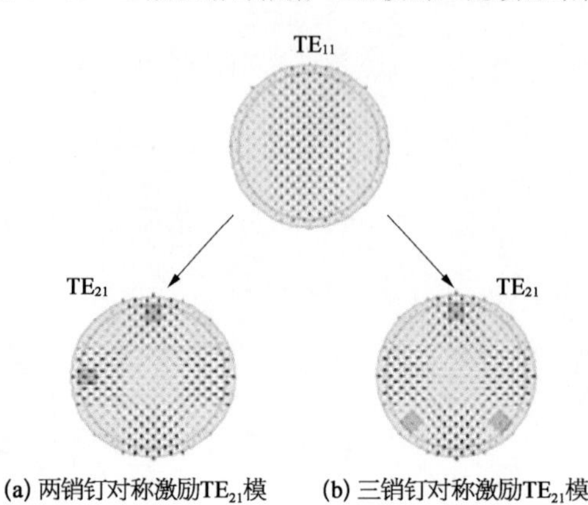

图 3-31 TE_{11} 模和 TE_{21} 模波导模式

1）不同模式比值的确定

对于圆锥光壁匹配馈源，喇叭口径存在 3 个模式 TE_{11} 模、TE_{21} 模和 TM_{11} 模，远场辐射方向图可以表示为

$$
\begin{aligned}
\boldsymbol{E}_{\theta} &= \boldsymbol{E}_{\theta}^{\mathrm{TE11}} + \alpha_1 \boldsymbol{E}_{\theta}^{\mathrm{TM11}} + \mathrm{j}\alpha_2 \boldsymbol{E}_{\theta}^{\mathrm{TE21}} \\
&= \left\{\left(1+\frac{\beta_{11\mathrm{H}}}{k}\cdot\cos\theta\right)\cdot\left[\frac{J_1(ka\sin\theta)}{ka\sin\theta}\right]\cdot\sin\varphi\right\}+ \\
&\quad \alpha_1\cdot\left\{\left(\frac{\beta_{11\mathrm{H}}}{k}+\cos\theta\right)\cdot\left[\frac{J_1(ka\sin\theta)}{ka\sin\theta}\right]\cdot\left[\frac{1}{1-\left(\dfrac{k_{11\mathrm{E}}\cdot a}{ka\sin\theta}\right)^2}\right]\sin\varphi\right\}+ \\
&\quad \mathrm{j}\alpha_2\cdot\left\{2\cdot\left(1+\frac{\beta_{21\mathrm{H}}}{k}\cdot\cos\theta\right)\cdot\left[\frac{J_2(ka\sin\theta)}{ka\sin\theta}\right]\cdot\sin(2\varphi)\right\}
\end{aligned} \tag{3-27}
$$

$$
\begin{aligned}
\boldsymbol{E}_{\varphi} &= \boldsymbol{E}_{\varphi}^{\mathrm{TE11}} + \mathrm{j}\alpha_2 \boldsymbol{E}_{\varphi}^{\mathrm{TE21}} \\
&= \left\{\left(\frac{\beta_{11\mathrm{H}}}{k}+\cos\theta\right)\cdot\left[\frac{J_1'(ka\sin\theta)}{1-\left(\dfrac{ka\sin\theta}{k_{11\mathrm{H}}\cdot a}\right)^2}\right]\cdot\cos\varphi\right\}+ \\
&\quad \mathrm{j}\alpha_2\cdot\left\{\left(\frac{\beta_{21\mathrm{H}}}{k}+\cos\theta\right)\cdot\left[\frac{J_2'(ka\sin\theta)}{1-\left(\dfrac{ka\sin\theta}{k_{21\mathrm{H}}\cdot a}\right)^2}\right]\cdot\cos(2\varphi)\right\}
\end{aligned} \tag{3-28}
$$

式中，α_1 和 α_2 是任意常数，定义了 TM_{11} 模和 TE_{21} 模相对于 TE_{11} 模的相对功率。选择合适的 α_1 和 α_2，可以实现匹配馈源特性。

高次模 TE_{21} 模的引入对主极化性能也会产生一定的影响，特别是对于较小的 F/D 单偏置反射面天线。因此，在优化参数 α_1 和 α_2 时，不仅要最小化天线交叉极化电平，还要控制主极化面的波束宽度。

2）设计实例[17]

单偏置反射面天线如图 3-32 所示，$F/D=0.5$，偏置角为 43°，分别采用 Potter 喇叭和匹配馈源照射，用以研究交叉极化电平、带宽、旁瓣电平和波束偏移随参数的变化。

TE_{21} 模幅度变化对交叉极化电平的影响如图 3-33 所示，TE_{21} 模幅度随偏置角度（θ_0）的变化如图 3-34 所示。图 3-35 给出 Potter 喇叭和匹配馈源对 F/D 变化时的交叉极化变化结果。图 3-36 和图 3-37 分别给出了两种馈源照射时波束偏移情况。交叉极化随频率的变化如图 3-38 所示。同时，旁瓣电平也在可接受的范围内。

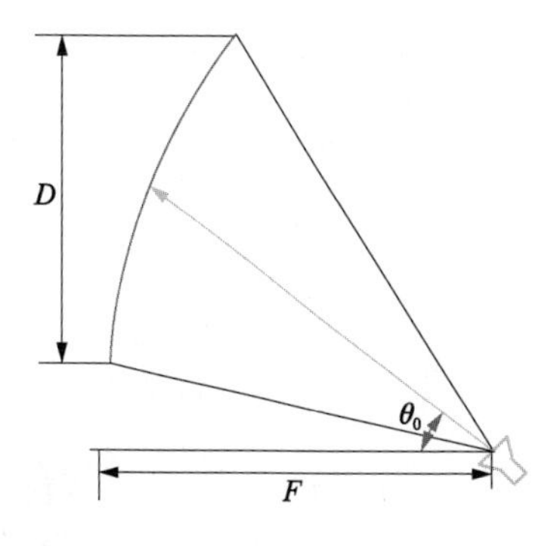

图 3-32　单偏置反射面天线结构

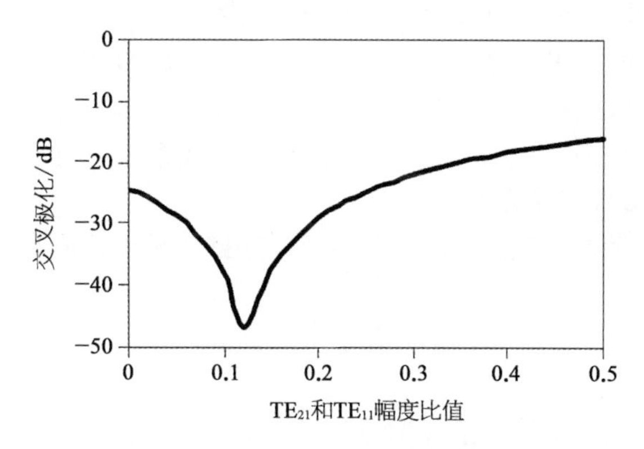

图 3-33　交叉极化与 TE_{21} 幅度的对应关系

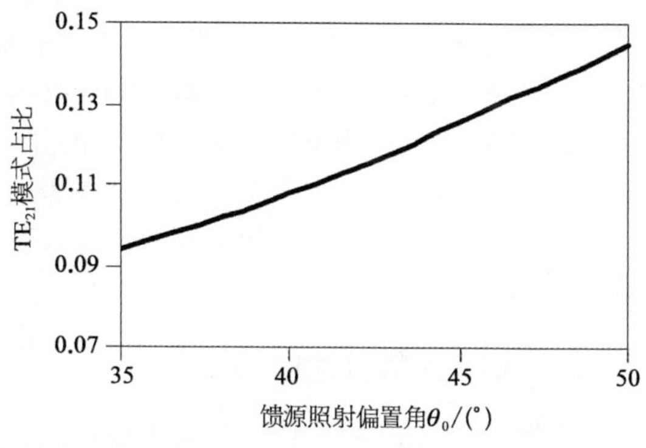

图 3-34　TE_{21} 模式占比与偏置角的关系

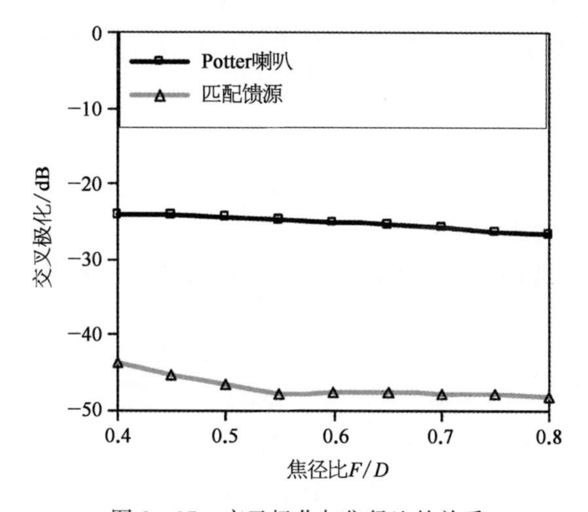

图 3-35　交叉极化与焦径比的关系

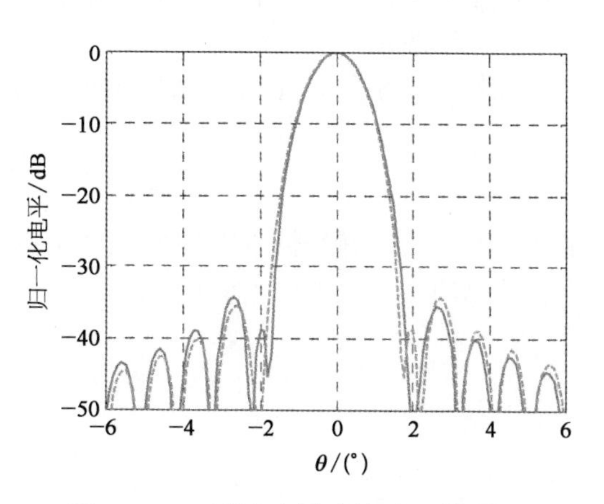

图 3-36　天线方向图(圆极化三模喇叭)

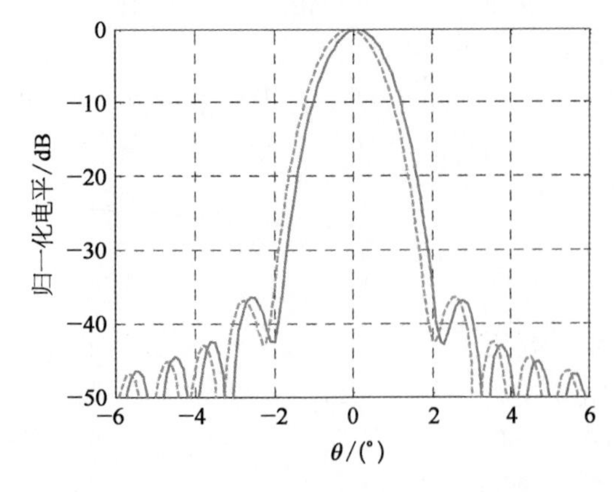

图 3-37　天线方向图(圆极化 Potter 喇叭)

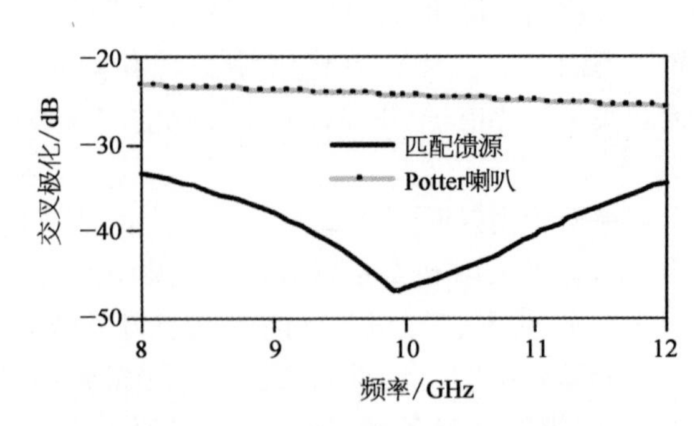

图 3-38　交叉极化电平与频率的关系

(1) 从图 3-33 可以看出，TE_{21}模的幅度与 TE_{11}模之比约为 0.11，可获得最佳交叉极化。

(2) 从图 3-35 可以看出，对于不同大小的 F/D 单偏置反射面天线，匹配馈源均可获得较好的效果。

(3) 从图 3-36 可以看出，对于圆极化信号，匹配馈源解决了波束偏移问题。

(4) 从图 3-38 可以看出，匹配馈源对单频段工作，能够实现−40 dB 以下的交叉极化电平。

一般情况下，以交叉极化改善 10 dB 为标准，匹配馈源的理论带宽为 5%左右。最后需要指出的，喇叭主模的相位中心与 TE_{21}模的相位中心不重合，因此需要在整副天线系统中寻求最优馈源位置，在增益损失与交叉极化改善两方面折中选取。

通常情况下，相对于传统的初级馈源，三模馈源可以在 5%左右的带宽内将交叉极化电平降低 10 dB 以上。

3.8.3　在微波辐射计中的应用

为获得期望的辐射精度、灵敏度等性能，天线在微波辐射计中扮演了非常重要的角色。天线波束效率是天线系统鉴别信号是来自主瓣还是旁瓣能力的基本参数。通常要求 95%～98%的波束效率，以保证旁瓣尽可能少地接收信号，从而获得高的空间鉴别率。为了满足如此高的波束效率，必须尽可能地降低因天线偏置结构而引起的交叉极化电平。一种有效措施是采用匹配馈源技术。

在规定的半锥角 θ_1 内，主波束效率计算公式为

$$BeamEfficiency(\%)=\frac{P_{co}(\theta_1)}{P_{co}(\pi)+P_{xp}(\pi)}\cdot 100\% \tag{3-29}$$

式中，$P_{co}(\theta_1)$ 为规定的半锥角 θ_1 内的主极化总功率；$P_{co}(\pi)$，$P_{xp}(\pi)$ 分别为全域空间内的主极化总功率和交叉极化总功率。

$$P_{co}(\theta)=\int_0^{\theta}\int_0^{2\pi}|G_{co}(\theta,\phi)|^2\cdot\sin\theta\cdot d\theta\cdot d\phi=CoPol.power \tag{3-30}$$

$$P_{xp}(\theta)=\int_0^{\theta}\int_0^{2\pi}|G_{xp}(\theta,\phi)|^2\cdot\sin\theta\cdot d\theta\cdot d\phi=CrossPol.power \tag{3-31}$$

式中，G_{co} 为主极化增益；G_{xp} 为交叉极化增益。

总功率为

$$P = P_{co}(\pi) + P_{xp}(\pi) \tag{3-32}$$

可以看出，降低交叉极化电平可以有效提升波束的辐射效率。以 $F/D=0.6$，偏置角为 50°的单偏置反射面天线为例[18]，波束效率与半锥角 θ_1 的关系曲线如图 3 - 39 所示，相对于双模 Potter 馈源，三模匹配馈源可以进一步增强天线波束效率。

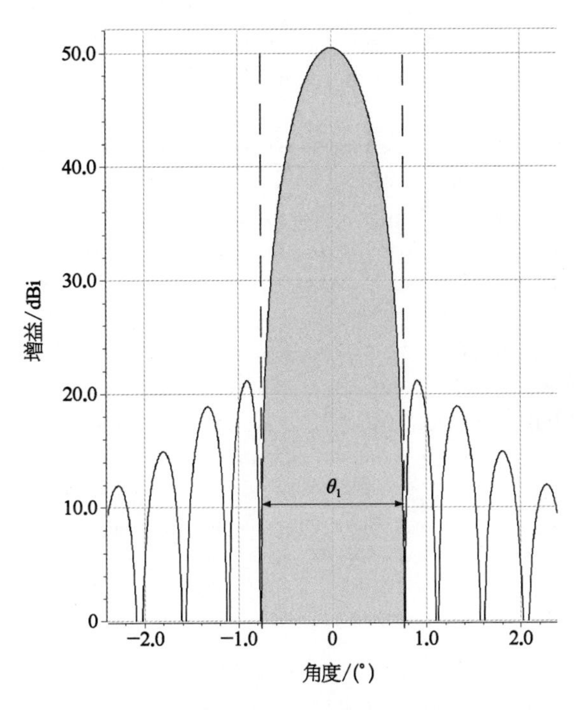

图 3 - 39　波束效率与半锥角的对应关系

参考文献

[1] 康行健.天线原理与设计.北京：北京理工大学出版社，1993.

[2] 任朗.天线理论基础.北京：人民邮电出版社，1980.

[3] 叶云裳.航天器天线.北京：中国科学技术出版社，2007.

[4] Thomas R K, Meier R, Goebels F J. Sidelobe suppression techniques for reflector antennas on satellites? AIAA 3rd Communications Satellite Systems Conference, Los Angeles, California/April 6 - 8, 1970.

[5] Ramanujam P, Tun S M, Adatia N A. Sidelobe suppression in shaped reflectors for contour beams. Sixth International Conference on Antennas and Propagation (ICAP), 1989: 117 - 121.

[6] Hal Schrank, Warren Stutzman, Marco Terada. Design of offset-parabolic-reflector antennas for low cross-pol and low sidelobes. IEEE Antennas and Propagation Magazine, 1993, 35(6): 46 - 49.

[7] Venkatachalam P A, Gunasekaran N, Raghavan K. An offset reflector antenna with low sidelobes. IEEE Transactions On Antennas And Propagation, JUNE 1985, AP - 33(6): 660 - 662.

[8] Shenheng Xu, Yahya Rahmat-Samii. A novel beam squint compensation technique for circularly

polarized conic-section reflector antennas. IEEE Transactions on Antennas and Propagation, 2010, 58(2): 307 - 317.

[9] Alan W Rudge, Nurdin A Adatia. Offset-parabolic-reflector antennas: A Review. Proceedings of the IEEE, 1978, 66(12): 1592 - 1618.

[10] Keyvan Bahadori, Yahya Rahmat-Samii. A tri-mode horn feed for gravitationally balanced back-to-back reflector antennas. IEEE AP - S, 2006: 4397 - 4400.

[11] Sharma S B, Dhaval Pujara, Chakrabarty S B, et al. Cross-polarization cancellation in an offset parabolic reflector antenna using a corrugated matched feed. IEEE Antennas and Wireless Propagation Letters, 2009, 8: 861 - 864.

[12] Sharma S B, Dhaval A Pujara, Chakrabarty S B, et al. Improving the cross-polar performance of an offset parabolic reflector antenna using a rectangular matched feed. IEEE Antennas and Wireless Propagation Letters, 2009, 8: 513 - 516.

[13] Erik Lier, Svein A Skyttemyr. A shaped single reflector offset antenna with low cross-polarization fed by a lens horn. IEEE Trans. Antennas Propagate, 1994, 42: 478 - 483.

[14] Dhaval Pujara, Chakrabarty S B, Ranajit Dey, et al. Design of a novel multi-mode feed horn for an offset-fed reflector antenna. IEEE Trans. Antennas Propagate, 1996, 46: 120 - 122.

[15] Rudge A W, Adatia N A. New class of primary-feed antennas for use with offset parabolic reflector antennas. Electronic Letters, 1975, 11: 597 - 599.

[16] Prasad K M, Lotfollah Shafai. Improving the symmetry of radiation patterns for offset reflectors illuminated by matched feeds. IEEE Antennas and Propagation, 1988, 36(1): 141 - 145.

[17] Sharma S B, Dhaval Pujara, Chakrabarty S B, et al. Performance comparison of a matched feed horn with a potter feed horn for an offset parabolic reflector. IEEE APSURSI: 4619156, 2008.

[18] Pujara D A, Sharma S B, Chakrabarty S B. Improving the beam efficiency of an offset parabolic reflector antenna for space-borne radiometric application. Progress In Electromagnetics Research C, 2009, 10: 143 - 150.

第 4 章　双反射面天线

卫星应用需要具有高性能的天线来满足长距离的通信需求，其中双反射面天线（见图 2-16）是应用最为广泛的天线形式。

双反射面天线与相同尺寸的单反射面天线相比具有以下优点：

（1）由等效抛物面法可以看出，等效抛物面的焦距是主反射面焦距的 M 倍，因此空间衰减与交叉极化减小，从而解决了长焦距抛物面天线电性能优良和机械结构复杂的矛盾，以短焦距抛物面得到长焦距抛物面的效果，减小了天线的纵向尺寸。

（2）由等效馈源法可以看出，副面的作用是使口径场分布更均匀，从而缓和了副面泄漏效率与口径锥削效率之间的矛盾，提高了口径效率。

（3）由于天线有两个反射面，几何参数增多，便于按照各种需要灵活地进行设计。

4.1　正馈轴对称双反射面天线设计

4.1.1　轴对称双反射面天线

4.1.1.1　4 种轴对称双反射面天线

经典的轴对称卡塞格伦天线和格里高利天线已经广泛应用在高增益的场合。这些结构的主要缺点是存在副反射器的遮挡，降低了天线的口径效率。然而这个问题可以通过降低主反射器对副反射器的辐射来最小化。可以采用反射器赋形技术或其他的轴对称的天线结构形式。这里重点研究第二种方案。

有 4 种轴对称双反射面天线结构形式可以避免主反射器能量散射到副反射器上，如图 4-1～图 4-4 所示。从物理光学的角度讲，位于天线焦点处馈源发射出的球面波，经副反射器和主反射器反射后这 4 种天线结构都能够在主反射器口径上形成同相场分布。

（1）ADC：偏置卡塞格伦天线，具有虚焦环和焦线，如图 4-1 所示。

（2）ADG：偏置格里高利天线，具有实焦环和焦线，如图 4-2 所示。

（3）ADE：偏置椭球环焦天线，具有实焦环和虚焦线，如图 4-3 所示。

（4）ADH：偏置双曲环焦天线，具有虚焦环和实焦线，如图 4-4 所示。

在这些结构中，主反射器由抛物面产生，副反射器可以是双曲面（ADC 和 ADH）或椭球面（ADG 和 ADE）。馈源位于双曲面/椭球面的一个焦点（点 O），抛物面的焦点与双曲面/椭球面的另一个焦点（P 点）重合。对 ADC 和 ADH，双曲面可以是凸面（$e>1$）或凹面（$e<1$）或平面（$|e|\to\infty$）。

经典的卡塞格伦天线和格里高利天线分别是 ADC 和 ADG 中 $D_B\to 0$ 的特殊情况。本节重点讨论正馈对称卡塞格伦天线和格里高利天线的比较。

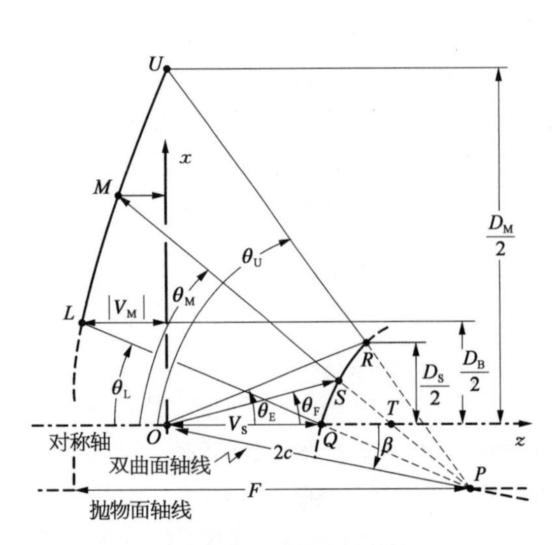

图 4-1　偏置卡塞格伦天线结构(axially displaced cassegrain, ADC)

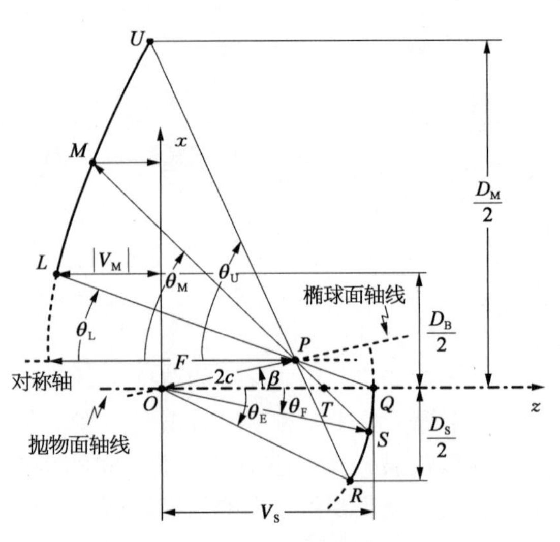

图 4-2　偏置格里高利天线结构(axially displaced gregorian, ADG)

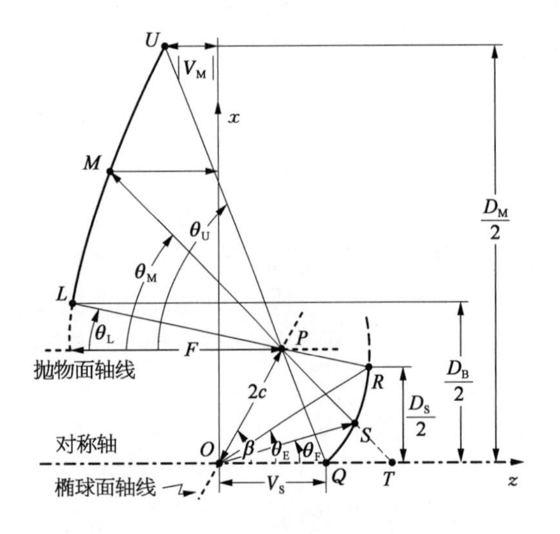

图 4-3　偏置椭球面天线结构(axially displaced ellipse, ADE)

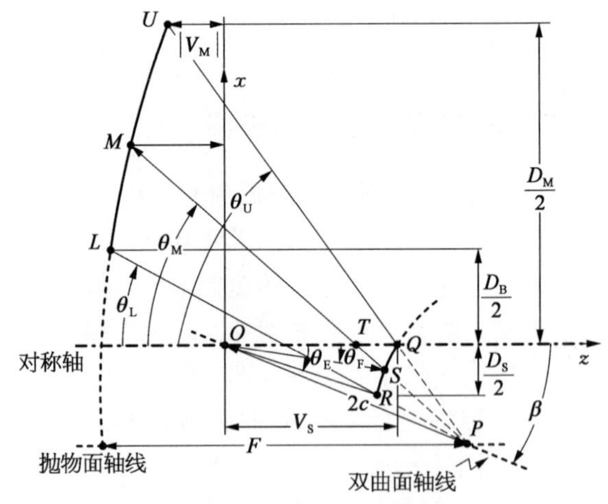

图 4-4　偏置双曲面天线结构(axially displaced hyperbola, ADH)

交叉极化特性：格里高利天线优于卡塞格伦天线。但由于两种天线的交叉极化峰值位于主极化第一零点位置，不在通常的 3 dB 波束宽度内，因此该优点对正馈双反射面天线而言意义不大，而在极化复用赋形波束的双偏置结构中具有明显优势。

结构尺寸：当主面焦距相同时，格里高利天线的纵向尺寸显然比卡塞格伦天线更大(见图 4-5、图 4-6)。

在空间应用中，大口径正馈双反射面天线一般采用卡塞格伦天线，因为相比格里高利天线，具有更短的轴向长度，更有利于卫星包络的布局。

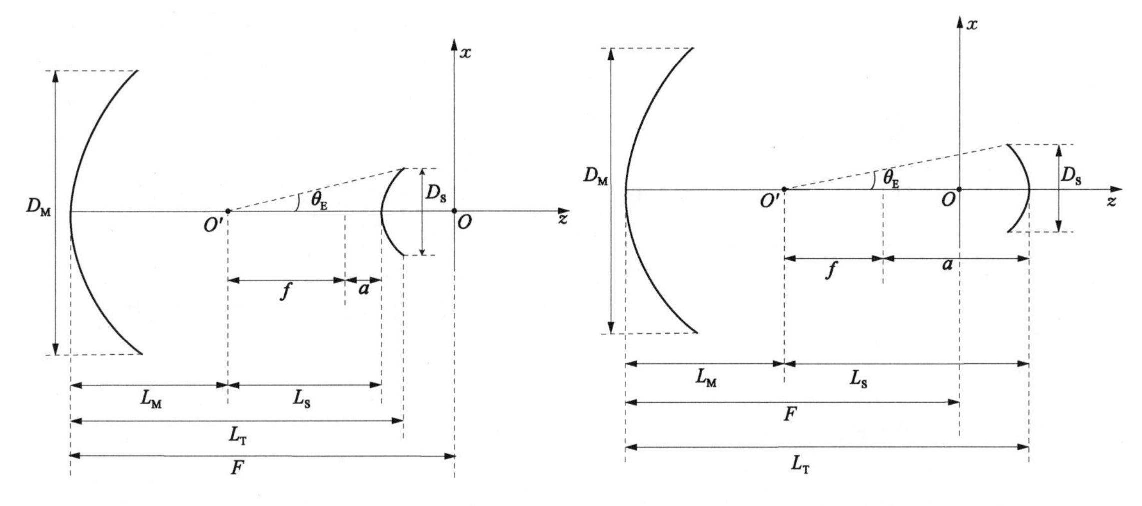

图 4－5　卡塞格伦双反射面天线结构　　图 4－6　格里高利双反射面天线结构

4.1.1.2　小口径卡塞格伦天线的效率约束

经典的正馈卡塞格伦天线结构如图 4－5 所示。天线采用电大的抛物面主面(口径为 D_M，焦距为 F)，其由电小的共焦点共轴双曲副反射器(口径为 D_S，焦距 $2c$)照射。以发射模式为例，高增益馈电喇叭位于系统的焦点，照射副反射器，副反射器依次散射馈源能量到主反射器。假定馈源离主反射器顶点尽可能地近，则允许有源设备放置在主反射器后面，最小化射频波导长度，因此减小了发射机到天线的损耗。在这种结构中，主反射器提供期望的增益，而副反射器扮演中继反射镜的角色，将馈源喇叭辐射的能量扩散到相对较大的主反射器上。

卡塞格伦天线工作的基本原理遵从几何光学原理，即可以将电磁场假设为射线。如图 4－5 所示，可以将该天线缩比到任意物理尺寸，所有的尺寸相对比例保持不变。为了在天线尺寸缩比时保证正确的工作方式，反射面一般应至少为几个波长，实际经验表明，反射器口径的下限为 7 个波长，如果采用更小的反射面，则天线的电性能将会明显恶化。既然副反射器远小于主反射器，则随着天线电尺寸的减小，副反射器将首先达到 7 个波长的限制。

如果需要回避这个限制，则需要增加 D_S/D_M 的比例。文献[1]采用几何光学(GO)方法对 4 种天线的效率进行参数研究，在分析中没有考虑反射器边缘的绕射效应。ADC 最大效率约为 83%，发生在 $D_S/D_M\approx 0.1$ 和 $F_T\approx -11$ dB。由于最大效率发生在 $D_S/D_M\approx 0.1$ 处，如果增加 D_S/D_M 的比例，这也增加了副反射器的口面遮挡，进而恶化天线性能。

通过对图 4－5 中基本型卡塞格伦天线进行合理的变化，以 X 频段天线为例，基于上述的讨论，典型的折中参数为：$D_S\approx D_M/8$，$\theta_E=25°$(这个照射角度要求馈源喇叭约为 19 dBi 的增益)。假设最小的副反射器口径为 7 个波长，那么可以得出主反射器最小的口径不应小于 56 个波长。

馈源的峰值增益必须足够高，以最小化照射副反射器时的能量损失，同时保证反射器边缘照射电平足够低以最大化天线效率，典型的馈源边缘照射电平最优值在－11 dB 左右。

如图 4－7 所示，对于正馈双反射面天线的一个明显的问题在于副反射器顶点区域的能量反射后会进入馈源而没有照射到主反射面，馈源口径遮挡了副反射器散射的部分能量，

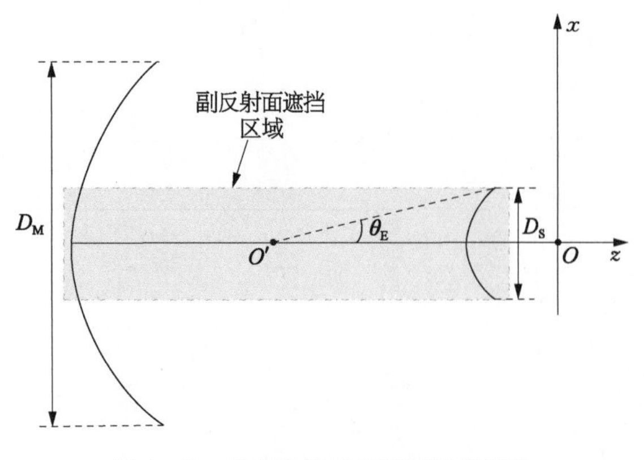

图 4-7　卡塞格伦双反射面天线结构

因此恶化了天线回波损耗，降低了天线效率。在某种程度上，采用偏置的卡塞格伦天线结构，性能能够得到一定的改善，效率可达 83%。通过反射器赋形技术，其天线效率能够进一步提升。赋形反射面允许采用更高增益的馈源，使得副反射器的边缘照射电平更低，进而降低馈源漏射，同时获得更为均匀主反口径场。因此，赋形反射面可获得高达 98%的效率[2]（对于 $D_S \approx D_M/8$ 的天线，忽略导体损耗、机械误差等）。因此，高增益星载卡塞格伦天线应该采用反射器赋形技术。

典型的 X 频段(最低工作频率为 7.145 GHz)深空探测天线口径为 2 400 mm，约 56 个波长，基于上面的讨论，该口径对应 X 频段卡塞格伦天线的最小主反射器口径(56 个波长)和最小副反射器口径(7 个波长)。若采用更小的副反，馈源方向图的绕射效应会明显降低卡塞格伦天线的效率，而且由于反射器赋形主要将副反射的能量全部散射到主反，因此在这种情况下通过反射面赋形来提高天线效率也很有限，加之馈源尺寸不随天线尺寸的缩小而减小，馈源遮挡会是一个严重的问题。

既然最小的副反尺寸是紧凑型卡塞格伦天线的主要限制，那么一个直接的解决措施就是去掉副反射器，采用低增益的馈源直接照射主反射器，这就是常用的正馈单反射面天线。

然而作为高增益的紧凑星载天线而言，它也有两个主要的缺点：对于小 F/D 的抛物面天线，缺少高性能的馈源产生期望的宽角方向图来有效地照射主反射器；此外，单反射面限制了设计的灵活性。很明显，需要新的结构来实现更为紧凑的反射面天线，环焦天线就是一种合适的选择。

4.1.2　环焦天线

4.1.2.1　环焦天线的基本工作原理与特性

1）环焦天线的基本工作原理

副反射面是椭球的环焦天线如图 4-8 所示：F_0 是馈源的相位中心，又是椭圆的一个焦点，位于环焦天线的对称轴 F_0O' 上；O 是主抛物面的焦点，又是椭圆的另一个焦点，且 F_0O 与 F_0O' 轴有一定的夹角，称为焦轴偏移；P_2 是副反射面在 F_0O' 轴上的顶点。Q_1Q_2 绕 F_0O' 旋转形成主反射面的抛物面，P_1P_2 绕 F_0O' 轴旋转形成副反射面的椭球面，这样焦点 O 绕 F_0O' 旋转形成一个焦环，故称为环焦天线。

按照几何光学原理，环焦天线的工作原理是：由馈源 F_0 发出的球面波，经椭圆副面反射后，相当于从椭圆的另一个焦点 O 发出的球面波，再经过主抛物面的反射变成口面上的平面波。环焦天线的几何光学路径是：由馈源辐射的电磁波，其波束的最大点入射在副面的顶点 P_2，经反射后通过 O 点入射到 Q_2 点；而入射在副面边缘 P_1 点的电磁波经反射后入射到主面的 Q_1 点。由于副面的倒转反射，初级馈源方向图的中心部分能量传送到主面的边缘；而馈源边缘部分的能量传送到主面的中间。

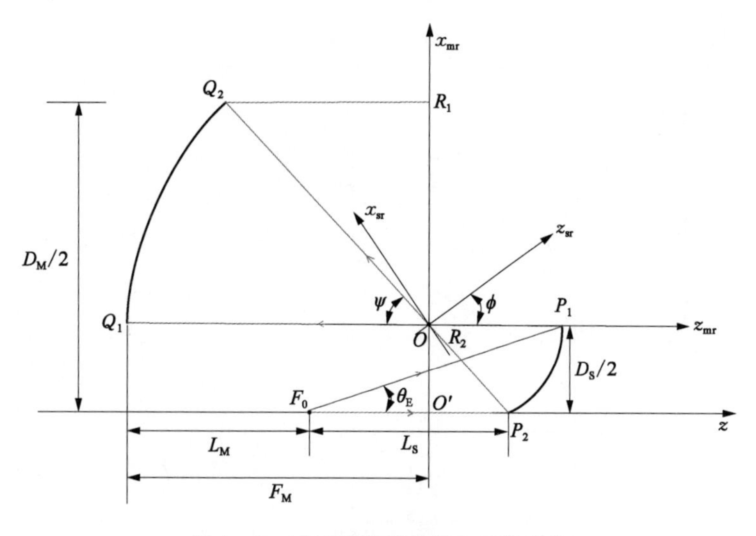

图4-8　副反为椭球的环焦天线结构

2）环焦天线的基本特性

文献[3]对椭球环焦天线的口径场幅度分布与控制进行了深入分析，重点研究 D_S/D_M 和馈源边缘照射电平对口径效率、天线旁瓣等特性的影响。

(A) 口径分布与效率特性

图4-9和图4-10给出了环焦天线口径效率与边缘照射电平的关系曲线，可以得出两个结论：

(1) 环焦天线的效率峰值出现在边缘照射电平为－17 dB左右处。而对于普通的抛物面天线，效率峰值一般出现在边缘照射电平为－10 dB左右处。

(2) 由于边缘照射电平较高，因此漏射更小，环焦天线的效率优于抛物面天线的效率，与赋形的卡塞格伦天线相当。

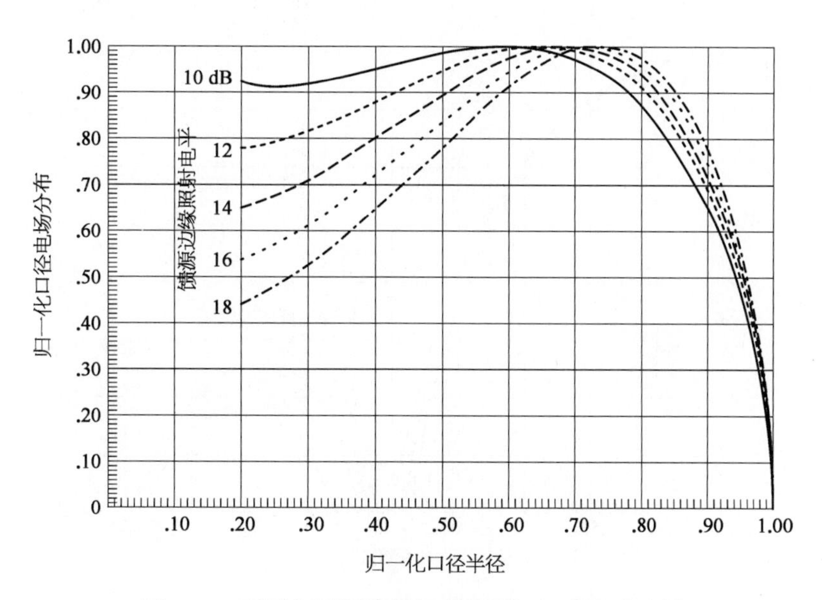

图4-9　不同高斯馈源边缘照射电平下口径场分布[3]
（天线 $F/D=0.27$，等效 $F/D=1.2$）

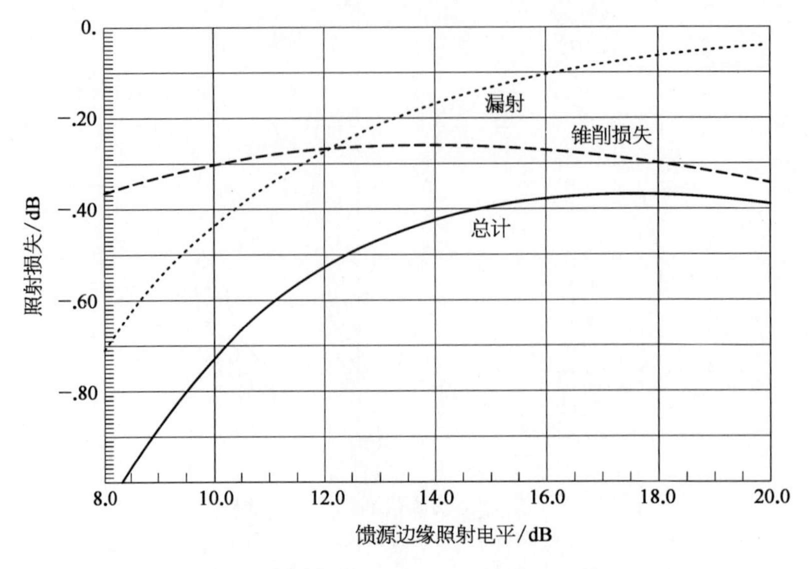

图 4-10　环焦天线效率与边缘照射电平关系曲线[3]
（天线 $F/D=0.27$，等效 $F/D=1.2$）

(B) 旁瓣电平特性

图 4-11 和图 4-12 给出了副反直径分别为主反直径 10% 和 20% 两种情况下天线第一副瓣电平与馈源边缘照射电平之间的关系曲线。图中天线方向图采用口径场方法计算，忽略了副反边缘绕射的影响。口径分布的中心空洞产生了相对较高的第一旁瓣电平，降低中心遮挡(副反直径)可明显降低第一旁瓣，更大的边缘照射电平产生更高的旁瓣。然而，进一步减小边缘照射电平将导致天线系统效率的迅速降低。

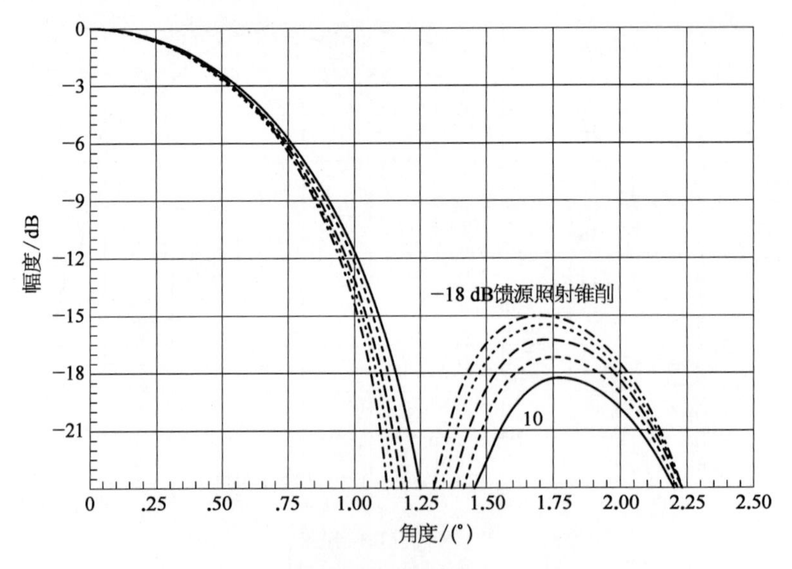

图 4-11　环焦天线旁瓣电平与边缘照射电平关系曲线[3]
（副反-主反直径比为 0.1）

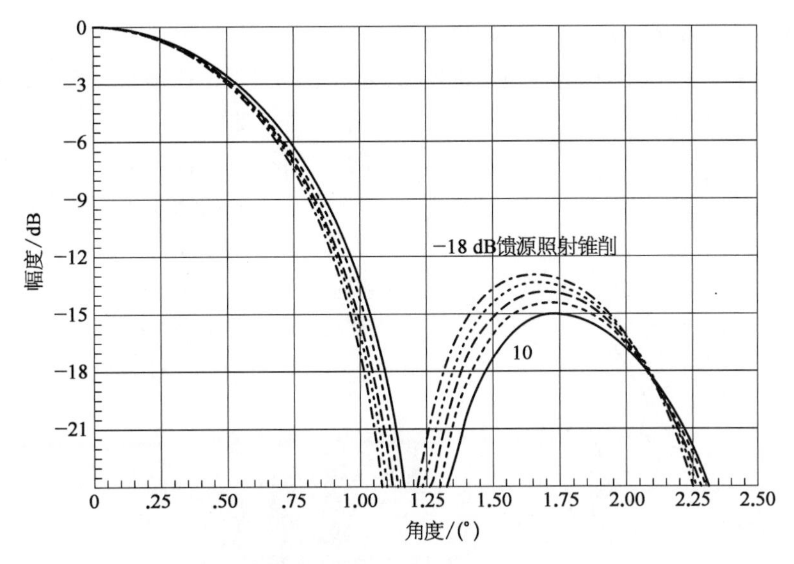

图4-12 环焦天线旁瓣电平与边缘照射电平关系曲线[3]
(副反-主反直径比为0.2)

因此可以得出以下结论：① 从旁瓣的角度，选择边缘照射电平−10 dB和较小的副反；② 从效率的角度，选择边缘照射电平−17 dB和较小的副反。

文献[3]采用GO光学方法对4种天线的效率进行参数研究，在分析中没有考虑反射器边缘的绕射效应。ADE和ADH能够提供的最大效率约为91%，略高于ADC和ADG。而且，随着$D_S/D_M \to 0$，天线效率η在提高，这表明允许采用相对较小的副反射面，而不会影响天线性能。因此，相比ADC和ADG，ADE和ADH有更高的效率，因而非常适合采用小副反实现紧凑结构，在小口径天线应用中更具优势。

在空间应用中，小口径正馈双反射面天线一般采用环焦天线，因为它可以采用更小的副反，具有更高的效率。典型的应用为我国的低轨中继终端天线、对地数传天线等，如图4-13所示。

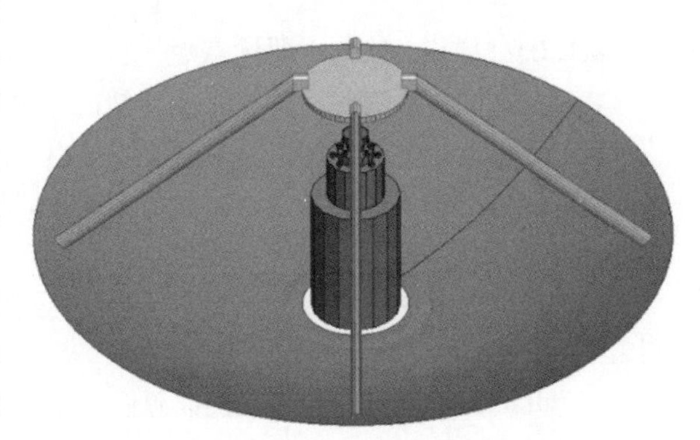

图4-13 环焦天线结构

4.1.2.2 电小口径环焦天线的性能

对于空间天线，在满足增益的前提下，对于传统的小口径卡塞格伦天线或前馈天线，是很难获得高效率的。在两种情况下，由于主反射器被馈源/副反射器遮挡以及副反辐射对馈源回波损耗性能的恶化，整个天线的性能被降低。环焦天线(ADE)避免了上述缺点，不采用反射器赋形技术，采用低增益或中等增益的馈源，环焦天线能够提供高的效率。

文献[2]报道了$30\lambda_0$口径的ADE天线的性能。美国火星探测器Surveyor上采用X频段的环焦天线，工作在收发模式，中心频率分别为7.167 GHz和8.420 GHz。天线主反口径为1 250 mm，副反口径为140 mm，对于最低频率，分别约为30个波长和3.3个波长，对应

$D_S/D_M=1/9$，天线仿真的效率分别为70%和72%。

文献[4]报道了一副电小口径的ADE天线，天线工作频率为8.484 GHz，天线工作在LHCP，主反射器口径D_M=0.7 m，D_S/D_M=0.1，结构参数如图4-14所示。副反射器采用圆柱形的不锈钢支撑杆，如图4-15所示，支撑杆直径为2.5 mm。通过从馈源边缘支撑副反射器从而获得了紧凑的设计，对应口径效率为55%。如果采用支撑主反射器边缘的三角形支撑杆，增益损失可减少为0.25 dB[4]，此时效率可提高到58%。如果采用非金属的三角形支撑杆，效率可进一步提高。

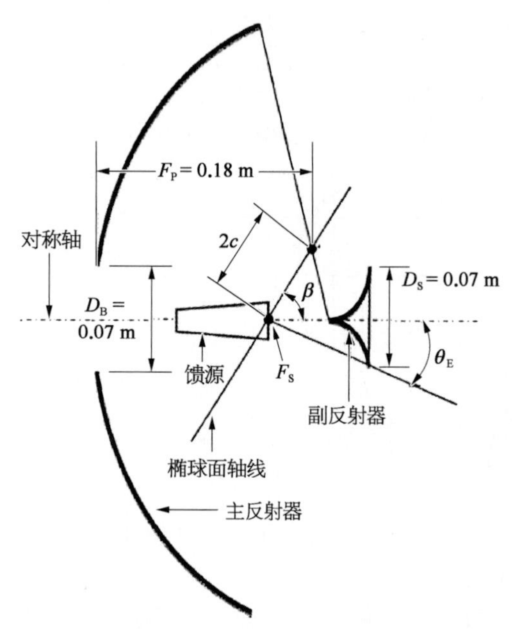

图4-14　反射器结构参数

图4-15　天线实物

4.1.2.3　环焦天线的主要优点

由上述射线路径特性可得出环焦天线的主要特点[5,6]：

(1) 环焦天线副面反射到馈源的能量很小，可以消除馈源对副面反射场的反作用，从而大大改善了馈源的输入驻波特性。在这类天线中，馈源辐射的功率不会反射到中心遮挡区域，中心遮挡区域仅仅减少了口径可利用的面积，没有功率返回到馈源增加失配。

(2) 环焦天线主面的反射射线不再投射到副面上，因此，其遮挡比卡塞格伦天线和格里高利天线小得多。

(3) 几何光学就允许通过更换馈源使天线工作于更低的频段，从而扩大天线的使用带宽。

(4) 只要馈源喇叭口径不大于副反口径，就不会产生遮挡，因此副面和馈源可以靠得很近，从而可以实现紧凑的天线结构，减小天线的纵向尺寸。

(5) 由于副面的倒转反射，馈源轴向功率反射到主反的边缘，而馈源边缘照射的功率反射到主反的顶点，这使得可实现近似均匀的口径场分布。相比传统的卡塞格伦天线和格里高利天线，产生这样的口径场分布将会导致不可接受的馈源漏射损失，而环焦天线馈源漏射和口径效率的乘积可达84%。天线效率随副反减小而增加，因此环焦天线的副反可以是卡塞格伦天线副反的几分之一。

(6) 环焦天线口面场分布在主面边缘急剧下降。这是因为这部分射线来自副面中央的顶点部分，由于该顶点的反射面积趋于零，因而这部分射线的能量密度趋于零。因此，环焦天线的边缘绕射很小。主反可以小到10个波长，天线仍保持较高的效率。

4.1.3　卡塞格伦天线和环焦天线的参数与综合

下面讨论对卡塞格伦天线和环焦天线形式的选择和参数综合，复杂的数学推导过程可以参考文献[7,8]。

1) 反射面的参数定义

双反射面天线整个结构涉及 8 个参数，如图 4－16 和图 4－17 所示，分别为 D_M，F，L_M，D_S，L_S，a，f 和 θ_E，然而它们之间存在相互的约束，只需要 4 个参数即可确定天线构型，所以在设计时有较多的选择余地，文献[7]给出了 7 种天线参数确定方法。

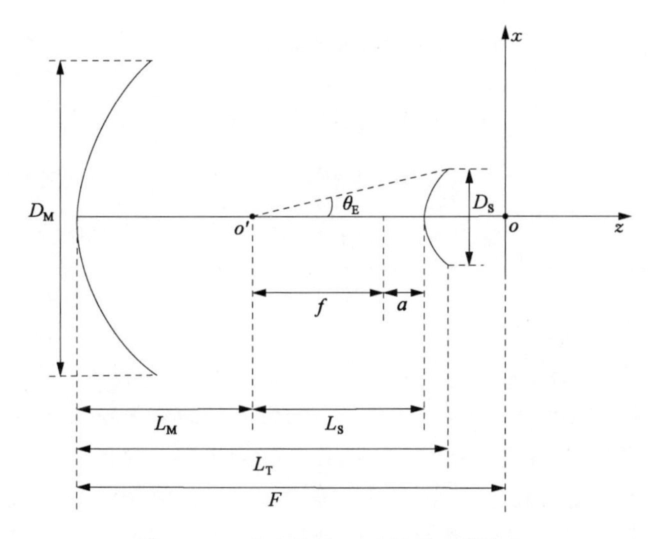

图 4－16　卡塞格伦双反射面天线结构

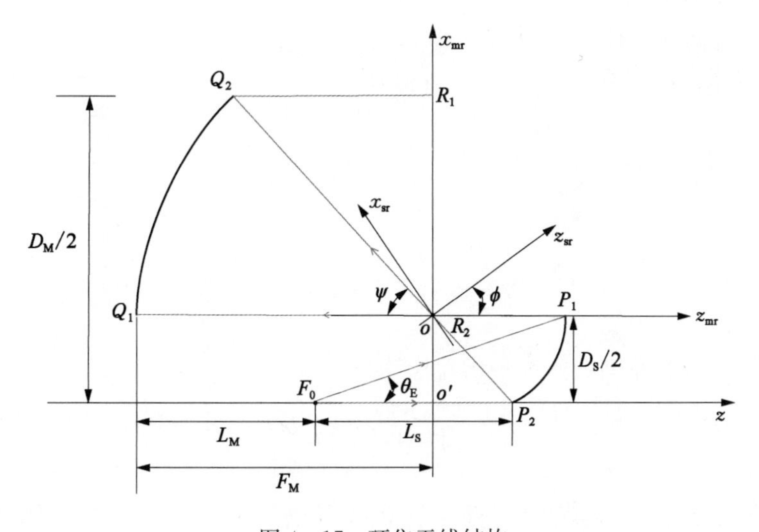

图 4－17　环焦天线结构

表 4-1　环焦天线主要设计参数汇总

序号	参数		参数含义 （卡塞格伦天线）	参数含义 （环焦天线）
1	输入设计参数	D_M	主反的投影口径	主反的投影口径
2		F	主反的焦距	主反的焦距
3		D_S	副反的投影口径	副反的投影口径
4		θ_E	馈源相心对副反的半张角	馈源相心对副反的半张角
5	关联设计参数	L_M	实焦点到主反射器顶点的距离	焦点 F_0 与主反下顶点在 z 轴投影间的距离
6		L_S	实焦点到副反射器顶点的距离	焦点 F_0 与副反顶点间的距离
7		a	副反两顶点间距离的一半	副反椭圆的长半轴
8		f	副反两焦点间距离的一半	副反椭圆的半焦距

2) 双反射面天线的综合过程

对天线指标，最重要的技术要求为增益或波束宽度要求，该要求主要取决于天线的口径。此外，虽然不同用户对天线的覆盖区有不同要求，使得天线需要重新设计，然而作为反射面天线的馈源，其性能与用户要求关联度不大，主要取决于天线的张角，且设计研制周期较长，为了实现快速的设计，设计者可以按张角对 C，Ku 和 Ka 等典型卫星通信频段的馈源进行定型化，设计天线参数时可考虑采用这些定型馈源，为此，选择以 D_M，D_S，θ_E 为输入参数来确定天线构型，主要通过调整 θ_E 来满足其他参数的要求。

参数选取的一般原则和步骤为：

(1) 确定主反射面口径尺寸 D_M。

根据增益要求或波束宽度要求确定，近似公式为

$$G=\left(\frac{\pi D_0}{\lambda}\right)^2(0.5\sim 0.6) \tag{4-1}$$

或

$$2\theta_{0.5}=(65\sim 80)\frac{\lambda}{D}(^\circ) \tag{4-2}$$

卡塞格伦天线或格里高利天线的增益计算公式为

$$G=\eta\frac{\pi^2(D_M^2-D_S^2)}{\lambda^2} \tag{4-3}$$

式中，η 是整个天线的效率，包括口径照射效率、馈源漏射效率、型面误差、副反支撑遮挡等。

(2) 选定副反射面直径 D_S。

对于卡塞格伦天线，为了减小双曲面对口径的遮挡，D_S 应选取得小一些。但是，考虑到

双曲面的绕射效应和降低天线噪声温度，D_S 又不宜过小。结合图 4-18，通常选取 $D_S/D_M = 0.08 \sim 0.15$。

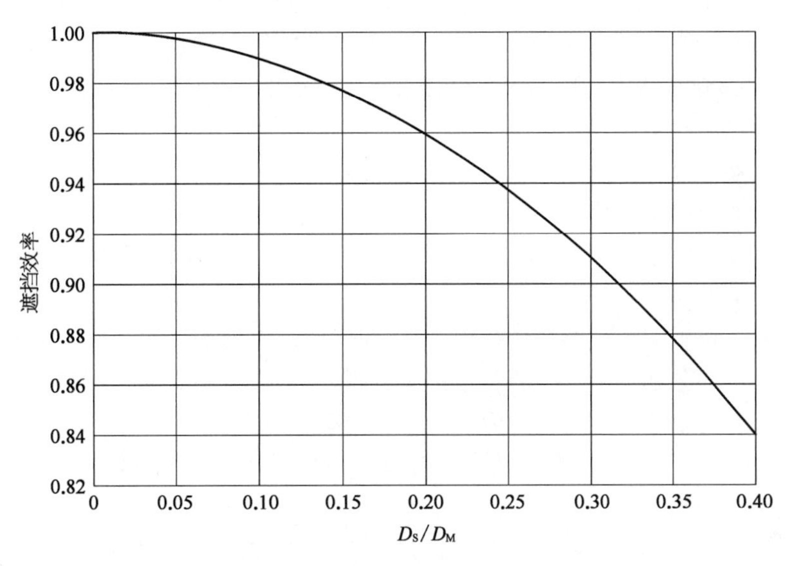

图 4-18　遮挡口径效率与主反/副反口径比 D_S/D_M 的对应关系

- 应尽可能满足 $D_S \geqslant 5\lambda$，以避免过大的绕射损耗。
- 应尽可能满足 $D_S \leqslant 0.1D_M$，以获得 99%以上的遮挡效率，并保证良好的旁瓣特性。

(3) 馈源相位中心对副面的最大张角 θ_E。

反射面天线电性能在很大程度上取决于馈源初级方向图。通常兼顾天线效率和副瓣电平要求选取相应的反射面边缘照射电平，一般选 −20～−14 dB 以实现低旁瓣。根据定型的几个张角规格中的馈源方向图特性和边缘照射电平需求，确定馈源合适的半张角 θ_E。

(4) 焦距 F_M：由天线 XPD 指标确定，焦距越长，对应 XPD 指标越好。

确定上述 4 个参数后，即可根据抛物面和双曲面的几何关系确定其他参数。

4.2　赋形正馈双反射面天线

传统的大型地球站天线常采用赋形反射面技术来优化性能。根据不同应用的需求，对正馈反射面天线进行赋形，可以改善天线效率，降低旁瓣。一般采用母线赋形，基本思想如图 4-19 所示，通过连续的二次曲线段来表示赋形反射面。其中，表示副反的二次曲线段 S_n 有两个焦点，一个焦点一直是 O，另一个焦点为 P_n。随着 n 从 1 到 N 变化，P_n 就构成了副反的一组焦点。同时，P_n 也是主反抛物面

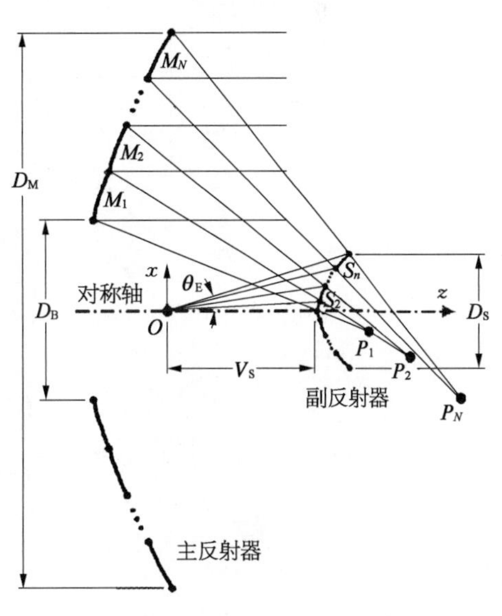

图 4-19　双反射面天线(ADC 形式)赋形方法

M_n 段的焦点。M_n 表示主反对应的二次曲线段 $M_n - P_n$ 经主反射面反射后均与 z 轴平行，因此在天线口面产生同相分布。

赋形一般基于 GO（几何光学）方法来分析反射面系统。在 GO 方法中，电磁波的传播通过一组射线来近似，型面采用光学原理获得。GO 光学近似计算对于电大结构是精确的，这些反射面没有很大的弯曲结构。这些天线设计常基于下面的假设：

(1) 主反射器为电大尺寸。

(2) 副反射器的尺寸为最低频率的 10 个波长以上。

(3) 反射器的曲率半径相对于波长是电大的。

(4) 来自副反射器的口径遮挡，即副反射器的投影口径的面积百分比仅为主反射器口径面百分比的很小一部分。

(5) 副反射器位于馈源足够远的位置，使得照射副反射器的馈源的方向图被假设是远场。

(6) 反射器各部分和馈源之间的相互作用不明显，可被忽略。

(7) 馈源的相位中心紧靠双反射面天线系统的第二焦点。

在这些条件下，基于 GO 的赋形技术是有效的，对于设计一个高效的双反射面天线，结果与更复杂的反射面分析方法（如 PO 方法）是一致的。

然而，对于紧凑的终端天线，上述的假设是不成立的，需要新的反射器赋形方法。澳大利亚 BAE 系统公司发展了基于旋转体的全波分析方法[9]，可以考虑馈源、副反射器和主反射器之间复杂的相互作用，也可以分析金属和介质。通过优化方法，可以优化副瓣电平、增益或者效率、喇叭输入端的回波损耗。

文献[10～13]对工作在 14.7 GHz 的环焦天线进行了低旁瓣赋形设计，天线主反口径为 406.4 mm，约 20 个波长，副反口径为 66 mm，约 3.2 个波长。经赋形设计后，天线增益略有增加，由 34.4 dBi 提高到 34.7 dBi，旁瓣电平降低约 1.5 dB，交叉极化增加约 1.5 dB，如图 4 - 20 所示。

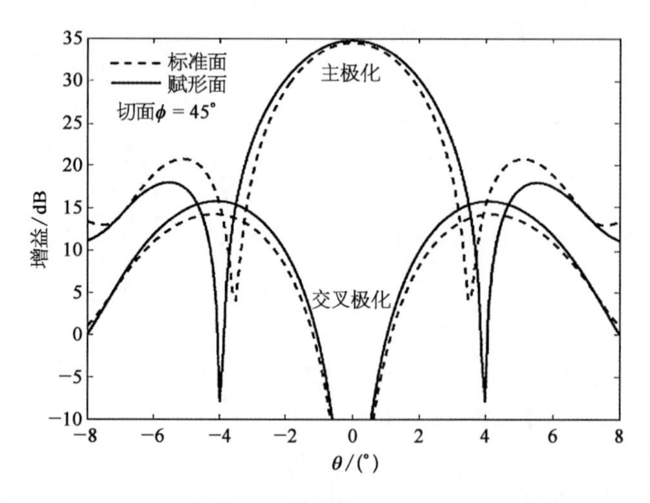

图 4 - 20　ADE 天线标准方向图（虚线）和赋形方向图（实线）对比

文献[14]对 ADC 进行了高效率赋形设计：$D_M = 6$ m，$D_S = 0.6$ m，$\theta_E = 30$。天线工作频率为 5 GHz，$D_M = 100\lambda$，馈源边缘照射电平为 −25 dB，赋形后副反偏离标准反射器 70 mm，

主反偏离标准反射器 40 mm。

如图 4-21 所示，赋形天线增益为 49.3 dBi，标准天线为 47.8 dBi，约提高 1.5 dB；副瓣电平赋形高于标准天线约 7 dB，交叉极化电平赋形高于标准天线约 4 dB。

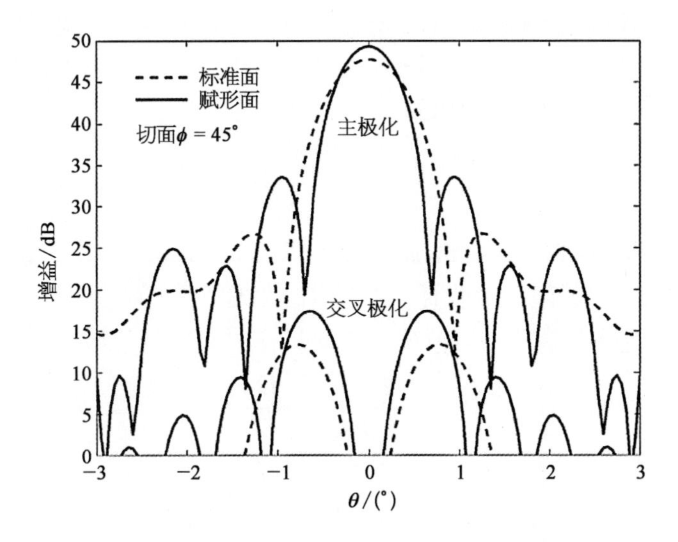

图 4-21 ADC 天线标准方向图(虚线)和赋形方向图(实线)对比

4.3 正馈双反射面天线的遮挡

4.3.1 副反和馈源的遮挡

双反射面天线存在两种阻挡效应，即副面遮挡 D_S 和馈源遮挡 D_F，如图 4-22 所示，副面对口径的前向辐射产生遮挡，其遮挡面积等于它在口径上的垂直几何投影。副面越大，遮挡面积越大。

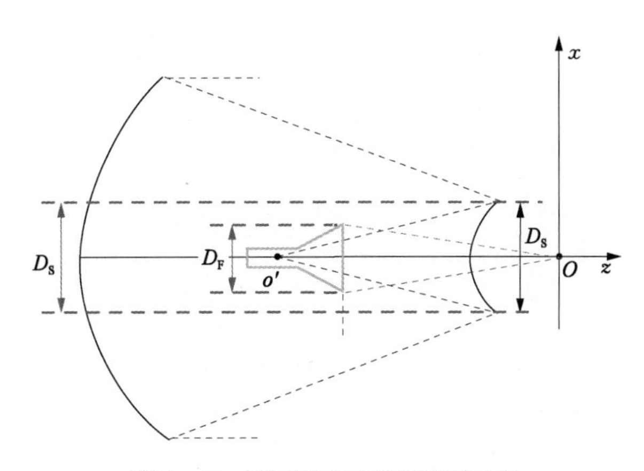

图 4-22 副面遮挡及馈源遮挡示意

馈源对副面的反射或绕射场产生遮挡，利用等效馈源原理，以圆锥喇叭为例，以虚焦点为顶点围绕喇叭口径周界的立体角与主面相截，截线所围面积就是馈源在口径上的遮挡面积。喇叭口径直径越大或喇叭离副面越近，遮挡面积就越大。

副面和喇叭的遮挡面积不仅重叠而且相互矛盾。若减小副面直径，喇叭对副面的照射角随之减小，为满足副面的边缘照射电平，喇叭口径必须相应增大，因此副面遮挡较小，喇叭遮挡就增大。只有当两者的遮挡面积大致相等时，才能使它们对口径的遮挡减至最小，由此得出的副面直径称为副面最小遮挡直径，近似为

$$D_{\mathrm{S\,min}}=\sqrt{\frac{2}{k}\mathrm{j}\lambda} \tag{4-4}$$

式中，k 是喇叭口径与其阻挡口径之比，通常取 0.7。

如果馈源类型已知，则有可能在设计天线参数时考虑馈源的最小遮挡。假定相位中心离口面的距离为 D_{PC}，馈源口径(含法兰)为 D_{F}。如图 4－23 和图 4－24 所示，则最小遮挡条件为

$$\frac{F}{2f-D_{\mathrm{PC}}}=\frac{D_{\mathrm{S}}}{D_{\mathrm{F}}} \tag{4-5}$$

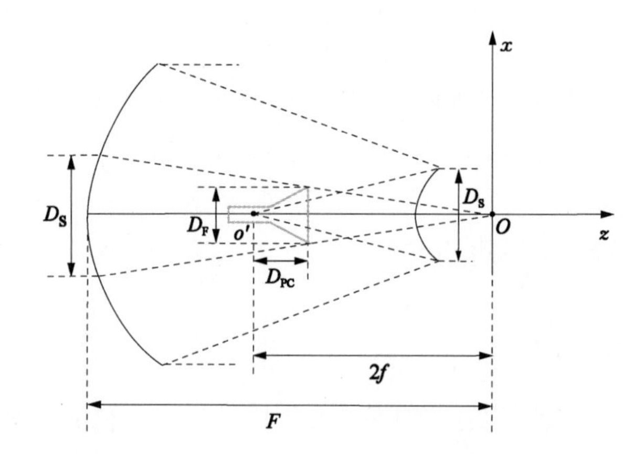

图 4－23 副反和馈源最小遮挡条件(卡塞格伦天线)

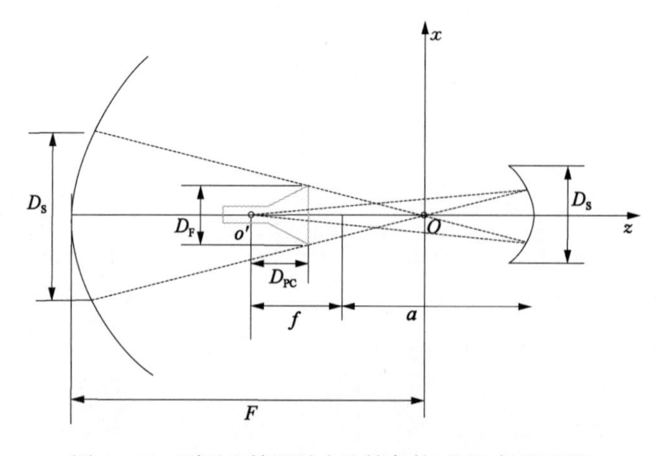

图 4－24 副反和馈源最小遮挡条件(格里高利天线)

4.3.2　副面或馈源遮挡对增益和旁瓣电平的影响

前馈反射面天线的馈源、双反射面天线的副面和馈源位于天线的可视区域，必然对口径辐射产生遮挡。遮挡会使天线增益下降，副瓣电平上升。两者分析方法类似，下面以卡塞格伦天线为例，分析副面遮挡对电性能的影响。

用几何光学法近似分析遮挡效应的思路为：求出遮挡体在口径上的几何阴影区，阴影区的面积称为遮挡面积；设想被遮挡住的能量由遮挡体全部吸收，于是照明区（非阴影区）内的场与原分布相同，阴影区内的场为零，后者等效于在原来的场分布上叠加了由遮挡效应引起的振幅分布相同而相位相反的场。因此，遮挡效应使口面场分布分为两部分：一是整个口面上原来的场，二是遮挡面积上反相的场。

显然，如能限制遮挡面积，就能减小遮挡损失。下面以 $n=1$ 的抛物口面场分布为例，分析副面遮挡对辐射性能的影响。

设主反射面口径 $D_{\mathrm{M}}=2R_{\mathrm{M}}$ 的圆口径的场分布 $f(R')$ 为

$$f(R')=1-R'^2 \tag{4-6}$$

式中，$R'=R/R_{\mathrm{M}}$。

考虑到副反射器口径 D_{S} 为主反射器口径 D_{M} 的 1/10 左右或更小，故在直径为 D_{S} 的遮挡圆面积内的场分布可近似为均匀分布，即

$$f'(R')=1 \tag{4-7}$$

根据面天线基本理论，可以推导出在远区轴向有遮挡面积和整个口径分别产生的场振幅 E'_{M} 和 E_{M} 之比为

$$\frac{E'_{\mathrm{M}}}{E_{\mathrm{M}}}=2\left(\frac{D_{\mathrm{S}}}{D_{\mathrm{M}}}\right)^2 \tag{4-8}$$

显然，E'_{M} 的相位与 E_{M} 相反，设计入遮挡效应后天线增益由 G_0 降至 G，则

$$\frac{G}{G_0}=\frac{(E_{\mathrm{M}}-E'_{\mathrm{M}})^2}{E_{\mathrm{M}}^2} \tag{4-9}$$

由此可得双反射面天线口径遮挡引起的增益损失 ΔG[14]为

$$\Delta G=20\lg\left[1-2\left(\frac{D_{\mathrm{S}}}{D_{\mathrm{M}}}\right)^2\right]\quad \mathrm{dB} \tag{4-10}$$

接下来定性说明遮挡作用造成的后果。设遮挡部分位于口径中央，其面积等于馈源在口径上的投影面积，如图 4-25 所示。图中 a 为口径半径，c 为遮挡部分的半径。可以认为该投影面积部分口径不再辐射，即被遮挡的口径场等于没有遮挡时的口径场与近似均匀分布的小口径场之差。由于半径为 c 的小口径场的方向图主瓣很宽，在偏离天线轴线的较宽范围内辐射场的极性不变；半径为 a 的未受遮挡的口径方向图的波瓣很窄，且各波瓣辐射

场的极性交替变化,如图 4-25 中正负号所示。两个方向图合成(相减)的结果使方向图主瓣变宽,增益下降,副瓣电平升高,其中影响最大的是副瓣电平,对主瓣宽度及增益影响并不严重。

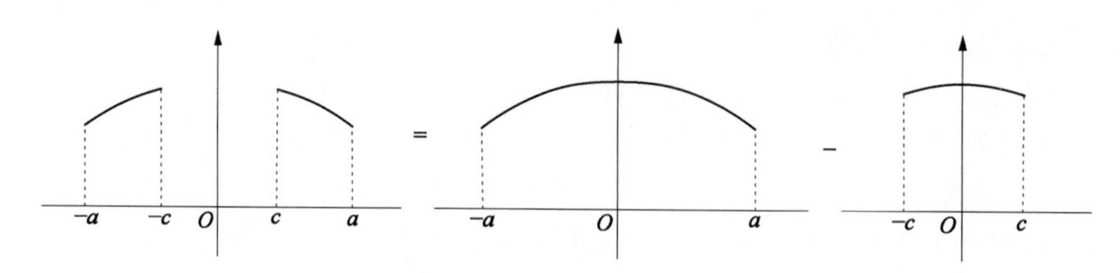

(a) 口径遮挡效应的口径场分布近似模型

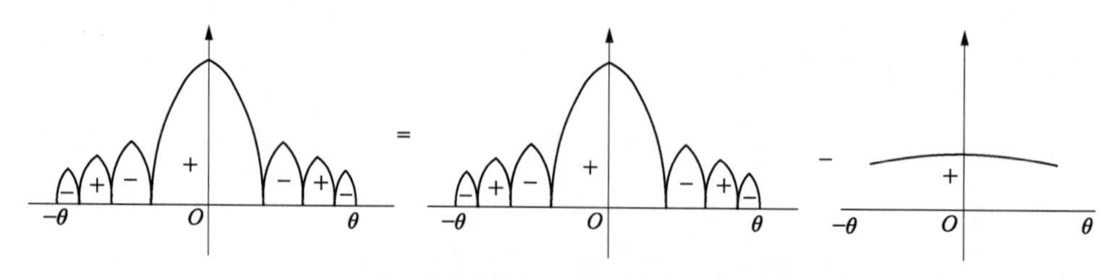

(b) 口径遮挡效应的远场方向图近似模型

图 4-25 口径遮挡对方向图的影响

馈源或副反遮挡效率为遮挡口径 $D_F(D_S)$ 与反射面直径 D_M 的比值的函数,典型值如表 4-2 所示。

表 4-2 反射面天线的馈源或副反的遮挡效率

$D_F(D_S)/D_M$	0.05	0.10	0.20
遮挡效率	0.990	0.956	0.835

正馈双反射面天线系统存在馈源和副反射器的遮挡,主要存在 3 种遮挡效应:

(1) 副反射器的辐射被馈源遮挡。

(2) 主反射器的辐射被副反射器遮挡。

(3) 主反射器的辐射被副反射器的支撑杆遮挡,支撑杆通常为 3～4 根。

支撑杆的遮挡主要影响远旁瓣,这里重点讨论前两种遮挡效应的模拟,如图 4-26 所示。对于第一种类型的遮挡,可以将副反射器等效为球面波源来模拟在主反射器上的遮挡口径。对于第二种类型的遮挡,主反射器上的遮挡口径近似等于副反射器的口径。两者中的较大值作为最终的遮挡口径,并假设该区域的电流为 0 来计算远场辐射方向图。然而,这种简单的遮挡处理方法仅仅对正馈天线的主瓣是有效的(可以用于估计天线增益),对于扫描波束和副瓣区域是不适用的。

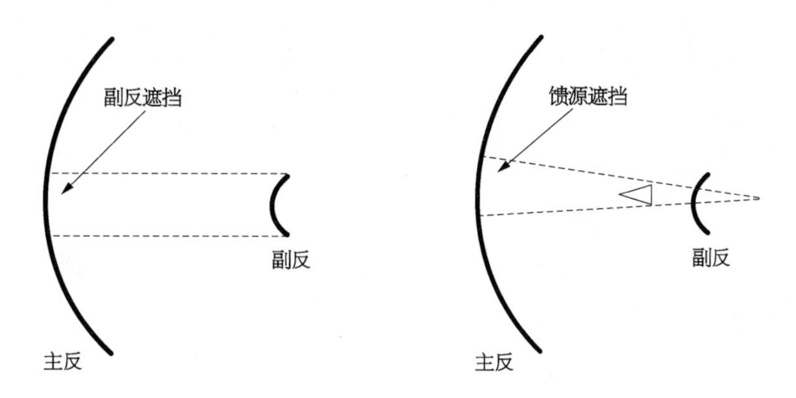

图 4 - 26　双反射面天线的遮挡效应

馈源遮挡：为了模拟馈源的遮挡，可以将馈源用一个同等口径大小的金属平板代替，如图 4 - 27 所示，产生了一个等效的三反射面系统。为了确定主反射器上的感应电流，来自副反射器和平板的贡献都应该被考虑，而平板的贡献将对副反射器的辐射产生一定的抵消效应，也即模拟了馈源的遮挡。

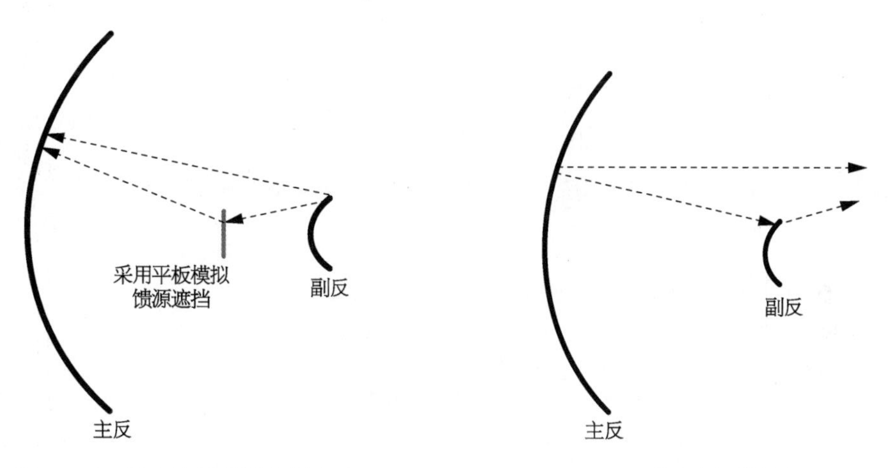

图 4 - 27　馈源遮挡模拟分析方法

图 4 - 28　副反遮挡模拟分析方法

副反射器遮挡：一旦主反射器上的电流被获得，那么主反射器的遮挡可以采用图 4 - 28 所示的双反射面天线结构来模拟，利用主反射器上的感应电流可以得到副反射器上的感应电流，该感应电流将抵消主反射器的部分辐射，也即模拟了副反射器的遮挡效应。同样的，如果有必要，也可以采用此方法模拟馈源对主反射器的遮挡。

上述方法也可用于馈源或副反射器偏焦的扫描波束、主副反射器赋形的赋形波束等天线的遮挡分析。然而，该方法仍存在一定的缺陷，即无法模拟副反射器反射对馈源端口性能的影响，也无法模拟馈源的二次辐射。为了更精确地模拟馈源与副反射器的近场耦合，考虑上述的因素影响则需要建立馈源的精确模型，这可以通过三维电磁仿真软件如 HFSS，CST，FEKO 等软件来实现。

4.4 波束偏移因子

4.4.1 标准双反射面波束偏移因子

1）馈源横向偏移的波束偏移特性

如图 4－29 所示，实际馈源偏焦 Δh，相当于虚馈源偏焦 $\Delta h/M$，则根据单反射面天线馈源偏焦引起波束轴线偏移原理，可得到波束指向的偏移角为

$$\theta = K\alpha \tag{4-11}$$

式中，K 为波束偏移因子；α 为偏焦馈源与抛物面顶点连线和抛物面轴线的夹角。

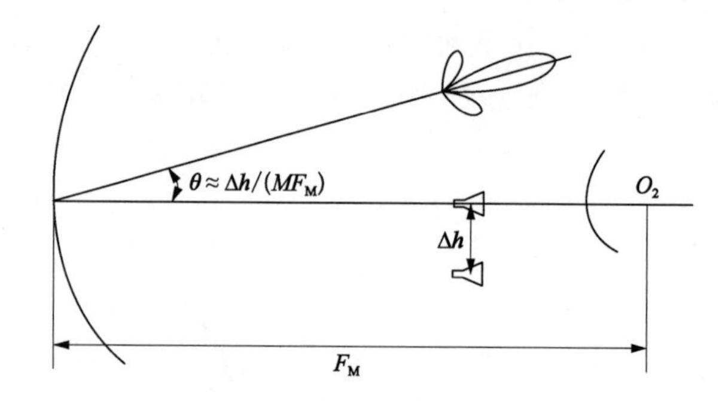

图 4－29　双反射面天线馈源横向偏焦时波束偏移因子示意

在卡塞格伦天线中，有[16]

$$\alpha = \frac{O_2O_2'}{F_M} = \frac{\Delta h}{MF_M} \tag{4-12}$$

即

$$\theta = K\frac{\Delta h}{MF_M} \tag{4-13}$$

可见，馈源横向偏焦对波束指向的影响较单抛物面天线要小。

2）副反射面横向位移

副反射面横向位移为 Δh 时，相当于虚馈源由焦点 O_2 横向位移到 O_2'，如图 4－30 所示，这时使波束指向朝反方向偏移，则

$$\theta = K\frac{O_2O_2'}{F_M} = K\frac{(M-1)\Delta h}{MF_M} \tag{4-14}$$

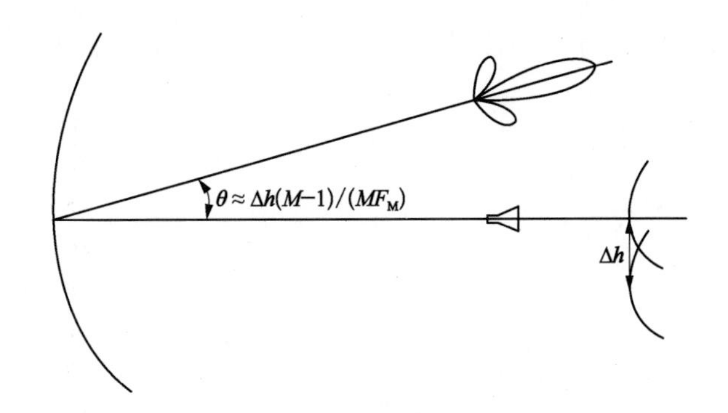

图4-30　双反射面天线副反横向偏焦时波束偏移因子示意

3) 主反射面旋转的影响

如图4-31所示，主反射面绕 P 点旋转后，设顶点由 O 点移至 O' 点，横向位移为 Δh_1；虚馈源焦点由 O_2 点移到 O_2' 点，横向位移为 Δh_2，则顶点法线由 OP 变为 $O'P$。由图可得

$$\theta=\frac{\Delta h_1-(1+K)\Delta h_2}{F_{\mathrm{M}}} \tag{4-15}$$

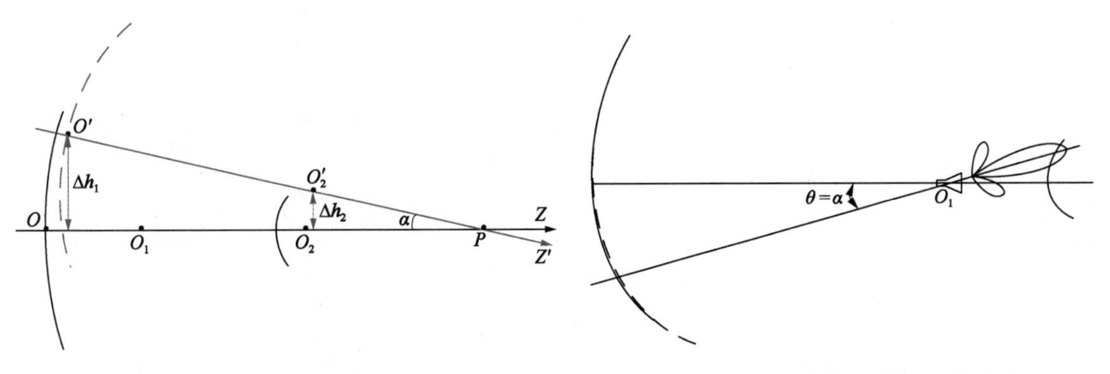

图4-31　主反射器旋转示意

图4-32　双反射面天线主反绕焦点转动时波束偏移因子示意

现假设 P 点与虚焦点 O_2 重合，即主反射面绕焦点旋转，如图4-32所示，此时 $\Delta h_2=0$，上式简化为

$$\theta=\frac{\Delta h_1}{F_{\mathrm{M}}}=\alpha \tag{4-16}$$

式中，$\alpha=\dfrac{\Delta h_1}{F_{\mathrm{M}}}$，表示主反射面绕焦点旋转角。

现假设 P 点与虚焦点 O 重合，即主反射面绕顶点旋转，如图4-33所示，此时 $\Delta h_1=0$，上式简化为

$$\theta=\frac{-(1+K)\Delta h_2}{F_{\mathrm{M}}}\approx-2K\alpha \tag{4-17}$$

式中，$\alpha=\frac{\Delta h_2}{F_M}$，表示主反射面绕顶点旋转角。负号表示波束偏移方向与反射器转动方向相反。

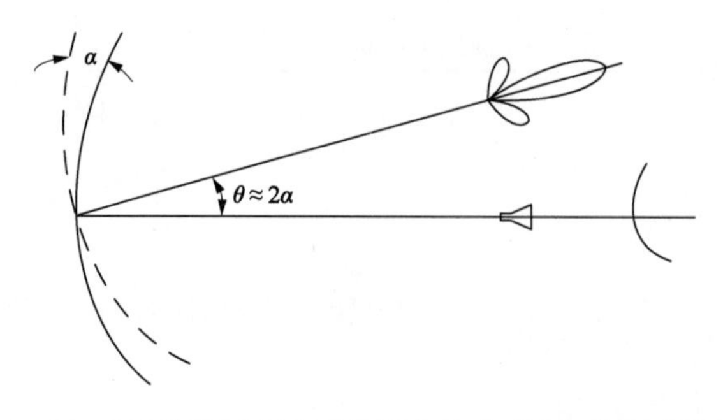

图 4-33　双反射面天线主反绕顶点转动时波束偏移因子示意

4）副反射面旋转的影响[16]

如图 4-34 所示，副反射面围绕焦点 O_2 旋转角 α，波束偏移角 θ 为

$$\theta=K\frac{(c-a)\sin\alpha(M+\cos 2\alpha)}{MF_M\cos 2\alpha}\tag{4-18}$$

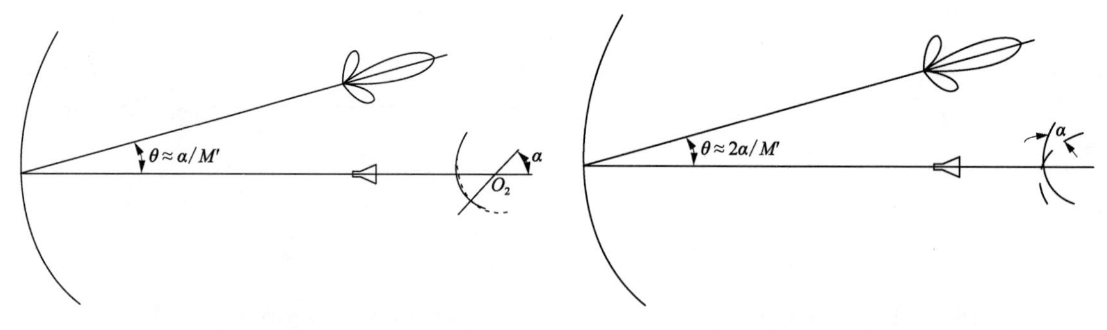

图 4-34　双反射面天线副反绕焦点转动时波束偏移因子示意

图 4-35　双反射面天线副反绕顶点转动时波束偏移因子示意

定义口径比例因子 M' 为

$$M'=D_M/D_S\tag{4-19}$$

则上式可以近似为

$$\theta\approx\alpha/M'\tag{4-20}$$

若副反射面围绕顶点旋转角 α，如图 4-35 所示，则波束偏移角 θ 为

$$\theta\approx 2K\alpha/M'\tag{4-21}$$

从上述的几种对波束指向的影响分析结果看，主反射面绕顶点旋转是最主要的因素。

双反射面天线的转动方式及波束偏移因子如表 4-3 所示。

表 4-3　双反射面天线波束偏移因子汇总

天线形式	转动方式	波束偏移因子
双反射面天线	馈源横向偏焦	$\theta = K\dfrac{\Delta h}{MF_M}$
	副反横向偏焦	$\theta = K\dfrac{(M-1)\Delta h}{MF_M}$
	主反绕焦点转动	$\theta = \alpha$
	主反绕顶点转动	$\theta = 2K\alpha$
	副反绕焦点转动	$\theta = K\dfrac{(c-a)\sin\alpha(M+\cos 2\alpha)}{MF_M\cos 2\alpha} \approx a/M'$
	副反绕顶点转动	$\theta \approx 2K\alpha/M'$

4.4.2　双反射面天线波束偏移实例

1）天线参数

天线为正馈的卡塞格伦双反射面天线形式，如图 4-36 所示，具体参数如表 4-4 所示。

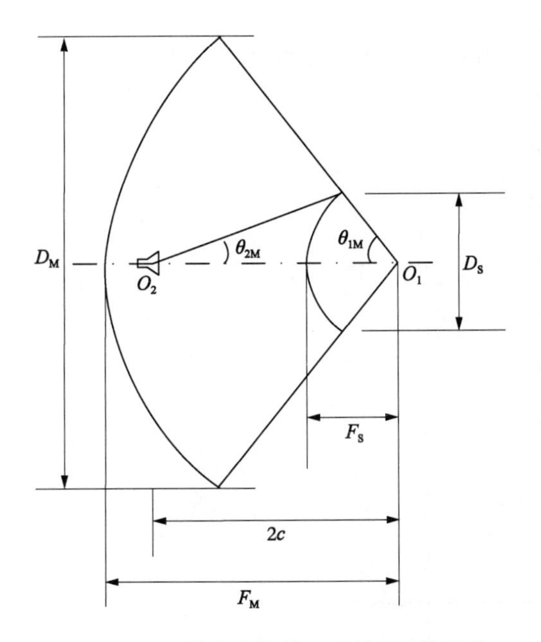

图 4-36　正馈卡塞格伦双反射面天线示意

表 4-4　正馈卡塞格伦双反射面天线结构参数

项目名称	参数值	备　注
计算频率 f	7.5 GHz	40 mm(波长)
主反口径 D_M	2 000 mm	50λ
主反焦距 F_M	700 mm	17.5λ
副反口径 D_S	290 mm	7.25λ
副反焦距 F_S	88.272 45 mm	$c-a$
离心率 e	1.685 9	$e=c/a$
放大因子 M	3.915 9	$M=(e+1)/(e-1)$
口径比例因子 M'	6.896 6	$M'=D_M/D_S$
馈源照射电平	−15 dB	
馈源半张角	20.675 8°	

2）馈源横向偏焦时波束扫描结果

正馈卡塞格伦双反射面天线馈源横向偏焦时波束扫描结果如表 4-5 所示。

表 4-5　正馈卡塞格伦双反射面天线馈源横向偏焦时波束扫描特性(K=0.9)

馈源偏移/mm	馈源偏移(λ)	波束偏移角$\left(\theta=K\dfrac{\Delta h}{MF_{\mathrm{M}}}\right)$	波束偏移角 θ（软件仿真）
20	0.5λ	0.376°	0.375°
40	1.0λ	0.753°	0.750°
60	1.5λ	1.130°	1.125°
80	2.0λ	1.506°	1.538°
100	2.5λ	1.882°	1.950°
120	3.0λ	2.259°	2.288°
140	3.5λ	2.635°	2.625°
160	4.0λ	3.011°	3.075°

3）主反射器绕焦点/顶点旋转时波束扫描结果

正馈卡塞格伦双反射面天线主反射器绕焦/顶点旋转时波束扫描结果如表 4-6 所示。

表 4-6　正馈卡塞格伦双反射面天线主反射器绕焦/顶点旋转时波束扫描特性(K=0.9)

主反绕焦点旋转角 α	波束偏移角 θ	主反绕顶点旋转角 α	波束偏移角（$\theta=2K\alpha$）	波束偏移角 θ
0.5°	0.5°	0.5°	0.9°	0.9°
1°	1.0°	1°	1.8°	1.8°
1.5°	1.5°	1.5°	2.7°	2.7°
2°	2.0°	2°	3.6°	3.6°
2.5°	2.5°	2.5°	4.5°	4.5°
3°	3.0°	3°	5.4°	5.4°

4）副反射器绕焦点/顶点旋转时波束扫描结果

正馈卡塞格伦双反射面天线副反射器绕焦点旋转时波束扫描结果如表 4-7 所示。

表 4-7　正馈卡塞格伦双反射面天线副反射器绕焦点旋转时波束扫描特性($K=0.9$)

副反旋转角 α	波束偏移角 $\left[K\cdot\frac{(c-a)\sin\alpha(M+\cos 2\alpha)}{MF_{\mathrm{M}}\cos 2\alpha}\right]$	波束偏移角 ($\theta\approx\alpha/M'$)	波束偏移角 θ
2°	0.284°	0.290°	0.313°
4°	0.572°	0.580°	0.613°
6°	0.623°	0.870°	0.925°
8°	1.171°	1.160°	1.238°
10°	1.490°	1.450°	1.538°
12°	1.825°	1.740°	1.850°

正馈卡塞格伦双反射面天线副反绕顶点旋转时波束扫描结果如表 4-8 所示。

表 4-8　正馈卡塞格伦双反射面天线副反绕顶点旋转时波束扫描特性($K=0.9$)

副反绕顶点旋转角 α	波束偏移角 ($\theta\approx 2K\alpha/M'$)	波束偏移角 θ
1°	0.261°	0.225°
2°	0.522°	0.450°
3°	0.783°	0.675°
4°	1.044°	0.900°
5°	1.305°	1.125°
6°	1.566°	1.350°

5) 副反射器横向偏焦时波束扫描结果

正馈卡塞格伦双反射面天线副反射器横向偏焦时波束扫描结果如表 4-9 所示。

表 4-9　正馈卡塞格伦双反射面天线副反射器横向偏焦时波束扫描特性($K=0.9$)

副反偏移 δ_{h}/mm	副反偏移 (λ)	波束偏移角 $\left(\theta=K\cdot\frac{\Delta h(M-1)}{MF_{\mathrm{M}}}\right)$	波束偏移角 θ
20	0.5λ	1.099°	0.900°
40	1.0λ	2.197°	1.838°
60	1.5λ	3.290°	2.775°
80	2.0λ	4.388°	3.700°
100	2.5λ	5.487°	4.613°
120	3.0λ	6.585°	5.538°
140	3.5λ	7.663°	6.550°

4.5 偏馈双反射面天线设计

本节重点讨论卡塞格伦天线和格里高利天线的设计。

4.5.1 双反射面天线的设计方程

图 4-37 和图 4-38 分别给出了经典的偏置卡塞格伦天线和格里高利天线的侧视图和前视图。图中给出的参数能够完全定义一个投影口径为圆形的双反射面天线结构。

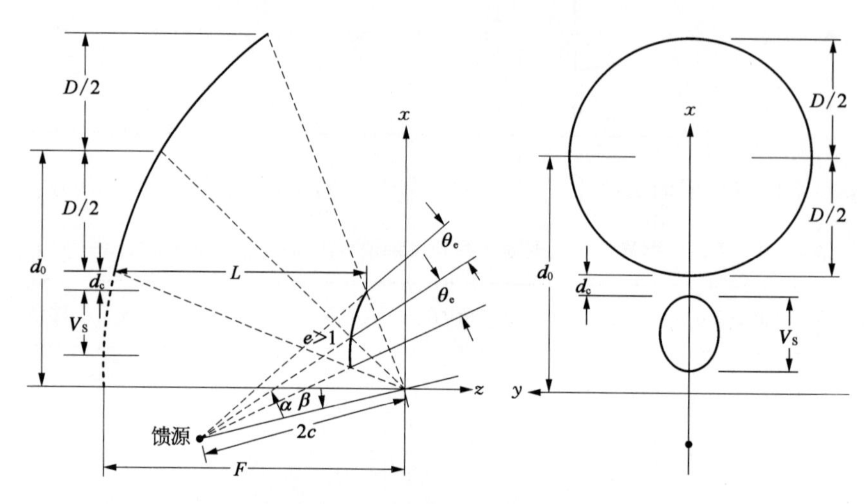

图 4-37 卡塞格伦天线示意

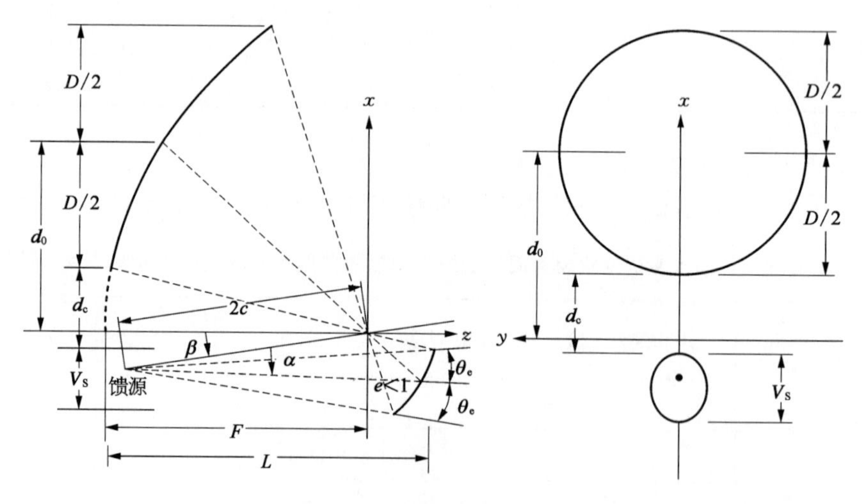

图 4-38 格里高利天线示意

主反射器可以表示为

$$\rho_{\mathrm{m}}=\frac{2F}{1+\cos\theta} \tag{4-22}$$

式中，ρ_{m} 是抛物面焦点到抛物面上点的距离，θ 是从抛物面轴到 ρ_{m} 的夹角。对于 θ 和本节的其他角度的符号约定是逆时针为正，顺时针为负。需要注意的是：式(4－22)对抛物面上所有点都有效，而不仅仅是 xz 面上的点，如图 4－39 和图 4－40 所示。

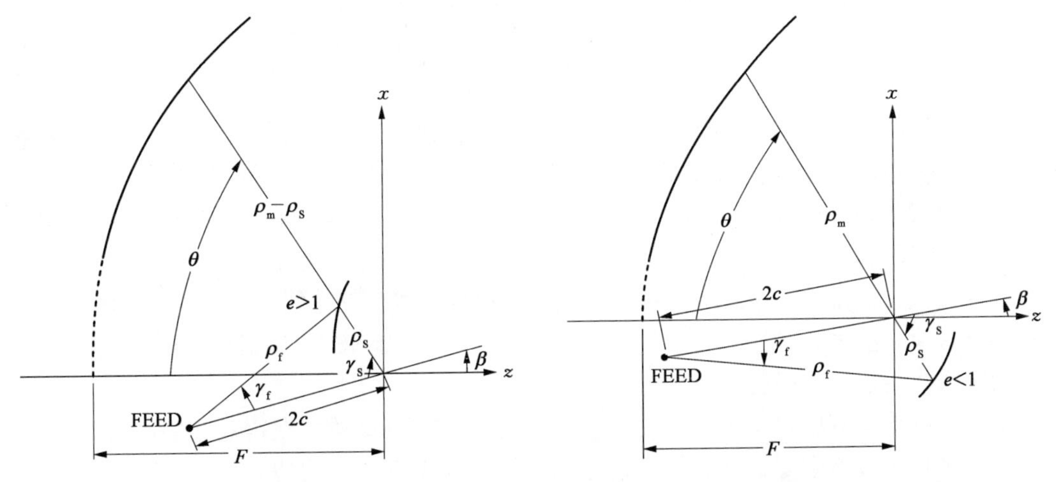

图 4－39　偏置卡塞格伦天线参数定义　　　　图 4－40　偏置格里高利天线参数定义

在推导过程中，3 个 θ 角是非常有用的，分别是 θ_0，θ_L，θ_U，分别指向主反射器的中心、下边缘和上边缘。利用式(4－22)，可以得到这些角度：

$$\theta_0 = -2\arctan\left(\frac{d_0}{2F}\right)$$

$$\begin{matrix}\theta_U \\ \theta_L\end{matrix} = -2\arctan\left(\frac{d_0 \pm \dfrac{D}{2}}{2F}\right) \tag{4-23}$$

副反射器可以表示为

$$\rho_f + \sigma\rho_s = \frac{2c}{e} \tag{4-24}$$

式中，ρ_f 是实焦点(馈源位置)到副反射面上点的距离，ρ_s 是虚焦点(抛物面焦点)到副反射面上同一点的距离，如图 4－39 和图 4－40 所示。参数 $\sigma=-1$ 表示双曲面(对应卡塞格伦天线)，$\sigma=+1$ 表示椭球面(对应格里高利天线)。

4.5.2　偏置双反射面天线的最优设计方程

等效抛物面原理有两个作用：① 更好地理解双反射面的特性；② 得到零交叉极化和最小泄露损失的天线配置。

1) Mizugutchi 零交叉极化设计方程

双反射面天线可以等效为口径相等、焦距为 F_{eq} 的单反射面天线：

$$F_{eq} = F \times \frac{|e^2-1|}{(e^2+1)-2e\cos\beta} \tag{4-25}$$

反射器的非对称结构导致交叉极化，因此可以充分利用另一个非对称的反射器，通过正确构建两个非对称反射器与初级馈源的相对位置关系来降低交叉极化。如果馈源轴与等效抛物面轴平行，则可实现零交叉极化特性。Mizugutchi 基于几何光学提出了产生零交叉极化辐射的馈源指向条件[17]：

$$\tan\alpha=\frac{|e^2-1|\sin\beta}{(e^2+1)\cos\beta-2e} \tag{4-26}$$

式中，α 为馈源轴与副反射面旋转轴之间的夹角；β 为副反射面旋转轴与主反射器旋转轴之间的夹角；e 为副反射器的离心率。

上述公式利用天线处于聚焦状态的光学分析得到，忽略了绕射效应。因此为保证该条件的有效性，副反射器口径应为 10～15 个波长，边缘照射电平应至少低于 −10 dB，且反射面的曲率不应过大。满足 Mizugutch 条件的偏置双反射面天线仅仅在副反射器足够大的情况下获得低交叉极化，这是因为绕射效应将产生交叉极化。研究表明[18]，反射面曲率的绕射效应导致的交叉极化可能比边缘绕射更显著。

对于不赋形的双偏置反射面天线，可以合理地配置天线结构以获得对称的口径场分布，因此偏置的结构可以产生零交叉极化。此时，交叉极化分量主要来自绕射。

对于赋形双偏置反射面天线，目标也是获得对称的口径场分布。如果在赋形过程中保证良好的对称性，则赋形双偏置反射面天线也可以实现零交叉极化（几何光学意义上的零交叉极化）。任何偏离对称性都将引入交叉极化。

2）Rusch 最小化泄露损失设计方程

进一步，为保证等效抛物面的对称性，实现最小的泄露损失，Rusch 提出了等效抛物面的轴与副反射器角中心一致则可以最小化泄露损失的条件（见图 4-41）：

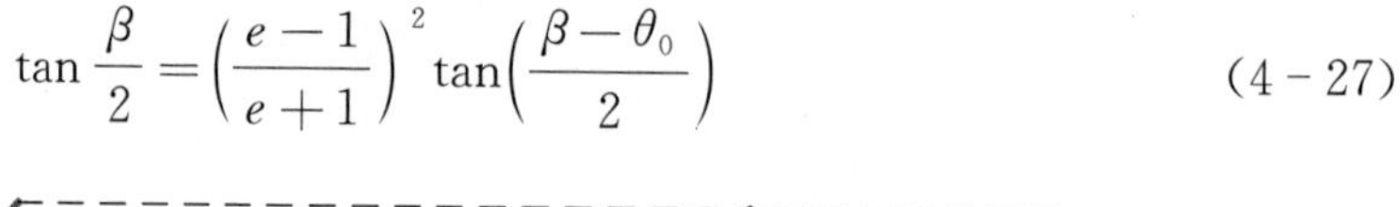

$$\tan\frac{\beta}{2}=\left(\frac{e-1}{e+1}\right)^2\tan\left(\frac{\beta-\theta_0}{2}\right) \tag{4-27}$$

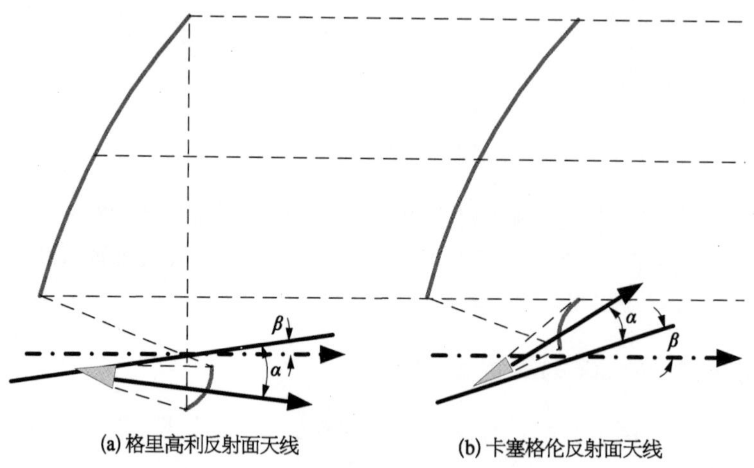

图 4-41　双反射面天线照射角度参数定义

4.5.3　偏置双反射面天线的性能比较

偏置格里高利天线的辐射特性：如果将双反射面天线看作波束波导系统，则双反射面天线可以采用 Fresnel 数来进行特性表示，较大的 Fresnel 数可实现更高的传输效率和宽带特性。利用电大的副反射器和初级馈源，并将它们相互靠近可以获得较大的 Fresnel 数，从而实现更高的传输效率和宽带特性。格里高利天线恰好满足这样的条件，首先，由于副反射器远离主反射器，因此可以具有更大的口径，基于同样的原因，初级馈源也可以做得很大。其次，射线具有实焦点，在宽频带范围内可产生较高的传输效率和低的漏射电平。

双偏置反射面天线主要有卡塞格伦天线和格里高利天线两类。在卫星平台，格里高利天线应用更为广泛，如图 4－42 所示，这主要是由于对于要求的口径尺寸，能够更大地压缩交叉极化电平。通过合理选择馈源轴、主反轴以及椭球轴的角度关系可以实现光学补偿，满足 Mitzuguchi 条件，从而提供更好的线极化 XPD 性能和抵消圆极化的波束偏移现象。

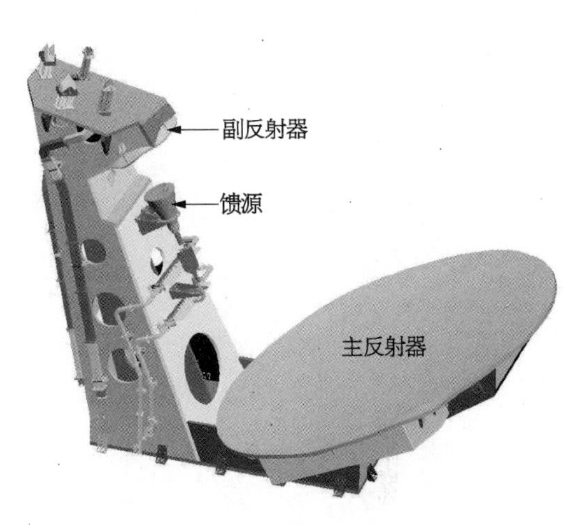

图 4－42　偏置格里高利双反射面天线

格里高利双反射面天线相比单偏置反射面天线明显复杂得多，由于增加了副反射器，它必须被正确地支撑和校准。其优点是除了能够更好地控制交叉极化和波束偏移外，对于给定主反口径尺寸，通过主反和副反的同时赋形降低漏射，改善口面场分布进而也能够提高一点最小增益性能。

格里高利天线是相当紧凑的，部分是因为副反的反射场收敛到主反焦点区域，从而使得有了一个低场强密度的区域，可以用于安装馈源。相比而言，在卡塞格伦天线中，双曲副面的反射场发散照射到主反上，在副反附近没有低场强密度区域用于安装馈源。

虽然，格里高利天线能够采用侧面安装的结构，这些天线一般尺寸较大，导致需要相对较大的副反，副反通常也需要可展开，因此增加了重量和成本。格里高利天线也广泛应用于对地板。在这种情况下，相对单偏置反射面的优点在于：馈源更靠近对地板，从而减小了波导长度，最小化了射频损耗，提高了增益。

格里高利天线的一个设计考虑是：喇叭泄漏的能量也将辐射到地球上，从而可能影响其他区域的隔离度。这不像主反泄漏的能量，这些能量辐射到深空，或者被卫星平台散射到相对主波束更大的角度区域，一般不产生隔离问题。由于这个因素，格里高利天线的副反通常选择略大一点，以减小泄漏损失。由于副反的过尺寸，设计者必须通过优化天线结构设计抑或对反射面进行赋形以最小化副反和馈源的遮挡。

4.5.4　双反射面天线的结构参数

抛物面主反射器参数：在 xy 面的投影口径 D；焦距 F；偏置高度 d_0。

副反射器参数：由 xy 面的投影高度 V_S；坐标轴倾角 β；焦距 $2c$；离心率 e。

馈源参数：由对副反射器张角 θ_e；馈源指向角 α。

上述 9 个参数可以完全描述一个经典的双偏置反射面系统。此外，两个附加的参数是：副反射器上边缘与主反射器下边缘的距离 d_c；天线的总长度 L。

图 4－43 和图 4－44 给出了上述 11 个参数在两类双反射面天线中的示意，其中有 5 个参

数是独立的。因此，从系统的要求出发，可以选取最可能得到的 5 个参数作为设计输入参数。既然参数 D，V_S，d_c，L，θ_e 通常规定整个系统的尺寸和馈源特性，应该更希望使用它们作为设计过程的输入参数[19~22]。

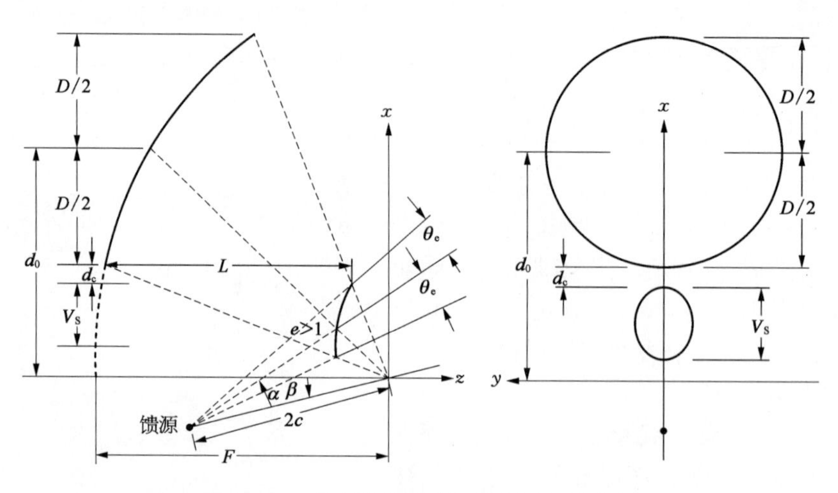

图 4-43　卡塞格伦天线示意图及参数定义

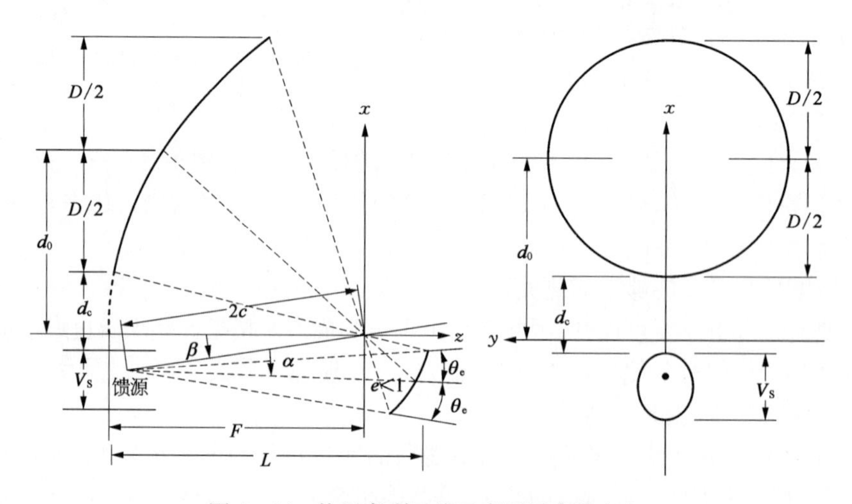

图 4-44　格里高利天线示意图及参数定义

选择以 D，V_S，d_c，L，θ_e 作为输入参数。首先利用 d_c 近似计算 d_0，L 近似计算 F，θ_e 近似计算 β，于是得到 D，V_S，d_0，F，β 共 5 个参数，然后利用这 5 个参数可以得到双反射面天线所有参数的闭式解。

4.5.5　赋形双反射面天线的效率

采用偏置结构，由副反和支撑杆遮挡引起的旁瓣电平可以避免。因此，对于口径小于 150 个波长的小型地面站天线，偏置双反射面是非常合适的。对于大型地面站天线，副反遮挡效应对旁瓣的贡献不是决定性的，因此对称的双反仍旧能够应用。

对于双偏置双反射面天线，近区旁瓣主要由主反决定，包括口面场分布和型面误差。宽角旁瓣主要由馈源和副反漏射产生。而后瓣主要来自主反的绕射。

偏置格里高利天线的交叉极化特性优于偏置卡塞格伦天线。特别是对于馈源极化平行偏置面的情况，交叉极化改善约 6 dB。通过降低馈源的边缘照射电平，天线的赋形效率可以进一步提高，可达 84%以上。然而，高效率的代价是牺牲天线的近区旁瓣特性，因此需要在效率与旁瓣之间进行折中[23]。

文献[24]表明，如果馈源方向图太宽，副反边缘照射电平不是足够低，则赋形可能并不能增加天线的效率，有时甚至恶化，其原因是副反的绕射影响。文献[24]以双偏置格里高利天线为例，副反最长尺寸近似 20 个波长，主反口径 63 个波长，偏置角 50°。比较了赋形和不赋形两种情况下的天线效率、旁瓣电平与馈源边缘照射电平的关系，分别如图 4－45 和图 4－46 所示，可以看出，赋形天线系统并不一定比不赋形天线系统效率高，除非采用较低的边缘照射电平。例如，馈源边缘照射电平－10 dB，不赋形效率为 73%，天线旁瓣－27 dB，而赋形旁瓣电平－30 dB，天线效率为 72%，若采用－17 dB 边缘照射电平，旁瓣电平－30 dB，则效率提高到 80%，具体如图 4－47 所示。

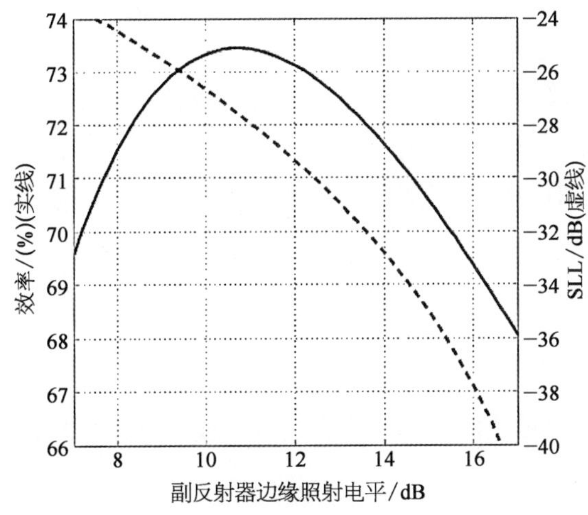

图 4－45　标准偏置格里高利天线的口径效率、SLL 与边缘照射电平的关系曲线[24]
（实线为效率曲线，虚线为旁瓣曲线）

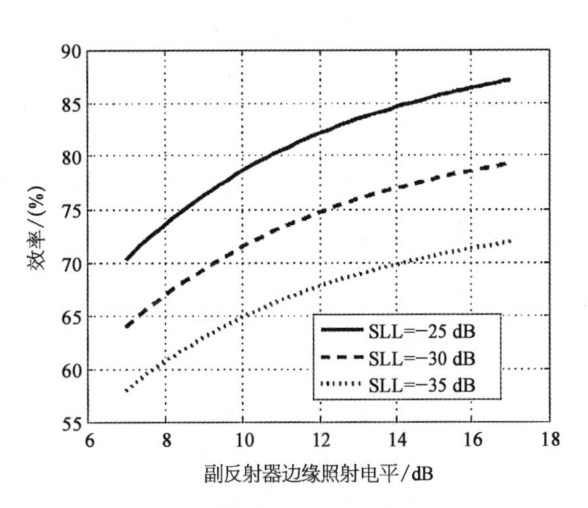

图 4－46　赋形偏置格里高利天线的口径效率、SLL 与边缘照射电平的关系曲线[24]

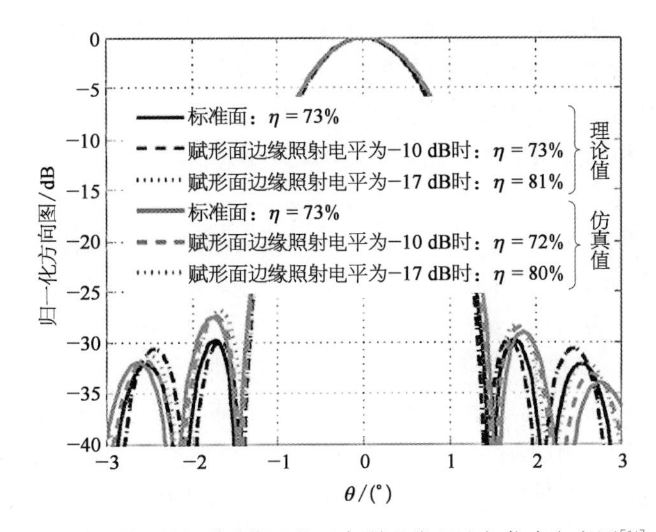

图 4－47　标准和赋形偏置格里高利天线理论与仿真方向图[24]

4.6 宽角扫描的 Dragonian 双反射面天线

双偏置卡塞格伦天线能够在$\pm 4°$视场内提供 10～12 个扫描波束能力。利用反射面赋形技术可以降低扫描性能的恶化。当双偏置反射面天线满足如下条件时，可以实现零交叉极化：

$$\tan\frac{\gamma}{2}=\frac{1}{M}\times\tan\frac{\psi}{2} \tag{4-28}$$

式中，M 为副反射器的放大因子，它决定了副反射器的类型。

(1) $M>1$：副反射器为双曲面的凸面，对应传统的双偏置卡塞格伦天线，副反射器离心率为

$$e=\frac{M+1}{M-1} \tag{4-29}$$

(2) $0<M<1$：副反射器为椭球面的凹面，对应前馈或侧馈双偏置卡塞格伦天线，副反射器离心率为

$$e=\frac{1+M}{1-M} \tag{4-30}$$

(3) $M<-1$：副反射器为双曲面的凹面，对应传统的双偏置格里高利天线，副反射器离心率为

$$e=\frac{M+1}{M-1} \tag{4-31}$$

研究表明[25,26]：满足式(4-28)的双偏置反射面天线结构也最小化了一阶的像散，一阶像散是偏置反射面天线系统最主要的扫描像差。对于传统的双偏置卡塞格伦天线或格里高利天线，由于 $M>1$，因此馈源阵比单偏置反射面天线的馈源阵要大。因此，在大范围扫描情况下，很难实现无遮挡和低交叉极化性能。这些问题可通过采用 $0<M<1$ 的天线结构来缓解，主要有两种形式。

在图 4-48 中，馈源阵位于副反射器和主反射器的前面，因此被称为前馈偏置卡塞格伦天线(FFOC)。在图 4-49 中，馈源阵位于副反射器和主反射器的侧面，因此被称为侧馈偏置卡塞格伦天线(SFOC)。表 4-10 给出了 Ku 频段的 FFOC 和 SFOC 天线结构的参数，虽然主反射器和副反射器的焦距都很长，然而天线结构却非常紧凑。

由于主反射器具有极长的焦距，两种天线结构都具有扫描$\pm 10°$的能力。两种天线结构均要求副反射器尺寸与主反射器尺寸相当。对于连续的对地覆盖区，馈源阵的尺寸和复杂性是非常大的，相比直射阵并无明显的竞争力。然而，反射面天线单馈源即可实现一个高增益波束的内在属性决定了它非常适合实现对地多个高增益的部分覆盖要求。

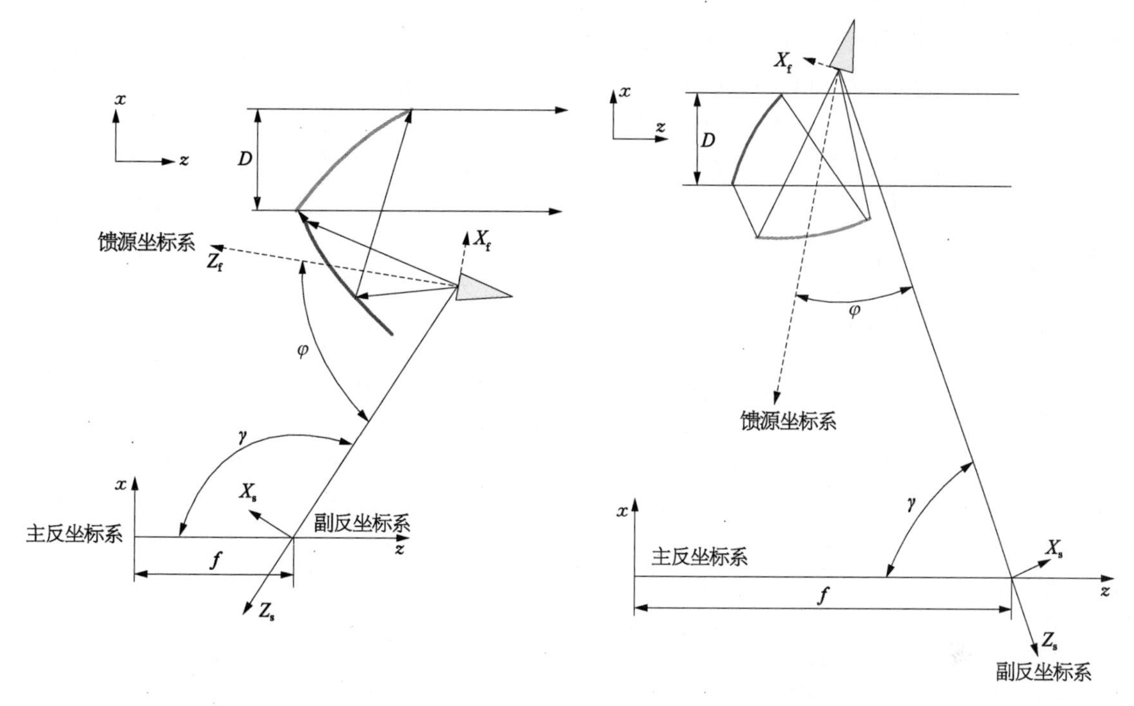

图 4-48　前馈偏置卡塞格伦天线参数示意
($\gamma = -123.6°$, $\varphi = -65.4°$, $M = 0.34$)

图 4-49　侧馈偏置卡塞格伦天线参数示意
($\gamma = -70°$, $\varphi = 30°$, $M = 0.38$)

表 4-10　FFOC 和 SFOC 结构参数(主反射面投影口径为 120λ,工作频率为 11.2 GHz)

反 射 器 参 数	FFOC	SFOC
主反射面焦距 f	5.24 m	13.80 m
主反射器物理口径	4.94 m×3.22 m	3.68 m×3.22 m
副反射器 $2C$	9.75 m	19.04 m
副反射器曲率 e	2.05	2.24
副反射器物理口径	5.05 m×3.73 m	4.28 m×4.23 m
实现全球覆盖的馈源阵尺寸	2.0 m	2.6 m

下面对单馈源馈电的 FFOC 和 SFOC 扫描性能进行比较[27]:

对于口径为 120λ 的 FFOC 和 SFOC 天线扫描 10°的性能进行比较,FFOC 的馈源口径为 1.8λ,SFOC 的馈源口径为 2.2λ,在每个扫描方向,优化馈源的位置,并使得馈源轴指向主反射器的中心,以获得最优性能。分析表明,SFOC 比 FFOC 具有更好的旁瓣电平和交叉极化性能。此外,对于两种结构,对称面波束增益扫描损失要高于非对称面的波束扫描损失。在对称面，向下扫描的损失略高一些。在实际的天线设计中，可以进一步优化天线的指向，使得扫描损失更均衡一些。在与单反射面天线的扫描性能比较中，FFOC 获得了与 $F/D=2.6$ 的单反射面天线相似的性能，而 SFOC 获得了与 $F/D=5.6$ 的单反射面天线相似的性能。为了连续覆盖全球波束，这样的单偏置反射面天线系统要求的馈源阵尺寸是非常巨大的。

最后，通过对副反射器和主反射器赋形可以进一步改善天线性能。需要指出的是，即使是赋形的 FFOC，其性能也不及未赋形的 SFOC，因此，结构形式对扫描损失的影响比赋形更大（见表 4-11）。此外，随着口径的增加，SFOC 的优势更加明显。

表 4-11　FFOC 和 SFOC 天线在±10°覆盖下的扫描损失对比

主反射器口径	卡塞格伦天线(标准反射器)		卡塞格伦天线(赋形反射器)	
	前馈/dB	侧馈/dB	前馈/dB	侧馈/dB
120λ	2.28	0.36	0.54	0.21
240λ	8.49	1.28	2.89	0.59
480λ	13.68	3.50	9.93	2.06

美国 TRW 公司研制的通信卫星系统——多波束天线实验系统 Gen * Star[27~29]，系统包含了 8 副 Ka 频段标准侧馈偏置卡塞格伦天线（4 副天线用于发射，4 副天线用于接收），图 4-50 给出了 8 副天线在模拟星体上的布局。图 4-51 分别给出了发射和接收状态下点波束和扫描到 7°时点波束的仿真结果，结果表明扫描到 7°时，峰值增益损失 1 dB，旁瓣电平约提高 2 dB（为 −23 dB），交叉极化隔离度为 −28 dB。图 4-52 为 GEN * STAR Ka 多波束的覆盖图。

图 4-50　GEN * STAR 卫星多波束天线配置

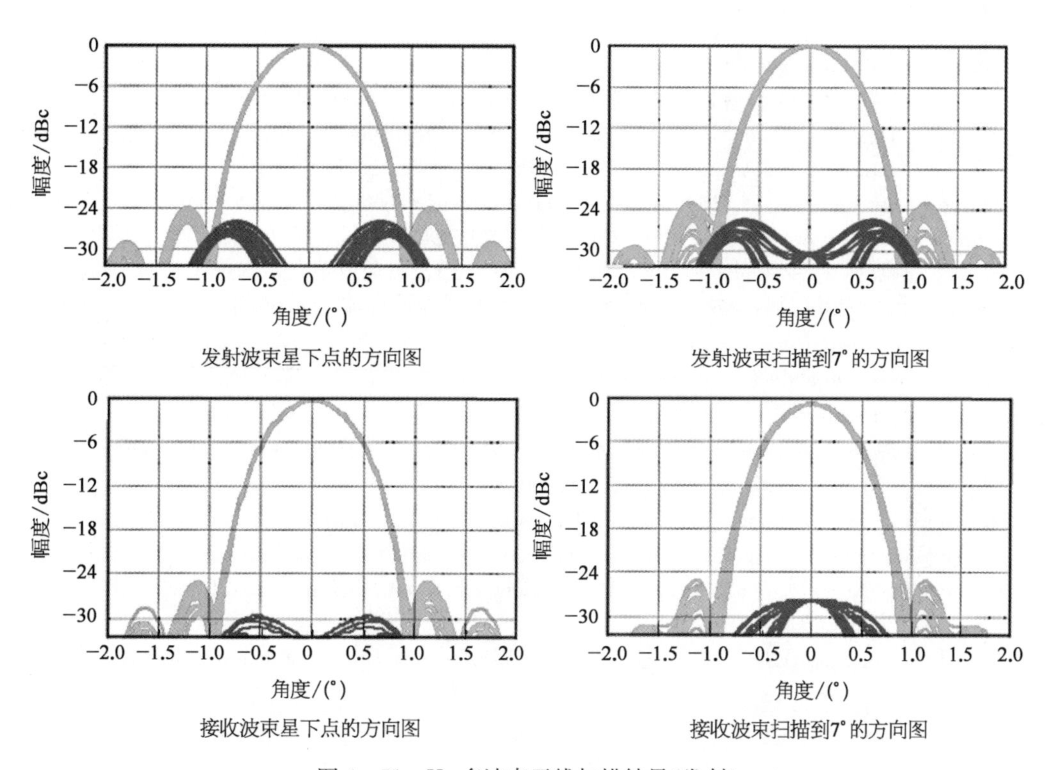

图 4－51　Ka 多波束天线扫描结果(发射)

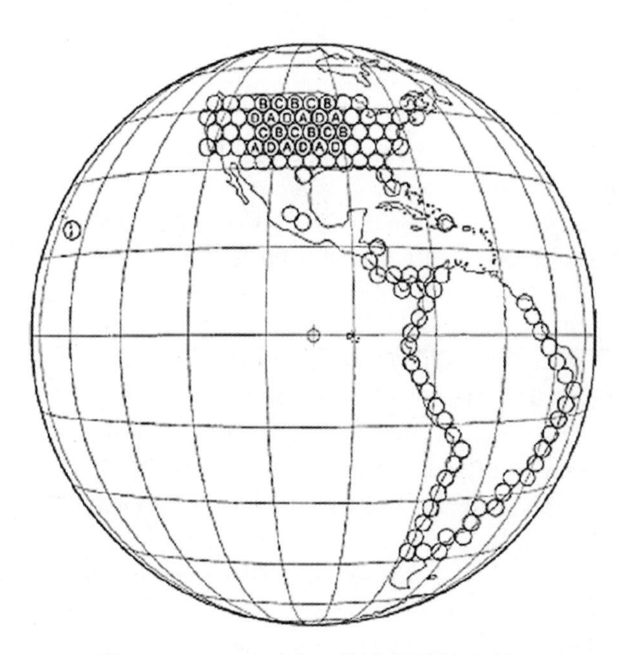

图 4－52　Ka 多波束天线波束覆盖(发射)

参考文献

[1] Christophe Granet. A simple procedure for the design of classical displaced-axis dual-reflector antennas using a set of geometric parameters. IEEE Antennas and Propagation Magazine，1999，41(6).

[2] Alexandre P. Popov，Tom Milligan. Amplitude aperture-distribution control in displaced-axis two-reflector antennas. IEEE Antennas and Propagation Magazine，1997，39(6).

[3] Aluizio Prata，Fernando Jr，Moreira J S，et al. Displaced-axis-ellipse reflector antenna for spacecraft communications. Proceedings SBMO/IEEE MTT-S IMOC，2003：391-395.

[4] Chandrakanta Kumar，Srinivasan V V，Lakshmeesha V K，et al. Performance of an electrically small aperture，axially displaced ellipse reflector antenna. IEEE Antennas and Wireless Propagation Letters，2009，8：903-904.

[5] Nissan Vered. Method of moments analysis of displaced-axis dual reflector antennas. Thesis of the Naval Postgraduate School，1992.

[6] 王晓春，夏鹏.环焦天线的性能分析与设计研究.装备指挥技术学院学报，2002，13(5)：89-91.

[7] Christophe Granet. Designing classical symmetric dual-reflector antennas from combinations of prescribed geometric parameters. IEEE Antennas and Propagation Magazine，1998，40(2)：76-82.

[8] Christophe Granet. Designing classical symmetric dual-reflector antennas from combinations of prescribed geometric parameters Part2 Phased Center of Feed-Horn. IEEE Antennas and Propagation Magazine，1998，40(3)：82-87.

[9] Granet C，Kot J S，Davis I M，et al. Optimization of compact SATCOM terminals. Communications and Information Systems Conference (MilCIS)，2012 Military.

[10] Fernando J S Moreira，José R Bergmann. Shaping axis-symmetric dual-reflector antennas by combining conic sections. IEEE Transactions on Antennas and Propagation，2011，59(3)：1042-1046.

[11] Youngchel Kim，Teh-Hong Lee. Shaped circularly symmetric dual reflector antennas by combining local conventional dual reflector systems. IEEE Transactions on Antennas and Propagation，2009，57(1)：47-56.

[12] Bergmann J R. Shaped subreflector for offset gregorian reflector antenna with a paraboloidal main reflector. IEEE AP-S，1998：828-831.

[13] Steven L Johns，Aluizio Prata Jr. An Improved Raised-Cosine Feed Model For Reflector Antenna Applications. IEEE AP-S，1994.

[14] Fernando J S Moreira，José R Bergmann. Shaping axis-symmetric dual-reflector antennas by combining conic sections. IEEE Transactions on Antennas and Propagation，2011，59(3)：1042-1046.

[15] Park M，Ramanujam P. Modeling of blockage effects in ad-symmetric dual-reflector systems. IEEE AP-S，1998：2074-2077.

[16] Ziinmerman M，Lee S W，Rahmat-Samii Y，et al. A comparison of reflector antenna designs for wide-angle scanning. NASA Technical Memorandum 101459，1989.

[17] Svein Anukeas Skyttemyr. Cross polarization in dual reflector antennas-A PO and PTD analysis. IEEE Transactions on Antennas and Propagation，1986，34(6)：849-853.

[18] Ta-Shing Chu. Polarization properties of offset dual reflector antenna. IEEE Transactions on Antennas and Propagation，1991，39(12)：1753-1756.

[19] Christophe Granet. Designing classical offset dual-reflector antennas from combinations of prescribed geometric parameters. IEEE Antennas and Propagation Magazine，2002，44(3)：114-123.

[20] Christophe Granet. Designing classical offset dual-reflector antennas from combinations of prescribed geometric parameters part2 feed-horn blockable conditions. IEEE Antennas and Propagation Magazine，December 2003，45(6)：86-89.

[21] Kenneth W Brown，Aluizio Prata Jr. A design procedure for classical offset dual reflector antennas with

circular apertures. IEEE Transactions on Antennas and Propagation, 1994, 42(8): 1145 - 1153.

[22] Kenneth W Brown, Yung-Hsiang Lee, Aluizio Jr. A systematic design procedure for classical offset dual reflector antennas with optimal electrical performance. IEEE AP-S, 1993: 772 - 775.

[23] Clarricoats P J B, Brown R C, Ramanujam P. Comparative study of reflector antennas for small earth stations. IEEE Proceedings, 1987, 134(6): 538 - 544.

[24] De Villiers D I L, Lehmensiek R. Analytical evaluation of the efficiency improvement of shaped over classical offset dual-reflector antennas including sub-reflector diffraction. IEEE AP-S, 2011: 191 - 194.

[25] Jǿrgensen R, Balling P. Dual offset reflector multibeam antenna for international communications satellite applications. IEEE Trans. 1985, 33(12): 1304 - 1312.

[26] Jr A P, Thompson M D, Pascalar H G. A compact high-performance dual-reflector millimeter-wave imaging antenna with a 20 * 20 degrees square field of view. AP-S Int. Symp. 1994: 2050 - 2053.

[27] Chandler C, Hoey L, Chan R. Advanced satellite antenna technology for the emerging Ka-band market. TRW Space & Electronics, One Space Park, Redondo Beach, California 90274, USA.

[28] Carrozza D, Homier E, Jue R. Advanced processing elements for Ka-band satellite payloads. TRW Space & Electronics, One Space Park, Redondo Beach, CA 90278, USA.

[29] Wiswell E R, Stroll Z, Baluch A. Gen * Star results applicable to Ka-band. Fifth Ka-band Utilization Conference. Taromina, Sicily Island, Italy. Oct. 1999.

第 5 章　赋形反射面天线

赋形反射面天线主要应用于 GEO 轨道的通信卫星，服务于某个国家或地区。一个典型实例为某卫星产生的 3 个赋形波束，分别为 Ku 频段的加拿大波束、Ku 频段的北美波束和 Ku 频段的南美洲波束，如图 5－1 所示。

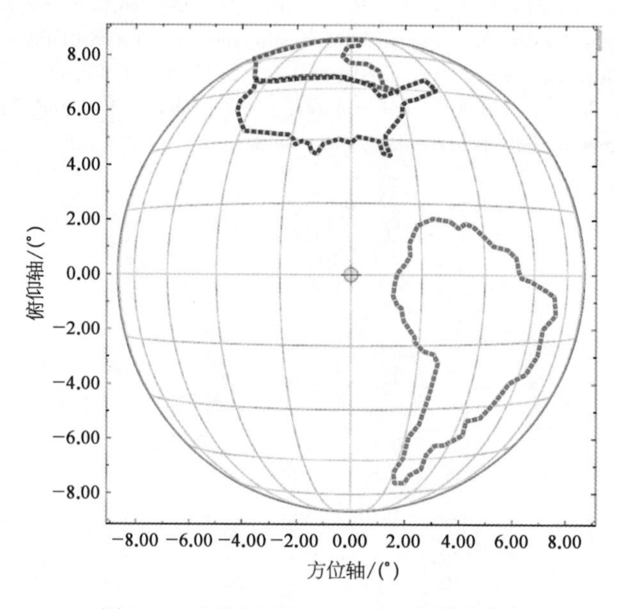

图 5－1　ASIASAT－4 卫星波束覆盖示意

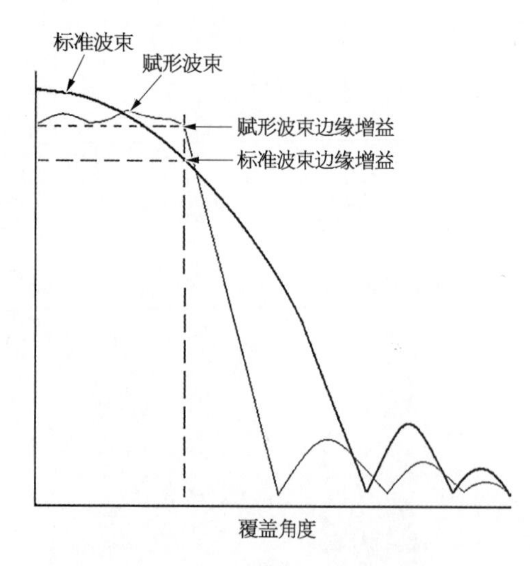

图 5－2　标准波束和赋形波束的对比

在卫星通信的应用层面，通过天线将功率集中到真正有用的地区是非常重要的，为了产生与覆盖区形状匹配的波束，圆口径或者椭圆口径的标准反射面天线产生的圆形或椭圆形波束并不能有效地表示覆盖区，如图 5－2 所示。

因此，需要产生与覆盖区形状匹配的赋形波束，主要有两种产生赋形波束的方式：① 采用阵列馈电的多馈源赋形波束天线；② 采用反射面赋形的单馈源赋形波束天线，如图 5－3 所示。

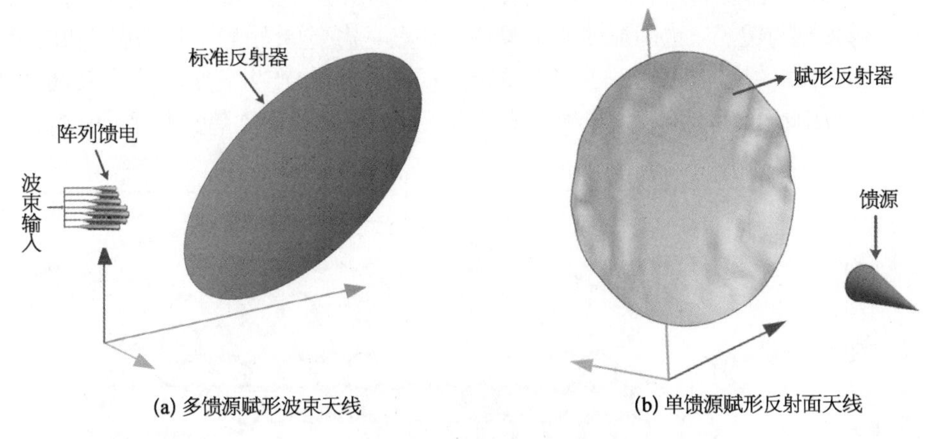

图 5-3　赋形波束天线

5.1　多馈源赋形波束天线技术

多个不同激励幅度和相位的馈源产生多个子波束，通过合成可以产生赋形波束。如图 5-4 所示，以中国国土覆盖为例，介绍多馈源赋形天线设计的方法与步骤。

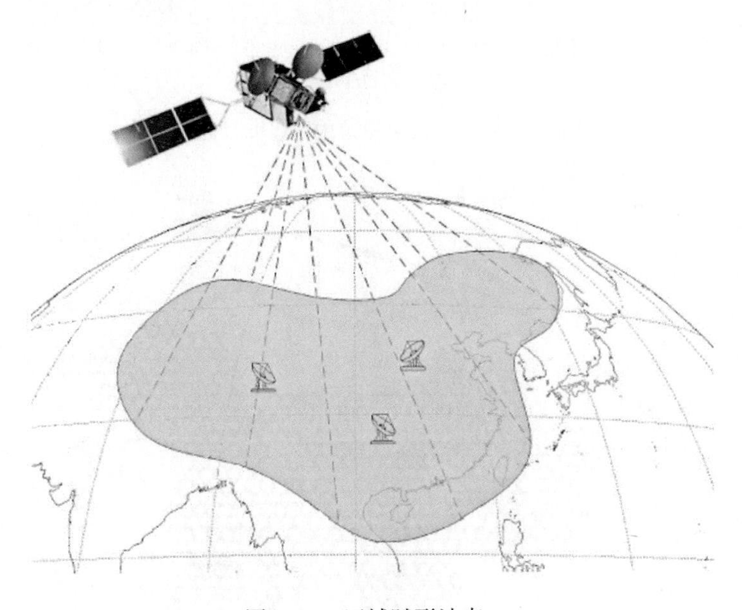

图 5-4　区域赋形波束

5.1.1　天线参数的确定

1）波束覆盖的确定

多馈源赋形波束设计以波束覆盖为起始点进行，首先对于给定覆盖区，可采用不同波束宽度的子波束进行覆盖。以中国国土覆盖为例，采用 0.5°波束覆盖，需要 105 个子波束（见图 5-5）；

采用0.2°波束覆盖，则需要606个子波束(见图5-6)。采用更多更小的波束覆盖，可以获得更精细的赋形，能够实现与覆盖区更匹配的波束覆盖。缺点是需要更大规模的馈源阵和波束形成网络，引起了重量、体积的增加，也增加了馈电系统的损耗。同时，产生更窄的子波束，也需要更大的反射面口径。因此，采用子波束的规模需要结合天线性能和设计复杂度进行折中考虑。

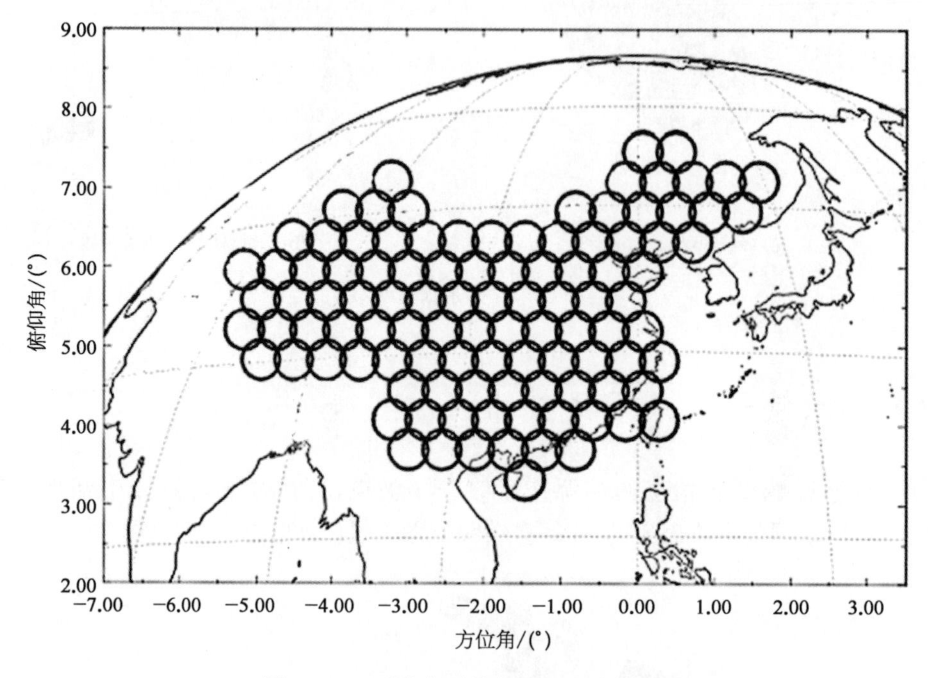

图5-5 0.5°波束覆盖中国(105个波束)

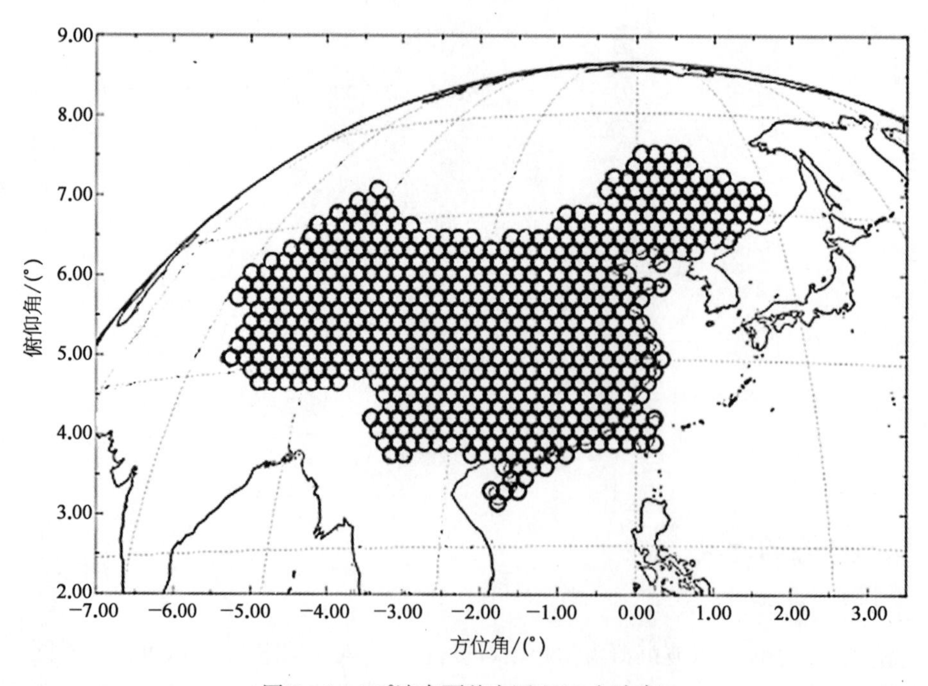

图5-6 0.2°波束覆盖中国(606个波束)

2）天线口径的确定

确定子波束覆盖后，利用子波束宽度和反射面口径的关系，可以得到反射面的口径：

$$2\theta_{0.5} \approx 70\,\frac{\lambda}{D} \tag{5-1}$$

3）天线焦距的确定

对于多馈源的偏置反射面天线，焦径比 F/D 适当取大一点，可以减小偏焦损耗，不至于使外围的波束与中间的波束相比差得太大。焦距的选择还需要考虑布局安装的约束。综合考虑，确定合适的焦距。

4）馈源口径与交接电平

波束交接电平一般选择为 3.0～5.0 dB，以保证各子波束间的良好交接，实现增益较为平坦的覆盖区赋形波束。当天线的参数 F/D 和波束交接电平确定之后，就可以确定馈源口径大小了。当 F/D 的值为 0.8 时，天线旁瓣、交接电平与喇叭口径的关系如表 5-1 所示。

表 5-1　天线旁瓣、交接电平与喇叭口径的关系（$F/D=0.8$）

喇叭口径/(d/λ)	波束交接电平/dB	旁瓣电平/dB
0.7	1.84	18.4
0.9	2.80	18.8
1.1	4.00	19.2
1.3	5.60	20.0
1.5	7.20	20.4
1.7	9.60	21.2

对于其他焦径比的情况，喇叭口径 d 与天线焦径比 F/D 之间的关系为

$$d \approx (d/\lambda)_{F/D=0.8} \times 1.25(F/D)1.25(F/D) \tag{5-2}$$

这表明喇叭口径与天线的焦径比之间呈近似的正比关系。

由表 5-1 可以看出，当 $F/D=0.8$ 时，若选择波束交接电平为 4.0 dB，则喇叭的口径对应约为 1.1λ。可以据此推导，当 $F/D=0.9$ 时，若选择 4.0 dB 的波束交接电平，则喇叭的口径可由下式确定：

$$d=1.1\lambda \times 1.25 \times 0.9 \approx 1.24\lambda \tag{5-3}$$

5）反射面的偏置高度

最后，选择合适的反射面偏置量，使偏焦的馈源不对反射面形成遮挡。

5.1.2　多馈源赋形的优化过程

1）优化目标

优化的目标主要是覆盖区的增益，首先将覆盖区离散为 M 个采样点，如图 5-7 所示。然

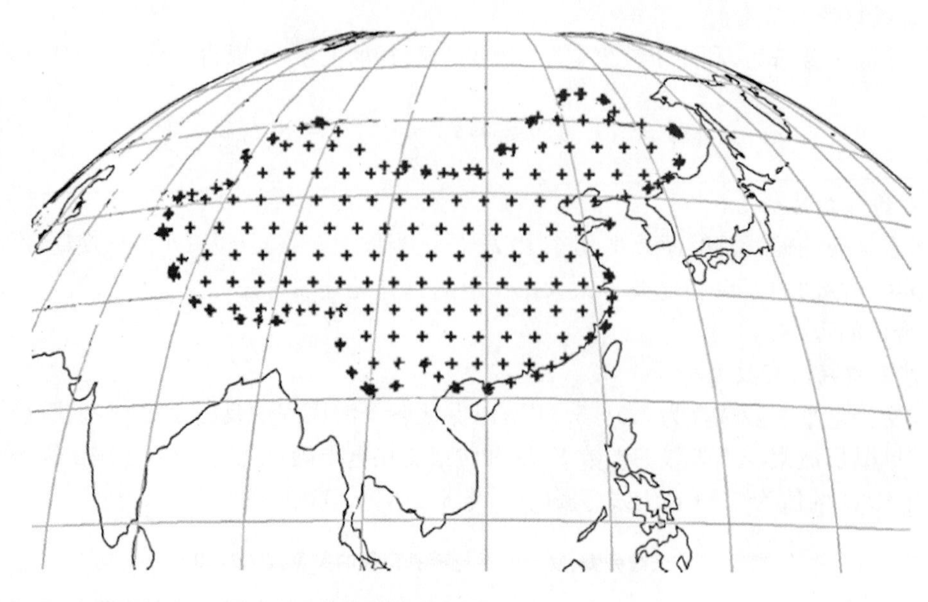

图 5-7　离散优化采样点

后根据技术要求对每个站点设置增益目标值 $G_{\text{goal},j}(j=1\sim M)$，以 dB 表示。

对于由 N 个馈源参与的多馈源赋形波束优化，设每个馈源激励的幅度和相位分别 (AM_i, PH_i)。这里，AM_i 以 dB 表示，PH_i 以度表示，则复电场激励系数 x_i 可以表示为

$$x_i=\sqrt{10^{AM_i/10}}\,e^{jPH_i\times\pi/180}\quad(i=1\sim N)\tag{5-4}$$

假定采用单位功率激励时每个馈源形成的子波束在这站点上的电场为 E_{Gi}，则所有子波束在该站点上的电场为

$$E_i=\left|\sum_{j=1}^{N}x_iE_{Gi}\right|\tag{5-5}$$

于是，求解所有站点上的场值，并与目标值比较，得到误差函数：

$$f=\min\left\{\sum_{i=1}^{M}\max\left[(G_{\text{goal}}-20\lg_{10}^{E_i}),\ 0\right]\right\}\tag{5-6}$$

2）馈源激励系数的初值

可以以等幅同相激励作为馈源阵激励系数的初值，则激励系数为

$$\begin{cases}A=10\lg(1/N)\\ \Phi=0.0(°)\end{cases}\tag{5-7}$$

3）优化的方法

通过 Powell 法、Min-Max、遗传算法等优化算法，优化每个波束的激励系数 x_i，使 f 最小，可以得到最优的激励系数。

采用多馈源赋形的一个典型案例是 1997 年发射东方红 3 号卫星的 C 频段多馈源赋形双栅反射面天线，从德国 MBB 公司引进，如图 5-8 所示。前后栅分别工作在水平极化和垂直极

化，均采用 7 馈源波束形成，波束形成网络原理图如图 5 - 8(b)所示，赋形后的波束覆盖如图 5 - 8(c)所示，较好地覆盖了中国国土及周边沿海。

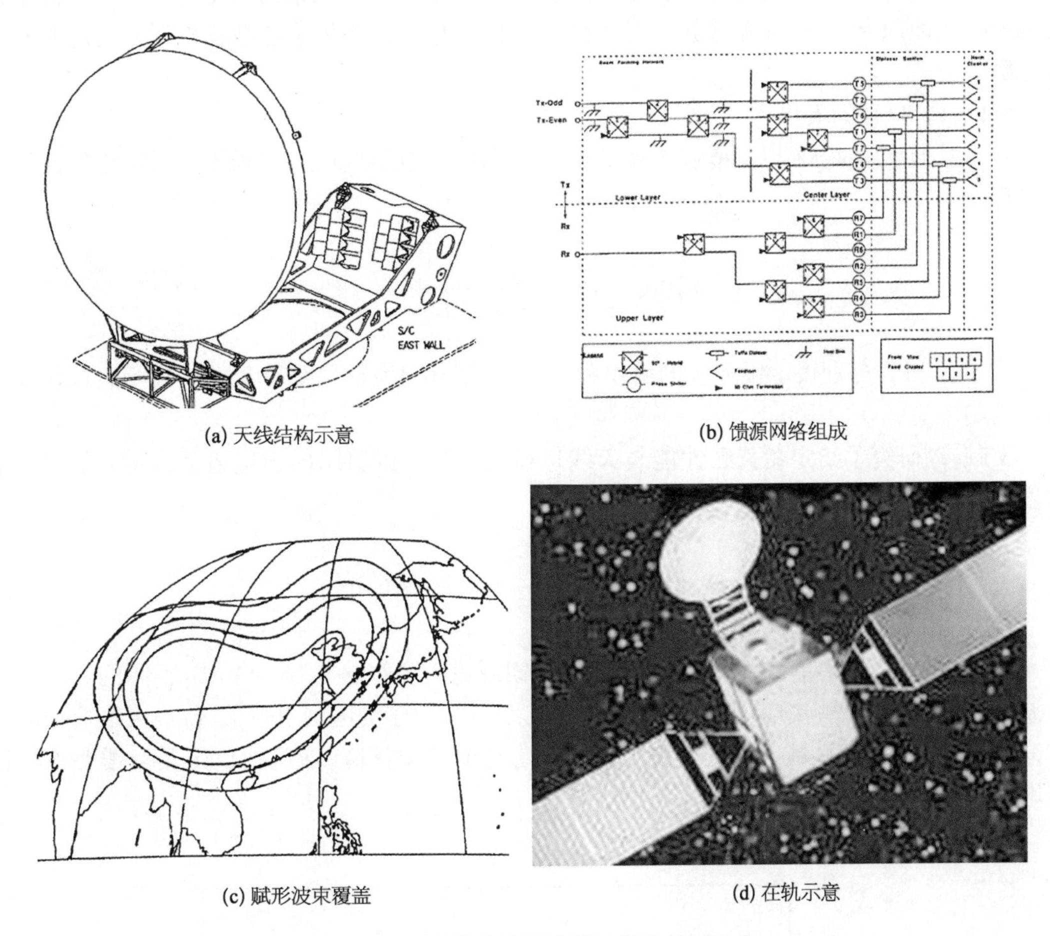

(a) 天线结构示意　　(b) 馈源网络组成

(c) 赋形波束覆盖　　(d) 在轨示意

图 5 - 8　C 频段多馈源赋形双栅反射面天线

5.2　反射面赋形天线技术

相对于多馈源赋形波束技术，单馈源赋形反射面天线具有如下优点[1]：

(1) 赋形反射面天线结构更简单，重量更轻。

(2) 由于没有馈源激励幅相误差，方向图的仿真更准确可靠。

(3) 由于馈源的泄露损失很小，而多馈源的泄露损失通常在 25%(1.2 dB)，因此可以获得更高的天线增益。

(4) 在赋形反射面天线中，因为没有波束形成网络的损耗，欧姆损耗较低。

根据覆盖区、极化和天线参数的不同，通常情况下，赋形反射面天线的增益比多馈源赋形高 0.5～2.0 dB，目前已经成为固定区域覆盖区的首选天线解决方案。相比多馈源赋形技术，该方法的缺点是增加了加工的难度和成本，且反射器难以重复利用。

5.2.1 赋形反射面天线的参数设计

优化过程中，口径和焦距等反射器主体结构参数是选定的，通常的变量为表示反射器型面的基函数或馈源指向、位置等参数。因此在对反射面进行赋形设计之前需要确定反射面的基本参数。

5.2.1.1 口径的大小

对于赋形反射面天线，在覆盖区大小和增益需求确定的情况下，可采用下式粗略估计天线的口径[2]：

$$G = 10\lg \frac{41\,253}{S + 67.5 \times C/D_\lambda} \quad \text{dB} \tag{5-8}$$

式中 S 和 C 分别表示服务区的面积和周长，单位分别为平方度和度；D_λ 表示天线口径对波长的归一值。

文献[3]研究了给定覆盖区性能与天线口径的关系。以美国国土覆盖区为例，约 12.5 平方度，最大可能的方向性系数为

$$D_{\max} = 10\lg \frac{41\,253}{12.5}\ \text{dB} = 33.0\ \text{dB} \tag{5-9}$$

实际仿真时，采用单偏置反射面天线形式，馈源边缘照射电平为－14 dB，不同的天线口径对波束覆盖特性的影响结果如图 5－9 所示，可以看出，对于美国国土覆盖区，当天线口径超过 100λ 以后，天线增益性能改善并不明显。如果考虑到波束滚降、增益加权区及旁瓣要求可适当增加口径。

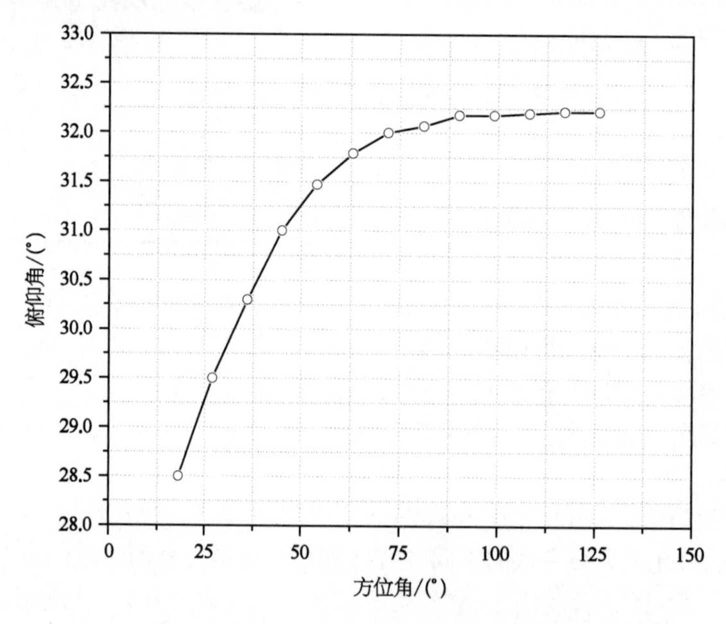

图 5－9　美国国土覆盖区方向性系数与天线口径的关系曲线

5.2.1.2 口径的形状

圆形口径和椭圆形口径已广泛采用，由于卫星平台为长方体结构，因此为了充分利用卫星安装面，尽可能采用更大的天线口径来提供增益特性，在卫星天线参数选择时常采用椭圆形的口径。

文献[4]对圆形口径和椭圆形口径(1∶0.75)两种格里高利天线形式对美国覆盖区进行了对比研究(见图5-10～图5-13)，结果表明，增益改善了0.1 dB，边缘增益波动减小了0.1 dB，而交叉极化升高了4 dB。

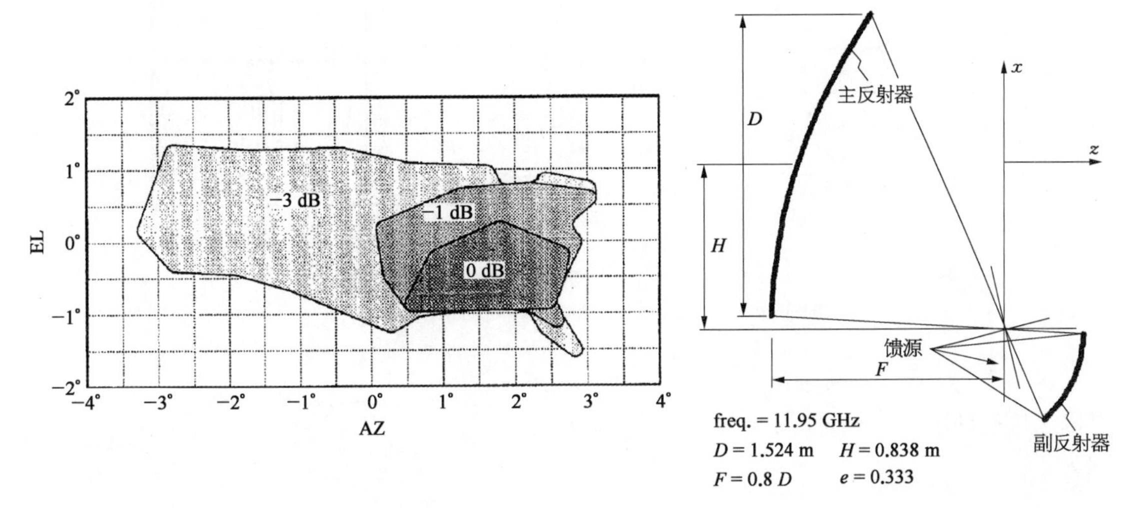

图5-10 覆盖区要求　　图5-11 天线结构形式及参数

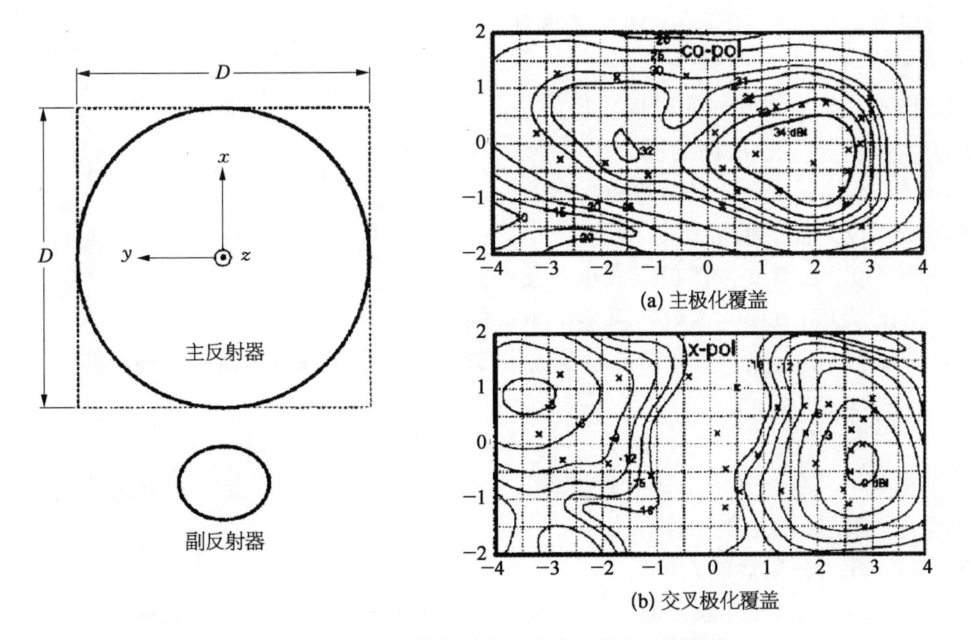

图5-12 主反射器为圆口径时对应的天线性能

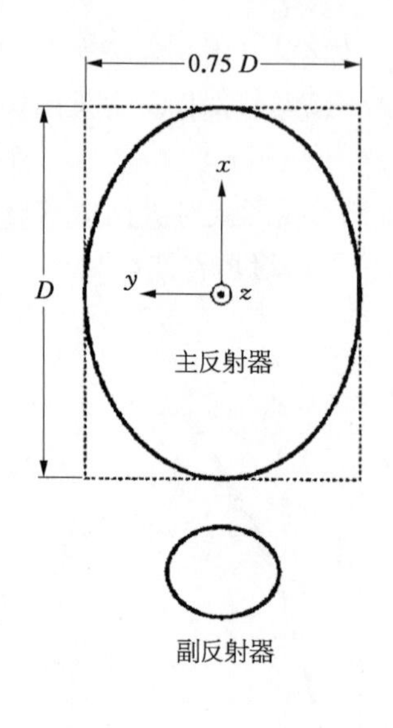

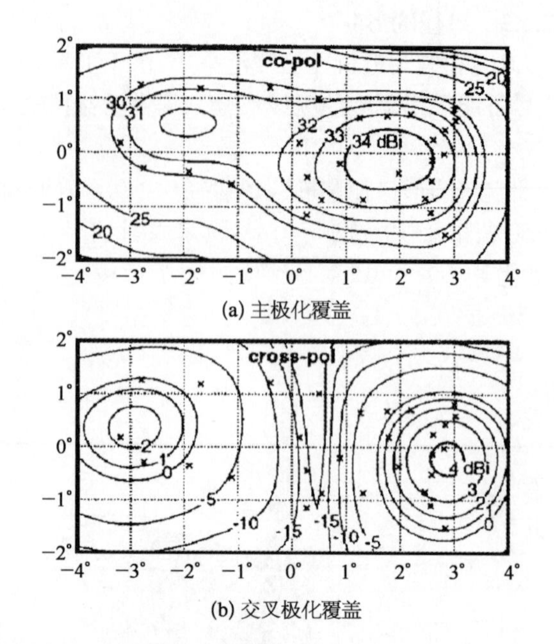

图 5-13 主反射器为椭圆口径时对应的天线性能

进一步，为了充分利用可获得的口径面积，还可以采用超椭圆形口径，如图 5-14 所示。口径方程为[5]

$$\left|\frac{x-x_c}{a}\right|^m+\left|\frac{y-y_c}{b}\right|^m=1 \quad (5-10)$$

式中，(x_c, y_c) 为口径中心，a 和 b 为椭圆的半径，m 为幂次数。

(1) 当 $a=b$，$m=2$ 时为圆形口径。

(2) 当 $a\neq b$，$m=2$ 时为椭圆形口径。

(3) 当 $a\neq b$，$m>2$ 时为超椭圆形口径。

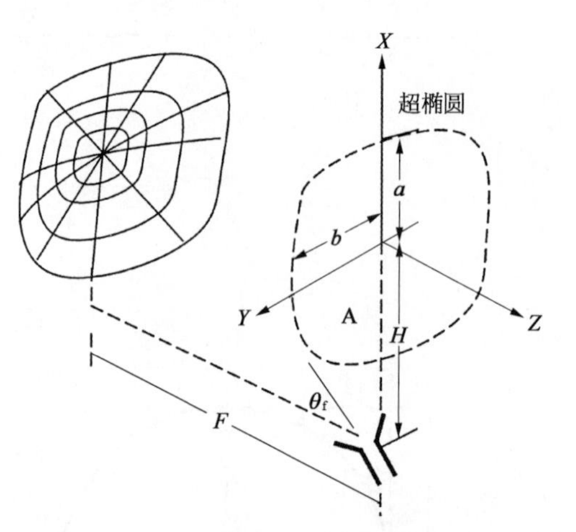

图 5-14 主反射器为椭圆口径时对应的天线性能

5.2.1.3 反射面的偏置高度

对于赋形波束，需要按覆盖区大小以及外扩视场来确定偏置高度，赋形时需要对可能出现遮挡的区域(馈源、副反)进行电场分布仿真以及优化，以确保不会出现电磁波的视场干涉。

5.2.2 反射面赋形技术

单馈源赋形反射面技术是目前商业通信卫星应用最多的技术，此时反射面被赋形以获得期望的性能，满足赋形覆盖区的要求。

5.2.2.1 赋形反射面的表示

如图 5-15 所示，赋形反射面采用基本面+可调面的方式来定义。基本面通常是抛物面、椭球面、双曲面等；而可调面则采用一组正交完备的解析基函数表示，常用的基函数有 Zernike

函数、Jacobi - Fourier 函数和 B 样条函数等。通过改变可调面基函数的系数可以实现反射器形状的改变，进而获得期望的辐射特性，这可以通过优化过程实现。

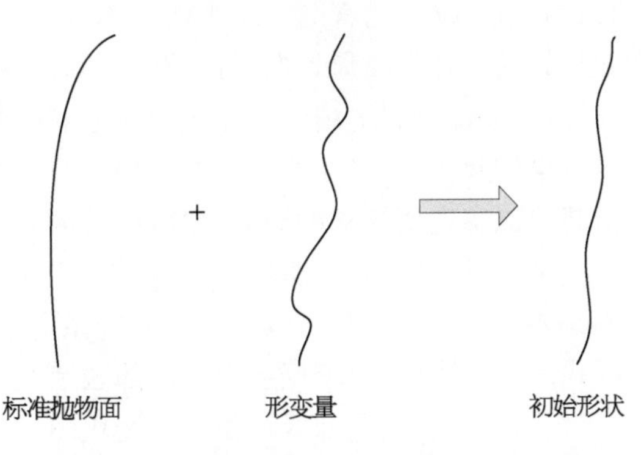

图 5 - 15　优化开始时反射面形状构成示意

在 3 种表示反射面常用的函数 Zernike 函数、Jacobi - Fourier 函数和 B 样条函数中，Zernike 函数和 Jacobi - Fourier 函数属于全域基函数，而 B 样条函数属于分域基函数。鉴于目前的反射面天线赋形设计主要采用丹麦 TICRA 公司的 POS(Physical Optics reflector Shaping)软件实现，接下来主要介绍该软件所采用的两种基函数：Zernike 基函数和 B 样条基函数[6,7]。

1) Zernike 基函数

Zernike 多项式是一个复数函数，可采用其实部来描述反射面的形状，表达式为

$$z' = \sum_{m=0}^{M}\sum_{n=m}^{N(m)} Z_n^m(x, y) = \sum_{m=0}^{M}\sum_{n=m}^{N(m)} a_n^m R_n^m(\rho)\cos[m(\varphi - \varphi_n^m)] \tag{5-11}$$

式中，a_n^m 为幅度系数，φ_n^m 为参考方向，ρ 和 φ 为反射面在口径投影坐标系下的极坐标参数，$R_n^m(\rho)$ 为关于 ρ 的多项式函数。M 和 N 为项数。

以天线视轴为基准，如果覆盖区最大的角度范围为 $\theta_{\max}$，则 Zernike 多项式的项数可以选取为

$$N_{\max} = M_{\max} = \pi \frac{D}{\lambda}\sin(\theta_{\max}) + 2 \tag{5-12}$$

式中，$M_{\max}$ 和 $N_{\max}$ 分别表示 Zernike 函数 φ 方向和 ρ 方向的项数。

从上式可以看出，随着角度范围的增加，Zernike 多项式的项数需要增加。

2) B 样条基函数

当用 B 样条函数表示反射面时，反射面的表面方程为

$$z' = \sum_{i=1}^{N_x}\sum_{j=1}^{N_y} c_{ij} B_{ij}(x', y'),\quad \begin{matrix} x'_{\min} \leqslant x' \leqslant x'_{\max} \\ y'_{\min} \leqslant y' \leqslant y'_{\max} \end{matrix} \tag{5-13}$$

式中，c_{ij} 是样条函数的系数，B_{ij} 就是所谓的 B 样条函数。每个样条函数都只在反射面天线的某一部分是非零的，组合起来构成一个有效的整体反射面。N_x 和 N_y 分别表示样条函数 x 和 y 方向的项数。

对于 Spline 基函数，项数与覆盖区范围 $\theta_{\max}$ 的关系为

$$N_x = N_y = 2\frac{D}{\lambda}\sin(\theta_{\max}) + 2 \tag{5-14}$$

3) 两种基函数的比较

天线覆盖区在很多情况下都是旋转对称的，或者接近旋转对称。Zernike 基函数相对于

Spline 基函数的优点是可以独立 m 和 n 来控制 ρ 方向和 φ 方向的变化。比如，取 $m=0$ 可以获得旋转对称的赋形。对于比较规则的覆盖区，也可以限制 φ 方向的变化。

Zernike 函数适用于表征一个与标准抛物面相比具有适度形变的反射面。当设计要求天线波束的起伏较大，需要反射面局部区域与标准抛物面相比有较大形变时，应用 Zernike 函数虽然可以实现所要求的局部形变，但是因为 Zernike 函数是整体性函数，改变它们的系数会影响整个反射面的形状，所以不仅所要求的局部区域发生了形状变化，反射面其他部分也发生了不必要的形变。此时可以考虑用 B 样条函数来表征反射面，因为 B 样条函数实质上是分段多项式的光滑连接，要求反射面的局部区域发生较大形变时，只需要改变与此局部区域对应的系数，就可以控制此局部区域的形状变化而基本不影响其他部分。但是应用 B 样条函数表示反射面时需要把反射面分成很多小块，导致优化系数比较多。

对于相对比较规则的覆盖区宜采用 Zernike 基函数，特别是能够实现旋转对称的赋形。

5.2.2.2　初始椭圆

在应用 Min - Max 方法对反射面天线进行优化设计时，要避免以标准抛物面作为反射面天线的初始形状。因为标准抛物面天线的辐射场是一个高增益的笔状波束，通常设计所要求的服务区范围大于笔状波束宽度，有些站点很有可能位于天线远场的副瓣区域。在优化过程中，所有观测点的电场值都会被计算，然后优化程序将根据计算结果调节反射面的形状。假如其中一个站点正好位于副瓣的顶点，那么优化程序无论如何调节都会造成此站点增益的降低，优化就有可能困于这个错误结果而无法进行下去。

为了避免该问题，文献[7]提出了产生初始型面的方法。该方法首先将特定形状的覆盖区简化为一个椭圆形覆盖区，然后利用椭圆覆盖区的参数和天线参数即可得到产生该椭圆形覆盖区的初始反射面。现假定在 (u, v) 坐标系下椭圆覆盖区的中心为 (u_0, v_0)，半轴分别为 w_1 和 w_2，长轴的旋转角度为 α，则产生初始反射面的具体方法是在标准抛物面的基础上，给反射面每个位置处的 z 坐标值叠加一个增量 Δz：

$$\Delta z=\left\{-\frac{w_1x_1^2+w_2y_1^2}{D}-\left[u_0(x-x_0)+v_0(y-y_0)\right]\right\}\frac{1+\dfrac{x^2+y^2}{4f^2}}{2} \tag{5-15}$$

式中，x_0 和 y_0 是天线投影口径的中心坐标值，x 和 y 是天线表面上任意一点的坐标值，D 和 f 分别是天线的口径和焦距。且有：

$$\begin{aligned}x_1&=(x-x_0)\cos(\alpha)+(y-y_0)\sin(\alpha)\\ y_1&=-(x-x_0)\sin(\alpha)+(y-y_0)\cos(\alpha)\end{aligned} \tag{5-16}$$

当上述形变量被加到标准抛物面后，经反射面边缘的反射线在远区场将与椭圆的边缘相吻合。值得注意的是，不用关心椭圆的确切尺寸和位置，只要它能够基本上环绕服务区所在的区域，避免站点正好位于天线远场副瓣上的这种情况出现即可。也可以根据实际经验或者基于 GO 方法得到的结果作为优化的初始值，同样也只需要保证副瓣上没有观测站点。

5.2.2.3　优化的目标函数与方法

优化过程与 5.1.2 节中多馈源赋形的优化过程类似，主要区别是多馈源赋形优化的变量是馈源阵的激励系数，而反射面赋形优化的变量是表示可调反射面的基函数的系数。此时，由于反射器赋形也带来了一些特殊问题，比如视场问题，由于反射器被赋形，其产生的射线也会变得发散，从而需要考虑散射带来的影响。

单馈源反射面赋形前，口径场为幅度锥削分布，由馈源照射决定；相位同相分布。反射面赋形后，幅度分布几乎保持着与馈源方向图对应的锥削分布，如图 5－16 所示。通过对反射器赋形改变口径场的相位分布，赋形后相位呈现二次相位分布，从而实现波束的展宽和覆盖区的赋形。因此，赋形反射面天线基本机理可以归纳为“相位赋形”[8]，图 5－17 给出了不同类型的赋形反射器实物图。

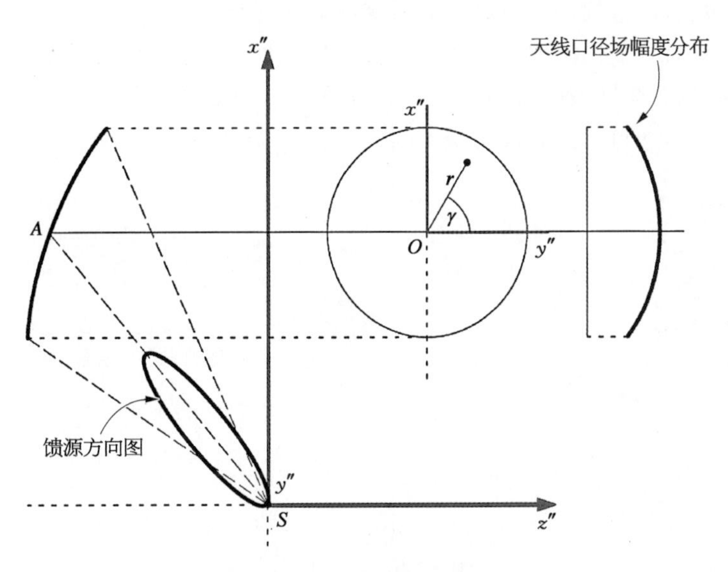

图 5－16　天线口径场幅度

(a) 高度赋形形面（最小曲率半径37 mm）

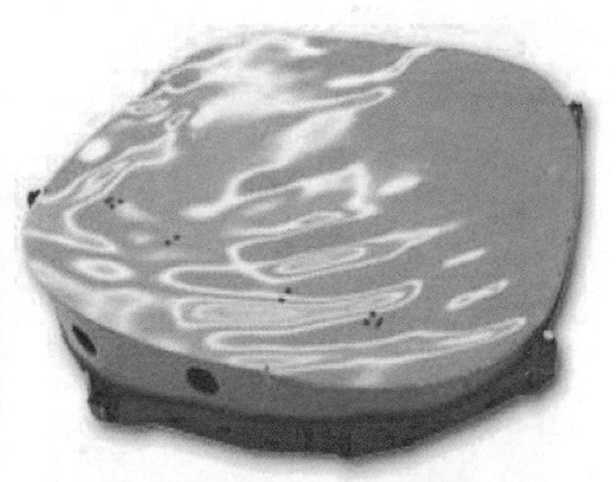

(b) 高度赋形的双栅形面（最小曲率半径50 mm）

图 5－17　反射器的形面分布

5.2.3　赋形反射面天线的基本规律

5.2.3.1　仅副反射器赋形

1990 年前后反射面赋形技术得到了突破，单反射面赋形和双反射面赋形技术都得到了应用。早期，对于双反射面天线，通常采用主反射器赋形而副反射器为标准椭球面或双曲面。

文献[9]第一次对仅副反射器赋形的可能性进行了研究，因为主反射器赋形的成本和周期远高于副反射器赋形，毕竟副反射器通常比主反射器的一半还要小。研究的对象是工作在 4 GHz 的南美覆盖区，要求增益高于 27 dBi，天线形式为双偏置格里高利天线，主反射器口径为 50λ，副反射器口径为 20λ（一般情况下，副反射器的口径应在 20λ 左右，以减少绕射，提高赋形的效果）。分别利用副反射器赋形和主反射器赋形，结果表明两者性能相当，文中虽然没有给出具体的对比数据，却也演示了仅副反射器赋形是可行的。

文献[8]针对时分复用的覆盖区采用了新型的赋形天线设计，项目需要实现墨西哥、加勒比海地区和巴西这 3 个区域的覆盖，如图 5-18 所示。项目采用了格里高利天线形式，共用馈源和主反射器结构，通过切换副反实现不同区域的覆盖(见图 5-19)。

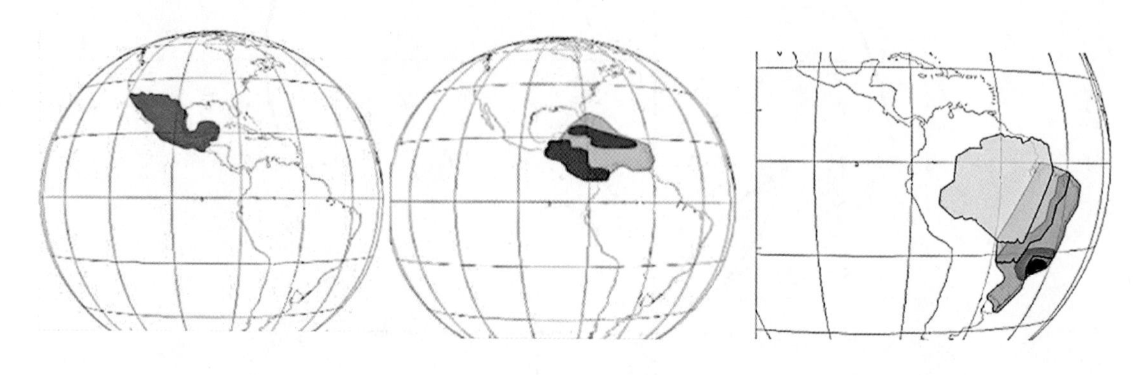

图 5-18　不同的覆盖区

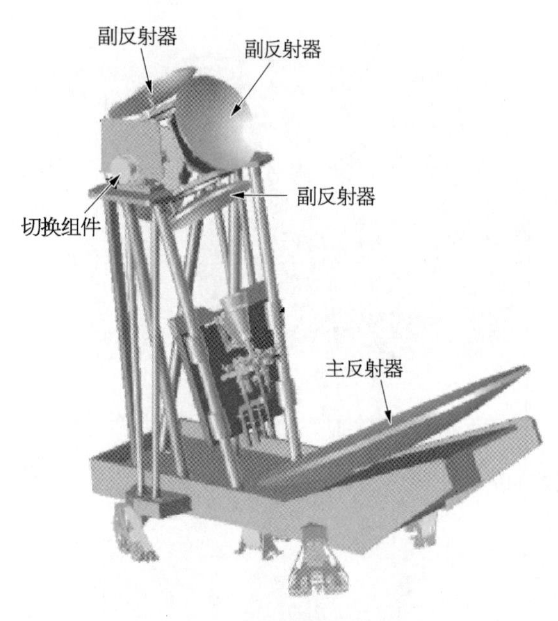

图 5-19　可切换副反射器的双反射器结构形式

文献[8]对仅副反射器赋形和主反射器赋形两种赋形方案进行了定量比较，对比了墨西哥、加勒比海地区和巴西 3 种情况，结果表明，墨西哥、加勒比海地区两个覆盖区副反射器赋形主极化增益下降不足 0.2 dB，巴西覆盖区在两种赋形方案下性能相当，交叉极化 3 种情况下性能相当，进一步验证了副反射器赋形的能力。

卫星在研制过程中可能出现服务区调整的情况，卫星天线的主反射器口径通常在 1.5～3.0 m，因此重新研制需要很长的周期，且成本较高，在短期内重新研制主反射器是非常困难的。而副反射器通常是较小的，即使在卫星研制计划的后期仍有机会实现更改而不会导致整个卫星计划的延迟。因此，对于覆盖区难以确定，而研制计划非常紧迫的天线，可以采用双反射器方案，后期可以根据性能需求进行副反射器赋形性能补偿。

5.2.3.2　天线旁瓣的约束

Ku 频段多为区域赋形波束，为实现不同区域波束的频率复用，应要求同频波束具有尽可能低的旁瓣特性。旁瓣特性主要影响天线口径和边缘照射电平的选择，采用较大的口径和较低的边缘照射电平有助于低旁瓣设计，且不会明显恶化覆盖区内的增益，比如在文献[10]中边缘照射电平选择为−23.5 dB。此外，增加 Zernike 多项式项数或采用分域基函数可以实现更精细的赋形，有利于进一步改善旁瓣特性。

5.2.3.3　赋形反射面天线的 XPD

对于线极化，为了获得低交叉极化性能，可以采用满足 Mizugutchi 零交叉极化条件的双偏置反射面天线，具体方法已在第 4 章讨论过。需要指出的是，Mizugutchi 零交叉极化条件是在聚焦系统中推导出来的，适用于馈源位于焦点，主副反射器均为标准型面下产生的笔形波束。然而，对于赋形波束，赋形反射器没有明确的焦点，该条件不再严格成立。高度赋形的天线交叉极化峰值通常出现在覆盖区内部，因此赋形天线是否能够获得 33 dB(通常的频率复用要求)以上的 XPD 存在疑问。文献[11]对该问题进行了研究，天线工作在 Ku 频段，覆盖区为美国大陆，天线参数如图 5-20 所示，采用双偏置格里高利天线形式，副反射器为标准的椭球面，口径约 700 mm，主反射器为赋形抛物面，口径约 1 500 mm。仿真和实测结果表明：线极化工作的赋形双反射面天线可以获得 33 dB 以上的 XPD 特性。

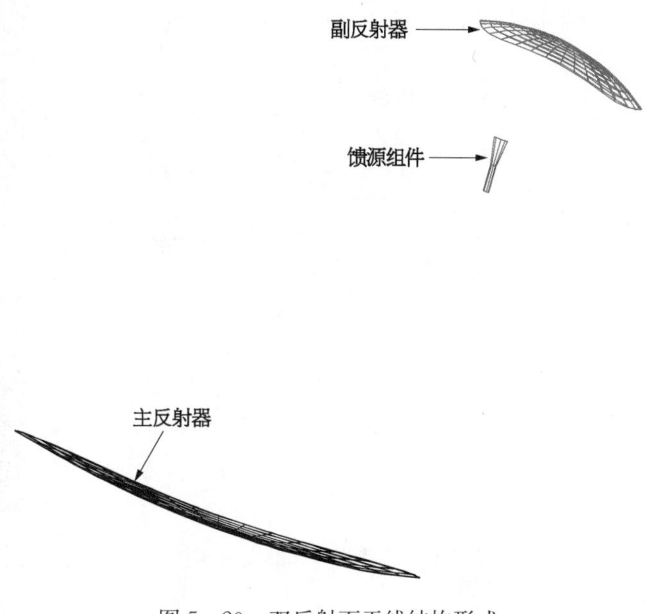

图 5-20　双反射面天线结构形式

然而，对于赋形双偏置反射面天线，虽然初始天线结构参数满足 Mizugutchi 零交叉极化条件，但是，在赋形过程中会引入交叉极化分量，为了抵消这部分交叉极化，通常要求馈源的倾角比最优的倾角略大一点。在文献[12]中，最优倾角为 10°，而采用 14°的倾角可以将交叉极化改善 3 dB。

同时，改善 XPD 也会牺牲主极化增益，这可以通过增加转发器功率来补偿，如果 XPD 不满足，则没有办法来弥补，因此内部覆盖区增益微小的降低是可以接受的[13]。

5.3　多覆盖区赋形反射面天线

随着通信卫星混合有效载荷应用的增加，要一颗卫星尽可能提供多的覆盖区，常需要 6 个甚至更多的波束来产生 C，Ku 和 Ka 等频段不同波束的要求。如此多数量的大反射面天线涉及锁紧、展开、重量、空间和成本等诸多方面，希望能够共享天线口径，通过一副天线实现多个覆盖区，特别是实现波束形状存在较大差异的波束，向设计提出了挑战。

5.3.1 双波束赋形单反射面天线

如图 5-21 所示，共用一副天线来实现两个不同的覆盖区，最简单的方法是采用 2 个波纹喇叭馈源馈电一副过尺寸的赋形反射面，以部分反射面区域提供两个不同波束的独立控制，以获得两个独立的相似的赋形波束[14,15]，从而获得一个平均的赋形反射面，相比单口径天线，通常也能够获得满意的天线效率，具有比两副小口径天线更高的增益性能。图 5-22 给出了 CS-18 卫星双覆盖区天线，通过两个馈源分别产生 IC 波束和 AS 波束(见图 5-23)。

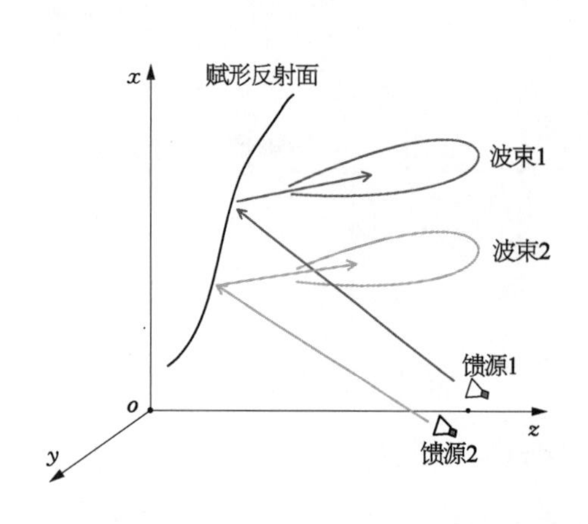

图 5-21 单馈源单波束的单赋形反射面技术原理

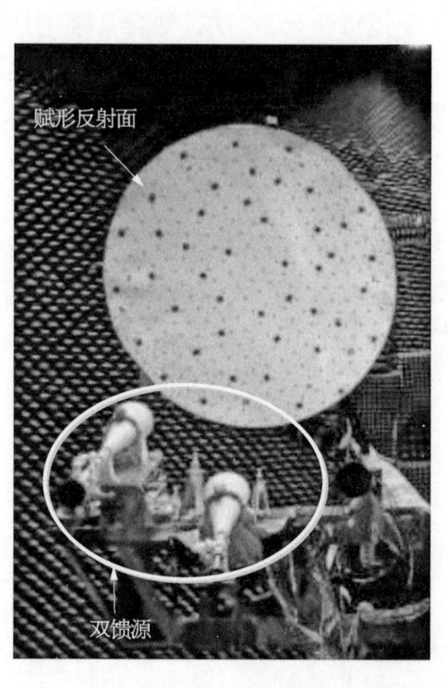

图 5-22 CS-18 卫星双馈源赋形天线

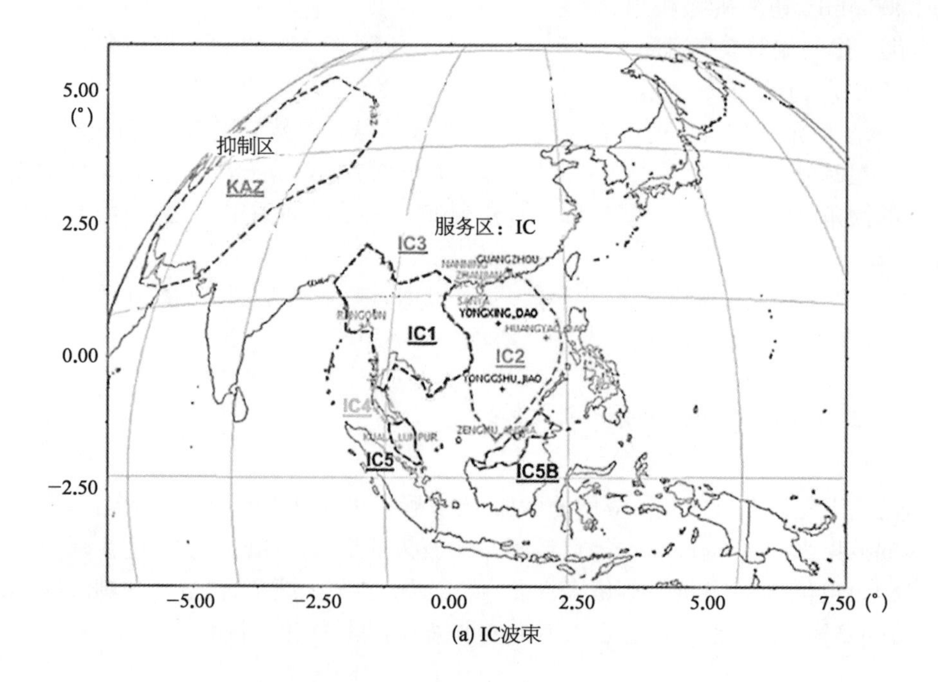

(a) IC波束

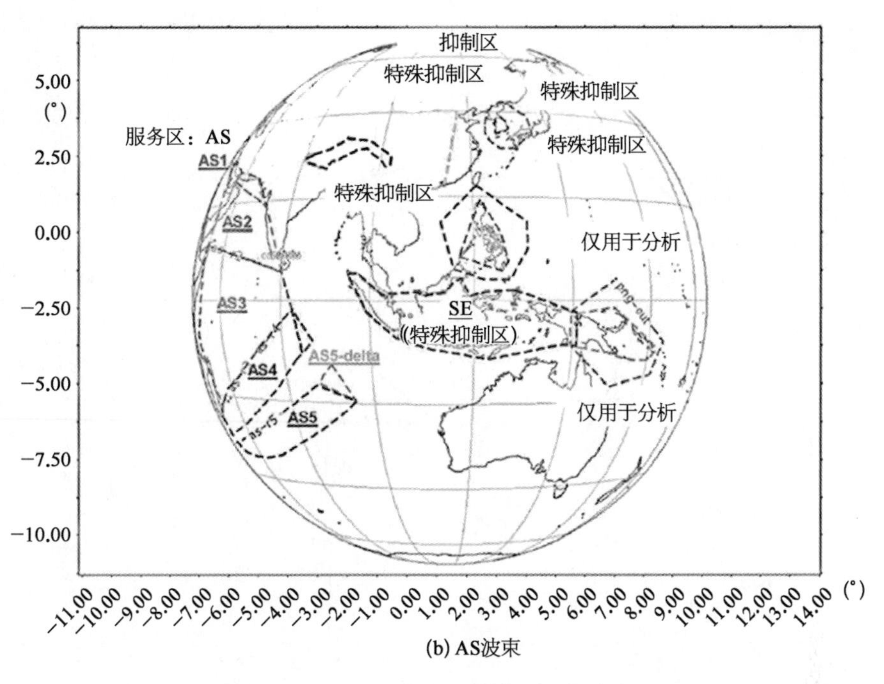

(b) AS波束

图 5－23　CS－18 卫星双馈源赋形覆盖区

文献[15]采用双馈源馈电单反射面天线技术，共用赋形反射面来同时产生一个覆盖印度大陆的赋形区域波束和一个指向岛屿区域的高增益点波束，如图 5－24 和图 5－25 所示。

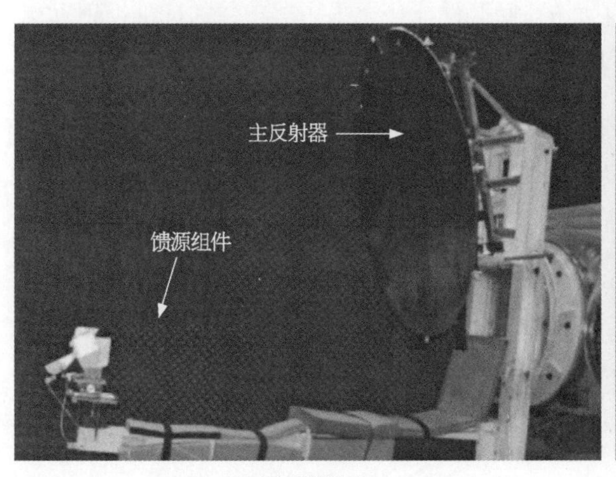

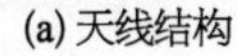
(a) 天线结构

(b) 双馈源结构示意

图 5－24　双馈源赋形天线

实现的方法是：首先利用单馈源对印度大陆区域波束进行反射面赋形设计，得到期望的赋形波束；然后，在焦平面上横向偏焦，设置点波束馈源。由于赋形反射器产生了大的二次分布的口径相位差，横向偏焦只能移动波束的指向，而波束的形状几乎不变，不满足高增益的要求。为了补偿赋形反射器的型面误差，可以采用焦平面上的馈源阵来补偿，但增加了馈电系统的复杂性，文献[15]采用单馈源纵向偏焦来补偿，纵向偏焦也会产生二次分布的口径相位差，

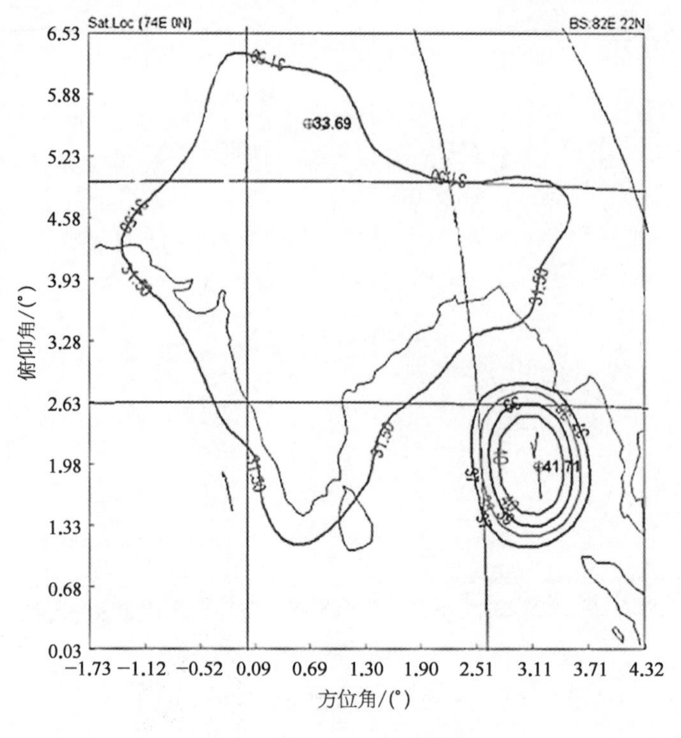

图 5-25 波束覆盖

调节纵向偏焦距离，使得两者能够近似共轭匹配就可以采用单馈源照射赋形反射面来获得高增益点波束。但是，笔形波束受到了赋形反射面的制约，性能相比采用等参数的标准反射面天线，点波束的增益低了 3.0 dB，但相比直接采用赋形反射面提高了 10 dB。

5.3.2 双波束双副反射面天线

为了提高两赋形波束的独立性，文献[16]采用两个副反射器共用一个主反射器来实现两个不同形状的波束赋形，如图 5-26 所示。两副反射器相对位置关系由两覆盖区的相对位置关系确定。由于该天线通常布局在卫星东西舱板上，为了减少双副反射面对主反射器的遮挡，该天线构型更适合两波束南北排列的情况。同时，需要两个覆盖区分离得足够远，以使两副反射器不产生物理干涉。该方法也是单馈源单波束方法，且两个独立的副反射器可以实现两个赋形波束的独立优化，其主要不足是两副反射器带来的布局问题以及对两赋形波束间隔的要求，很难实现两个覆盖区存在重叠的赋形波束。

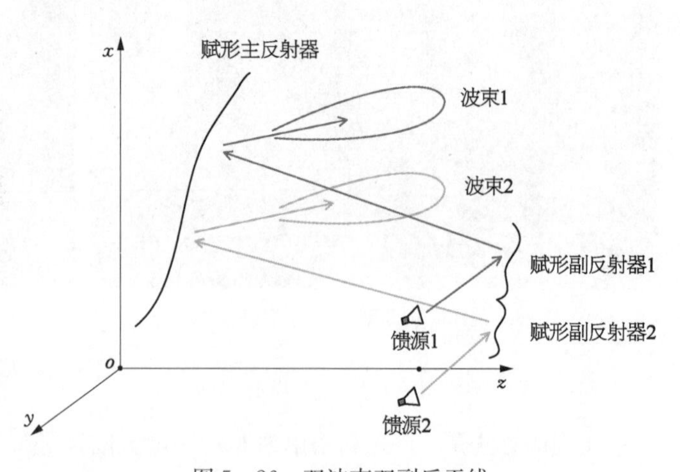

图 5-26 双波束双副反天线

5.3.3　双波束赋形双反射面天线

对于双反射面天线，可以采用主反射器赋形而副反射器为标准椭球面或双曲面的构型；也可以采用主反射器为标准抛物面，而仅仅对副反射器赋形，文献[9]对这两种情况进行了比较，分别利用副反射器赋形和主反射器赋形，结果表明两者性能（增益和交叉极化）相当，演示了仅副反射器赋形即可实现赋形波束的能力。文献[8]表明，在主反射器赋形确定的情况下，对副反射器重新赋形还可以实现一个全新的覆盖区，且与重新设计一副天线的性能相当。

基于上面的讨论可知，不管主反射器是标准抛物面，还是赋形反射面，都可以采用副反射器赋形来实现期望的波束形状。为此可以采用双馈源双反射面天线形式，如图 5－27 所示。其中一个馈源馈电主反射面，主反射面可以是标准抛物面或者是赋形反射面，用以产生点波束或赋形波束，而另一个馈源馈电双反射面天线，在现有主反射面（可能是标准反射器，也可能是赋形反射器）的基础上，通过副反射面的赋形来实现另一个赋形波束。这两个波束，一个主要由主反射器决定，另一个主要由副反射器决定，因此，两者具有很好的独立性。既然主反射器是共用的，因此可以调整主反射器的形状，可以在两个波束间进行很好的折中。该方法非常适合产生两个形状差异较大的赋形波束，且具有较独立的性能，基本接近于两副独立的天线（见图 5－28）。

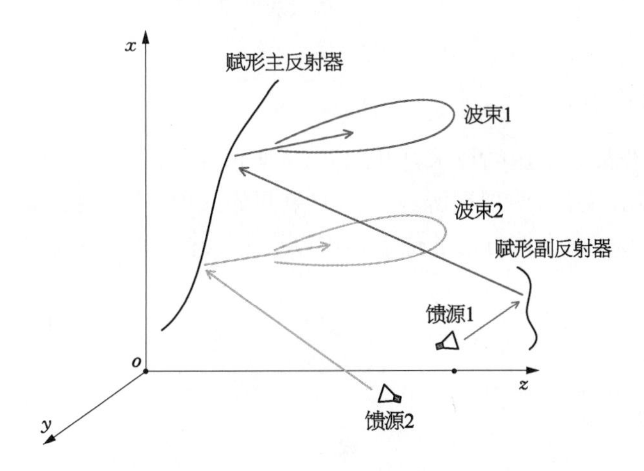

图 5－27　新型双波束赋形反射面天线

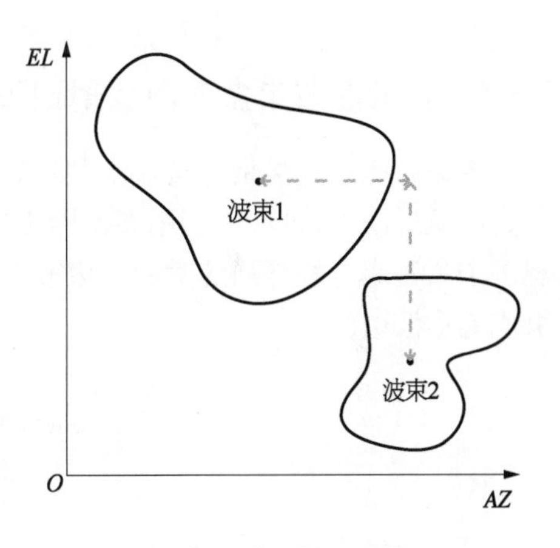

图 5－28　典型的双覆盖区

一个采用该技术的实例是 AP－9 卫星 Ku 对地面天线，产生两个赋形波束，分别称为北波束和南波束，覆盖区如图 5－29 所示。天线方案选取为双馈源馈电的双偏置格里高利型双反射器天线，天线收发共用，发射频段为 10.95～11.70 GHz，水平极化；接收频段为 14.00～14.50 GHz，垂直极化。

天线主反射器口径为 1.2 m×1.2 m，副反射器口径为 494.41 mm×484.73 mm。考虑到北波束对性能有更高的要求和更复杂的覆盖区形状，采用双反射面的工作方式，南波束则工作在单反射面状态，天线构型如图 5－30 所示。首先，对主反射器进行赋形实现南波束覆盖区；然后，对副反射器进行赋形实现北波束覆盖区；最后，对主副反射器同时赋形，实现南北波束性能的最佳平衡。

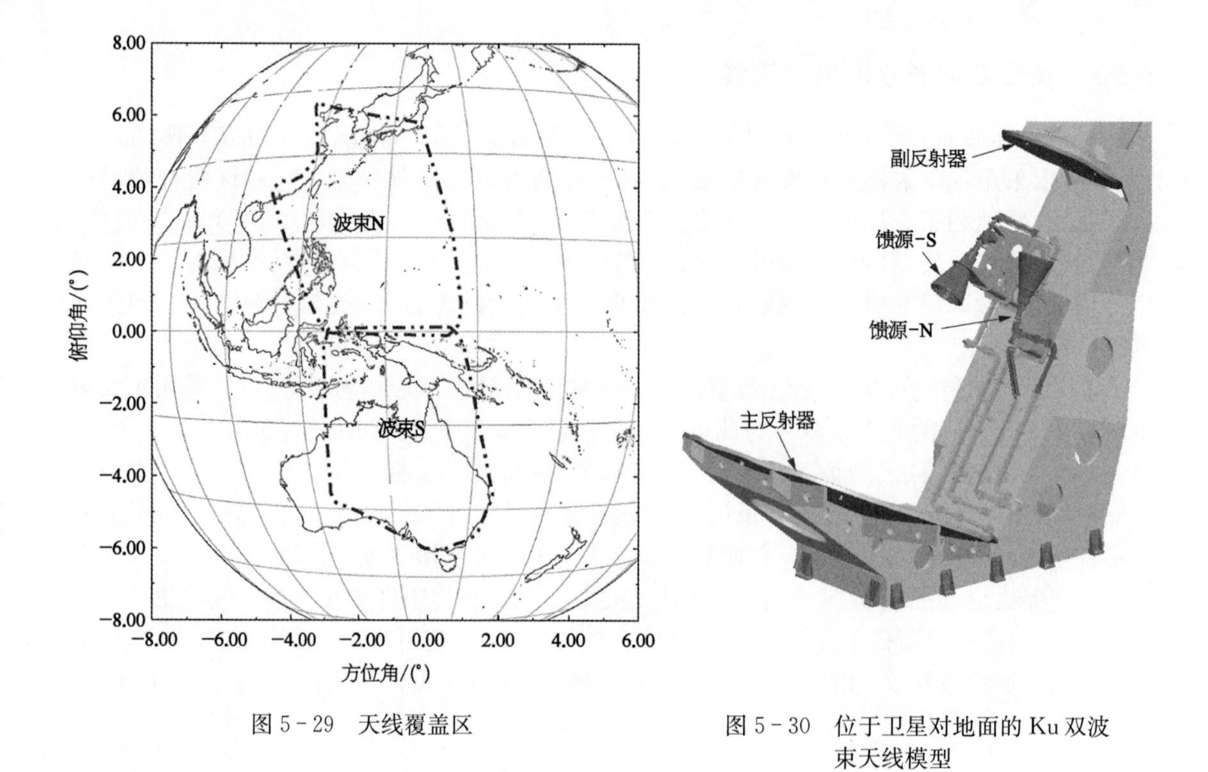

图 5-29　天线覆盖区

图 5-30　位于卫星对地面的 Ku 双波束天线模型

5.3.4　多赋形波束多馈源反射面天线

多馈源赋形方法是多覆盖区共用天线最先采用的技术，如图 5-31 所示，既可以产生多个分离的赋形波束，也可以利用多模网络的正交性，实现馈源在不同波束间的共用，从而可以实现多个紧密或重叠排列的赋形波束或笔形波束。该方法的优点是可以产生 2 个以上的赋形波束或笔形波束。

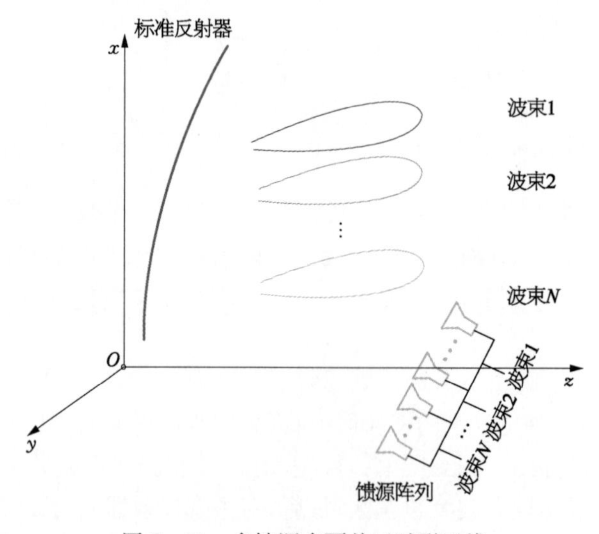

图 5-31　多馈源多覆盖区赋形天线

多覆盖区有效载荷和频率复用技术能够提高天线增益和系统容量。文献[17]研究的场景是欧洲覆盖区，按语言分成10个波束覆盖，工作在Ku频段，采用4组不同的频率进行频率复用，如图5-32所示。

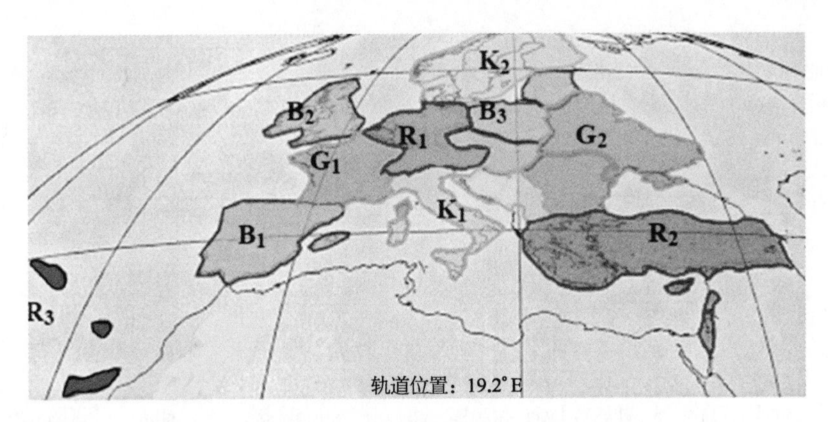

图5-32　多覆盖区示意

为实现10个收发区域波束，采用3副天线，如图5-33所示。

(1) 两副发射的聚焦馈源阵馈电反射面天线，天线为双反射面天线形式，副反射器为平面双栅，主反射面口径分别为2.8 m和3.5 m×3.2 m，分别安装在卫星东西舱板上。基于空间隔离的考虑，较大口径的天线用于距离最近的两个同频波束B-K，另一幅天线用于G-R。副反射面目的是为提高极化纯度。聚焦馈源阵由约180个口径为1.4波长的辐射单元组成，波束形成网络9个，采用波导技术。

(2) 一副接收双栅，采用聚焦馈源馈电，口径为1.8 m，安装在卫星对地板，产生所有的接收波束和R3的发射波束。

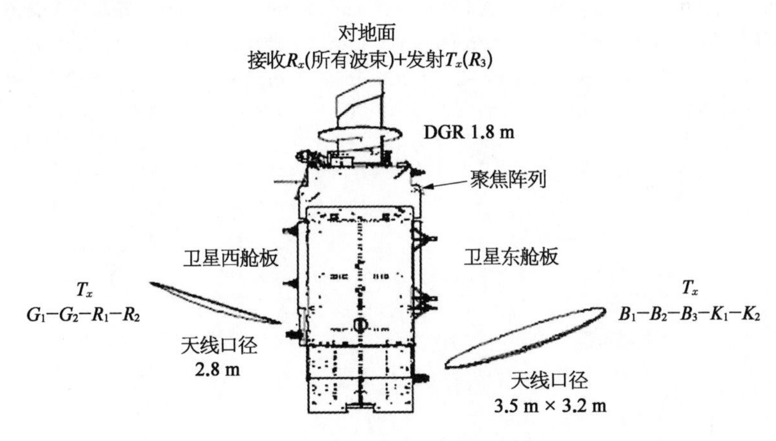

图5-33　天线的星上布局

参考文献

[1] Stirland S J, Fox G P D, Malik D P S. Comparison between multi-feed and shaped reflector satellite antennas for contoured beams. Proceedings of 14th AIAA Conference on Communications and Satellite

Systems 1992.
[2] Rolf Jørgensen. Manual for Grasp7W/Grasp8W postprocessor. TICRA, 1997.
[3] Ramanujam P, Law P H. Shaped reflector and multi-feed paraboloid-a comparison. IEEE AP-S, 1999: 1136 - 1139.
[4] Duan D W, Rahmat-Samii Y. Diffraction shaping of reflector antennas with elliptical apertures and circular feed. IEEE AP-S, 1994: 46 - 49.
[5] Ramón Martínez, Leandro de Haro, José Luis Besada. Iterative synthesis of dual-shaped reflectors with superelliptical apertures. IEEE AP-S, 2006: 2447 - 2450.
[6] Knud Pontoppidan. Technical description of GRASP8. TICRA, March 2002.
[7] Hans-Henrik Viskum, Stig Busk Sørensen, Michael Lumholt. User's manual for Pos4. TICRA, March 2002.
[8] Ludovic Schreider, Renaud Chiniard, Serge Depeyre, et al. Earth deck antenna providing coverage flexibility. 2012 IEEE AP-S.
[9] Hans-Henrik Viskum, Clarricoa P J B, Crone E G A E. Coverage flexibility by means of a reconformable subreflector. IEEE AP-S, 1997: 1378 - 1381.
[10] Ramanujam P, Tun S M, Adatia N A. Sidelobe suppression in shaped reflectors for contour beams. Antennas and Propagation, 1989.
[11] Howard Luh, Terry Smith. Experimental verification of a low cross-polarization contoured beam antenna. IEEE AP-S, 1994: 2070 - 2073.
[12] Tun S, Adatia N. Dual shaped offset reflector antenna for contoured beam coverage of Europe. IEEE AP-S, 1986: 169 - 172.
[13] Hans-Henrik Viskum, Stig Busk Smensen. Dual offset shaped reflectors optimized for gain and XPD performance. IEEE AP-S, 1994: 894 - 897.
[14] Lafond J C, Lepeltier Ph, Maurel J, et al. Thales Alenia Space France antennas: recent achievements for telecommunications. European Conference on Antennas & Propagation, 2010.
[15] Pearson R A, Kalatidazeh Y, Driscoll B G, et al. Application of contoured beam shaped reflector antennas to mission requirements.
[16] Jixiang Wan, Tao Yan, Feng Wang. A hybrid reflector antenna for two contoured beams with different shapes. IEEE Antennas and Wireless Propagation Letters, 2018, 17(7): 1171 - 1175.
[17] Vourch E, Cailloce Y, Lepeltier P, et al. Ku-multibeam antenna with polarization Grids. IEEE AP-s, 2007: 5183 - 5186.

第 6 章 机械可动点波束天线

近年来随着通信卫星的发展，卫星有效载荷需求不断增强。机械可动点波束天线（见图 6-1）因为具有较高的有效辐射性能，并且可以通过机构精确控制指向固定区域或者实时跟踪移动目标，具备高性能的辐射特性以及高自由度的使用灵活性等特点。因此机械可动点波束天线越来越多地被研究，其不仅适用于卫星对地面用户的服务，还可以用作不同轨道之间的通信以及同轨道之间不同卫星的星间链路建立，应用范围极为广泛，被视为卫星通信的重要发展方向之一。

图 6-1　Milstar-2 卫星可动点波束天线阵

6.1　机械可动点波束天线的分类

星载可控点波束天线具有活动范围大、机动性强等优点，在空间中的应用越来越多，许多卫星都配置了机械可动点波束天线，通过二维指向机构和指向控制器可以实现反射面天线在一定范围内转动。根据扫描过程中馈源组件是否转动，可以将机械可动点波束天线分为整体转动和反射器转动两大类，分别如图 6-2(a)和(b)所示。

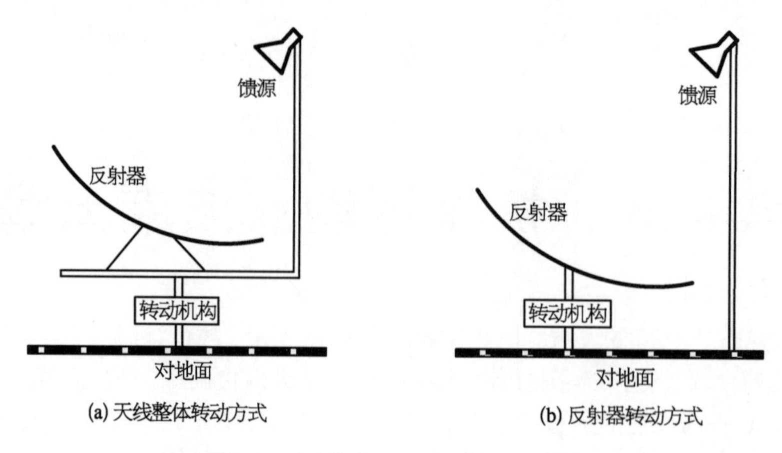

图 6-2 两种类型的可动点波束天线

6.1.1 整体转动方式

在此转动方式下，二维指向机构通过驱动主反射器组件、馈源组件/副反射器组件（如果为双反射面天线）及其支撑结构整体转动实现波束扫描，由于馈源和反射器的相对位置关系不变，因此天线的电性能在扫描过程中也是保持不变的，射频的无损转动通过旋转关节、软波导或电缆实现。显然，该转动方式对电设计而言是更被期望的，因为无扫描损失，不需要考虑扫描对电性能的影响。然而，由于馈源组件/副反射器组件（如果为双反射面天线）及其支撑结构都需要转动，因此转动的包络较大，且需要较大转动力矩的指向机构和高性能的旋转关节，实现起来更为复杂，也增加了重量和体积。此类转动方式虽然适用范围较广，但更适合大范围的波束扫描和电性能要求严格的场合。

图 6-3(a)为正馈单反射面天线，图 6-3(b)为正馈环焦天线，适合以独立的模块安装到卫星上。

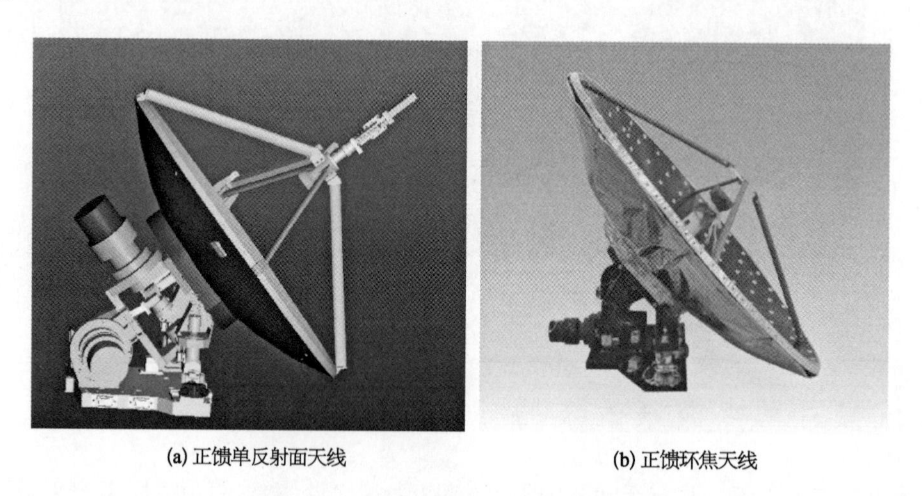

图 6-3 两种类型的可动点波束天线

图 6-4 所示的点波束天线通常为赋形的小区域波束，对旁瓣电平和 XPD 有严格的要求，因此采用双反射面整体转动的方式，以保证天线良好的 XPD 和 SLL 特性，且不随扫描过程而

图 6-4　Ku 频段赋形双反射面可动天线

恶化。由于双偏置的结构,该转动方式需要较大的空间,这也限制了其应用,目前主要应用在电性能如 XPD 和 SLL 要求严格的场合。该类型点波束天线的例子是 Eutelsat 3B 卫星对地板的 Ku 点波束天线。

图 6-5 为 ESA 彗星探测项目 Rosetta 轨道器上的 S/X 频段可扫描高增益对地通信天线,口径为 2.2 m,工作在 S/X 双频段,用于建立与地球之间的无线链路,其中 S 上行作为遥控链路,S 下行和 X 下行作为遥测链路和科学数据传输链路。该天线安装在卫星的侧板上,为了降低收拢高度和实现大范围的扫描,采用了反射器整体转动的方式。该卫星 2004 年发射,2014 年到达彗星预定轨道。

图 6-5　S/X 频段可扫描高增益对地通信天线

欧洲和日本合作的水星探测项目配置了一副抗高温的 X/Ka 双频段高增益可扫描天线[1]，2017 年发射，预计 2024 年到达水星，工作时间大于 1 年。其天线口径为 1 m，质量＜14 kg，采用 C/Si 材料，能够经受的温度范围为－150～＋250℃，采用反射器整体转动的方式，如图 6-6 所示。

图 6-6　X/Ka 双频段高增益可扫描天线

6.1.2　反射器转动方式

在此转动方式下，二维指向机构通过驱动主反射器组件来实现波束扫描，馈源组件/副反射器组件(如果为双反射面天线)及其支撑结构在转动过程中固定不动，因此转动包络较小，且不需要射频旋转关节和大力矩转动机构等关键部件，具有机械简单、成本较低、重量较轻，占用空间小、馈电部件简单等优点。其缺点是由于波束扫描过程中副反/馈源组件固定不动，因此在波束偏离初始设计位置进行波束扫描时，馈源处于偏焦状态，且随着转动角度加大，其馈源边缘漏射以及反射器照射不对称性也会加大，进而恶化天线的电性能。目前，主要用于同步轨道卫星等扫描范围相对较小的场合(例如 GEO 卫星≈±8°的扫描范围)，以保证扫描损失在可接受的范围内。此外，最近也出现了在 LEO/MEO 轨道上的应用，但需要采用反射器赋形等特殊设计进行扫描损失的补偿，详见 6.3 节。

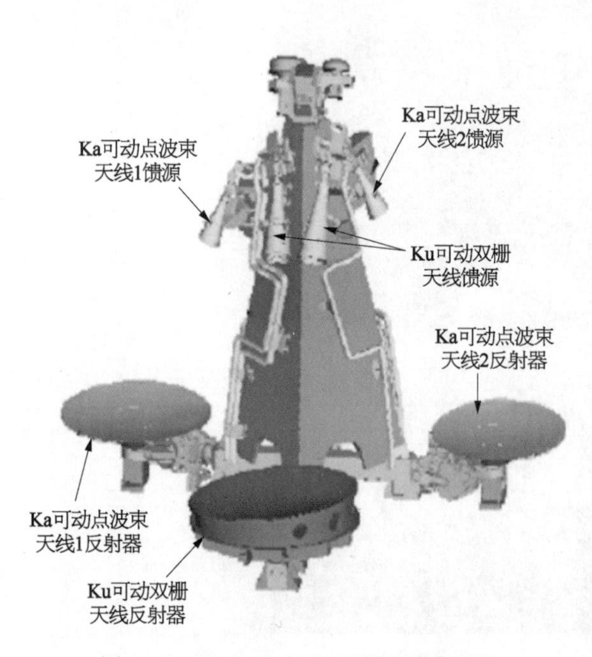

图 6-7　Express AM4 卫星点波束天线

图 6-7 为 Express AM4 卫星对地板的 3 副反射器转动机械可动点波束天线，一副 Ku 频段的双栅可动天线，两幅 Ka 频段的机械可动点波束天线，旋转中心均位于反射器中心的背部。

另一颗类似的卫星是 Eutelsat 3B 卫星对地板点波束天线阵[2]，共 5 副机械可动点波束天线，4 副 Ka 频段用户点波束天线，1 副 Ka 频段关口站点波束天线，如图 6-8 所示。

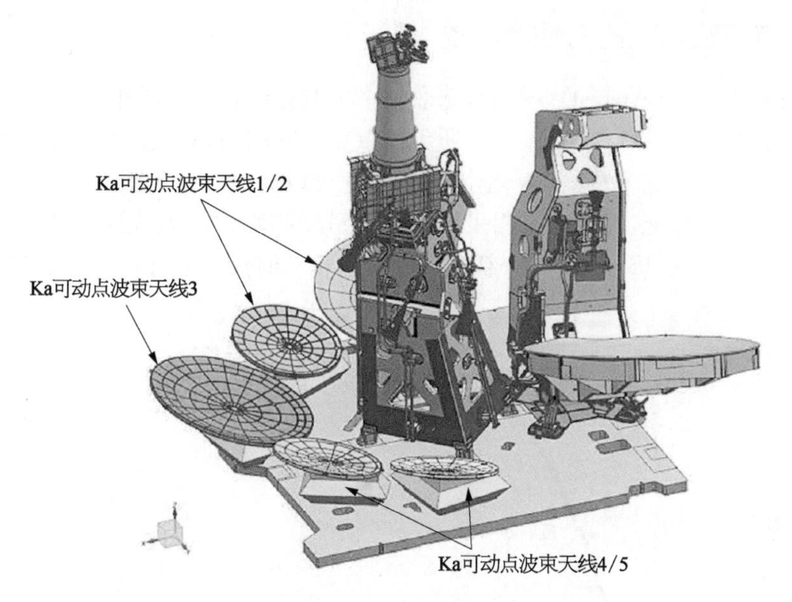

图 6-8　Eutelsat 3B 卫星点波束天线

6.2　GEO 卫星反射器转动机械可动点波束天线设计

相比整体转动的机械可动点波束天线，由于在主反射器转动过程中，天线的电性能是在不断变化的，因此反射器转动方式的电设计和分析更为复杂，因此本书重点介绍反射器转动方式的设计，本节讨论在 GEO 卫星中的应用，下一节将重点讨论在 MEO/LEO 中的应用。

一般情况下，在 GEO 卫星应用中，机械可动点波束天线通常安装在卫星的对地板，此时主反射器是平躺在卫星对地板上，最佳的旋转中心应为主反射器背部的中心[3,4]。该位置既靠近反射器的质心，又靠近卫星平台，可以采用较小力矩的机构和简单的支撑结构，因此简化了机械设计。如果对地板已经被其他载荷优先占据，则一些点波束天线也必须布局在卫星的东西舱板上，如图 6-9 所示的天线（展开状态）。

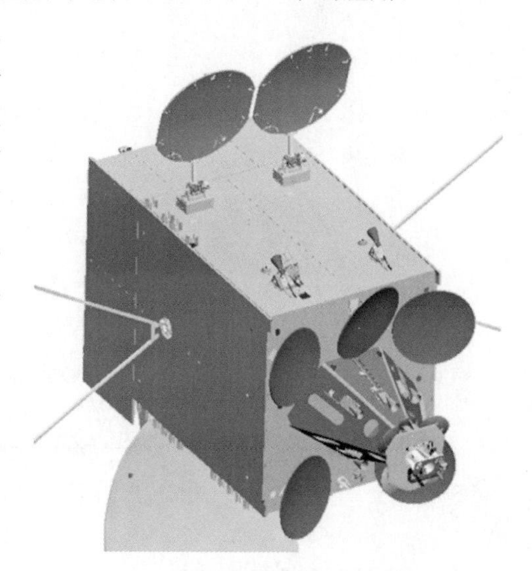

图 6-9　安装在卫星东舱板上的机械可动点波束天线

此时，反射器展开在空中，主反射器背部的中心是远离卫星平台的，如果仍采用绕反射器背部中心的转动方式，将导致较重的机构安装在反射器的背部，复杂的支撑结构，较大的体积、重量以及不利的力学性能，并不是合适的选择。从结构角度考虑，希望机构尽可能靠近卫星舱体，由图 6-9 可以看出，反射器的顶点比较靠近卫星平台，因此绕顶点或焦点转动是更合理的选择。下面将对比绕顶点转动和绕焦点转动两种方式加以详细介绍。

6.2.1 绕顶点与绕焦点的电性能比较

为了比较绕顶点和绕焦点的电性能，选取一个单偏置反射面天线作为考察对象，天线口径 $D=50\lambda$，偏置高度 $H=10\lambda$，如图 6-10 所示。重点考察增益损失、旁瓣电平和交叉极化电平等射频性能随不同焦径比 F/D 的变化，不同焦径比可以通过改变焦距 F 实现。采用 GRASP 软件来分析天线的电性能，馈源方向图采用 GAUSSIAN 馈源模型，在所有情况下反射器的边缘照射电平保持为 −14 dB 不变[5,6]。绕顶点和焦点转动时天线的分析模型如图 6-11 所示。

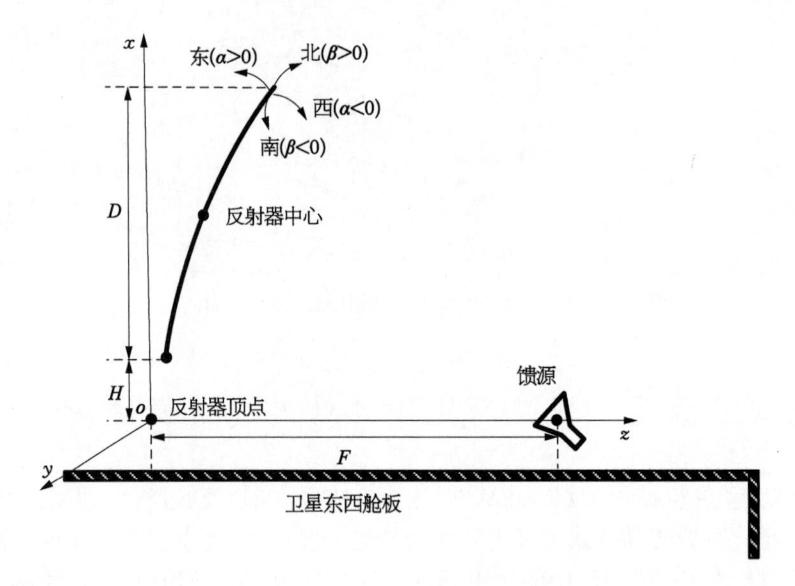

图 6-10　天线位置示意

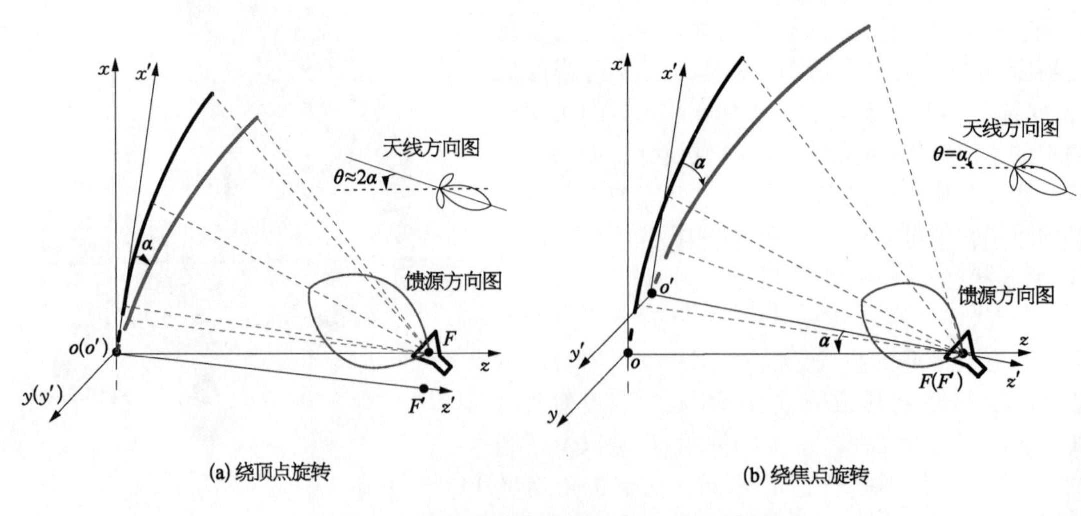

图 6-11　两种类型的反射器可扫描点波束天线

1) 增益损失

通过统计计算结果，图 6－12 给出了绕顶点扫描和绕焦点扫描两种方式在波束 ±8.0°扫描范围内的最小增益随焦径比 F/D 的曲线。同时，位于星下点的标称点波束天线性能也被给出以获得增益扫描损失。

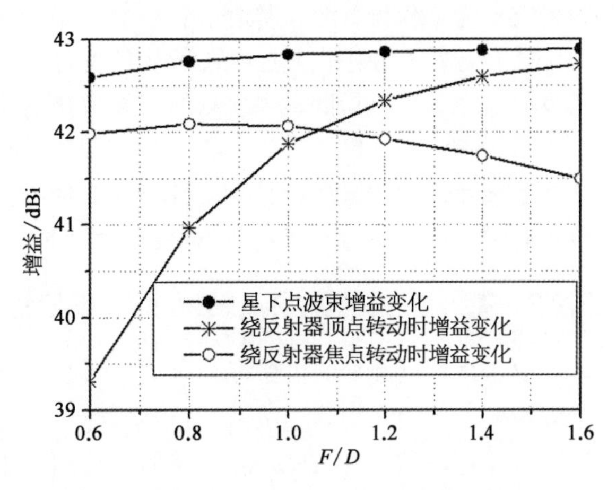

图 6－12　扫描波束增益随 F/D 的变化曲线

从中可得到以下结论：

(1) 对于标称点波束，天线增益随 F/D 的增加略有增加。这是因为：在保持边缘照射电平－14.0 dB 不变的情况下，馈源漏射损失是保持不变的，但由于 F/D 的增加，反射器上口径场分布更为均匀，因此天线的总效率略有增加。

(2) 对于顶点扫描方式，增益损失主要因馈源偏焦引起，如图 6－11(a)所示，随 F/D 越大，增益损失不断变小。

(3) 对于绕焦点扫描方式，式(6－1)给出了旋转后的反射器上的点与旋转前的点之间的关系式，随着焦距 F 的增加，新反射器将不断偏离原反射器位置，这也可以从图 6－11(b)中看出。既然扫描过程中馈源固定不动，因此漏射损失将会不断增加，这是绕焦点旋转增益损失的主要来源。从图可以看出，绕焦点旋转存在最佳的 F/D ，约为 0.8。

$$\begin{bmatrix} x' \\ y' \\ z' \end{bmatrix} = \begin{bmatrix} \cos\alpha & 0 & \sin\alpha \\ \sin\alpha\sin\beta & \cos\beta & -\cos\alpha\sin\beta \\ -\sin\alpha\cos\beta & \sin\beta & \cos\alpha\cos\beta \end{bmatrix} \begin{bmatrix} x \\ y \\ z \end{bmatrix} + \begin{bmatrix} -F\sin\alpha \\ F\cos\alpha\sin\beta \\ F-F\cos\alpha\cos\beta \end{bmatrix} \tag{6-1}$$

式中，α 表示反射器绕 y 轴的旋转角，也称俯仰角；β 表示反射器绕 x 轴的旋转角，也称方位角。以标称波束为参考，如果 $\alpha>0$，则波束指向东；如果 $\alpha<0$，则波束指向西；如果 $\beta>0$，则波束指向北；如果 $\beta<0$，则波束指向南，如图 6－10 所示。

从分析结果可以总结出，当 $F/D>1.06$ 后，绕顶点的天线增益优于绕焦点的天线增益。因此，绕顶点适合较大的 F/D，绕焦点适合较小的 F/D。如果空间允许，应优先选择较大的 F/D，因为它具有更好的增益性能。

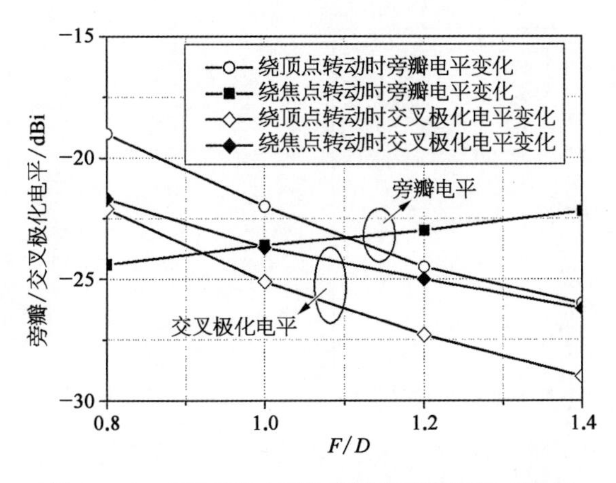

图 6－13　交叉极化电平和旁瓣电平随 F/D 的曲线

2) 旁瓣电平和交叉极化电平

分析两种扫描方式下 $F/D=0.8$，1.0，1.2，1.4 时±8.0°范围内最差的旁瓣电平和交叉极化电平。仿真结果如图 6－13 所示，可以看出：

(1) 旁瓣电平。对于绕焦点旋转，由于新反射器偏离了原反射器位置，因此新反射器将会被馈源非对称的照射，从而导致旁瓣电平不断恶化。当 $F/D>1.1$ 时，绕顶点的旁瓣电平优于绕焦点的旁瓣电平。

(2) 交叉极化电平。随着焦距 F 的增加,反射器的曲率将逐渐下降,因此两种方式下的交叉极化电平也逐渐降低。绕顶点的交叉极化电平略优于绕焦点的交叉极化电平。

3) 小结

当选择较长的焦距,例如 $F/D>1.1$ 时,绕顶点转动的电性能优于绕焦点转动的。而且,顶点非常靠近卫星的安装面,这对结构设计非常有利,因此通常选择绕顶点转动的方式。

6.2.2 基于反射器绕顶点转动的波束扫描规律

对于绕焦点旋转的机械可动点波束天线,馈源始终位于反射器的焦点,反射器旋转角度与波束旋转角度始终相等。然而,对于绕顶点旋转的机械可动点波束天线[7],除了标称位置的其他所有位置,馈源组件是偏焦的,从而导致相对于标称波束,波束扫描角度近似为反射器旋转角度的 2 倍,具体说明详见第 3 章和第 4 章中关于波束扫描的描述。

通常点波束天线的波束宽度都相对较窄,一般在 1°左右,这意味着建立更精确的波束扫描角与反射器转动角之间的关系是非常重要的。可以通过插值方法以提高波束扫描位置的计算精度[8]。首先,在几个典型位置,波束扫描角与反射器旋转角之间的关系通过 GRASP 软件来建立。然后,采用线性插值公式来定义两者在其他位置之间的关系。由于方位轴与俯仰轴是正交的,因此方位面和俯仰面可以独立插值。

$$\theta_{AZ}=K\alpha \tag{6-2}$$

或者

$$\theta_{EL}=K\beta \tag{6-3}$$

式中,θ_{AZ} 和 α 分别是方位面的波束扫描角和反射器旋转角;θ_{EL} 和 β 分别是俯仰面的波束扫描角和反射器旋转角;K 是未知的比例常数。

为了确定比例常数 K,可在方位面和俯仰面分别采用若干个采样点,$\alpha=0°, \pm 1°, \pm 2°, \pm 3°, \pm 4°, \pm 5°$ 和 $\beta=0°, \pm 1°, \pm 2°, \pm 3°, \pm 4°, \pm 5°$。$K$ 的值可以通过采用 MATLAB 曲线拟合工具得到,如图 6-14 所示。当波束分别指向东、西、南、北时,比例系数 K 分别为 1.79, 1.81, 1.92, 1.92。

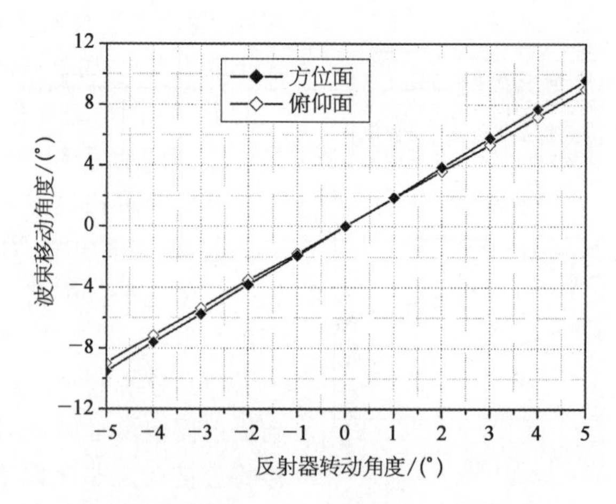

图 6-14 波束扫描角与反射器转动角之间的关系曲线

6.3　非同步轨道卫星反射器转动机械可动点波束天线

LEO/MEO可扫描天线要求大范围扫描。既然大多数MEO和LEO采用多颗卫星提供通信业务，因此需要大量相同的天线，因此必须发展低成本的天线解决方案。获得低成本、高可靠和轻重量的关键是减少部件，特别是可动部件的数目。例如，在保证宽扫描范围的同时消除旋转关节。

6.3.1　MEO卫星反射器转动的机械可动点波束天线

一个典型的应用系统是O3B[8,9]，采用8颗MEO的卫星星座，每颗卫星装备12副收发共用的可扫描Ka点波束天线，共研制96副天线，可以实现与业务区的高速连接，如图6-15所示。

图6-15　O3B可动点波束天线阵列

O3B可动点波束天线的最终状态如图6-16所示，扫描范围为±26°，采用馈源组件固定的反射器转动方式，没有旋转关节或软波导或软电缆，通过反射器赋形实现宽角扫描，所有的性能能够以较小的包络、较轻的重量和简单的设计来获得，因此降低了天线成本。其设计关键技术是馈源/支撑杆的遮挡/散射以及宽角的反射器赋形设计。

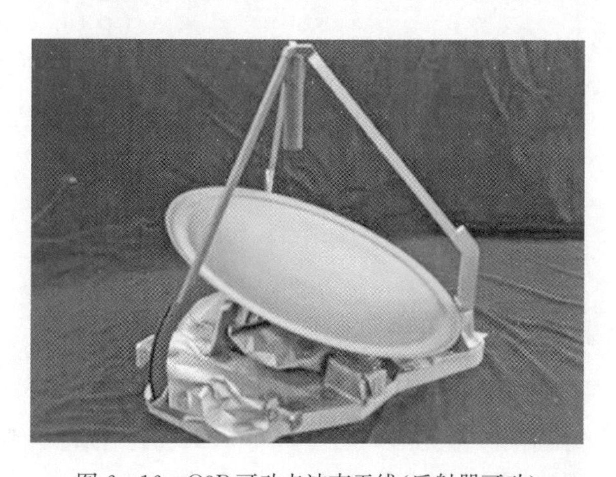

图6-16　O3B可动点波束天线(反射器可动)

1）馈源和支撑杆设计

由于馈源和支撑杆位于天线的辐射电场内，因此要求紧凑的馈源设计、低散射的支撑杆以最小化遮挡和散射效应。主要采取的技术如下：

（1）为了实现紧凑的馈源设计，减小来自馈源的遮挡，天线馈源仅包括一个小口径的喇叭、一个极化器和一个宽带 OMT。双工器和测试耦合器放置在反射器下方。减小馈源尺寸和重量也有助于降低支撑杆的截面。

（2）连接馈源到双工器的收发波导同时兼顾支撑杆的作用。

（3）采用非标准的 Tx/Rx 波导和拐弯设计，最小化了遮挡和散射效应。

（4）采用矩量法来精确计算馈源/支撑杆的遮挡和散射效应，以准确预估最终天线的性能。

2）宽角的赋形设计

既然在反射器转动的过程中存在性能恶化，因此最小化 MEO 覆盖范围内的性能损失是非常关键的，为此采用反射器赋形技术，其技术难点为：① 收发性能需要在宽角范围内同时优化；② 需要考虑遮挡和散射效应。分布在覆盖区内的 25 个波束圆形被用于天线性能综合和反射面赋形，如图 6－17 所示。为了验证赋形方法的有效性，位于采样点之间的扫描位置处的波束性能也被确认。

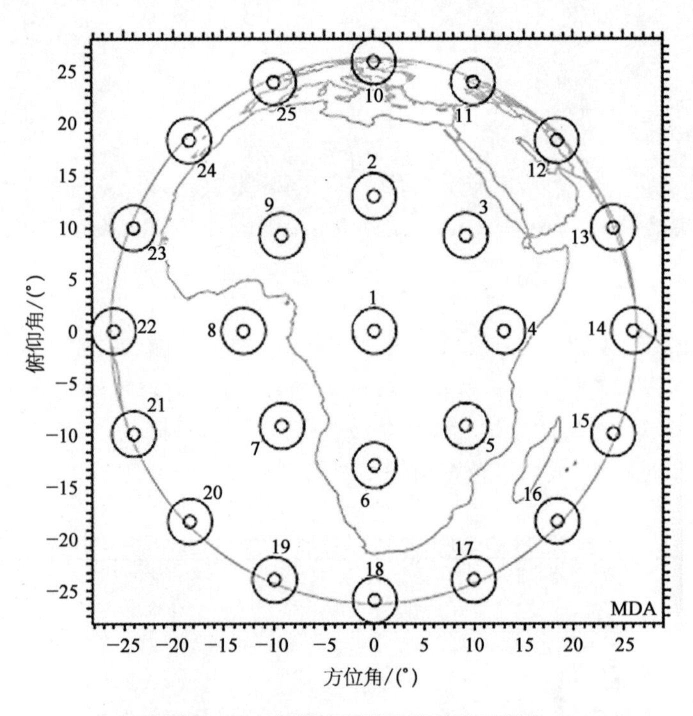

图 6－17　参与反射器赋形优化的波位

6.3.2　LEO 卫星反射器转动的机械可动点波束天线

对于 LEO 星座，采用固定馈源，在如此宽的角度范围内保持天线性能，比起 MEO 星座，更是一个挑战。LEO 的扫描角典型在±60°范围，而 MEO 的扫描范围典型在±25°范围。对于 LEO，等通量增益校正比 MEO 更为重要，如图 6－18 所示。

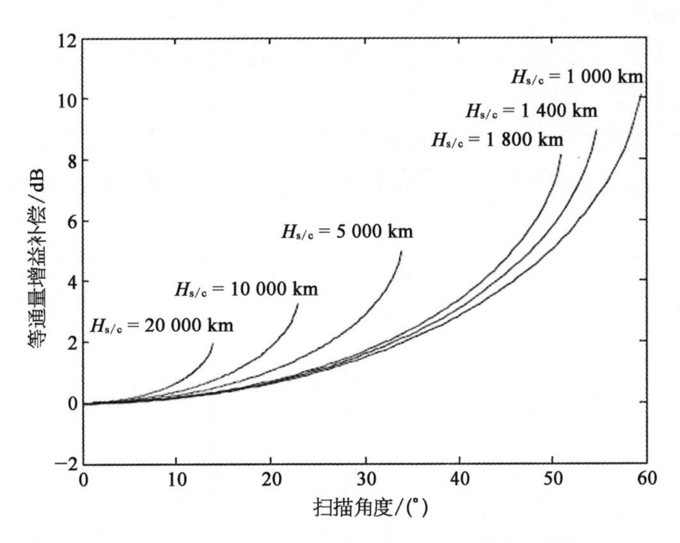

图 6-18　不同轨道高度上等通量增益修正曲线

在固定馈源的 LEO 扫描天线中可以利用等通量曲线来进行增益补偿。天线概念如图 6-19(a)所示。该天线是一个等效的单偏置抛物面天线，在偏置面倾斜 α_H，以使馈源轴与星下点方向一致。

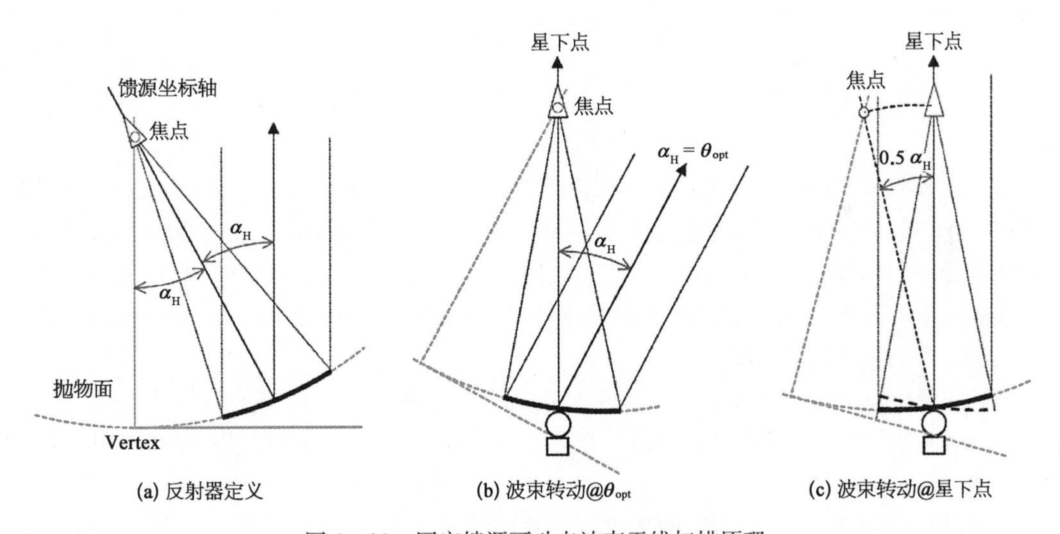

图 6-19　固定馈源可动点波束天线扫描原理

既然偏置反射面天线是倾斜的，因此波束现在的指向为俯仰角 $\theta = \theta_{opt}$，它与 α_H 相等。角度 θ_{opt} 为天线的最优俯仰角，此时馈源位于反射面的焦点，如图 6-19(b)所示。

因此可以采用固定馈源和可转动的反射面，通过在俯仰面旋转反射面 $0.5\alpha_H$ 可以使波束从 θ_{opt} 指向星下点，如图 6-19(c)所示。然而在星下点，馈源不再位于反射面的焦点，因此波束的峰值增益低于 θ_{opt} 处的峰值增益。当波束从星下点向地球边缘扫描时，天线的这种天然的行为补偿了增加的路径损失，获得等通量波束的扫描性能。

最后，采用这种天线结构，为了实现波束在半锥角 θ_{max} 范围内的扫描，反射器方位面的旋转角度为 360°，俯仰角为 $0.5\theta_{max}$。

既然方位扫描是通过旋转反射器绕馈源的对称轴旋转，因此对于所有方位角，天线的性能是相同的（忽略馈源支撑的散射因素）。图 6－20 为几个典型位置处的主极化方向性系数的俯仰切面，角度范围覆盖了俯仰方向的扫描范围 0°～48°。可以看出，像期望的那样，波束向星下点扫描时存在峰值增益扫描损失，然而，该损失可以用于要求的等通量校正。

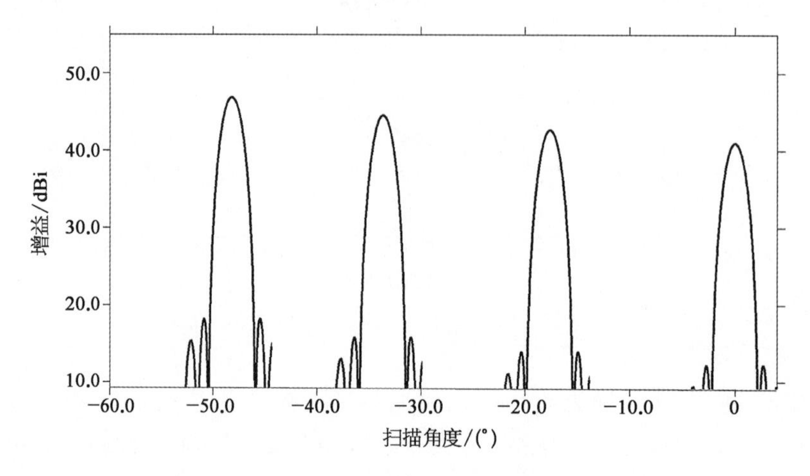

图 6－20　天线俯仰角度扫描性能

6.4　多频段点波束天线

卫星有效载荷变得越来越复杂，一颗卫星需要支持多种业务。高功率卫星（12～20 kW）的发展使它们成为可能。此外，最近的趋势是商业有效载荷与政府有效载荷合并，以降低成本，从而导致了多频段天线的需求。这些天线的优点是可以减少反射器的数目，最小化重量，明显降低成本。技术的挑战是反射面的设计、多频段馈源系统的设计以及分离不同频率提供足够隔离的馈电组件的设计等。

传统的反射面天线一般支持一个或两个频段。虽然抛物面天线是与频率无关的，但馈电系统是有带宽限制的，比如波纹喇叭的带宽通常应小于 2.5∶1（带宽比定义为：高频段最高频率与低频段最低频率的比）。

此外，当反射面的形状从抛物面被改变以满足赋形波束应用时，反射面也变成了带宽受限的部件。因此，采用波纹喇叭馈电的赋形反射面天线主要应用在 C，Ku，Ka 等单个频段，能够同时支撑上、下行信号的传输，至于跨频段的应用，是非常困难的。虽然也有将上、下行认为是两个频段，将此类天线看作双频段天线的说法，但该类天线不在本节讨论之列。本节重点是研究能够工作在工作带宽 2∶1 以上的多频段天线。

另一方面，如果反射面为标准抛物面或仅母线赋形，则反射面仍保持着宽带特性，可以产生圆形的波束。此时，通过几种方式可以实现超过 2.5∶1 以上的工作带宽：① 频率选择面；② 组合馈源；③ 同轴馈源；④ 宽带光壁馈源。

下面针对上述 4 种关键技术，作相应的说明。

6.4.1　基于频率选择面的多频段点波束天线

图 6-21 给出了采用频率选择面副反射器来分离低频段和高频段信号的多频段点波束天线的设计方案。FSS 反射高频段信号，透射低频段信号，因此高频段馈源工作在双反射面天线系统，低频段工作在单反射面状态。这是因为低频段的透射损耗要小于高频段，且同样尺寸的副反射器，高频段的绕射较小。此外，高频段的馈线较短，也有利于降低高频段的损耗。在这种情况下，FSS 可以采用低通单元如 annular 环、十字偶极子或 Jerusalem crosses 等光刻在副反射器上。

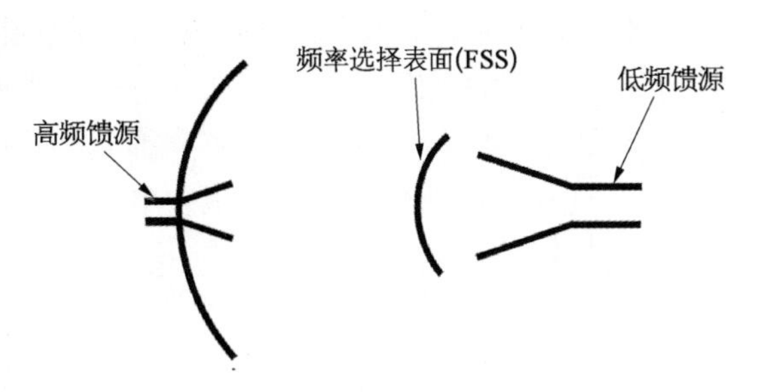

图 6-21　典型的多频段点波束天线构造

6.4.2　基于组合馈源的多频段点波束天线

为了避免复杂的 FSS，可以采用组合馈源的概念，如图 6-22 所示，该结构形式为组合馈源馈电的双反射面天线，其中高频段馈源位于反射器的焦点上，四周为 4 个低频段的馈源，虽然它们处于偏焦位置，但通过馈电网络合成可以得到指向视轴方向的波束。在我国 SZ 系列飞船 Ka/S 双频用户终端天线上就采用该种组合馈源的方式来实现双频工作，中心的扼流槽圆喇叭为 Ka 馈源，周围有 8 个振子，4 个一组分为上下两排，其中下排 4 个为无源反射振子，起到反射板的作用，上面一排为有源振子，可以通过如图 6-23 所示的 S 馈电网络合成左旋圆极化（LHCP）与右旋圆极化（RHCP），其中 90°混合电桥将输入信号分成等幅相差 90°的两路信号，环形电桥将输入的信号分成等幅反相的 2 路信号，3 个电桥以及 6 根电缆，提供产生左旋与右旋圆极化波所需的幅相分布。

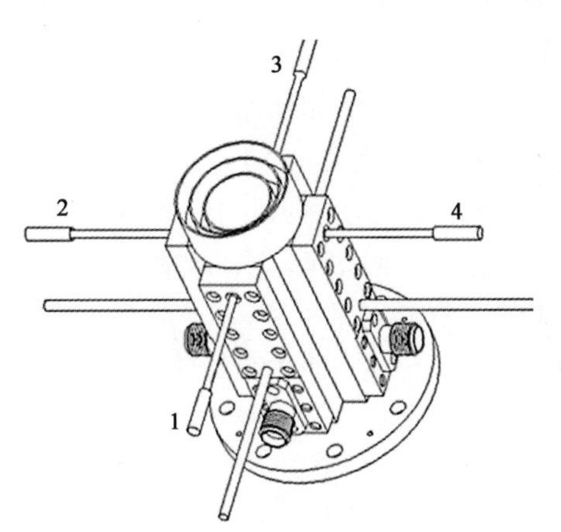

图 6-22　复合馈电部件

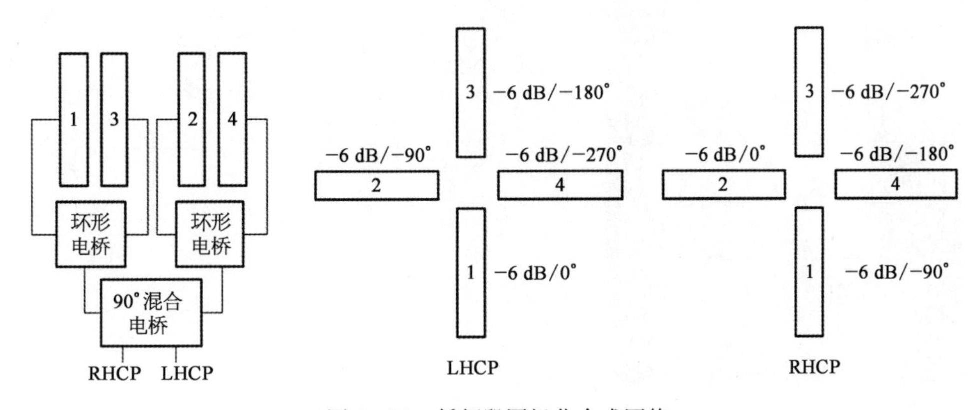

图 6-23　低频段圆极化合成网络

6.4.3 基于同轴馈源的多频段点波束天线

第三种方法是采用多频段同轴馈源和单反射面天线。如图 6-24 所示，高频段采用中心波导，而低频段采用同轴馈源形式。它也要求两个频段分离得足够宽。高频段信号泄露到外部的同轴结构中，因此要求滤波器来抑制高频段的同轴模式。这种设计的缺点是由于同轴模式传播，在低频段有较高的交叉极化电平，对空间应用和大多数地面应用的低交叉极化电平要求使得其使用范围受限。

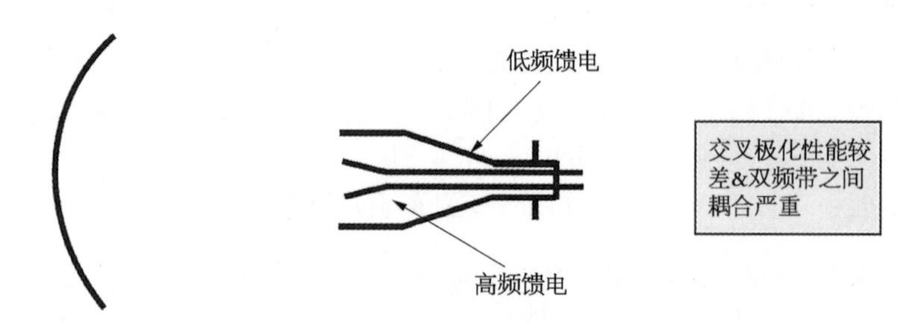

图 6-24　采用同轴馈源实现双频工作的波束

VLBI2010 项目中的 RAEGE 天线采用 13.2 m 的 S/X/Ka 三频段环焦天线方案[10]，为实现三频段工作，项目采用了三频段同轴馈源，如图 6-25 所示。三频段馈源实际上由 3 个独立的馈源构成，一个在另一个更低频率馈源的里面。最外面的是 S 频段的同轴馈源，中间的是 X 频段同轴馈源，最小的是 Ka 频段圆锥馈源。S 频段馈源由 4 个 SMA 端口馈电，X 频段采用 WR-112 波导，Ka 频段输出接口为 8.4 mm 的圆波导。馈源 250 mm 高，直径 200 mm，重 3 kg。S 和 X 的同轴馈源双圆极化通过 4 个端口的合成可以很方便地获得。Ka 频段的双圆极化可以通过膜片圆极化器获得。天线效率在 3 个频段内均高于 70%。

文献[11]提出了一种紧凑的 X/Ka 双频段环焦天线方案，图 6-26 为该天线的馈源-副反射

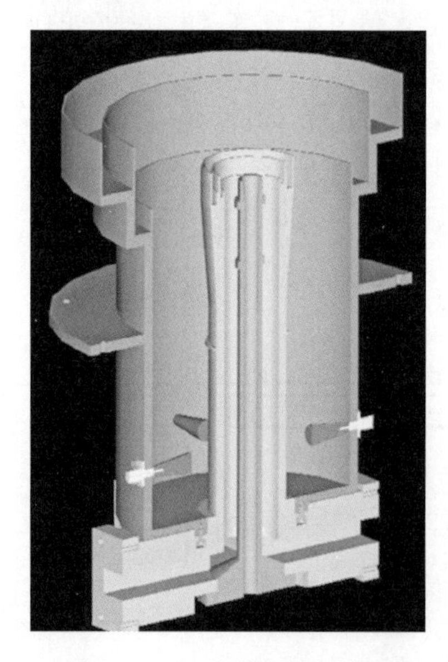

图 6-25　三频馈源内部构造

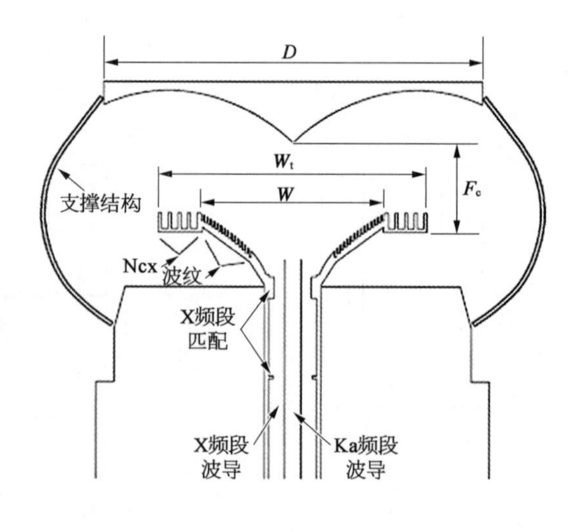

图 6-26　X/Ka 副反-馈源内部构造

器组件结构。为了实现紧凑的性能，X 频段采用背射天线的概念，而 Ka 频段采用环焦天线的概念。

在 Ka 接收频段，馈源喉部距离副反射器约 5λ，在发射频率约 8λ。首先，在 Ka 频段进行天线设计，主副反射器赋形以实现最优性能，而 Ka 频段的副反射器在 X 频段离馈源仅 2λ，扮演反射板的作用，工作在背射状态。馈源为 X/Ka 双频段同轴馈源，Ka 频段由内导体激励，Ka 波纹对于 X 频段是足够的小，几乎不影响 X 频段信号的传输，X 频段需要再增加调谐膜片，用于改善匹配。

6.4.4　基于宽带光壁馈源的多频段点波束天线

波纹喇叭可以覆盖约 2∶1 的带宽，同轴馈源虽然可以实现多频段工作，但增益不高，比较适合中等增益要求的馈源，可以应用于小 F/D 或紧凑的双反射面系统。对于高增益（>20 dBi）的馈源，光壁多模喇叭具有更好的宽带特性，非常适合这样的应用。

澳大利亚的 BAE 公司发展了宽带全球卫星（WGS）的 X/Ka 双频段地面站天线应用[12]，采用卡塞格伦天线形式，主反口径为 13.5 m，馈源对副反射器的半张角为 20°，在 X 频段要求 22 dBi（在 Ka 频段要求 23 dBi）的高增益馈源。天线主要指标如下：

X 频段，下行：7.25～7.75 GHz；

X 频段，上行：7.90～8.40 GHz；

Ka 频段，下行：20.20～21.20 GHz；

Ka 频段，上行：30.00～31.00 GHz；

极化方式：在所有子频段均为双圆极化，因此系统有 8 个通信的端口；

在 Ka 频段具备线极化或圆极化信标的单脉冲能力。

为了满足馈源高增益的要求，样条赋形的光壁馈源被采用。喇叭后面是 6 端口的十字接头和波导网络，用于提供覆盖 X 频段上、下行的双圆极化。接着，在 X 频段的 4 个口径配置了一个接收抑制的滤波器和一对双工器，用于对 Ka 信号的抑制和实现 X 频段的收发分离。

Ka 频段的通信和跟踪信号通过 X 频段网络到达馈源后端的圆波导端口，用于产生单脉冲跟踪信号和左右旋圆极化通信信号的 Ka 频段波导网络没有表示在图 6-27 中，图中没有包

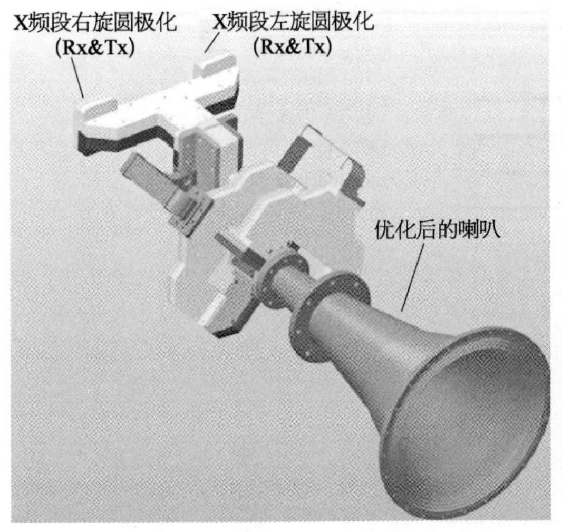

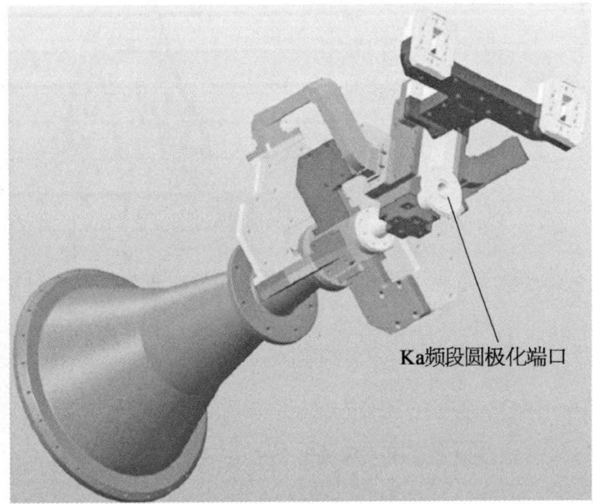

图 6-27　X/Ka 馈源组件结构示意

括 X 频段的双工器和接收滤波器，Ka 频段仅给出了公共的圆波导。该天线的口径效率在 X 频段优于 81%，Ka 下行优于 70%，Ka 上行优于 86%。

类似的例子是一个采用光壁馈源的三频段机械可动点波束天线，工作在 K 频段(20.2～21.2 GHz)、Ka 频段(30.0～31.0 GHz)和 EHF 段(43.5～45.5 GHz)3 个频段，波束宽度分别为 1°，1°和 0.5°，用于美国未来军用卫星的通信需求，目的是将未来 WGS 卫星和 AEHF 卫星合并为一颗大卫星。

该天线采用单偏置反射面形式，如图 6-28 所示。利用反射器转动、馈源不动的方式实现波束在对地视场内的扫描。反射器是抛物面或适当赋形以减小扫描损耗。馈源为变张角的光壁馈源(见图 6-29)，通过相对口面纵向偏焦在 3 个频段内获得最佳的次级波束。在 K 和 Ka 频段，反射器被馈源的主瓣照射，在 EHF 频段采用喇叭的第一旁瓣照射，从而加宽了 EHF 频段的波束宽度，进而实现了次级 0.5°的波束宽度要求。图 6-30 给出了 3 个频段的天线方向图，3 个频段的天线效率分别为 79%，61%和 51%。

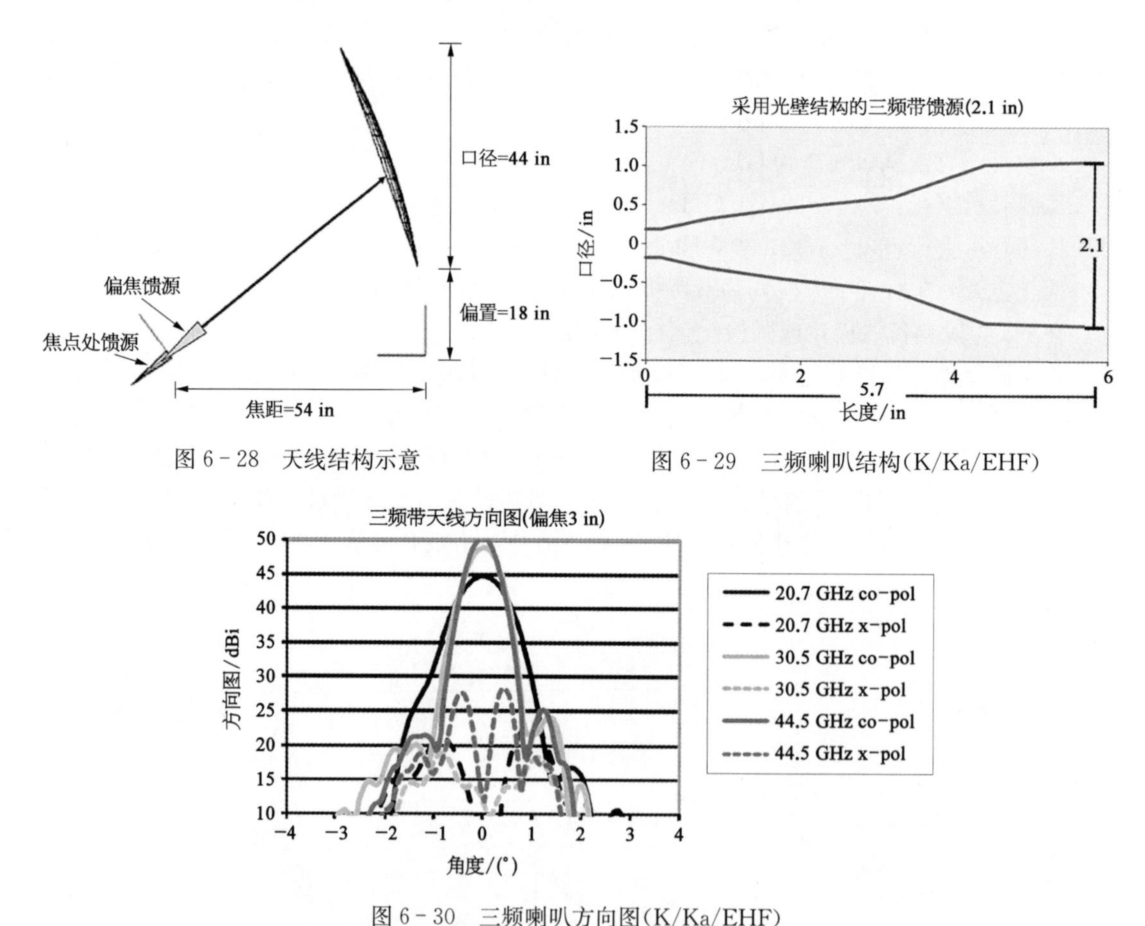

图 6-28　天线结构示意

图 6-29　三频喇叭结构(K/Ka/EHF)

图 6-30　三频喇叭方向图(K/Ka/EHF)

6.5　点波束天线的自跟踪技术

同步轨道卫星与低轨道用户星之间通过星间链路天线联系在一起，两者之间存在相对的高速运动，为了建立稳定的 RF 链路，需要星间链路天线具有高速的自跟踪功能，可以采用单脉冲跟踪方式。相对于传统的四喇叭、五喇叭等基于多馈源的跟踪方式，采用差模的高次模单脉冲跟踪方式很好地解决了和差矛盾，且具有更紧凑的体积和较轻的重量，因此现代的星间链路天线多采用高次模的单脉冲跟踪方式。

对于圆锥波纹喇叭或圆锥光壁喇叭馈电的高次模单脉冲自跟踪反射面天线，HE_{11} 模（圆锥波纹喇叭）或 TE_{11} 模（圆锥光壁喇叭）主要用于产生和方向图，而 TM_{01} 模、TE_{01} 模、HE_{21} 模（圆锥波纹喇叭）或 TE_{21} 模（圆锥光壁喇叭）等差模主要用于产生“差方向图”，能够提供比主模激励的“和方向图”更精确的指向跟踪，如图 6－31 所示。

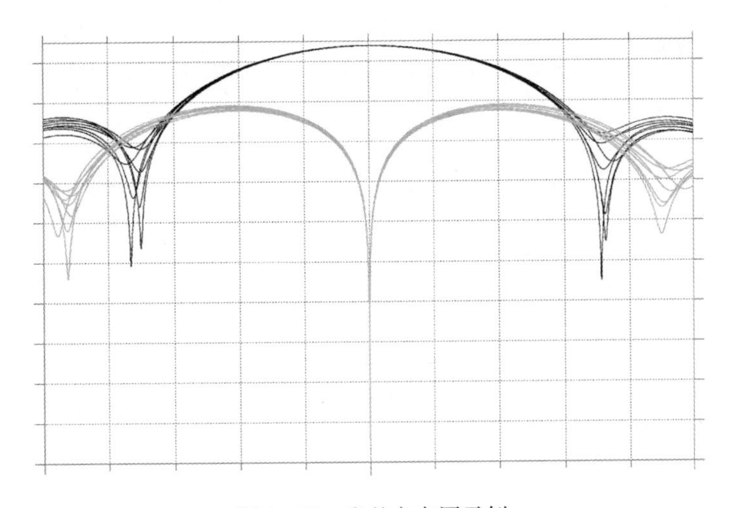

图 6－31　和差方向图示例

HE_{21} 模产生了旋转对称的差模方向图，辐射场既有 E_θ 分量又有 E_φ 分量；而 TM_{01} 模或 TE_{01} 模辐射电场仅有 E_θ 分量或 E_φ 分量。因此，选择的跟踪高次模与来波信号的极化有关，在线极化情况下，需要同时利用 TM_{01} 模和 TE_{01} 模进行跟踪以避免跟踪盲区问题。可以采用单个模式如线极化 TM_{01} 模或单一 TE_{21} 模可以实现跟踪圆极化来波，因接收极化失配会引起 3 dB 的链路损失，一般优选圆极化 TE_{21} 模（两个正交的 TE_{21} 模，如图 6－32 所示）进行跟踪，既可以实现线极化，也可以实现圆极化的跟踪，跟踪模耦合器可以从喇叭后端的过模圆波导中提取这些信号。

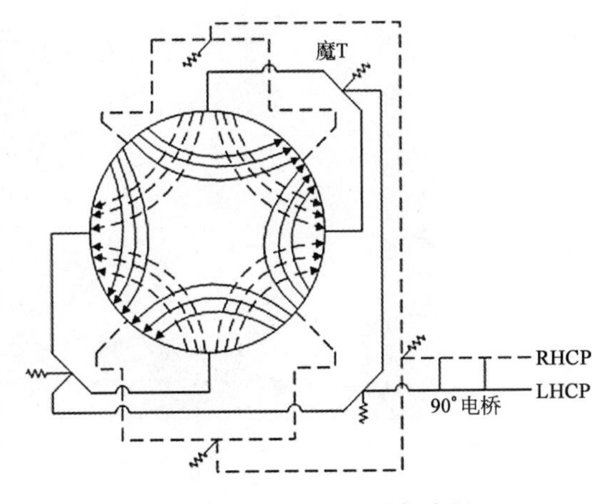

图 6－32　TE_{21} 模 8 臂耦合器

6.5.1　TE_{21} 模通信跟踪一体化馈源

TE_{21} 模通信跟踪一体化馈源一般采用位于喇叭和通信馈源组件之间模耦合器提取 TE_{21} 模[13~15]，原理如图 6－33 所示。该技术与现有的通信馈源组件是兼容的，因为 TE_{21} 模耦合器对基模影响很小。该方案要求较长的 TE_{21} 模耦合器和差模合成网络。高次模耦合器的长度与收发共用通信馈源组件的长度几乎相当，如图 6－34 所示，这给整个馈源组件的布局带来了约束。

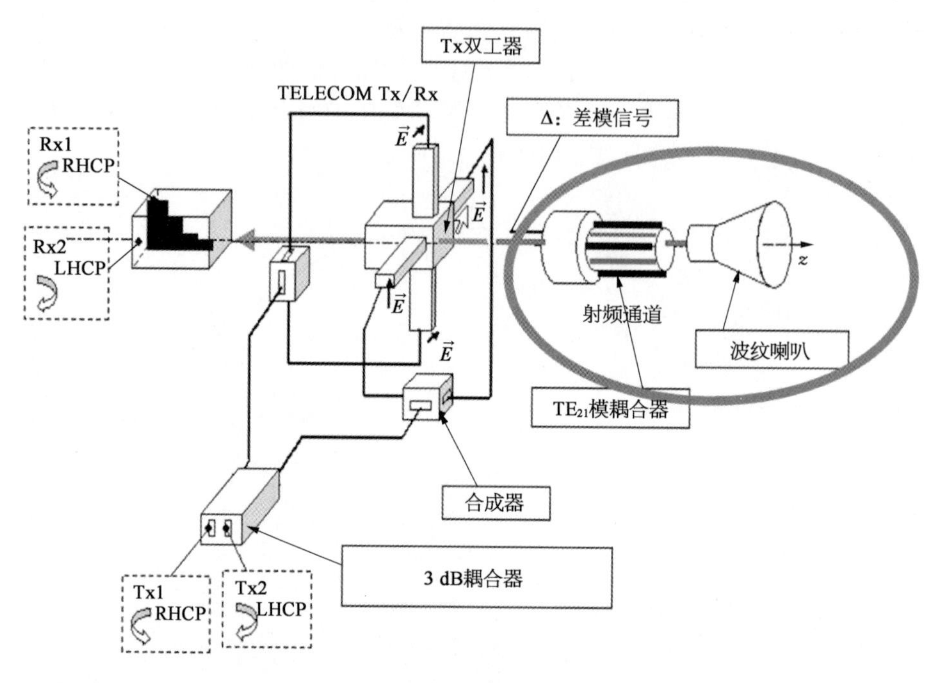

图 6－33　TE_{21} 模通信跟踪一体化馈源原理

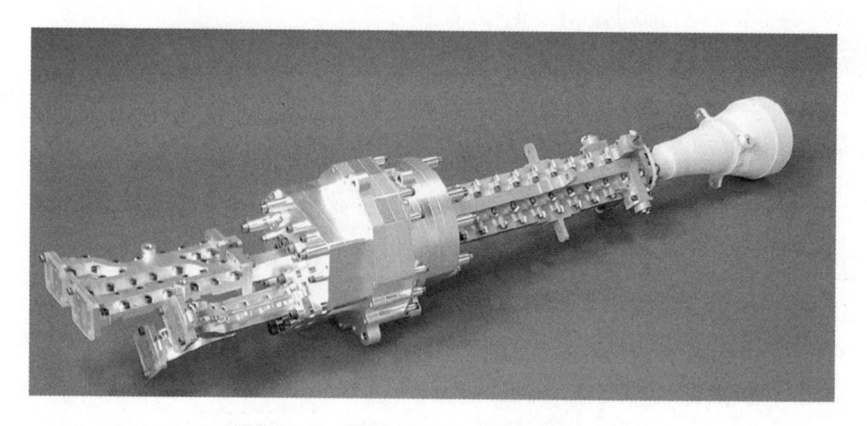

图 6－34　圆极化 TE_{21} 模 8 臂耦合器

6.5.2　TM_{01} 模通信跟踪一体化馈源

在 TM_{01} 模通信跟踪一体化馈源组件中，该模式耦合器位于通信馈源组件的后端，原理如图 6－35 所示[16,17]，实物如图 6－36 所示。此时，接收端口的波导尺寸必须能支持跟踪模式 TM_{01} 模的传播，然而这样的波导尺寸无法有效截止发射信号，因此需要一个让接收信号和跟踪信号良好通过、发射信号足够抑制的模式滤波器。相比单独的用户通信馈源组件，该馈源组件接收段需适应性修改以满足高次模的传播，紧凑简单的隔板圆极化器也需要修改成 OMT 和圆极化器。同时，也要求一个模式滤波器，增加了馈源组件设计的复杂性。

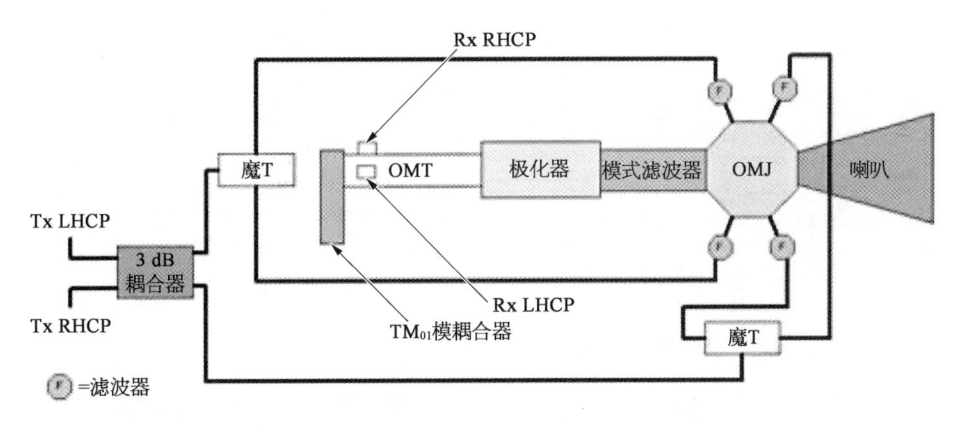

图 6-35　TM_{01} 模通信跟踪一体化馈源组件原理

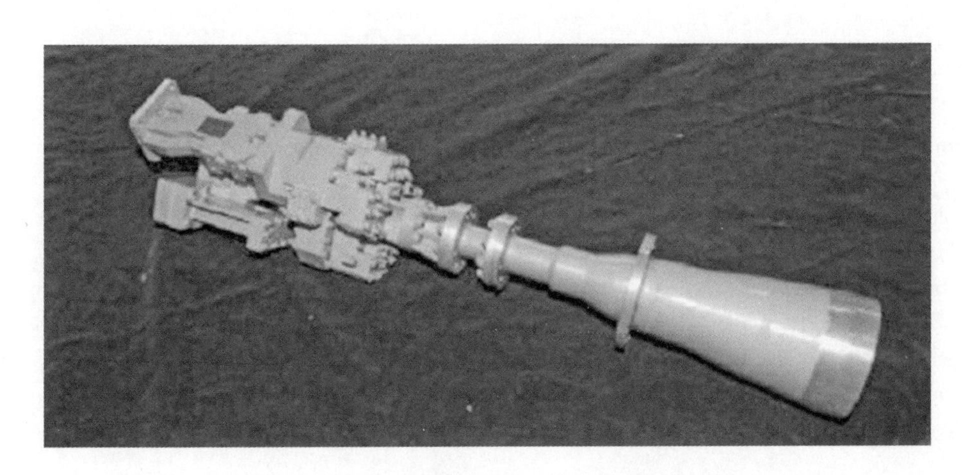

图 6-36　TM_{01} 模通信跟踪一体化馈源组件实物

为了保持接收段与现有的通信馈源一致，文献[18]提出的 TM_{01} 模耦合器同样采用同轴探针来提取 TM_{01} 模，所不同的是探针被执行在背靠背的十字接头中，而不是馈源组件末端的腔体中。图 6-37 为所提出的 TM_{01} 模耦合器结构图，由两个背靠背的十字接头组成。端口 1 和端口 2 传播主模，其中端口 1 与喇叭相连，端口 2 与用户链路馈源组件相连。端口 3 与仅工作在接收频段的小波导相连。该小波导通过同轴探针与上十字接头连接，同轴探针位于上十字接头的匹配元件内，如图 6-38 所示。该设计主要的难点是保证两个主模和跟踪模在端口 1 的匹配，同时阻止跟踪模进入背靠背的十字接头中。通过同轴探针最大化了跟踪模从端口 1 到端口 3 的耦合。连接背靠背十字接头的矩形波导尺寸需要精细的优化。该方案的优点是与端口 2 相连的用户链路馈源组件可以采用现有的成熟技术。

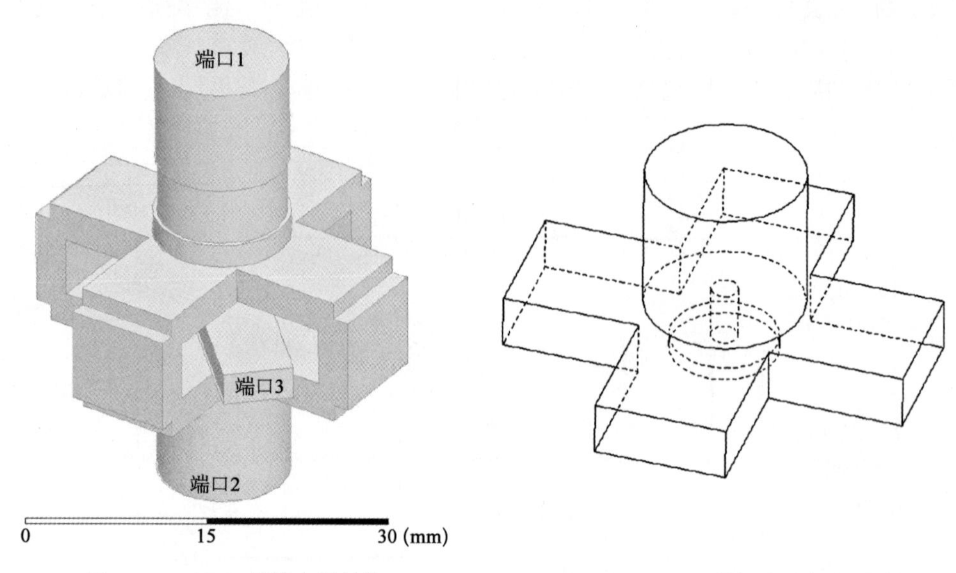

图 6-37　TM₀₁模耦合器结构　　图 6-38　TM₀₁模耦合器探针示意

参考文献

[1] Noschese P, Herbellau M, Fossdal A T, et al. X/Ka high temperature high gain antenna for the mission Bepi Colombo to the planet Mercury. European Conference on Antennas and Propagation (EuCAP), 2006.

[2] Glatre K, Renaud P R, Guillet R, et al. The Eutelsat 3B Top-Floor Steerable Antennas. IEEE Transactions on Antennas and Propagation, 2015, 63(4): 1301-1305.

[3] Hans-Henrik Viskum. Lectrical design of the intelsat Ⅷ S1 Ku-band spot beam antenna. IEEE Antennas and Propagation, 1993: 1642-1645.

[4] Schennum G H, Lee E. Ku-band spot beam antenna for the intelsat VIIA Spacecraft. IEEE Antennas and Propagation, 1995: 99-109.

[5] Youn Choung. Dual-band offset gimballed reflector antenna. IEEE Antennas and Propagation, 1996, 1: 214-217.

[6] Jixiang Wan, Shaopeng Lu, Xudong Wang, et al. A steerable spot beam reflector antenna for geostationary satellites. IEEE Antennas and Wireless Propagation Letters, 2016, 15(1): 89-92.

[7] Luís Martins Camelo. The express AM4 top-floor steerable antennas RF design and performance. 2010 14th International Symposium on Antenna Technology and Applied Electromagnetics [ANTEM] and the American Electromagnetics Conference [AMEREM], 2010: 978-981.

[8] Didier Scouarnec, Simon Stirland, Helmut Wolf. Current antenna products and future evolution trends for telecommunication satellites application. IEEE Antennas Propag. Soc. Int. Symp., Jul. 2013: 1412-1415.

[9] Eric Amyotte, Yves Demers, Louis Hildebrand, et al. Recent developments in Ka-band satellite antennas for broadband communications. 2010.

[10] Felix Tercero, Jose A Lopez-Perez, Jose A Lopez-Fernandez, et al. S/X/Ka coaxial feed for the tri-band of the RAEGE antennas. IVS 2012 General Meeting Proceedings, 2012: 61-65.

[11] Griffin Gothard, Jay Kralovec, Design of a simultaneous center-fed X/Ka-band sitcom reflector antenna with replacable C-band option. IEEE Military Communications Conference, 2007.

[12] Granet C, Davis I M, Kot J S, et al. Simultaneous X/Ka-band feed system for large earth station SATCOM antennas. Military Communications and Information Systems Conference, 2014.
[13] Lepeltier P, Maurel J, Labourdette C, et al. Thales Alenia Space France antennas: recent achievements and future trends for telecommunications. The 2nd European Conf. Antennas Propag. (EuCAP), 2007: 1-5.
[14] Amyotte E, Demers Y, Martins-Camelo L, et al. High performance communications and tracking multi-beam antennas. The 1st European Conf. Antennas Propag. (EuCAP), 2006: 1-8.
[15] Lotfy Sakr. The higher order modes in the feeds of the satellite monopulse tracking antennas. IEEE Electrotechnical Conference, 2002: 53-57.
[16] Reiche E, Stirland S, Hartwanger C, et al. A dual circular combined K/Ka-band RF sensing feed chain for multi beam satellite antenna. The 5th European Conf. Antennas Propag. (EuCAP), 2011: 3198-3202.
[17] Lafond J C, Lepeltier P, Maurel J, et al. Thales Alenia Space France antennas: recent achievements for telecommunications. The 5th European Conf. Antennas Propag. (EuCAP), 2011: 3193-3197.
[18] Nelson J G Fonseca. Very compact TM_{01} mode extractor for enhanced RF sensing in broadband satellite multiple beam reflector antenna systems. The 8th European Conference on Antennas and Propagation (EuCAP), 2014: 260-264.

第 7 章　双栅反射面天线

7.1　双栅反射面天线的基本工作原理

偏置反射面天线由于其不存在馈源视场遮挡，因此天线效率较高，广泛应用在卫星天线中。对于线极化工作方式，单偏置反射面天线在服务区的交叉极化隔离度一般在 20～25 dB，无法满足高标准的极化复用要求。

为了改善交叉极化性能，一种方式是进一步加长单偏置反射面天线的焦距或采用双偏置反射面天线，另一种方式是采用双栅反射面天线（简称双栅天线）[1]。双栅天线是指将两个反射器前后放置，两者共投影口径的“双”反射面天线，前反射器称为前栅，由金属栅条和介质夹层组成（统称极化选择栅），后反射器称为后栅，为一般的碳纤维反射器，两者通过连接环固定，以满足发射阶段的剧烈振动要求，如图 7－1 所示。

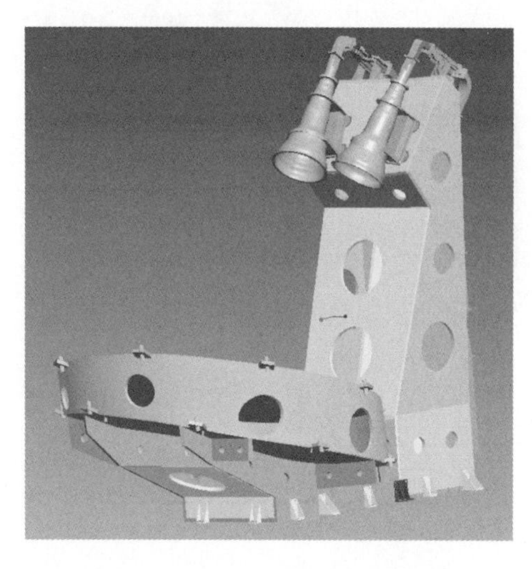

图 7－1　双栅反射面天线结构示意

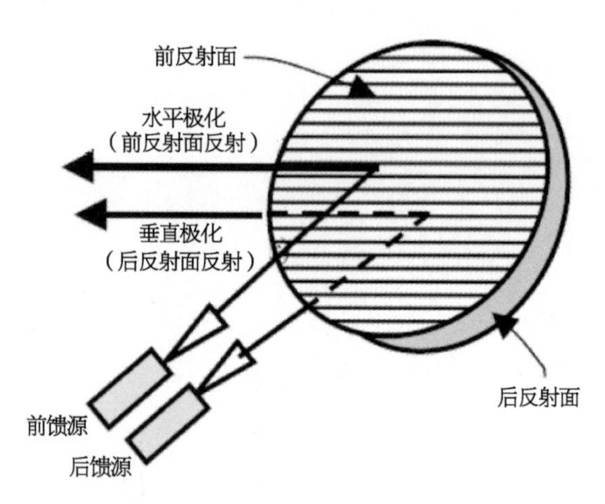

图 7－2　双栅反射面天线原理示意

当电磁波投射到嵌有金属栅的反射面上时，其反射和透射性能与极化有关。当电磁波极化与金属栅平行时，电磁波几乎全反射，金属栅类似金属反射面；当电磁波极化与金属栅正交时，电磁波几乎无影响地透过。正是由于金属栅的这种极化特性，它也叫作极化敏感栅，基于极化敏感栅制造的反射面叫作极化敏感反射面。

显然，利用极化敏感反射面的这种特性，可以将其放置在某固面天线前面构成双栅反射面天线（简称双栅天线），如果后栅的极化方式与金属栅正交，则前栅对其影响很小。而前栅的极化方式与金属栅平行，电磁波近似全反射，电性能几乎不变，如图 7－2 所示。这样双栅天线在电性能上相当于两副独立的反射面天线，能够产生高 XPD(通常＞30 dB)的赋形波束，可以满足极化复用要求，却仅占用一个反射面天线的空间，具有体积小、重量轻等优点。

设计双栅天线的一般步骤是先设计极化选择栅[2]和波束赋形，然后进行双栅反射面对的设计及整副双栅天线的电性能分析[3,4]，设计流程详见图 7－3 所示，下面逐一介绍。

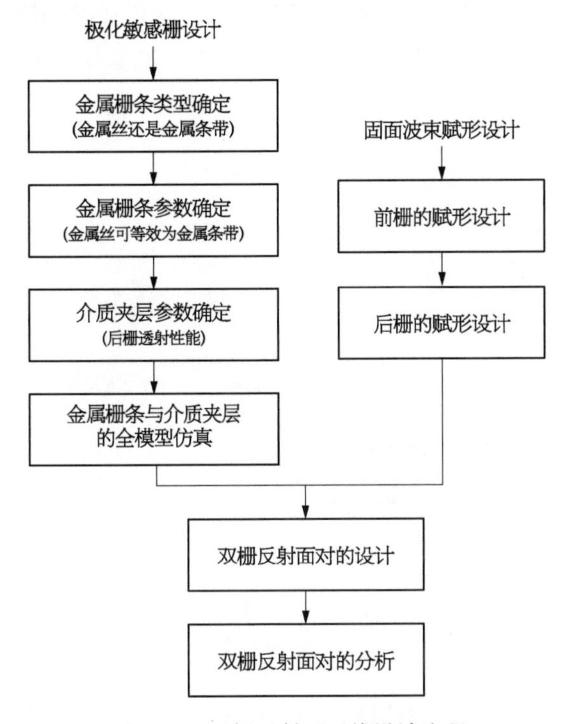

图 7－3 双栅反射面天线设计流程

7.2 前栅极化选择栅条设计

如图 7－4 所示，前栅由金属栅条(铜丝或铝条)和介质夹层(为使结构上有较好的强度和刚度，一般为 3 层介质夹层：前 Kevlar 蒙皮＋Nomex 蜂窝＋后 Kevlar 蒙皮)组成。前栅既可前后表面均附嵌金属栅，也可只前表面附嵌金属栅。当金属栅起反射作用时，如果反射率达 98%以上，则电气上后表面栅条的作用可以忽略，因此在实际中只需前表面附嵌金属栅条即可。

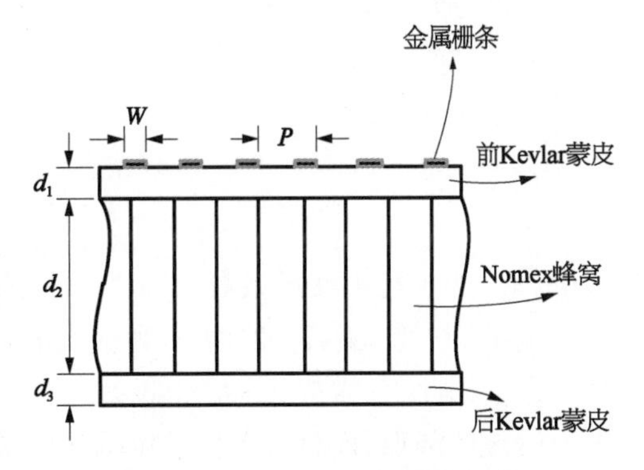

图 7－4 极化选择栅结构示意

设计双栅天线的一般步骤是先设计极化选择栅[2]，然后采用高频仿真方法进行整副双栅天线的电性能仿真[3,4]。与普通反射面天线设计相比，双栅天线的设计难点在于极化选择栅。本节介绍一种有效的设计方法：首先将金属栅条与介质层去耦，两者独立设计；然后，对极化选择栅全模型进行全波电磁场仿真分析。该方法物理概念明确、计算量小。

7.2.1 金属栅条的设计

文献[5]研究表明，金属丝与金属条存在一定的等效关系：假定金属丝的直径为 d_0，金属丝的周期为 P，如果 $d_0 \ll P$，则对于平行金属丝方向的极化，其反射特性与宽度为 $W = 2d_0$、厚度接近于0的金属条特性是等效的。因此，本节以金属栅条为例介绍设计方法，包括栅条的周期、宽度和厚度。

1) 栅条周期及宽度

栅条的反射系数 $|R|^2$ 和透射系数 $|T|^2$ 为[2]

$$|R|^2 = 1 - |T|^2 = \frac{X^{-2}\cos^2\alpha}{4 + X^{-2}} + \frac{Y^2\sin^2\alpha}{4 + Y^2} \tag{7-1}$$

式中，$X = \frac{P\cos\theta}{\lambda}\ln\sec\frac{\pi W}{2P}$；$Y = \frac{4P\cos\theta}{\lambda}\ln\csc\frac{\pi W}{2P}$，$\theta$ 为入射角，α 为极化方向与极化敏感栅的夹角，P 为栅条周期，W 为栅条间距。

当 $\alpha = 0°$ 时，电波极化与平行金属栅条共面，金属栅对电波起反射作用，式(7-1)可简化为

$$|R|^2 = \frac{X^{-2}}{4 + X^{-2}} \tag{7-2}$$

当 $\alpha = 90°$ 时，电波极化与平行金属栅条正交，金属栅对电波是透明的，式(7-2)可简化为

$$|T|^2 = 1 - \frac{Y^2}{4 + Y^2} = \frac{4}{4 + Y^2} \tag{7-3}$$

因此，对于前栅上行、后栅下行的双栅天线来说，总的损耗为

$$\begin{aligned} Loss &= 10\lg(|R_u|^2_{\alpha=0°}) + 10\lg(|T_d|^2_{\alpha=90°}) \\ &= 10\lg\left(\frac{1}{1 + 4X_u^2}\right) + 10\lg\left(\frac{4}{4 + Y_d^2}\right) \end{aligned} \tag{7-4}$$

式中，R_u 为上行的反射系数，T_d 为下行的传输系数。

当 $\theta = 0°$ 时，式(7-2)中 X 为最大值，$|R|^2$ 为最小值；式(7-3)中 Y 为最大值，$|T|^2$ 为最小值。因此，只需按 $\theta = 0°$ 正投射设计。在设计最优栅条尺寸时，必须最小化极化平行栅条的电磁波的漏射，同时最大化极化垂直栅条的电磁波的传输以最小化插入损耗。最小化插入损耗与最大化栅条的交叉极化抑制是一致的。对于小的 W/P，漏射损耗占主要地位；对于大的 W/P，插入损耗占主要地位。最优栅条周期 P、栅条宽度 W 可通过求 $Loss$ 的最小值获得。$Loss$ 随 W/P 和 P 的变化曲线如图7-5所示，可以看出，损耗最小的区域是非常平坦的，此时 $W/P \approx [0.3, 0.7]$。

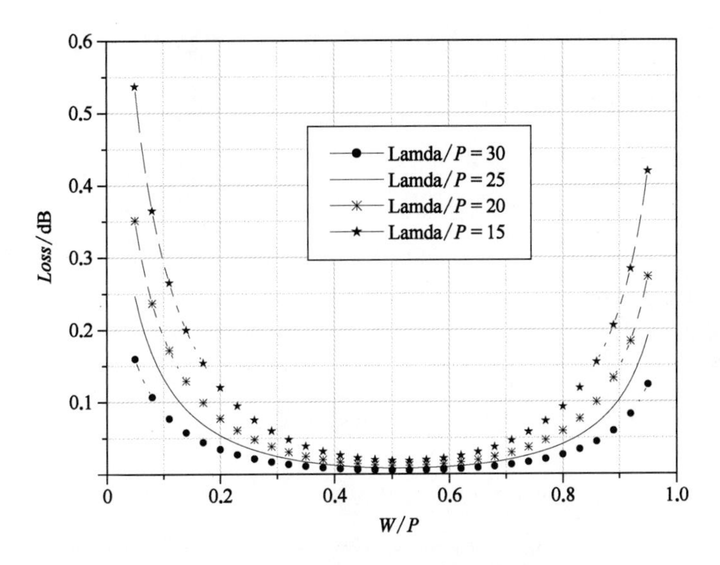

图7-5　损耗随 W/P 的变化曲线

另一方面,交叉极化抑制随着 W/P 和 P 的减少而明显改善,如图7-6所示。双栅天线交叉极化设计指标一般要求在35 dB以上,因此, $W/P<0.4$。

综合考虑损耗和交叉极化性能,一般选择 $P\approx\lambda/20$, $W/P\approx0.3$。

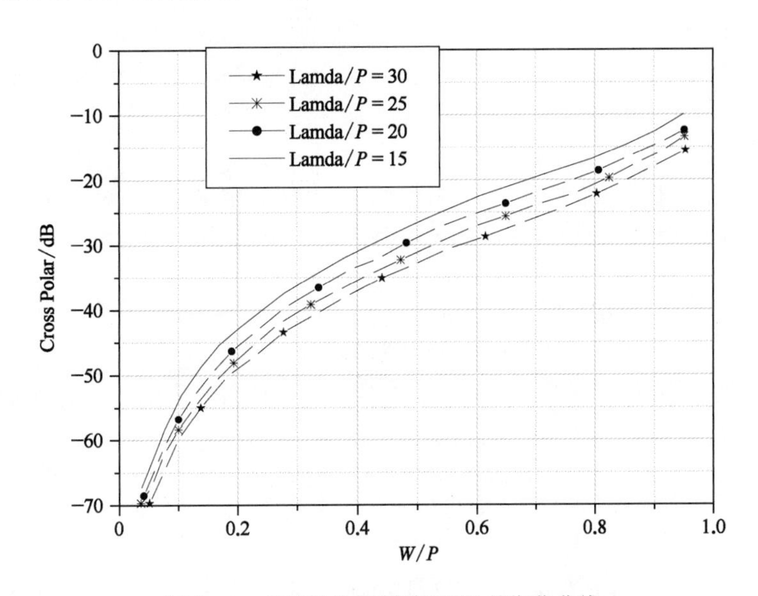

图7-6　交叉极化抑制随 W/P 的变化曲线

2) 栅条厚度的设计

在双栅加工中,金属条带通过在栅条表面光刻一定厚度的铝来形成。由于铝的热膨胀系数与介质夹层的不一样,因此铝的厚度必须尽可能小,以减少反射面的热变形。另一方面,如果铝条过薄也会影响天线反射损耗。综合考虑,通常取为趋肤深度 δ 的3倍以上。

$$\delta=15.9155/\sqrt{f\sigma} \tag{7-5}$$

式中，f 表示频率，以 GHz 为单位；σ 表示电导率，以 MS/m 为单位，δ 以 μm 为单位。

7.2.2 介质夹层的设计

如图 7-4 所示，实际中，介质夹层多采用 3 层结构，由前 Kevlar 蒙皮+Nomex 蜂窝+后 Kevlar 蒙皮组成。栅条的支撑结构为多层介质夹层，由 Nomex 蜂窝和 Kevlar 蒙皮等组成，具有重量轻、结构稳定等优点，适合太空环境的应用。介质夹层主要影响后栅的性能，即透射性能，主要设计参数包括层数、每层的介电常数和厚度。

1) Kevlar 蒙皮设计

Kevlar 蒙皮每层厚度约为 0.12 mm，兼顾水平极化和垂直极化，蒙皮纵向、横向各铺一层，因此蒙皮厚度约为 0.24 mm。Kevlar 的介电常数约为 4.0。

2) Nomex 蜂窝设计

Nomex 蜂窝的介电常数在 1.07 左右，其厚度可采用矩阵级联技术确定。假设介质夹层由 N 层介质常数分别为ε_1，ε_2，…，ε_N 的各向同性介质构成。则入射波 c_1、反射波 b_1 与投射波 c_{N+1} 满足如下关系[2]：

$$\begin{bmatrix} c_1 \\ b_1 \end{bmatrix} = \prod_{i=1}^{N} \frac{1}{T_i} \begin{bmatrix} e^{j\varphi_i} & R_i e^{-j\varphi_i} \\ R_i e^{j\varphi_i} & e^{-j\varphi_i} \end{bmatrix} \begin{bmatrix} c_{N+1} \\ 0 \end{bmatrix} \tag{7-6}$$

式中，R_i 和 T_i 分别表示电磁波从第 $i-1$ 层到第 i 层传输的反射系数和传输系数，φ_i 表示第 i 层的电长度。

利用上式，介质夹层的反射和传输系数可以获得。最优的蜂窝厚度是介电常数和入射角度的慢变函数。对于理想匹配，水平极化和垂直极化要求的蜂窝厚度差别很小。从成本考虑，可选择相同的厚度。

式(7-6)适用于任意层数的介质夹层设计。对于实际中常用的 3 层结构，中间是 Nomex 蜂窝，两边是 Kevlar 蒙皮。此时，获得最大透射率的 Nomex 蜂窝最佳高度为[3]

$$d_2 = \frac{\lambda}{2\pi\sqrt{\varepsilon_2 - \sin^2\theta}} \left[N\pi - \frac{\varphi_1 + \varphi_3}{2} \right] \tag{7-7}$$

式中，N 为正整数。通常选择 N 使 $d_2 \approx \lambda/4$，从而可以使得金属栅和 3 层结构的前后表面产生的交叉极化和反射相抵消，进而实现最大的透射率。

$$\Phi_i = \tan^{-1}\left[\frac{2n_2^2 n_i (n_i^2 - 1)\sin 2\beta_i}{(n_2^2 - n_i^2)(n_i^2 + 1) + (n_2^2 + n_i^2)(n_i^2 - 1)\cos 2\beta_i} \right] \quad (i=1,\ 3) \tag{7-8}$$

式中，β_i 和 $n_i (i=1,\ 3)$ 分别是前后蒙皮层的电厚度和折射系数，n_2 是 Nomex 蜂窝的折射系数。

$$\beta_i = \frac{2\pi d_i}{\lambda} \sqrt{\varepsilon_i - \sin^2\theta_0} \qquad (i=1,\ 3) \tag{7-9}$$

$$n_i = \begin{cases} \dfrac{\varepsilon_i}{\sqrt{1 + (\varepsilon_i - 1)/\cos^2\theta_0}} & (\text{TM 波投射}) \\ \sqrt{1 + (\varepsilon_i - 1)/\cos^2\theta_0} & (\text{TE 波投射}) \end{cases} \qquad (i=1,3) \tag{7-10}$$

$$n_2=\begin{cases}\dfrac{\varepsilon_2}{\sqrt{1+(\varepsilon_2-1)/\cos^2\theta_0}} & \text{(TM 波投射)} \\ \sqrt{1+(\varepsilon_2-1)/\cos^2\theta_0} & \text{(TE 波投射)}\end{cases}\quad (i=1,\ 3) \tag{7-11}$$

θ_0 为设计角，通常选 $\theta_0=0°$，此时，$n_i=\sqrt{\varepsilon_i}$ $(i=1\sim3)$。

7.2.3　全模型电磁仿真

根据确定的栅条参数和介质多层参数，建立极化选择栅的三维模型，采用电磁场数值计算方法如有限元法进行全模型的电磁特性精确仿真，该仿真考虑了栅条与多层介质间的互耦、材料的损耗正切等特性，详见参考文献[5]。

7.3　双栅反射面的设计与分析

7.3.1　双栅反射面的设计

双栅反射面对是指将两个反射器分别相对于天线坐标系绕反射器的口径中心旋转一定的角度后前后放置而成，为共投影口径的“双”反射面天线系统。

前栅为金属栅条反射器，后栅为碳纤维固面反射器，为了避免前后栅的机械干涉，两者需要拉开一定的距离，并通过连接环固定。因此，双栅反射面对的设计参数主要有旋转角度、栅条的方向和前后栅间距。

1）旋转角度和栅条方向

图 7-7 给出了双栅天线极化旋转的示意图，其中旋转角度和栅条方向主要取决于交叉极化的要求。反射面的交叉极化主要来源于两部分：一部分来自馈源组件的交叉极化；另一部分来自反射器的结构不对称产生的交叉极化。下面分别介绍前后栅改善交叉极化的原理。

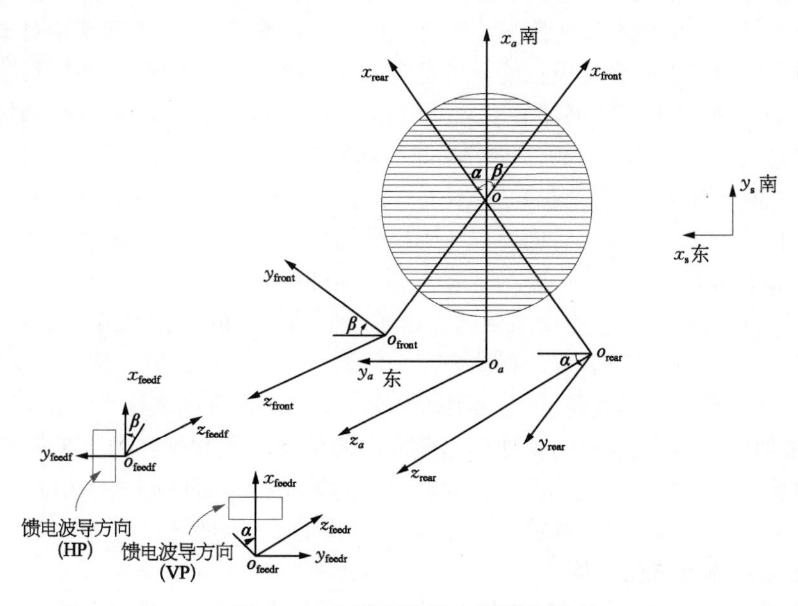

图 7-7　双栅天线极化旋转示意

前栅改善交叉极化如图 7-8 所示。馈源的主极化方向与金属栅条平行，当入射到前栅时会几乎全反射地辐射到覆盖区内；而馈源的交叉极化方向则与金属栅条垂直，因此几乎全部透过前栅入射到后反射器，经后栅反射回来，由于前栅馈源位于后栅反射器的偏焦位置，如果偏焦的距离足够远，则反射回来的交叉极化能量不会进入后栅的主服务区。同时，由于后栅相对于前栅旋转了一个角度，因此反射回来的交叉极化能量也不会进入前栅的主服务区，从而排除了馈源交叉极化的影响。至于前栅反射器的那部分交叉极化能量则需要前栅自身具有较低的交叉极化特性，这可以通过排布金属栅条的方向来实现。对于上下偏置的单偏置反射器，采用水平方向的金属栅条排布则可以实现较低的交叉极化特性。

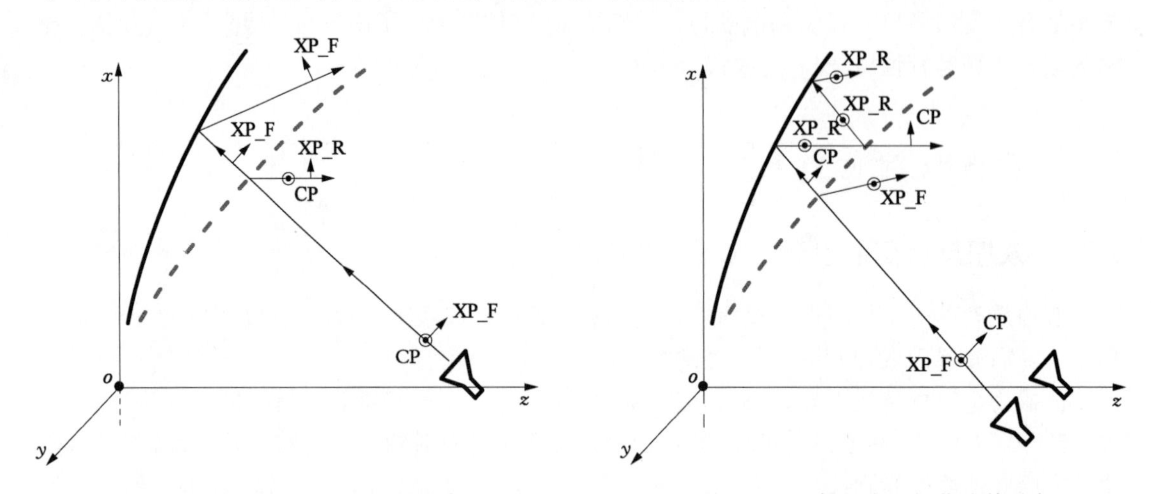

图 7-8　前栅的交叉极化改善示意　　　　图 7-9　后栅的交叉极化改善示意

后栅改善交叉极化如图 7-9 所示。馈源的主极化方向与金属栅条垂直，几乎全部透过前栅入射到后反射器，经后栅反射后辐射到覆盖区内。而馈源的交叉极化方向则与金属栅条平行，入射到前栅后几乎全反射回来，由于后栅馈源位于前栅反射器的偏焦位置，如果偏焦的距离足够远，则反射回来的交叉极化能量不会进入前栅的主服务区，由于前栅相对于后栅旋转了一个角度，因此反射回来的交叉极化能量也不会进入后栅的主服务区，从而排除了馈源交叉极化的影响。至于后栅反射器的那部分交叉极化能量，由于其极化方向与前栅金属栅条平行，因此后栅产生的交叉极化能量不能够穿透前栅，而会在前后栅之间多次反射，最终从连接环的间隙辐射出去，形成远旁瓣，而不会影响后栅的主服务区，从而实现了后栅的低交叉极化特性。

从上面的分析可以看出，前后栅要想达到较低的交叉极化特性，需要满足两个条件。

条件一：旋转角度条件

由于在正交反射器上产生的交叉极化无法通过金属栅条的极化滤波作用来克服，必须保证前后栅的焦点分离得足够远，以使得馈源产生的那部分交叉极化散射到各自主覆盖区以外，散射的方向与两馈源的连线方向一致。两馈源通常位于东西方向或南北方向，如果这与最优的交叉极化散射方向不一致，则需要通过选择合适的结构参数和旋转角度来控制交叉极化散射方向，从而获得最优的交叉极化性能。旋转角度的大小与覆盖区的大小相关。以 C 频段双栅天线为例，由于覆盖区为准全球波束，因此旋转角度的初值可以选为 +8°。

条件二：金属栅条方向条件

前栅反射器自身必须具有良好的交叉极化特性，这可以通过合理排布金属栅条的方向实现。

2）前后栅的间距

虽然增加旋转角度，会将馈源的交叉极化能量更远地散射到主覆盖区以外。但是旋转角度越大，为避免前后栅干涉，需要分离前后栅的间距就越大，不利于结构设计。因此，需要合理选择旋转角度。当旋转角度确定后，在前后栅之间预留连接环的厚度，即可确定前后栅的间距。

7.3.2　双栅天线的分析

前后栅的反射面可以独立赋形，设计方法与第5章类似，这里不再重复。然而，由于前栅的存在，双栅天线在精确分析方面与普通的固面反射器的分析存在许多不同。前栅提供两个功能：

(1) 作为极化平行栅条方向的电磁波的反射面。

(2) 作为后栅的极化滤波器。

因此，在进行双栅天线分析时需要精确模拟前栅的极化滤波作用，且前后栅相互位于对方的近场区域，前后栅之间存在复杂的相互作用，这些都使得双栅天线的分析变得非常复杂和重要。图7－10为前后栅前3阶相互作用的示意图[6]，字母“F”和“R”分别表示来自前后栅的散射场。场1“F”来自馈源的入射场入射到前栅经前栅反射产生的散射场，场2“R”表示来自馈源的入射场入射到后栅经后栅反射产生的散射场，这两个场又作为新的辐射源产生新的散射场，场3“FR”表示场1“F”入射到后栅经后栅反射产生的散射场，依此类推。从图7－10可以看出，一阶效应为场1～5的叠加，二阶效应为场1～9的叠加，三阶效应为场1～13的叠加。这些高阶效应对精确预测天线的交叉极化特性是非常重要的。对于前栅分析而言，由于前后栅的作用并不强烈，一般情况下考虑一阶效应即可得到足够的精度。对于后栅，由于前后栅之间存在多次反射，欲获得精确的交叉极化特性，则需要考虑高阶的效应，通常三阶效应能够给出满意的结果。

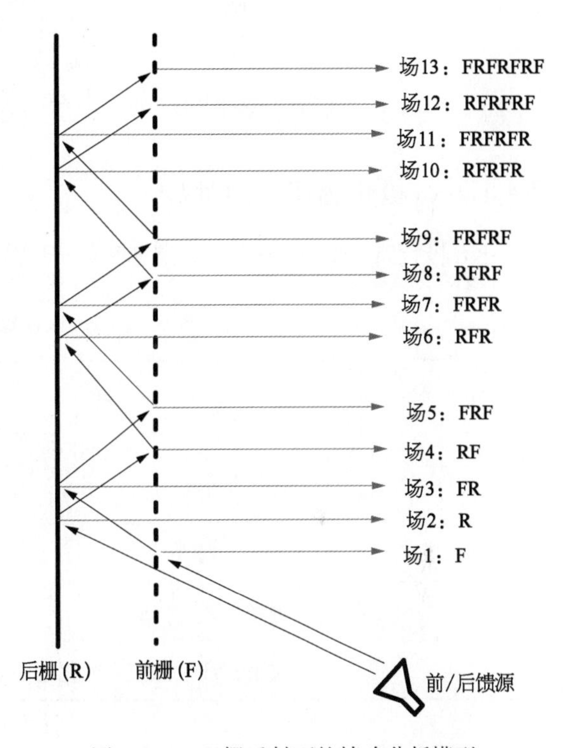

图7－10　双栅反射面的精确分析模型

双栅天线的机械稳定性和刚度要求一些支撑结构连接前后栅，同时保证前后栅的电性能。如图7－11所示[7]，这可以通过外围的连接环和一定数量的肋或支撑杆来实现，这种结构称为间断结构。这些结构虽然保证了结构性能，但在设计阶段必须考虑它们的影响。典型的间断结构双栅如图7－11所示，连接环采用薄壁Kevlar形式，是连接前后栅的外围支持结构，它与反射器的口径相同。为了减轻重量，连接环上通常开减轻孔。支撑杆通常采用薄的Kevlar介质筒。

传统的分析双栅天线的方法是采用PO等分析方法，但是这些方法没有考虑连接环和支撑杆的影响。为了更精确地间断结构的双栅天线，可以采用PO和MOM的混合方法，其中

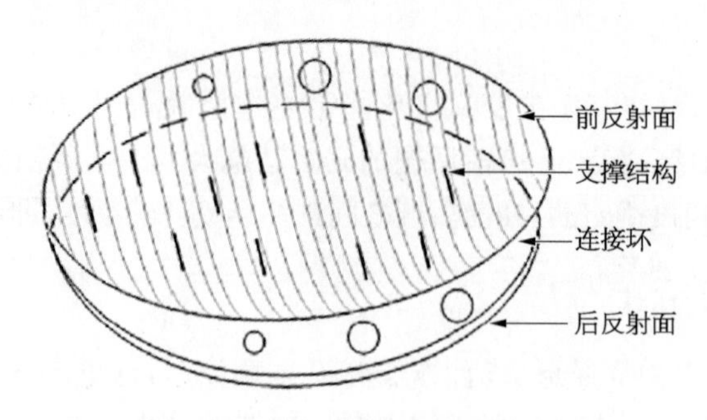

图 7-11 双栅天线连接示意

PO 方法用于分析反射器，MOM 方法用于分析连接环和支撑杆。分析表明，相对于支撑杆，连接环对性能产生更大的影响。

7.4 Ku 极化选择栅的设计实例

7.4.1 Ku 极化选择栅的参数

Ku 极化选择栅的电性能要求如表 7-1 所示。

表 7-1 Ku 频段极化选择栅技术要求

序 号	项 目	技 术 要 求
1	工作频率	下行：12.25～12.75 GHz 上行：14.00～14.50 GHz
2	工作方式	前栅用于上行，后栅用于下行
3	栅条形式	铝条
4	反射器产生的交叉极化电平	≤−35 dB

1) *栅条周期 P、宽度 W 和厚度 d*

周期 P 按后栅工作频段的中心频率设计，考虑插损和交叉极化电平要求，选择 $P=1.2$ mm，可得栅条宽度 $W=3.6$ mm。对应 $P\approx\lambda/20$，$W/P=0.3$。

栅条厚度按前栅工作频段的中心频率 14.25 GHz 设计，铝的导电率是 37 MS/m，计算的趋肤深度 $\delta=0.7\ \mu$m。因此，铝涂层的厚度应选为 7 μm。实际中，只能电镀和刻蚀 1.5～1.8 μm 左右厚度的金属膜，与理论要求值相比有一定差距。

2) *介质夹层设计*

选定 Kevlar 蒙皮参数 $d_1=d_3=0.24$ mm，$\varepsilon_1=\varepsilon_3=4.0$ 和 Nomex 蜂窝的介电常数 $\varepsilon_2=1.15$。按后栅工作频段的中心频率 12.5 GHz，由式(7-6)可得到不匹配引起的传输损耗与 Nomex 厚度的关系，如图 7-12 所示。从中可以看出，两者呈周期性变化，若选用 Nomex 大蜂窝则当厚度 $d_2=6.38$，17.57，28.76 mm 等数值时可得到最佳匹配。

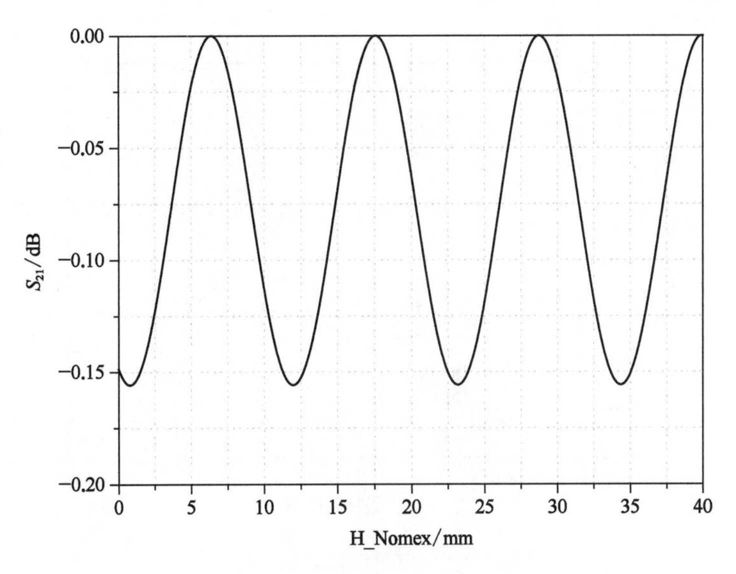

图 7 - 12　反射损耗与 Nomex 蜂窝厚度的关系

实际制作时，选用已有的 Nomex 材料，其中大蜂窝厚度为 6.1 mm，接近最佳匹配厚度，图 7 - 13 为实物照片。

图 7 - 13　Ku 极化选择栅的实物

7.4.2　Ku 极化选择栅的仿真

1）上行反射损耗仿真

对于上行工作，入射波极化与栅条平行，因此关心的指标是反射损耗 S_{11}。仿真分铝条和铝条加介质夹层两种情况，仿真模型与仿真结果如图 7 - 14 所示，可得到如下结论：

（1）只存在金属栅条的情况下，工作频带内损耗为 0.024～0.026 dB，且随着频率的升高，反射损耗略有增加，其主要原因是对于高频段，栅条间隔过大，漏射增加。

（2）当考虑了 Kevlar 蒙皮和 Nomex 蜂窝以后，反射损耗约为 0.016 dB 并有一定起伏，与

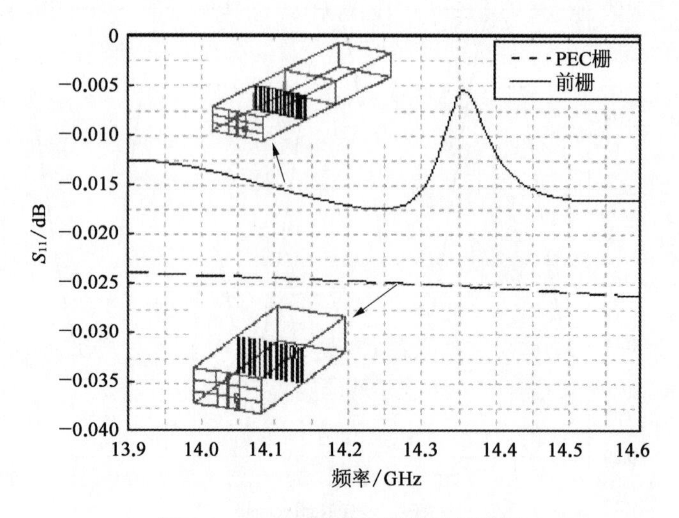

图 7-14　反射特性仿真模型与结果

只存在金属栅条情况相比略有减少，其主要原因是通过栅条漏射的部分能量又被后面的多层介质反射回一部分。

(3) 两种情况下反射损耗均很小，根本原因是：对于反射信号，金属栅条起主要作用。

2) 下行传输损耗仿真

对于下行工作，入射波极化与栅条垂直，因此关心的指标是传输损耗 S_{21}。仿真同样分铝条和铝条加介质夹层两种情况，仿真模型与仿真结果如图 7-15 所示，可得到如下结论：

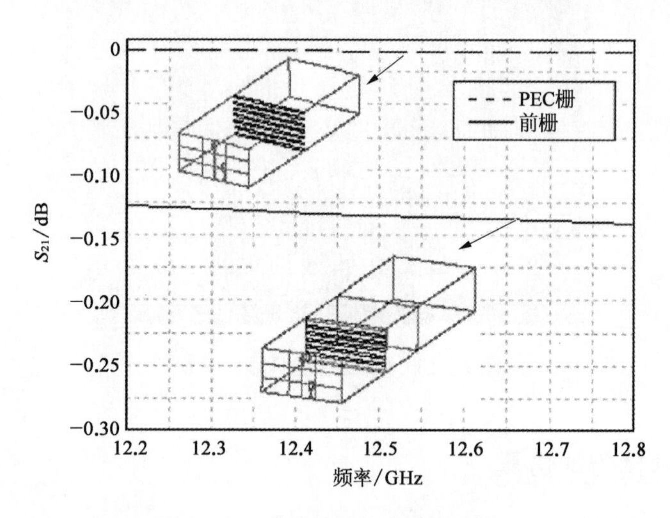

图 7-15　传输特性仿真模型与结果

(1) 在只存在金属栅条的情况下，工作频带内损失损耗约为 0.009 dB，且随着频率的升高，传输损耗略有增加。

(2) 当考虑了 Kevlar 蒙皮和 Nomex 蜂窝以后，传输损耗明显增加，一部分来自失配引起的反射，另一部分来自有耗介质的介质损耗。中心频率 12.5 GHz 处的损耗约为 0.14 dB。

7.4.3　Ku 极化选择栅的电性能测试

Ku 极化选择栅的试板如图 7-13 所示，主要进行了传输性能和反射性能的测试。其中，反射损耗测试曲线如图 7-16(a)所示，约为−0.07 dB；单次传输损耗测试曲线如图 7-16(b)所示，约为−0.14 dB 左右，与仿真结果一致性好，能够满足 Ku 频段双栅天线的应用需求。

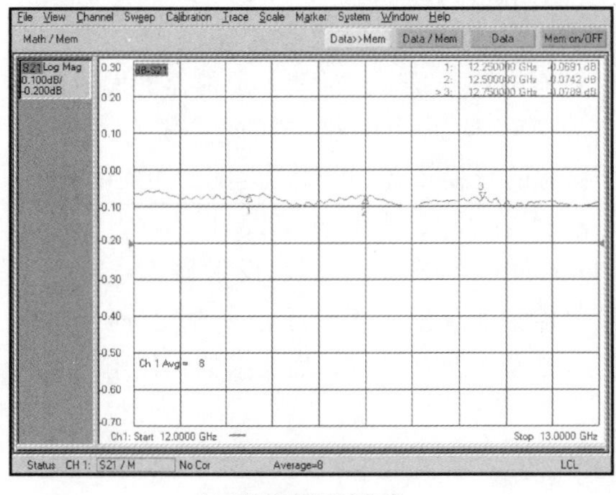

(a) 反射损耗测试曲线

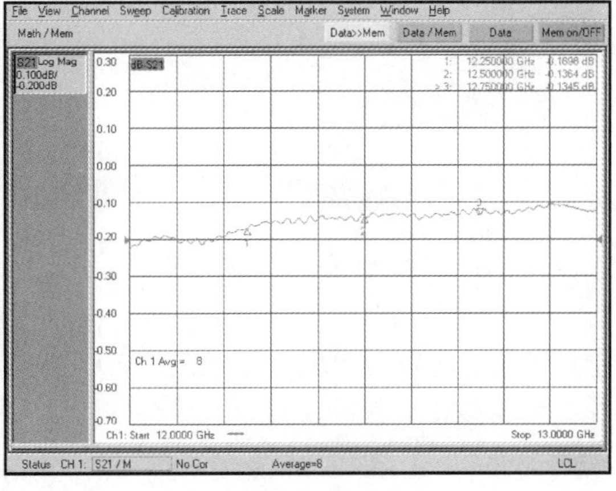

(b) 透射损耗测试曲线

图 7-16　Ku 极化选择栅的电性能测试曲线

7.5　C 双栅天线的设计实例

VENESAT-1 卫星 C 频段天线覆盖大部分南美洲和加勒比海地区，覆盖区如图 7-17 所示。主要指标如下：

(1) 上下行工作频率分别为 3.82～4.2 GHz，6.025～6.35 GHz。

(2) 双线极化工作方式。

(3) 下行波束天线增益优于 22.5 dBi，上行波束天线增益优于 23.0 dBi。

(4) 90%覆盖区内任一点处的极化隔离度不小于 27 dB，其余区域不小于 25 dB。

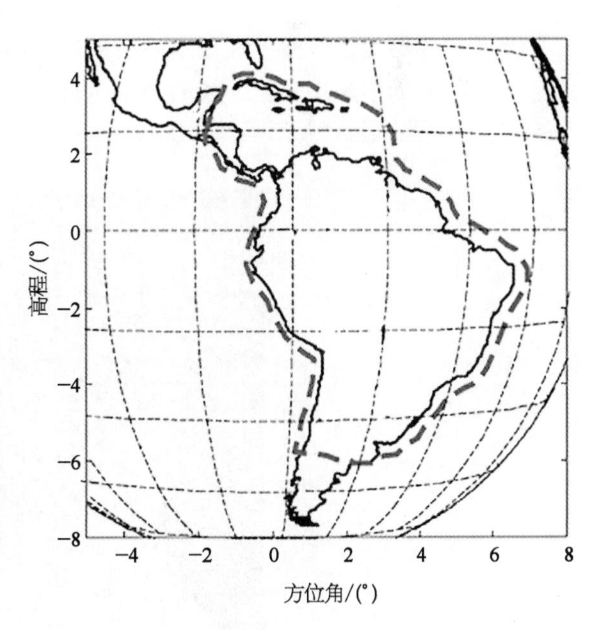

图 7-17　VENESAT-1 卫星 C 天线服务区要求

由于天线要求发射波束和接收波束在 90%的覆盖区内极化隔离度≥27 dB，其余在 10%的海域和沙漠地区要求极化隔离度≥25 dB。如果选用通常的单馈源单反射面天线，很难满足极化隔离的要求；选用双反射面天线，则增大天线体积，很难满足卫星的布局要求。而双栅天线结构紧凑、极化

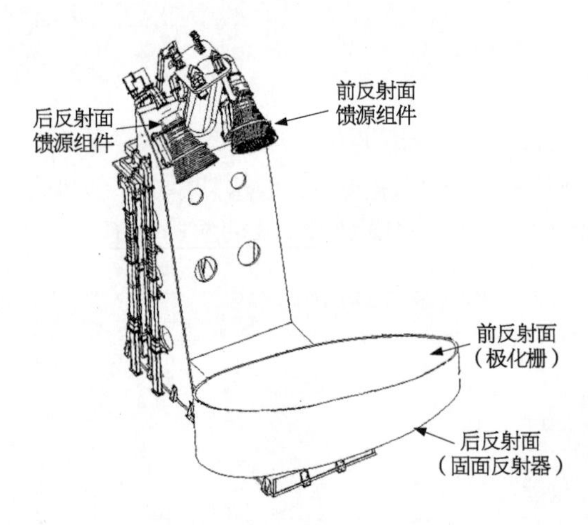

图 7-18　C 频段双栅天线结构形式示意

隔离度高，因此 VENESAT-1 卫星 C 波段收发共用天线采用了双栅天线形式。

天线由前反射器、后反射器、馈源组件（包括宽带波纹喇叭、频率双工器及过渡段等部件）和支撑结构等组成，天线组成形式和外形如图 7-18 所示。

C 双栅天线由前后两个反射器组成，前反射器绕通过其投影口径中心的电轴旋转 $-9.5°$，而后反射器旋转 $+11°$，这样两个反射器的偏置面有 20.5°的夹角，从而两个反射器的焦点充分地分开，便于馈源的安装并减小两馈源之间的相互影响。

前反射器采用铺铜丝设计，铜丝直径为 0.2 mm，间隔为 2.0 mm。后反射器为碳纤维实体反射器。前反射器工作于水平极化，前反射器上的栅条方向为东西方向，从前反射器电轴方向看，栅条应相互平行。后反射器工作于垂直极化。主要参数如表 7-2 所示。

表 7-2　天线结构参数

名　称	数　据	名　称	数　据
前反射面口径	1.6 m	后反射面口径	1.6 m
前反射面焦距	1.40 m	后反射面焦距	1.56 m
前反射面偏置	0.30 m	后反射面偏置	0.30 m

图 7-19 给出了双栅天线在紧缩场的测试状态，图 7-20～图 7-23 为方向图的测试结果，可以看出，通过采用双栅天线的技术，可以在极小的焦径比（0.8 左右）下实现大覆盖区内高极化隔离度的覆盖（$XPD \geqslant 28$ dB）。

图 7-19　测试状态示意

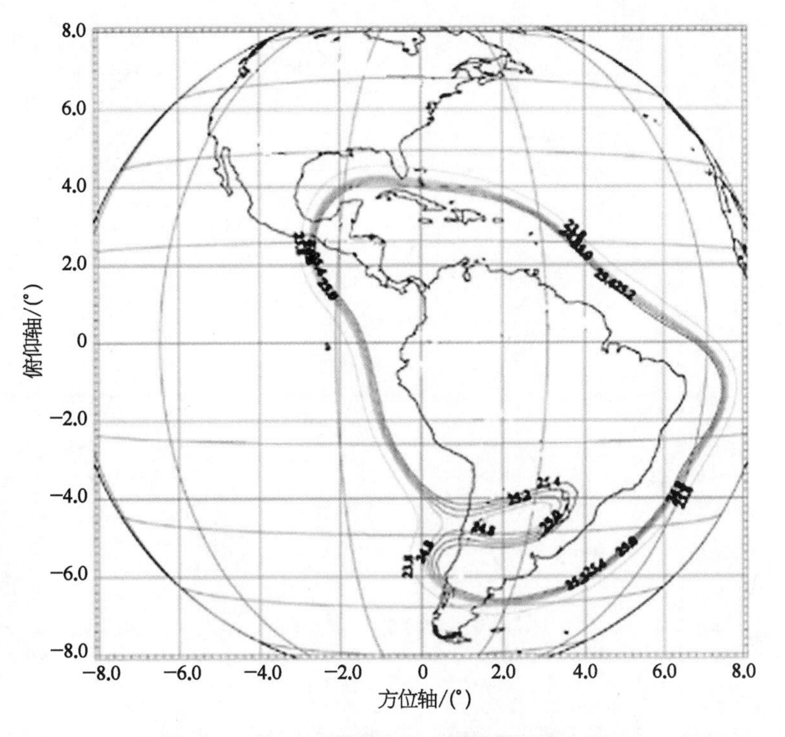

图 7－20　C 天线接收水平极化增益方向图

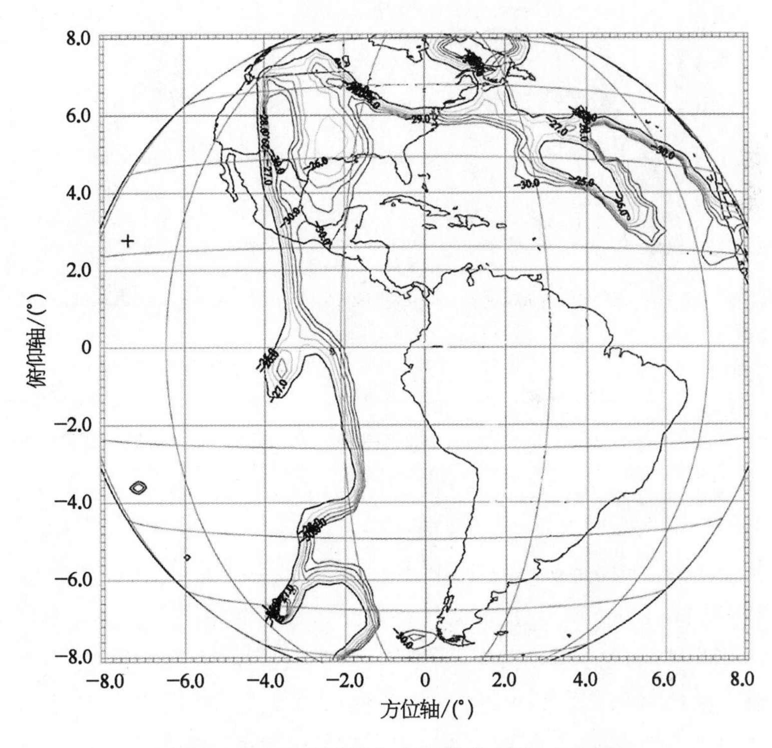

图 7－21　C 天线接收水平极化 XPD 方向图

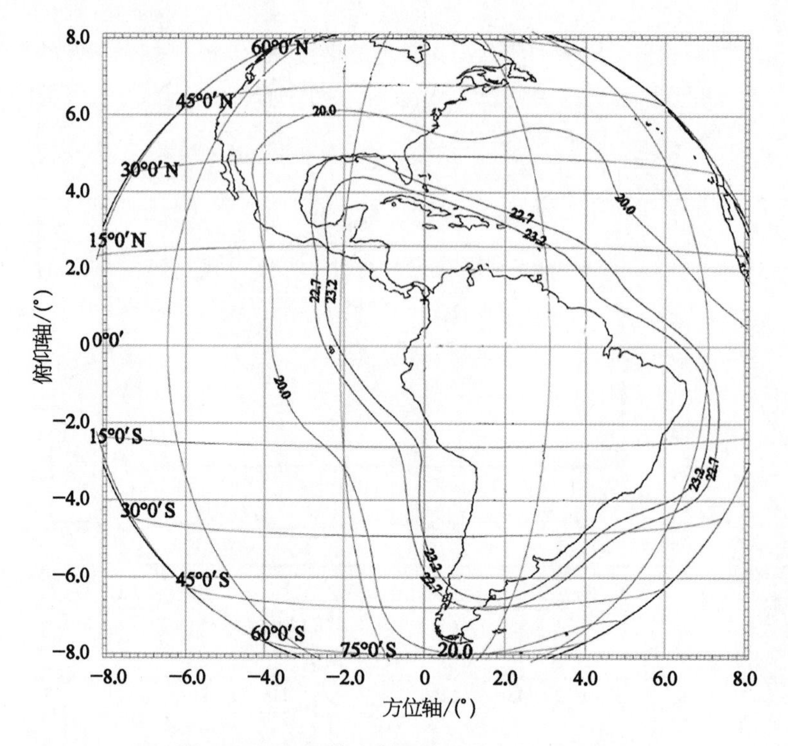

图 7－22　C天线发射垂直极化增益方向图

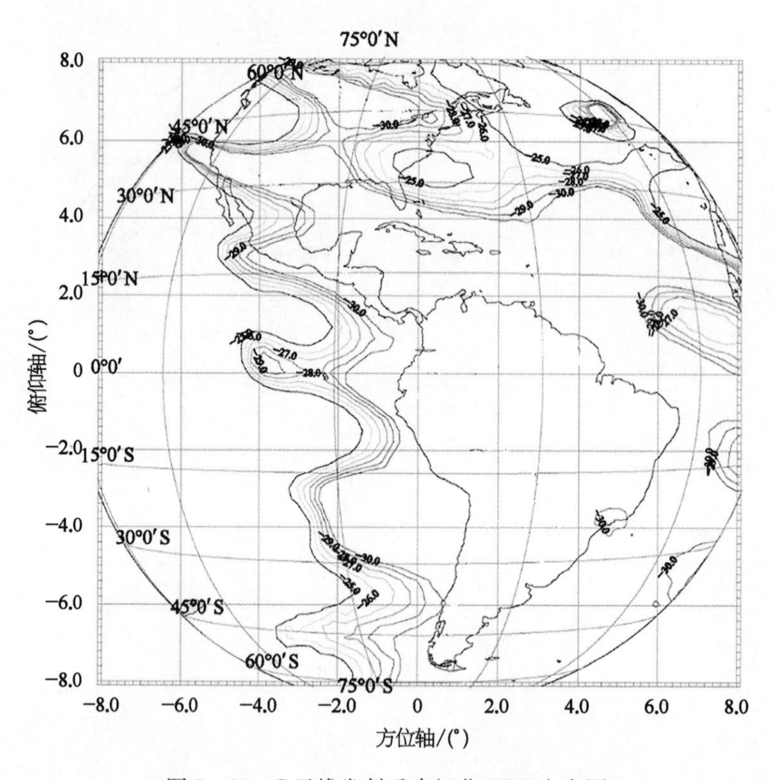

图 7－23　C天线发射垂直极化 XPD 方向图

7.6　双栅天线方面的新技术

7.6.1　Ku/Ka 频段新型叶片双栅天线

目前双栅天线主要还是应用在 C 频段，对于 Ku/Ka 频段的双栅天线应用较少。主要原因是对于传统双栅天线，金属栅条被刻蚀在介质层上，所采用介质材料不像 CFRP 那样热稳定性好，也增加了介质损耗。RSE 公司提出了一种叶片栅条的新型双栅结构，采用尽可能少的介质，从而减小了损耗，且具有更好的热稳定性[7]。

如图 7－24 所示，叶片栅条采用 CFRP 金属化的叶片代替传统的金属栅条，这些叶片垂直于反射器的表面。为了保证这些叶片的位置能够被精确控制，每隔一定间隔由 Kevlar 肋支撑。

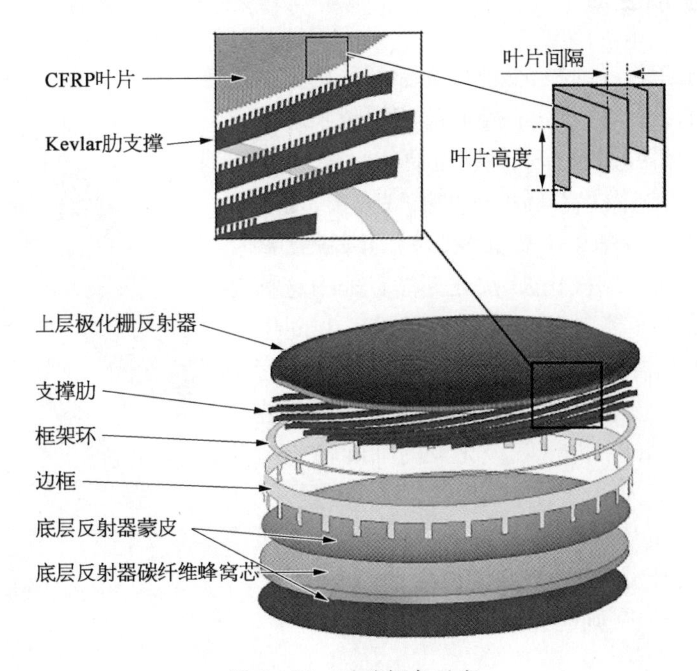

图 7－24　叶片栅条示意

前栅由 CFRP 叶片组成，这些叶片垂直于反射器的表面，叶片由 Kevlar 肋支撑。一圈薄的 CFRP 环定义叶片和肋的黏接面。后栅采用传统的 CFRP 固面反射器。

叶片主要有 3 个 RF 设计参数：叶片的间隔 L、高度 h 和厚度 t。既然叶片等效为一组截止波导，如果叶片间隔 L 小于 $\lambda/2$，则平行于叶片的场分量将会被反射，垂直场分量则能够投射过去，此时叶片类似于无限大的平行板波导。对于垂直入射，反射损耗和传输损耗可以通过选择叶片高度为 $\lambda/2$ 的整数倍来最小化，最优的叶片高度与入射角度相关。对于叶片厚度，应尽可能地薄，受机械加工限制，最小厚度约为 Ka 频段的 $\lambda/40$。

天线实物如图 7－25 所示，通过测试表明：在 Ka 频段前后栅的损耗小于 0.3 dB。由于选择了热膨胀系数匹配的材料，因此反射器热变形很小。此外，影响反射器热稳定性的关键在于 CFRP 叶片与 Kevlar 肋的热膨胀系数的匹配。

图 7-25　叶片双栅天线示意

7.6.2　圆极化双栅天线

双栅天线通常工作在线极化，然而为了简化地面站和移动用户终端的设计，圆极化在空间的应用越来越广泛。圆极化双栅的研究引起了卫星制造商的兴趣[9,10]。如图 7-26 所示，为圆极化双栅的一种实现方案，通过在线极化双栅前面放置基于金属曲线结构的圆极化器可以将线极化波转换为圆极化波，反之亦然。采用这种方式，圆极化双栅能够辐射左右旋圆极化波。实际中 meander-line 圆极化器为 3 层[见图 7-27(a)]，这里简化为 1 层，以方便阐述其工作原理。首先入射线极化波的极化方向参考 meander-line 圆极化器的轴旋转 45°，因此入射波可以分解为两个正交的极化，$E_{\perp}$ 和 $E_{/\!/}$。对于每个极化，meander-line 圆极化器的等效电路如图 7-27(b)所示。于是，在圆极化的输出端，如果两个电路的阻抗匹配相差 90°则能够获得圆极化波。

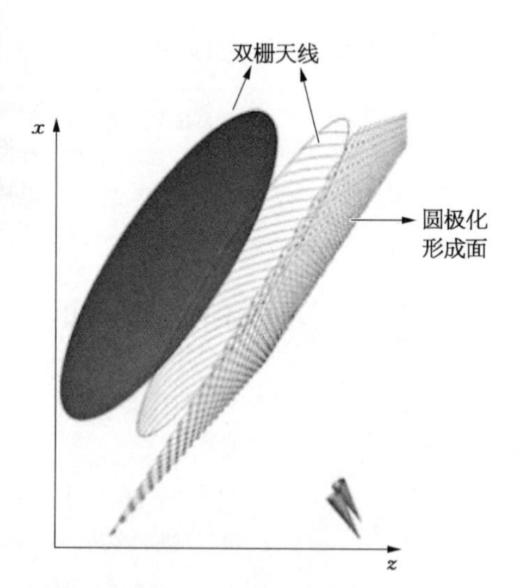

图 7-26　圆极化双栅示意

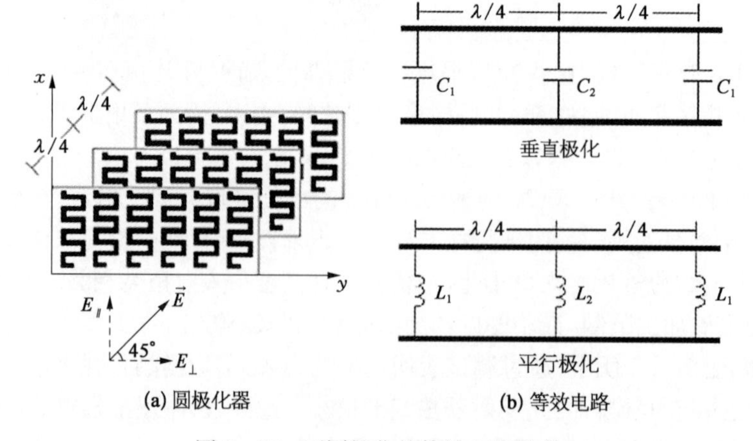

图 7-27　不同极化的等效电路示意

参考文献

[1] Ramanujam P, Law P H, White D A. An adaptable dual-gridded reflector geometry for optimum cross-polar performance. IEEE AP-S Symposium, 2002: 646-649.

[2] Chan K K, Hyjazie F. Design of overlapped gridded reflectors for frequency reuse. IEEE AP-S Symposium, 1985: 149-152.

[3] Howard Luh, Rockwell Hsu, Bryan S Lee. An analysis of a dual-gridded reflector antenna. IEEE AP-S Symposium, 1999: 1128-1131.

[4] Kentaro Nakamura, Makoto Ando. A full wave analysis of offset reflector antennas with polarization grids. IEEE Trans. Antennas Propagat. , 1988(2): 164-170.

[5] Harish Rajago palan, Amane Miura, Yahya Rahmat-Samii. Equivalent strip width for cylindrical wire for mesh-reflector antennas: Experiments, waveguide, and plane-wave simulations. IEEE Trans. Antennas Propagat., 2006(10): 2845-2853.

[6] Erdem Yilmaz, Jack Yi, Huiwen Yao, et al. Analysis of intercostal effect on dual gridded reflectors. IEEE-APS, 2009.

[7] Shashank Saxena, Sood K K, Rajeev Jyoti. RF impact of intercostal structure on the rear-shell performance of a DGR antenna. IEEE Antennas and Wireless Propagation Letters, 2012, 11: 1121-1124.

[8] Ramanujam P, Law P H, White D A. An adaptable dual-gridded reflector geometry for optimum cross-polar performance. IEEE AP-S, 2002: 646-649.

[9] Marc-André Joyal, Jean-Jacques Laurin, Mathieu Riel, et al. A circularly polarized dual-gridded reflector prototype with a meander-line circular polarizer. IEEE AP-S, 2012: 646-649.

[10] Albani M, Balling P, Datashvili L, et al. Concepts for polarising sheets & "dual-gridded" reflectors for circular polarization. Proc. Int. Conf. Applied Electromagnetics and Communications, 2010.

第8章　多波束天线

8.1　多波束卫星系统的基本工作原理

多波束天线(multiple-beam antenna, MBA)在过去20年得到了快速发展,既应用于商业卫星,也应用于军事卫星[1~4],包括:

(1) 移动卫星: M－Sat,Inmarsat,Thuraya,ACeS,MSV,XM radio,Sirius 等。

(2) 直播卫星: DTV－4S,DTV－7S,Echostar－10,Echostar－14 等。

(3) 通信卫星: Anik－F,ViaSat－1,Jupiter－1 等。

(4) 军事通信卫星: WGS,MUOS,DSCS 等。

对多波束天线技术的需求来自:在多波束系统中,可获得的带宽被分成了若干子带,每个子带在空间隔离的子波束中复用,从而使得有限的频谱可以重复使用以增加通信载荷的有效带宽,进而明显提高卫星的容量,降低成本,提升市场竞争力。

因此,多波束天线技术可以使有效频谱远大于可利用频谱,通过频率复用因子(frequency reuse of factor, FRF)来体现。

$$FRF=\frac{\sum_{j=1}^{M}\sum_{i=1}^{N}\Delta F_i^j}{\sum_{j=1}^{M}\Delta F^j} \tag{8-1}$$

式中,N 为同频波束数量,M 为波束数量,ΔF 代表波束的带宽,举例来说,如图8－1和图8－2所示,分别采用1个赋形波束或者68个0.6°的点波束覆盖美国国土,假设工作带宽为2 GHz,多波束采用4色复用且每个波束带宽相等,根据 FRF 计算公式可以算出采用多波束

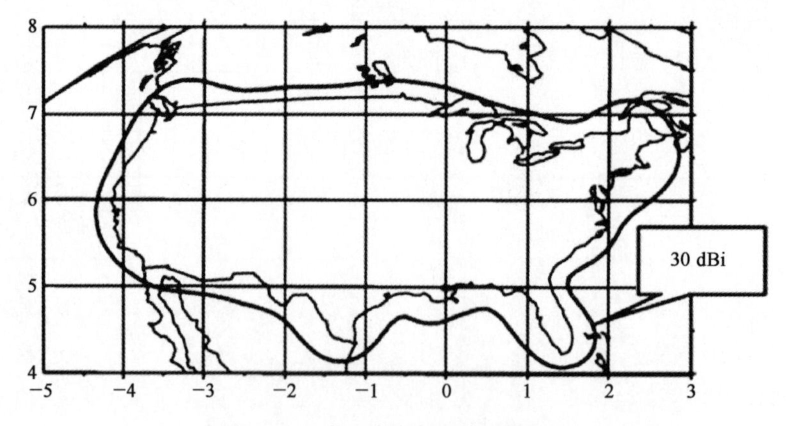

图8－1　采用单波束覆盖目标区域

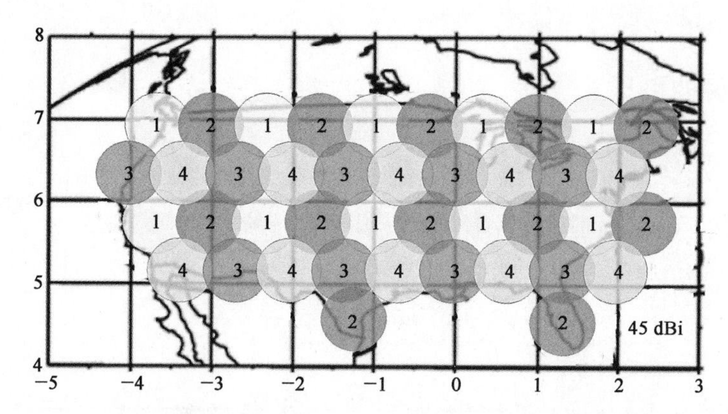

图8-2 采用多波束覆盖目标区域(四色复用：1-黄色;2-紫色;3-绿色;4-蓝色)

天线技术的*FRF*为17,而采用单个赋形波束的*FRF*为1,可以看出有效频谱是传统单波束天线的17倍,同时由图可以看出,覆盖区内的天线增益由30 dBi提升至45 dBi,由此看出卫星上采用多波束天线技术有如下优点[5~7]：

(1) 采用多个小波束覆盖目标区域,从而提高了天线增益,意味着EIRP和G/T值有效提升。

(2) 由于卫星EIRP和G/T值的提升,通信卫星对应的地面终端尺寸可以减小,大幅度提高了设备的可用性并降低了成本。

(3) 通过波束间的频率复用使得有效频谱带宽成倍增加,极大地提高了卫星的通信容量,发射一颗卫星就可以实现过去多颗卫星的功能,大大节约了成本。

对于实际的系统,频率复用因子一般在4～40之间,主要受限于卫星功率、多副大口径反射器的布局限制、行波管放大器数量的限制(布局限制和功耗限制)。

由此可见,在未来的卫星通信领域中,面对高速率、大容量、高功率的业务需求背景,具有高增益、高灵活性及广域覆盖特点的多波束天线将成为关键技术。突破此项技术,就能够在有限的卫星平台资源下,实现以更低廉的成本为更为广阔的地域提供更加优质的卫星通信服务。同时凭借该技术,可以在未来相当长一段时间内,成为亚洲地区乃至国际航天领域卫星通信技术方面的领跑者[8]。

8.2 Ka频段的高通量卫星载荷系统

Ka-Sat打开了通向大容量卫星的通道,最关键的系统参数是系统容量。通常频谱是有限的,为了增加系统容量,这些系统因此采用高阶频率复用的多点波束覆盖,要求的业务区采用六边形的相互交叠点波束覆盖。图8-3和图8-4给出了前向链路和返向链路的功能图。图中为四色复用方案,每种颜色表示一个频带和极化,这意味着两个不同的频率子带和两个正交极化(通常为正交圆极化)被采用。不同颜色的点波束表示不同的频率或极化。因此,它们能够发射相同的信息,而不会相互干扰。同颜色的点波束采用相同的频率和极化,但由于窄波束的高滚降特性使得它们彼此有着极高的空间隔离进而避免相互干扰。通过这种方式,同颜色的点波束能够发射不同的信息。在大多数情况下,四色复用场景是系统容量和性能的最佳折中。然而,其他的频率复用方案,例如3色或7色也是可以采用的[9,10]。

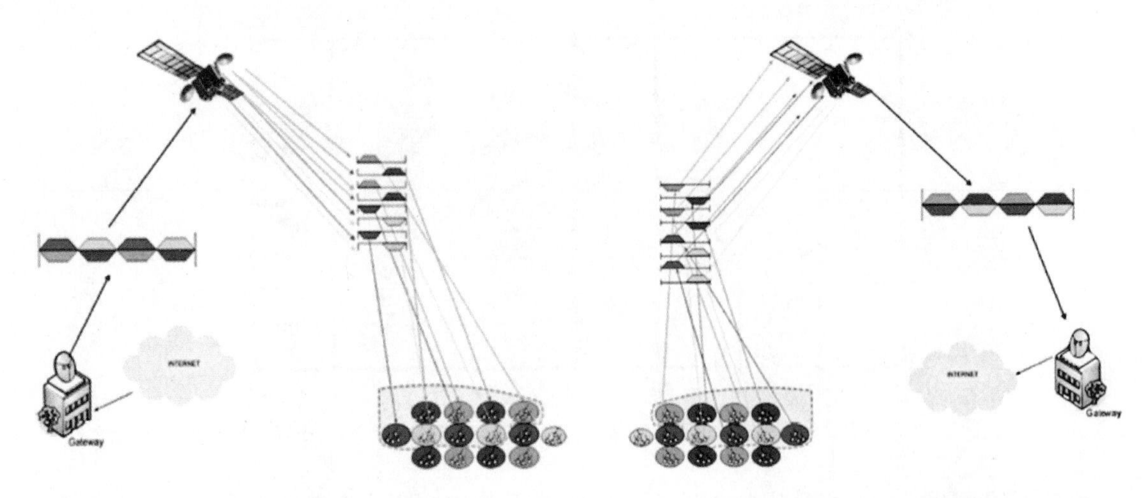

图 8-3　卫星通信载荷前向链路示意　　　　图 8-4　卫星通信载荷返向链路示意

近期宽带通信卫星市场有明显的增长，这些系统向分散在给定覆盖区内的若干用户通过多点波束提供通信。用户之间的通信通过馈电站和卫星建立。覆盖区内的用户借助卫星和馈电站，通过前向(馈电站-用户)和返向(用户-馈电站)双跳通信链路实现与其他用户的通信。这要求每个星上的点波束都同时支持上行信号和下行信号，带宽比约为 1.64。

8.3　多波束天线的波束形成方式

8.3.1　基本馈源的单口径多波束天线

实现多波束最简单的方案是基本馈源单口径多波束天线，每个波束由单个馈源产生[10]，如图 8-5 所示。

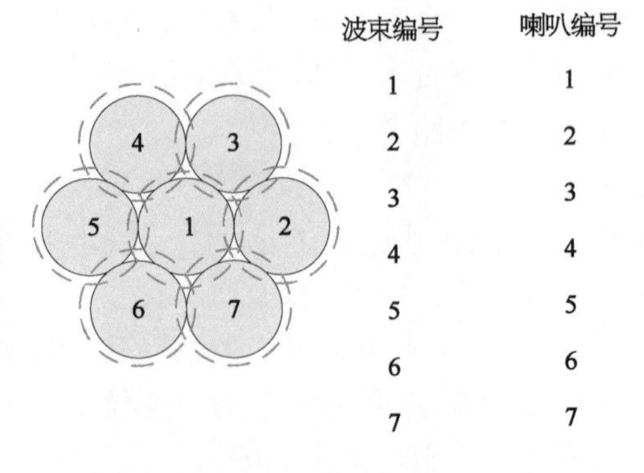

图 8-5　基本成束法(虚线→波束，实线→喇叭)

天线形式可以采用透镜天线或者反射面天线。透镜天线由于其机械性能和电性能较差，比如它的重量是同等反射面天线的 2 倍以上，因此，选择反射面天线作为单口径波束天线的方案。

考虑到馈源遮挡导致性能恶化的问题，天线采用单偏置结构形式，由位于焦平面上的馈源阵照射反射面形成多波束。

通常单馈源单波束多波束天线设计的波束峰值增益比最优馈源馈电的峰值增益低 2～3 dB。天线的效率与波束交叠电平存在矛盾：要求更大的馈源提高天线效率和增益；要求更小的馈源改善波束交接电平。表 8-1 给出了波束交叠电平、天线效率与馈源尺寸的关系。

表8-1　交叠电平、副瓣电平和天线效率与馈源口径尺寸的关系($F/D=0.8$)

馈源口径(d/λ)	波束交叠电平/(-dB)	峰值旁瓣电平/(-dB)	天线效率/(%)
0.7	1.84	18.4	40.0
0.9	2.80	18.8	43.8
1.1	4.00	19.2	52.8
1.3	5.60	20.0	55.9
1.5	7.20	20.4	65.0
1.7	9.60	21.2	71.9
1.9	12.00	22.2	76.6
2.1	14.80	23.4	78.9
2.3	17.60	24.2	79.1
2.5	20.00	26.0	76.7
2.7	22.40	28.0	72.9
2.9	24.00	36.0	67.9

可以看出：为满足-3 dB的波束交叠电平，则具有较高的天线旁瓣电平(-19 dB)和较低的天线效率(48%)。另一方面，为了获得-30 dB的旁瓣电平和70%的天线效率则相邻波束的交叠电平为-23 dB，导致交叠增益极低。显然基本馈源概念无法同时满足多波束所需的低旁瓣和高电平交接的要求。为了解决基本馈源概念中低旁瓣和高电平交接之间的矛盾，主要有两种解决措施：① 增强馈源概念；② 多口径多波束天线。

8.3.2　增强馈源的单口径多波束天线

如图8-6所示，增强馈源的概念是利用一组馈源来产生单波束，1个馈源位于中心，6个位于周边呈蜂窝状排布的馈源形成一个圆环形馈源阵[10,11]。这是因为该排列形成的7馈源可以控制住波束周围所有方向($\theta=0°\sim360°$)的旁瓣电平。

这个概念相比基本馈源概念具有更多的自由度来同时优化多波束天线所需的不同性能要求：① 通过7馈源合成实现等效的高效率大馈源，且可以改变7馈源的激励分布，同时获得低旁瓣电平；② 通过馈源共用形成等效的交叠馈源，以实现更高的交叠电平，因此增强馈源能够获得较好的增益和C/I性能。

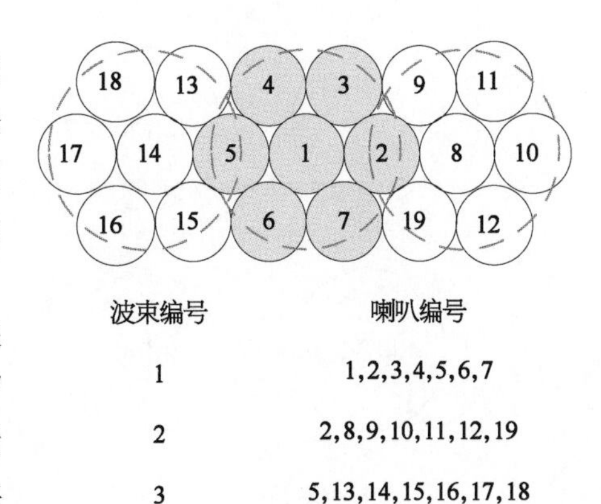

图8-6　增强型馈源概念(虚线→波束，实线→喇叭)

为了实现馈源的共享，需要采用波束形成网络。根据波束形成网络的位置可以分为：① 低电平波束形成网络；② 高电平波束形成网络。以发射为例，低电平波束形成网络（beam Form Net，BFN）位于高功率放大器（high power amplifier，HPA）之前，而高电平波束形成网络位于馈源阵与 HPA 之间。

高电平波束形成网络的 HPA 数目与波束数目相等，其优点是采用无源网络进行合成，也称为无源多波束天线。它可以实现与馈源阵的集成设计，具有较好的幅相精度。由于位于 HPA 之后，需要承受高功率，因此需要实现较低的网络损耗来提高波束形成网路的合成效率以及减少系统热耗。

低电平波束形成网络由于位于 HPA 之前，因此工作在低电平状态，对损耗要求不高。但波束形成受到有源 HPA 的一致性的影响，需要进行通道幅相校准，以保证波束正确合成所需要的幅相精度。此外，放大器必须工作在多载波状态，因此降低了放大器的效率。然而，由于波束形成网络工作在低电平，不受损耗的约束，因此具有更大的灵活性，可以采用可变波束形成网络或数字波束形成网络来实现波束的可重构，也可通过多端口功率放大器（multiple power amplifier，MPA）来实现功率的可重构。

8.3.3 多口径多波束天线

多口径多波束的概念如图 8－7 所示，可以采用 2，3 或 4 口径的反射面天线和透镜天线，相邻波束由不同的口径产生，在地球覆盖内形成相互间交错的多波束。对于 2，3 或 4 口径多波束天线，同一口径相邻馈源产生的波束间隔分别被增加到 $1.414\theta_0$，$1.73\theta_0$ 和 $2.0\theta_0$（θ_0 为半功率波束宽度）。较大的波束间隔容许增加馈源的尺寸来减少漏射，提高天线的增益，降低旁瓣电平[11]。

由于介质透镜存在体积大、天线重、覆盖区性能会受到不同口径间指向不一致等因素的影响（例如 Milstar 卫星采用的 20 GHz 发射和 44 GHz 接收的 4 口径介质透镜多波束天线），目前采用的形式主要以反射面为主。

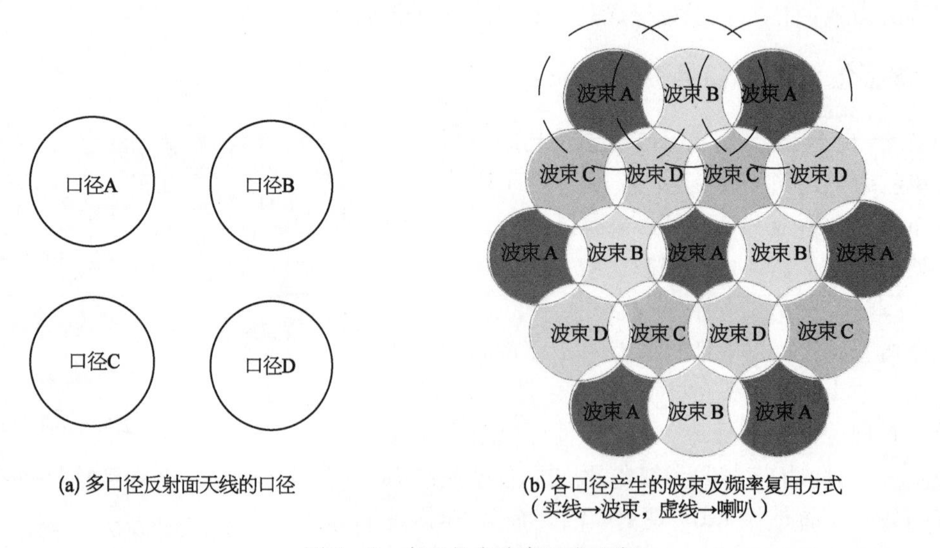

(a) 多口径反射面天线的口径

(b) 各口径产生的波束及频率复用方式（实线→波束，虚线→喇叭）

图 8－7　多口径多波束天线示意

8.3.4　波束形成方案与工作频段的关系

1）低频段多波束天线

对于低频段，比如UHF，L或者S频段，对多波束的增益要求较高，因此需要采用大型可展开网状天线以获得足够大的反射器口径。由于目前的平台很难同时容纳几副大型可展开网状天线，因此通常采用单口径多波束天线。早期的移动通信系统，由于PIM的问题，采用收发分开的方式，如MSAT。近年来，随着PIM控制技术的不断提高，主要采用收发共用的单口径多波束天线。

MPA和数字波束形成网络等技术已经成熟，因此在低频段，单口径多波束天线普遍采用低电平波束形成网络来增强卫星系统的灵活性。

2）高频段多波束天线

对于Ku/Ka等高频段多波束天线，固面天线（反射器口径<4 m）通常可以满足系统对多波束的增益需求，通常采用多反射器重叠收拢及展开技术以增加星上的天线数量，如图8-8所示。因此对于纯高通量用途的卫星，星上空间资源足够，多采用结构实现更简单的多口径多波束天线。

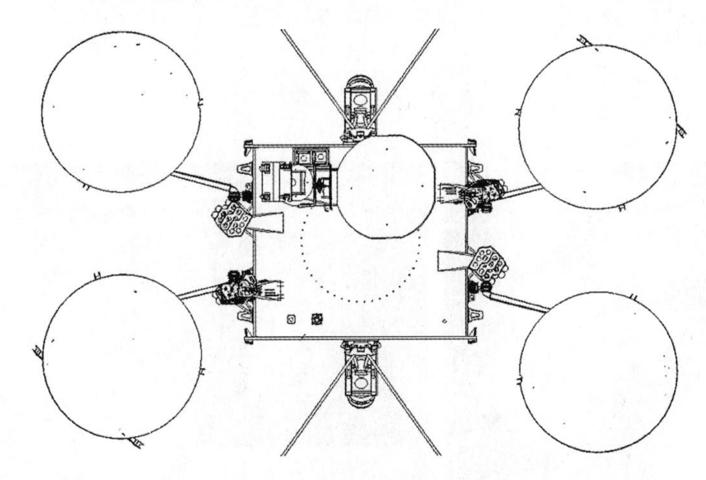

图8-8　重叠天线结构示意

然而对于混合业务卫星或小卫星平台，无法为多口径多波束天线（通常为3～4副天线）提供足够的空间资源，因此可以采用对布局空间要求更低（通常为2副天线）的增强馈源单口径多波束天线。此时考虑到有源低电平波束形成网络在高频段实现的复杂性以及大量有源器件的成本，多采用高电平波束形成网络的增强馈源单口径多波束天线。

下面主要介绍高频段多波束天线技术，主要涉及多口径多波束天线和高电平波束形成网络的增强馈源单口径多波束天线，它们都属于无源多波束天线。

8.4　多口径多波束设计

8.4.1　典型的多口径多波束天线系统

8.4.1.1　Anik F2卫星4口径Ka收发分开多波束天线

收发分开多口径多波束天线的典型代表为Anik F2卫星Ka多波束天线[12]，多波束天线系统由 4 个工作在下行(20 GHz)口径为 1.7 m 的偏置反射面天线、4 个工作在上行(30 GHz)口径为 1.1 m 的偏置反射面天线组成,采用了典型的缩比设计方案,收发波束分别对应不同口径的天线,以获得最优性能。两副口径为 0.6 m 的 Ku 频段射频跟踪天线与一侧天线集成在同一个框架上,用来实现一侧舱板上 4 副天线的在轨指向校准功能,如图 8-9 和图 8-10 所示。

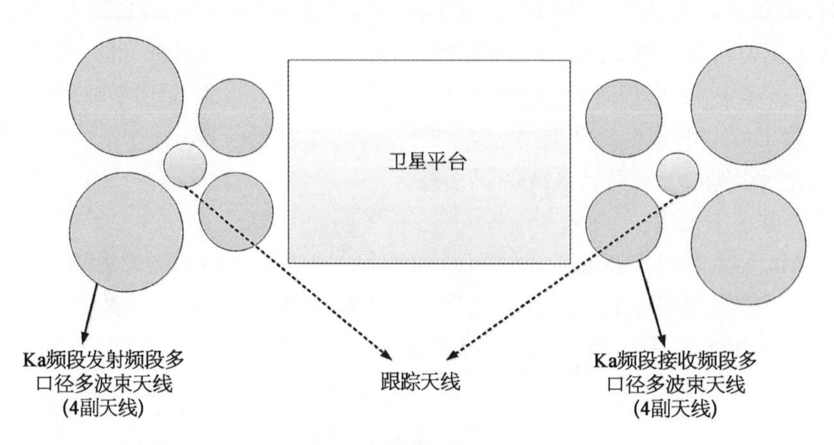

图 8-9　天线星上布局示意

图 8-10　Anik-F2 卫星 Ka 频段多波束天线

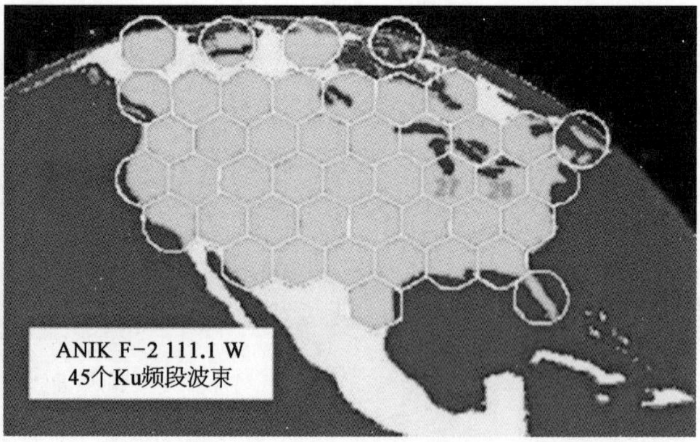

图 8-11　多波束覆盖区

天线分系统共产生 45 个 0.94°(包括指向误差)的点波束,覆盖北美地区,如图 8-11 所示。两个 Ku 频段射频跟踪天线用于进行在轨的指向误差校准,可以将每幅天线的指向误差控制在±0.05°以内,从而保证良好的覆盖区边缘(edge of coverage,EOC)增益性能,系统采用 7 色频率复用。

8.4.1.2　Ka-Sat 卫星 Ka 收发共用多波束天线

Ka-SAT 于 2010 年 12 月 26 日发射,2011 年 5 月 31 日运营,这是第一颗新一代大容量通信卫星,通信有效载荷全部工作在 Ka 频段,用户波束频段为 19.7～20.2 GHz 和 29.5～30.0 GHz[13,14]。

天线口径为 2.6 m 以形成 0.6°高性能点波束,多波束采用了单馈源单波束的形成方案。由于馈源技术的进步,单个馈源组件可以完成在 Ka 频段实现收发共用双圆极化的功能,使得天线数量由 8 个收发分开的多口径多波束天线变为 4 个收发共用的多口径多波束天线,数量减少了一半，如图8－12所示。图8－13显示整个多波束系统共有82个波束，采用四色频率复用方案，获得了20次以上频率复用因子，达到了70 Gbit/s的容量。

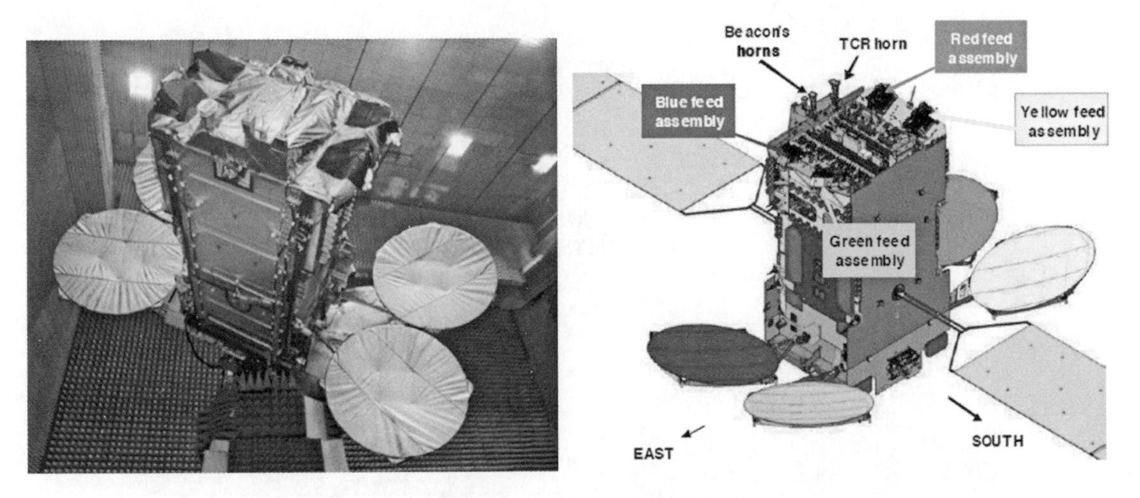

图8－12　天线星上布局示意

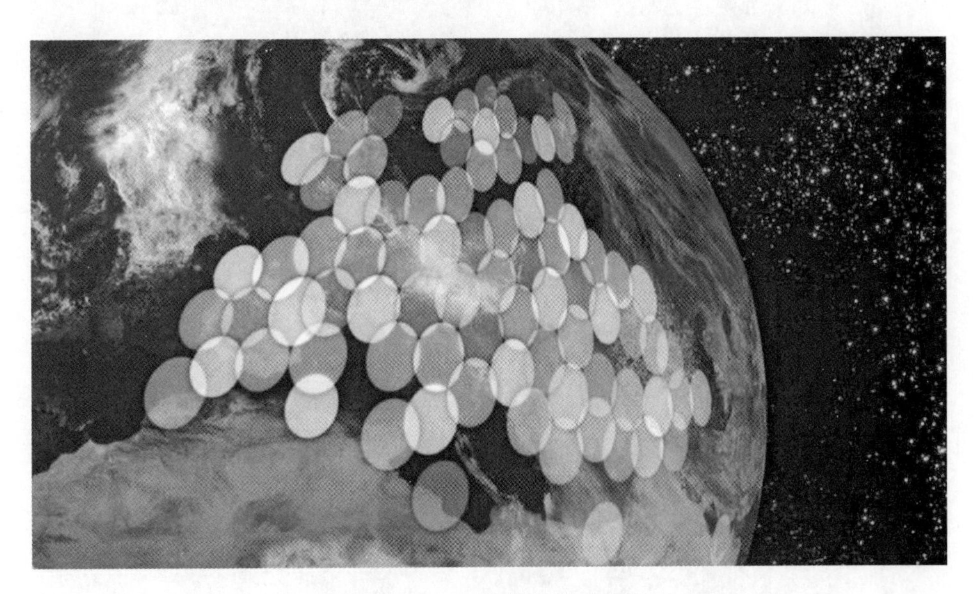

图8－13　多波束覆盖图示意

8.4.1.3　Ka频段的YAHSAT 1B卫星

YAHSAT 1B卫星于2013年发射，多波束覆盖区如图8－14所示，由65个点波束、58个用户波束、4个关口站波束、2个用户＋跟踪波束、1个用户＋关口站＋跟踪波束组成，波束宽度为0.8°，系统采用四色频率复用的方案，发射频段为17.7～20.2 GHz，接收频段为28～30 GHz[15]。

天线分系统采用了三口径多波束天线的方案，如图8－15所示。其中3副碳纤维反射器的口径为1.7 m，据资料显示，由于三口径多波束天线无法达到C/I的最优化，因此系统使用了反射面赋形技术以改善C/I性能。图8－16给出了3副多波束馈源阵的实物图。

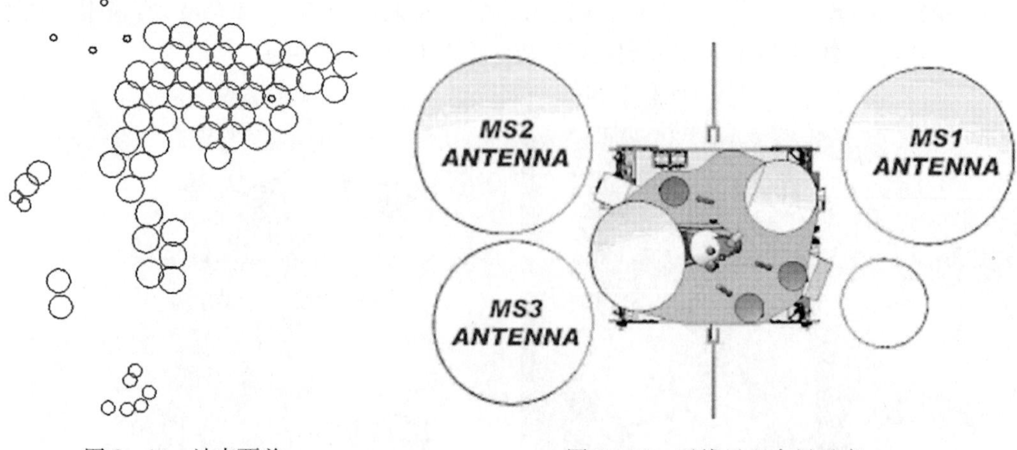

图 8-14　波束覆盖　　　　图 8-15　天线星上布局示意

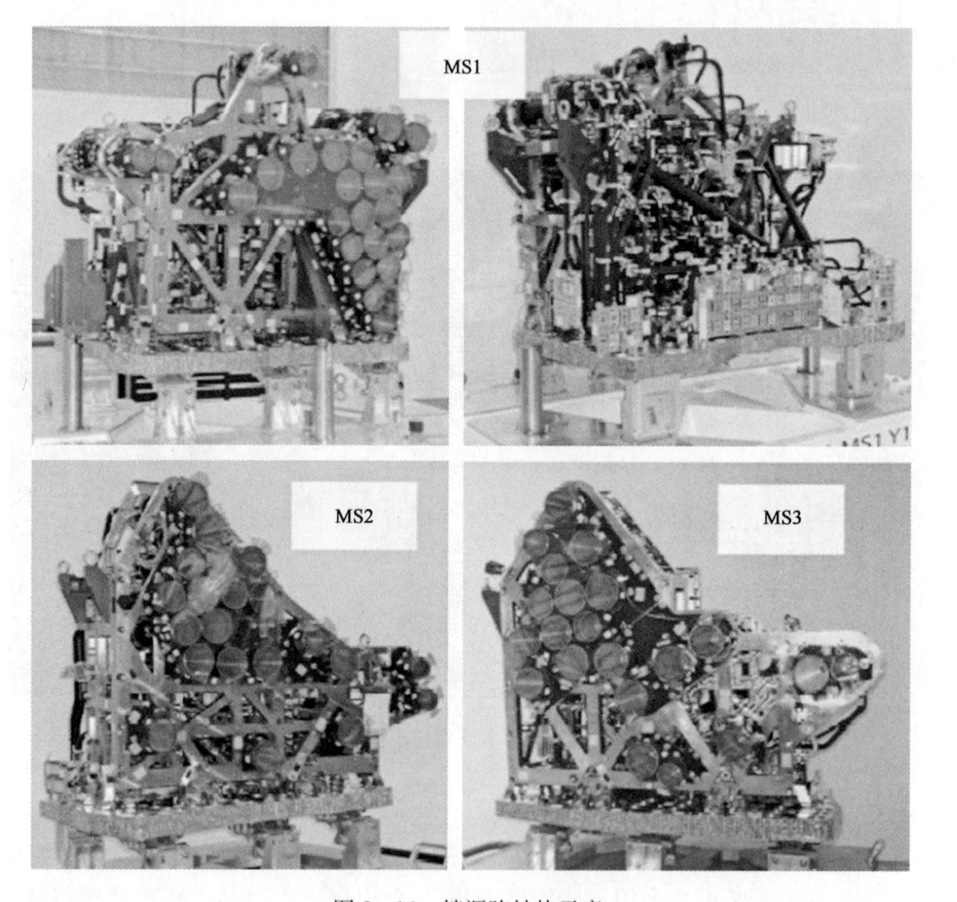

图 8-16　馈源阵结构示意

8.4.2　多口径多波束天线基本设计要素

多波束天线以卫星容量作为系统指标进行天线设计，在设计过程中需要重点考虑几个问题：① 覆盖区和反射器口径数量；② 天线基本参数设计；③ 性能分析，增益、C/I 等。

8.4.2.1　覆盖区与口径数目

1) 连续覆盖区

天线口径的数目和多波束天线的波束排列由卫星系统的要求来决定，如覆盖要求、频率计划以及复用次数、主极化隔离要求、波束宽度、天线尺寸包络限制等。对于连续的无缝覆盖区要求，天线一般选择三口径或四口径多波束天线。

图 8-17 和图 8-18 分别给出了采用三口径和四口径多波束天线对应形成的波束布局和可以使用的馈源口径，天线口径的数目也决定了能够用于多波束天线的最大馈源口径。与单口径多波束天线相比：① 对于三口径，喇叭的口径可以增加 1.732 倍；② 对于四口径，喇叭的口径可以增加 2.0 倍。对于多波束天线，增大馈源口径可以有效提高馈源的照射效率以及天线的辐射效率，有利于提高增益和降低旁瓣电平。

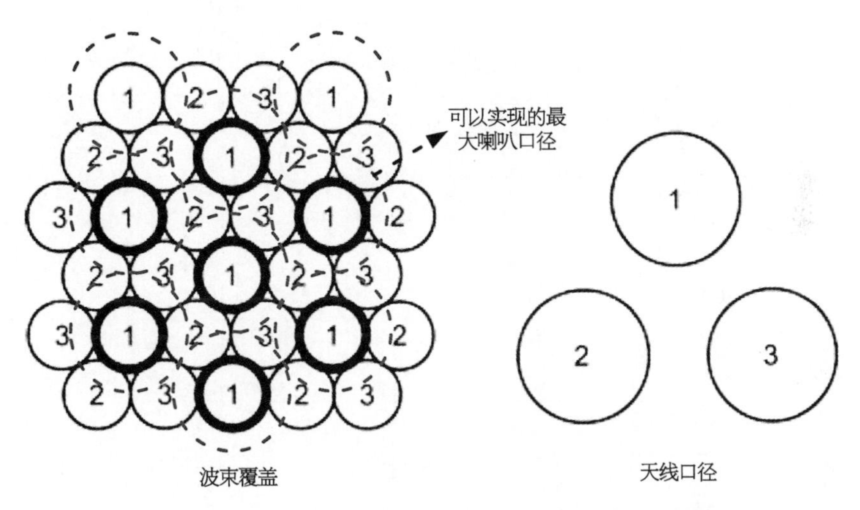

图 8-17　三口径多波束天线馈源与波束的对应关系
(数字为对应的天线口径编号)

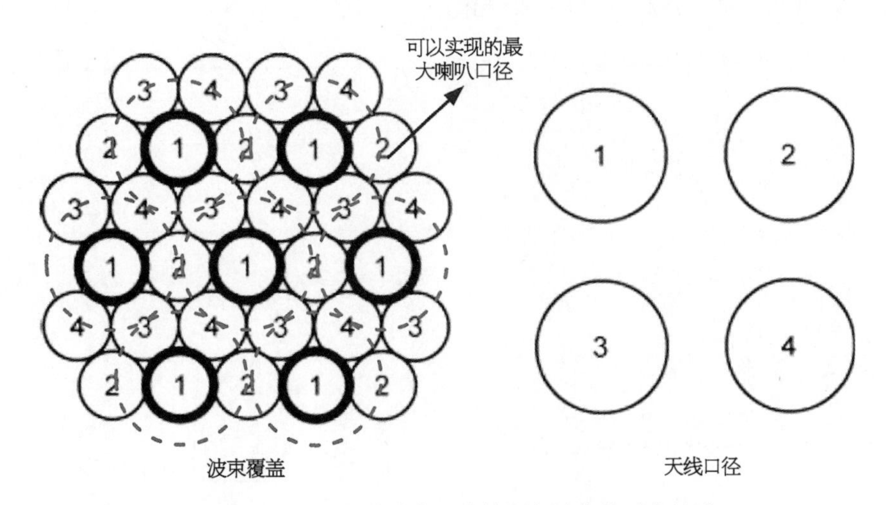

图 8-18　四口径多波束天线馈源与波束的对应关系
(数字为对应的天线口径编号)

对于连续的覆盖区，四口径多波束天线结合四色频率复用（双频＋双极化）技术可以实现天线的最优性能和系统的最大容量。对于大卫星平台和单纯的 Ka 宽带业务，容纳 4 副天线是完全可行的。然而对于较小的卫星平台，或者为 C/Ku/Ka 混合业务卫星，则需要尽可能减少多口径多波束天线的口径数目，减少安装空间。此时，采用三口径单馈源多波束天线也是可行的，采用高/中等效率的光壁喇叭也能够获得良好的性能。

假定覆盖区如图 8－19 所示，为 27 个连续覆盖的波束，波束直径为 0.8°。

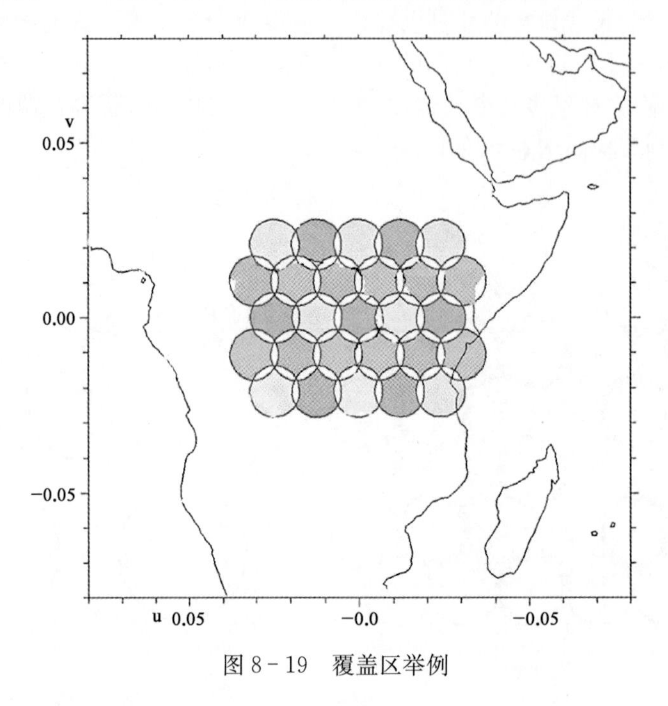

图 8－19　覆盖区举例

分别对比了三口径天线和四口径天线的性能，天线参数完全相同，口径为 1.8 m，焦距为 3.0 m。三口径的馈源口径为 63 mm，而四口径的馈源口径为 74 mm。两种情况下的馈源切面方向图和波束切面方向图分别如图 8－20 和图 8－21 所示。

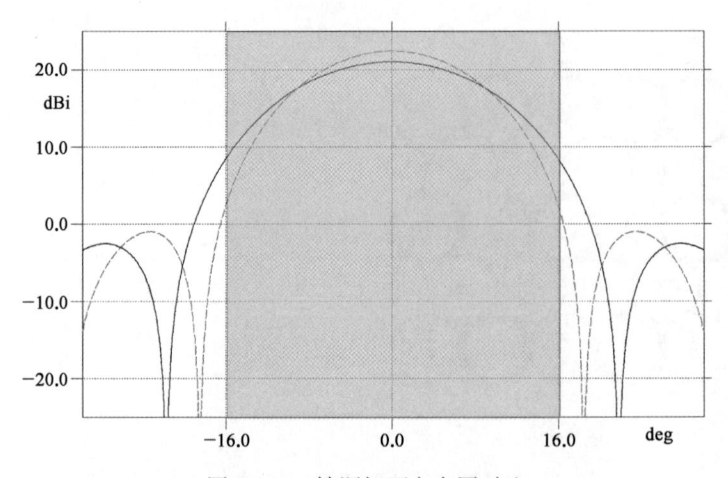

图 8－20　馈源切面方向图对比

（实线为三口径天线馈源，虚线为四口径天线馈源）

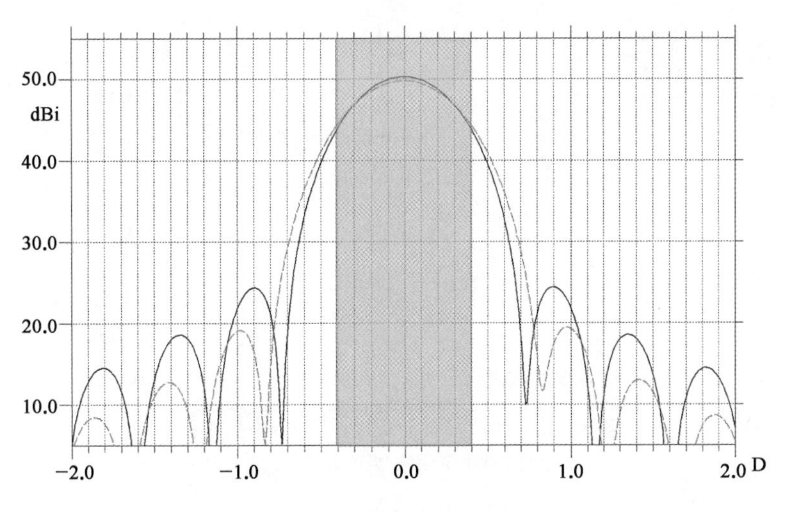

图 8 - 21　天线切面方向图对比
（实线为三口径天线，虚线为四口径天线）

可以看出：① 对于波束边缘增益，三口径天线相对于四口径天线降低了 0.5 dB；② 在四色复用的情况下，对于 C/I，三口径天线相对于四口径天线恶化了 3 dB，但是仍达到了 12～14 dB，系统仍然是可以工作的。

2）离散覆盖区

在四口径多波束天线中，每副天线口径产生了非相邻波束。因此对于离散的独立波束（见图 8 - 22），足够大的波束间距可以使得可选择的馈源口径扩大，因此采用单口径单馈源多波束天线也能够获得较好的性能。进一步，如果波束排列成直线的形状（无三波束无缝交叠的前提），如图 8 - 23 所示，此时两个相邻波束可以通过另一幅口径产生，因此只需要两口径单馈源多波束天线即可。

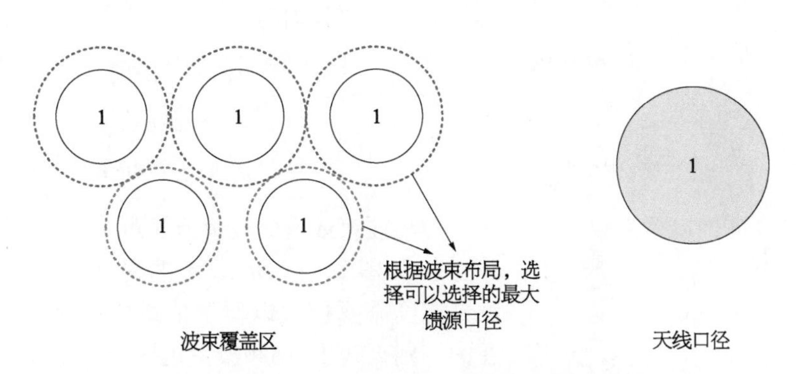

图 8 - 22　单口径多波束天线离散覆盖区示例
（实线为波束排布，虚线为可选择的馈源尺寸）

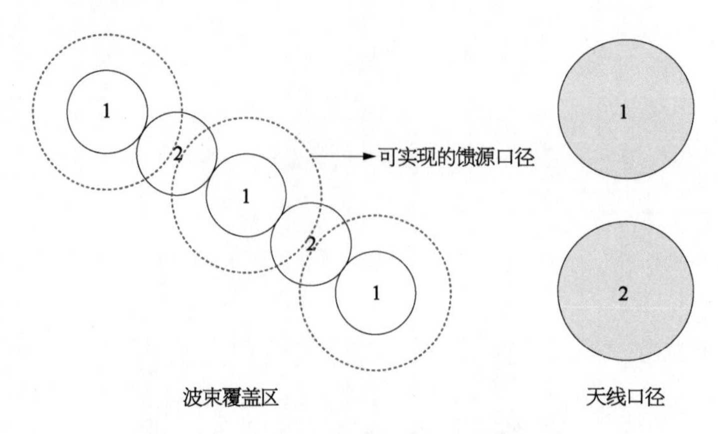

图 8-23　两口径多波束天线离散覆盖区示例
（实线为波束排布，虚线为可选择的馈源尺寸）

8.4.2.2　多口径多波束天线参数设计

1）波束宽度

由于多波束天线是以容量和 C/I 作为系统指标出发进行天线设计的，因此首先需要系统容量指标需求和频率资源，确定波束数量以及频率复用次数，进而确定天线波束宽度。多波束天线设计以波束宽度为起点，它与最小的覆盖区增益要求相关。对于六边形排列的均匀波束宽度的多波束天线，最小增益位于 3 个相邻波束的交接处，如图 8-24 所示，典型的交叠电平为 3～4 dB。最优的交叠电平依赖于最小覆盖区增益，C/I 和频率复用计划。相邻波束中心矩 θ_s 决定了给定覆盖区的波束数目以及能够获得的最大馈源尺寸。对于六边形排列的波束，如图 8-24 所示，θ_s 由下式确定：

$$\theta_s = 0.866\theta_0 \tag{8-2}$$

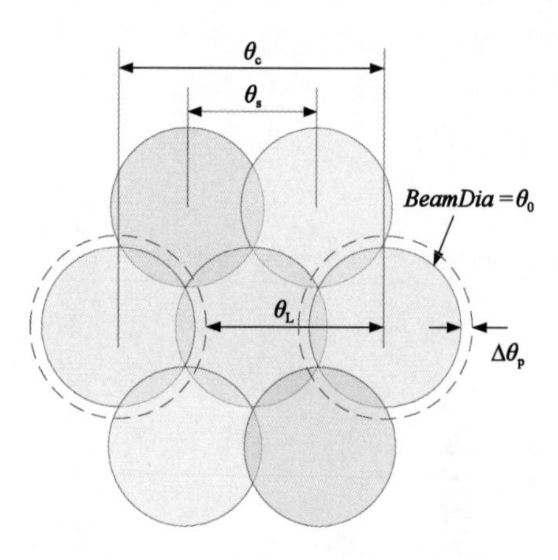

图 8-24　波束排布的参数示意

式中，θ_0 为波束宽度。

三色复用，四色复用和七色复用方案中同频波束中心的最小间隔分别为

$$\theta_c^3 = 1.732\theta_s \tag{8-3}$$

$$\theta_c^4 = 2.00\theta_s \tag{8-4}$$

$$\theta_c^7 = 2.646\theta_s \tag{8-5}$$

同频波束最近的波束边缘距 θ_L 决定了可获得的 C/I 性能，如图 8-24 所示，考虑到波束指向误差 $\Delta\theta_p$，则波束宽度需要扩大以便评估最坏情况。对于同频波束在同一副天线里，同频波束边缘到中心的距离为

$$\theta_L = \theta_c^N - 0.5\theta_0 - \Delta\theta_p \tag{8-6}$$

图 8-24 给出了四色频率复用方案的波束排列图，上述公式中涉及的角度也被表示在该图中。

2）天线口径

天线口径与波束宽度、副瓣电平和同频波束间隔等因素相关。

(1) 天线口径与波束宽度的关系。

多波束天线以波束宽度要求和频率计划作为设计起始点。波束宽度定义为三波束交接点处的波束直径，交叠电平 K 的典型值为 4 dB。相邻波束间隔为波束宽度的 0.866 倍。对于四口径多波束天线，反射面尺寸可以由下式确定：

$$\theta_0^K \cong 65\left[\frac{K}{3}\right]^{0.5}\frac{\lambda_L}{D} \tag{8-7}$$

式中，θ_0^K 是低于峰值增益 K dB 的波束宽度，近似等于半功率波束宽度的 $(K/3)^{0.5}$，λ_L 是最低频率的波长。于是，联系波束宽度与归一化口径的常数对于 $K=3$，4，5 分别为 $65.0\lambda_L$，$75.0\lambda_L$，$83.9\lambda_L$。

(2) 天线口径与副瓣电平的关系。

天线口径与波束宽度和副瓣电平的要求有关。

$$D=(33.2-1.55S_L)\lambda/\theta_0 \tag{8-8}$$

式中，S_L 是低于最大增益的－dB 数，θ_0 为波束宽度。

(3) 天线口径与同频波束间隔的关系。

天线口径也取决于同频波束对旁瓣电平的要求，同频波束间隔为 $\Delta\theta_L=(3\theta_0-\theta_0)/2=\theta_0$，可以得到与 $\Delta\theta_L$ 和 S_L 的最小反射面口径：

$$D_{\min}=(3.74-2.55S_L)\lambda/\Delta\theta_L \tag{8-9}$$

最终的天线口径取三者中的最大值。

3) 天线焦距

焦距 F 的选取需要考虑如下因素：

(1) F/D 取决于覆盖区的范围和需要扫描的最大波束数目(大于 4 个波束宽度)。对于较小的 F/D，多波束的扫描性能将会恶化，辐射性能也会因为较小馈源尺寸 ($d\approx 0.8\lambda$) 增加的互藕效应而恶化；而较大的 F/D 有利于天线扫描性能和交叉极化性能，可以最小化波束由于馈源横向偏焦引起的波束失真，不至于使外围的波束与中间的波束相比差得太大。因此，F/D 应适当选大一点。

(2) 焦距 F 通常受到卫星平台机械尺寸的限制，而且对于相同的波束覆盖区，焦距 F 越大，其对应的馈源阵尺寸也就越大，根据馈源阵在卫星上的安装位置，其焦距 F 也会受到限制。

(3) F/D 的典型值为 1.0～2.0。

4) 馈源数量

对于多口径多波束天线，其馈源数量与波束数量一致，对于给定的覆盖区，最小波束数目可由下式确定：

$$N_{\min}\approx 覆盖区/(0.866\theta_s^2) \tag{8-10}$$

式中，覆盖区应包括卫星的指向误差。实际的波束数目 $N_A=1.2\times N_{\min}$，以保证覆盖区边缘的外围波束也能够实现三波束交叠电平。

5) 馈源口径

在多波束天线设计中，馈源的尺寸是非常重要的参数。它取决于天线口径的数目，对三口径、四口径多波束天线，为产生 θ_s 的波束间隔，则馈源尺寸 d_m 为

$$d_m^{3,4,7}=K_1^{3,4,7}\theta_s/S_F \tag{8-11}$$

上式假设同口径相邻馈源彼此紧靠在一起时获得的最大口径为 d_m。式中 K_1 是常数，对于三口径多波束天线为 1.732，对于四口径多波束天线为 2.0，对于本节考虑的四口径多波束天线为 2.0；参数 S_F 表示扫描因子，它定义了波束扫描角与馈源偏焦的比例。

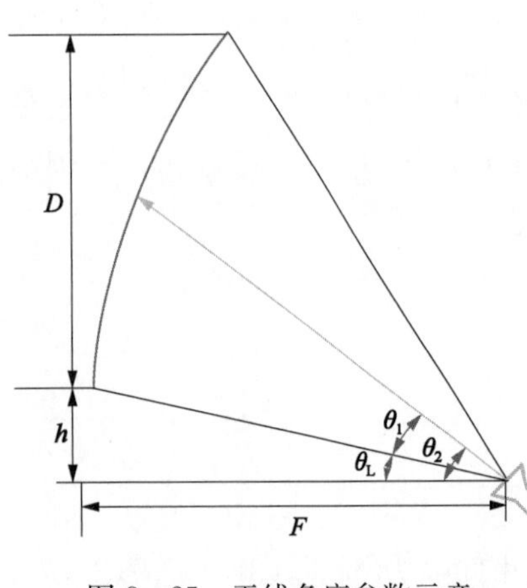

图 8-25 天线角度参数示意

$$S_F=\frac{1+X\left(\frac{D}{4F}\right)^2}{1+\left(\frac{D}{4F}\right)^2}\tan^{-1}\left(\frac{1+\cos\theta_2}{2F}\right) \tag{8-12}$$

式中，X 与反射器的边缘照射电平 T 相关，以"+dB"表示；当 $T<6$ 时，$X=0.30$；当 $T\geqslant 6$ 时，$X=0.36$；θ_2 的定义如图 8-25 所示。

$$\theta_2=\frac{1}{2}\left\{\tan^{-1}\left[\frac{D+h}{F-\frac{(D+h)^2}{4F}}\right]+\tan^{-1}\left[\frac{h}{F-\frac{h^2}{4F}}\right]\right\} \tag{8-13}$$

6）偏置高度

偏置高度的选择应保证在最大扫描波束情况下无遮挡，近似为

$$h\geqslant 2F\tan\theta_{sm} \tag{8-14}$$

式中，θ_{sm} 是偏离波束视轴方向的最大扫描角度，该角度由服务区的范围确定。

然而，上式并没有考虑馈源阵的尺寸，考虑馈源阵尺寸后无馈源遮挡的最小角度应为

$$\theta_{SL}=\tan^{-1}\left[\frac{h-(\theta_{sm}\cos\theta_2/S_F)}{F-\frac{h^2}{4F}+(\theta_{sm}\cos\theta_2/S_F)}\right]-\frac{1}{2}\tan^{-1}\frac{h}{\left(F-\frac{h^2}{4F}\right)} \tag{8-15}$$

综合上面两方面的考虑，偏置高度 h 的选择应保证 $\theta_{SL}>\theta_{sm}$。

8.4.2.3 多波束天线性能分析

1）波束增益

次级波束可以采用准 Gaussian 波束模型分析，可以建立天线的增益特性和旁瓣特性。

多波束天线的主极化增益，C/I 等性能可以采用接下来的公式进行分析。考虑指向误差 $\Delta\theta_p$ 后的最小覆盖区增益为

$$D_C=\underbrace{10\lg\left[\left(\frac{\pi D}{\lambda}\right)^2\eta_i\right]}_{①}-\underbrace{GL(\delta_m)}_{②}-\underbrace{B(\delta_m)}_{③}-\underbrace{10\lg\left(\frac{0.5\theta_0+\Delta\theta_p}{0.5\theta_0}\right)^2}_{④}$$

式中，δ_m 表示最大扫描比，定义为最大扫描角与视轴方向天线波束半功率波束宽度 $\theta_3(0)$ 的比值。

由于上式综合考虑了反射器尺寸和馈源照射性能，因此能够给出更精确的估计。

第①项表示天线视轴方向波束的峰值增益，其中天线效率 η_i 是口径效率、泄露效率和馈源效率 η_f 的函数，与天线参数和馈源特性相关。对于单反射面天线，在边缘照射电平约 10 dB 处，天线效率最大值约为 82%，对应的天线效率值约为 82%。

第②项 $GL(\delta_m)$ 表示位于覆盖区边缘波束(即最坏情况)的增益扫描损失，该值与覆盖区的大小和波束的扫描波位相关

第③项 $B(\delta_m)$ 为最大扫描波束的峰值/边缘的变化，其计算公式为

$$B(\delta_m)=3\left[\frac{\theta_0}{\theta_3(\delta_m)}\right]^2 \tag{8-16}$$

反映的是低于峰值增益的波束交叠电平(+dB)。

第④项是由于指向误差引起的增益扫描损失，与具体的波束宽度以及波束指向误差相关。

2) 波束载干比 C/I

C/I 定义为载波功率与干扰功率之比，该指标多用于多波束天线，由于同频波束之间存在干扰，需要进行相应的性能评估。在多波束天线中它与波束方向性、波束辐射功率、频率复用方式等相关，如图 8-26 所示。

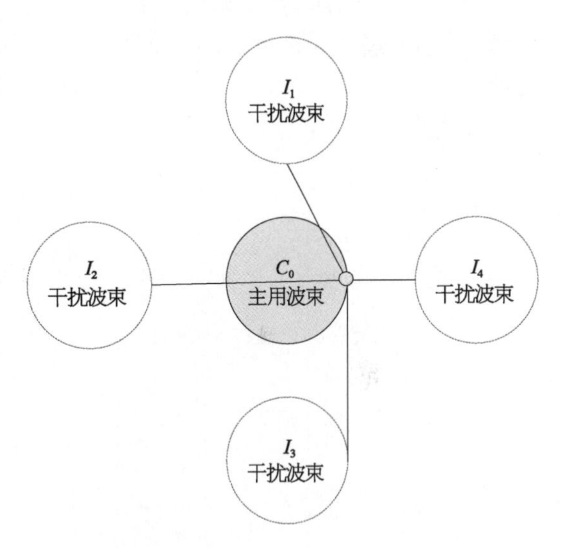

图 8-26　多波束天线 C/I 分析模型

设同频干扰用户的发射功率为 P_c，用户到卫星链路的损耗为 L_c，用户所在位置相对波束轴向偏离角度为 θ_c，那么，卫星接收到的有用信号功率为

$$C=\frac{P_c}{L_c}\cdot G(\theta_c) \tag{8-17}$$

卫星收到的干扰信号功率为

$$I=\sum_i \frac{P_i}{L_c}\cdot G(\theta_i) \tag{8-18}$$

式中，$G(\theta)$ 为天线的增益函数。因此，卫星接收到的 C/I 值为

$$\frac{C}{I}=\frac{P_c\cdot G(\theta_c)}{\sum_i P_i\cdot G(\theta_i)} \tag{8-19}$$

从上式可以看出，影响 C/I 指标的因素主要为波束的副瓣电平、频率复用次数和频率复用规划。

8.4.3　收发共用多口径多波束天线

8.4.2 节中介绍的方法可以用于收发分开多波束天线的设计，从纯射频的角度上看，收发

分开的多口径多波束天线提供了最佳性能：① 相邻馈源间的空间足够，能够最小化泄漏损耗，提供同色波束间良好的旁瓣隔离；② Ka 频段发射和接收频率宽度较大，不同尺寸的反射器可以对应最优性能。然而采用这样的结构意味着需要 4 副发射天线和 4 副口径接收天线，对应了 8 副天线和 8 副馈源阵，对平台空间资源的要求极高。例如 Anik F2 卫星天线分系统就是典型的收发分开多口径多波束天线，Ka 多波束天线共包含 8 副单反射面天线，由于天线数量多，因此只能采用 4 副口径为 1.4 m 的天线用于下行频段（20 GHz），4 副口径为 0.9 m 的天线用于上行频段（30 GHz），这种天线口径只能实现 Ka 频段 1.0°～1.2°的波束，且馈源阵和反射器数量多，系统重量大。

为了降低成本，提高宽带卫星技术的竞争力，增加单颗卫星的载荷能力，高性能的通信载荷系统需要更轻、更紧凑的多波束天线。一个在性能和成本之间的良好平衡是将分离的收发天线合并成收发共用的天线，从而将反射器和馈源组件的数量减半；重量更轻，能采用的单个天线更大，从而可以适用于更小的波束宽度。

收发共用多波束天线需要解决两个关键技术：

1）收发等波束宽度技术

对于双频反射面多波束天线，由于收发频段共用同一个反射面口径，一般高频的主波束要比低频的主波束窄，峰值增益高，但高频波束宽度更窄，高速的滚降会使得边缘增益无法满足性能要求，如图 8-27 所示。所以实现天线收发波束大小一致是双频多波束天线在实际应用中亟须解决的一个问题。

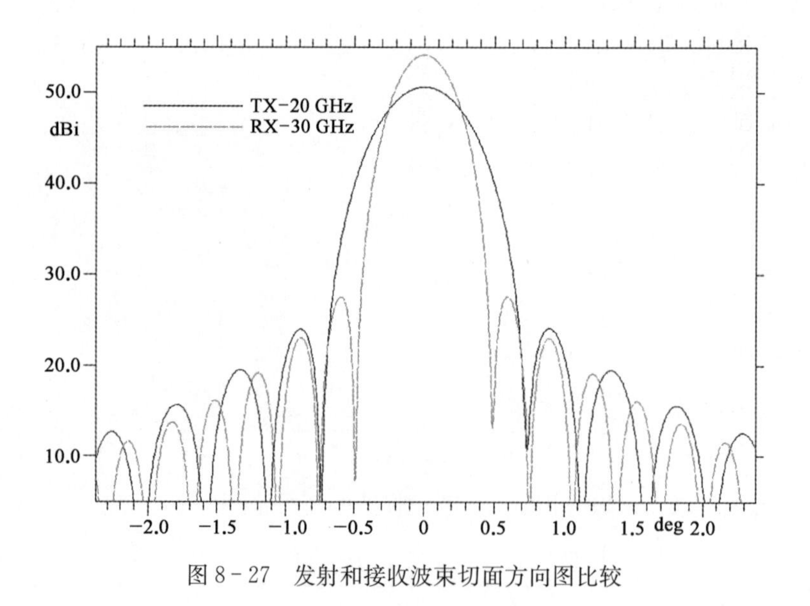

图 8-27　发射和接收波束切面方向图比较

2）双频段高效率馈源技术

为实现天线收发共用，除了反射面的双频设计外，还必须解决双频带馈源的问题。在喇叭的设计过程中，必须结合反射面参数设计高效率双频赋形馈源，使之具有较好的边缘照射电平、较低的旁瓣、较低的交叉极化等，此外还需要在整个工作频带内对进行方向图形状控制，以匹配天线的性能。双频喇叭的设计可使用模匹配法，同时结合 Powell，GA，PSO 等优化算法来完成。

8.4.3.1　收发等波束宽度技术

传统的多波束天线在进行设计时，均以保证下行波束最优电性能为基础选择反射器尺寸，但由于发射和接收频段差异较大，接收频段对应着更大的反射器电尺寸，使得 Ka 频段上行波束比下行波束小 50%，波束增益滚降速度极快，从而导致波束交叠边缘增益极低，如图 8－27 所示，再加之波束指向误差，会使得波束边缘增益进一步快速恶化。

为了使得在 Ka 频段发射和接收频段的波束宽度相同，需要在不同的频段对应相同的电口径尺寸，以下给出可以实现该性能的 3 种方法。

1）馈源副瓣照射的收发共用多口径多波束天线

收发共用多波束天线的口径是以发射频段来选取的，对于接收频段，反射器为过尺寸设计，需要降低反射面的口径效率，以使得天线主波束增宽，与发射波束一致。降低接收频段口径效率的一种方式是优化馈源方向图，使得在接收频段，馈源的副瓣电平照射反射器的边缘部分，由于副瓣区域的相位与主板区域反相，因此，增大口径面相位误差，从而能够降低天线在接收频率处的口径效率，从而实现收发波束大小一致。

为了说明这一点，给出一个实例，天线的几何参数为：$D=0.92$ m，$F=1.58$ m，$h=0.3$ m，其馈源照射反射面的张角为 31.4°，波束宽度为 1.12°。

优化的馈源方向图如图 8－28 所示，在接收频率处反射面将由馈源的主瓣和第一副瓣照射，而在发射频率处反射面仍然由馈源的主瓣照射。接收频率处馈源第一副瓣同主瓣之间约有 130°的相位差。此时，反射面口径相位分布如图 8－29 所示，发射频率处反射面由馈源主瓣照射，口面相位分布比较均匀，天线口径效率较高，达到了 88.7%；接收频率处反射面由馈源主瓣和第一副瓣照射，口面相位分布不均匀，主瓣和第一副瓣之间约有 130°的相位差，天线口径效率较低，只有 40.1%。较低的口径效率导致接收频率处反射面的二次辐射方向图峰值增益降低，波束增宽。

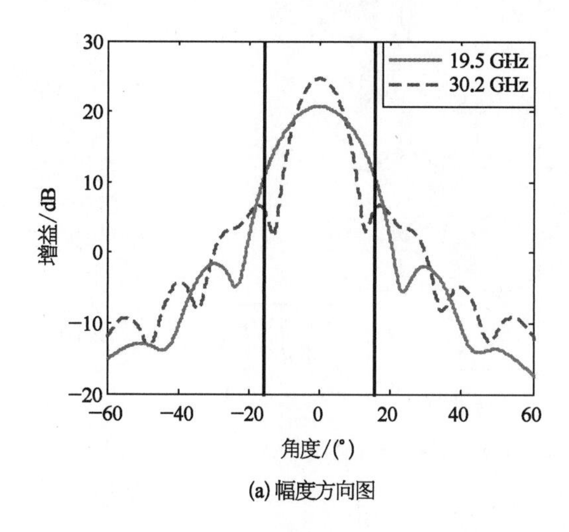

(a) 幅度方向图

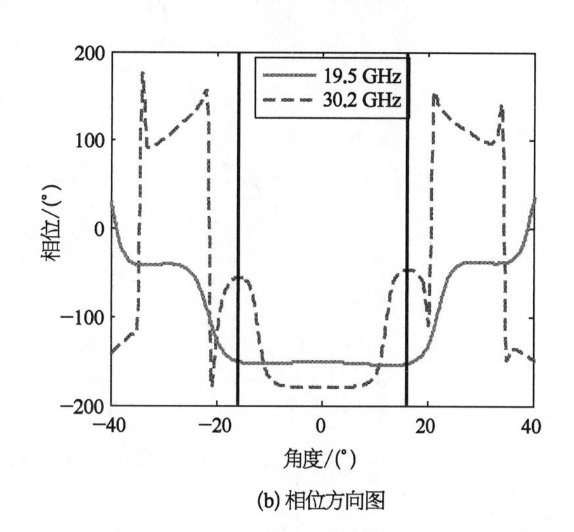

(b) 相位方向图

图 8－28　馈源辐射方向图

天线的二次辐射方向图如图 8－30 所示，从图中可以看出，天线接收波束的峰值增益为 44.4 dB，1.12°波束宽度处的覆盖边缘增益为 41.3 dB，副瓣电平－26.0 dB；天线发射波束的峰值增益为 44.4 dB，1.12°波束宽度处的覆盖边缘增益为 41.3 dB，副瓣电平－23.8 dB。天线在收发两个频率处的二次辐射方向图在主瓣范围内基本实现了一致。

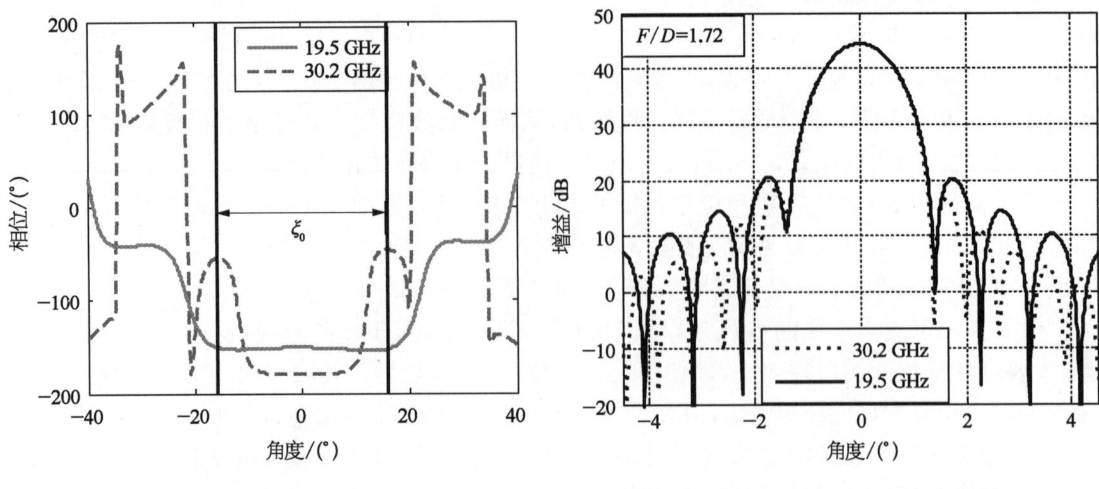

图 8-29　反射面口径相位分布图　　　　图 8-30　天线的二次辐射方向图

采用该天线对中国国土进行多波束设计，当每个波束的边缘覆盖增益 41.1 dBi 时天线系统在收发频率处均可实现对中国国土范围的无缝覆盖，如图 8-31 所示，由图中可以看出除了几个边缘波束外，天线其他波束基本实现了收发一致。边缘波束收发一致性变差是由于接收频率处馈源的相对偏焦距离较大，波束形状产生较大畸变引起的。

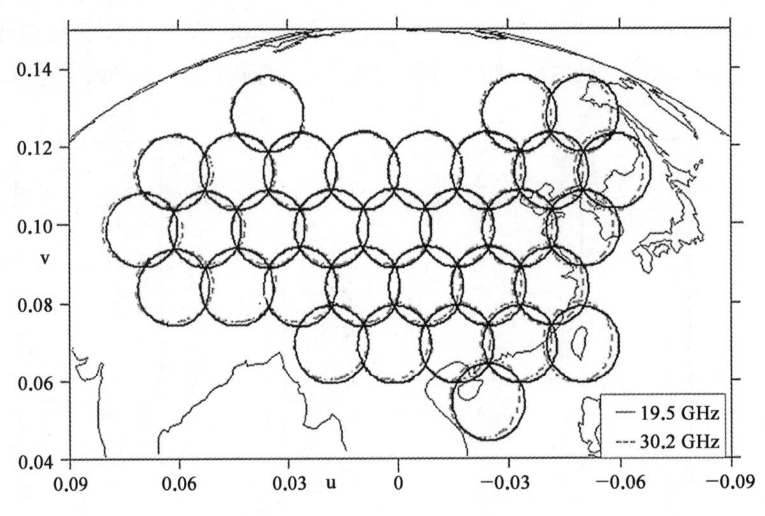

图 8-31　收发波束覆盖中国国土对比(边缘增益=41.1 dBi)

2) 阶梯反射面实现收发等化

多波束天线性能可以通过阶梯反射器进一步改善，阶梯反射器概念如图 8-32 所示[16]，相对于中心区域，外部环形区域采用阶梯形式。阶梯区域的高度设计需要考虑馈源在接收频段的相位特性，利用阶梯区域在反射器口径场提供 180°的反相相位，从而产生“平顶”形的接收波束以提高波束边缘增益。中心区域和外部环形区域都能够赋形以改善天线的射频性能，阶梯转换区域需要进行光滑过渡以避免突跳的不连续性。

图 8－32 给出了多频段阶梯反射器示意图，对于外环阶梯反射器，每一级的阶跃 h_n 可以根据其频率和喇叭初级方向图的相位进行计算以提供 180°的反相相位。

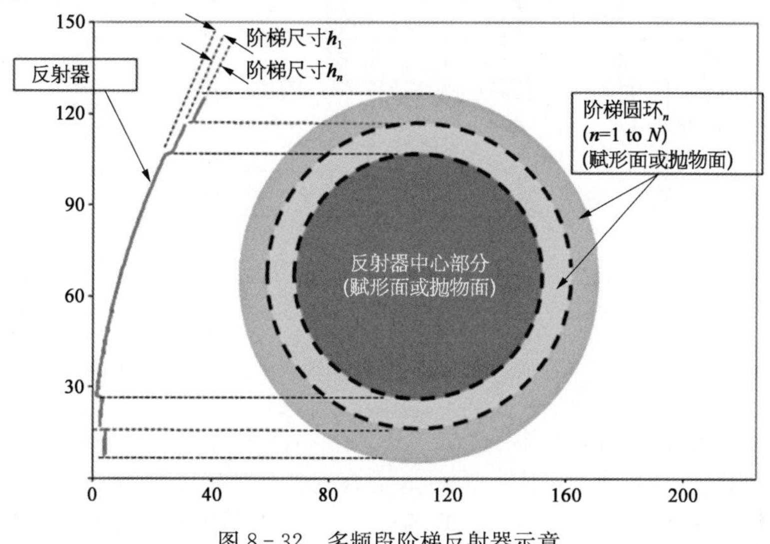

图 8－32　多频段阶梯反射器示意

图 8－33 为计算的阶梯反射器近场相位方向图，其中虚线为阶梯反射器的相位曲线，实线为反射器口径相同但不含阶梯的相位曲线，从对比图中可以看出，接收频段内阶梯过渡区域产生了 180°的反相。

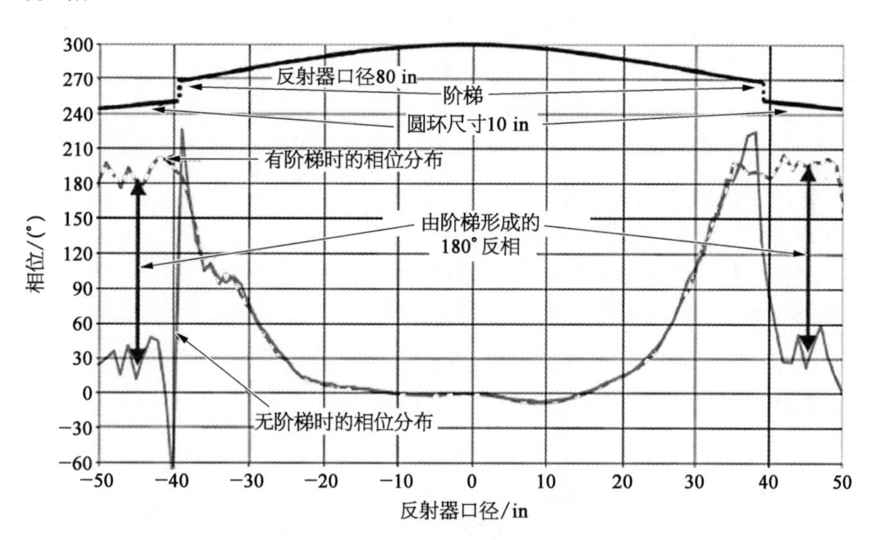

图 8－33　阶梯反射器近场相位方向图

接收波束方向图如图 8－34 所示，曲线 1 为标准反射器的方向图，波束形状为标准的笔形波束，其覆盖区的边缘增益为 46.3 dBi，考虑 0.05°的指向误差后增益为 45 dBi；曲线 2，3 分别为不同阶梯口径所对应的方向图，可以看出通过阶梯反射器实现了接收的“平顶”形辐射方向图，提高了覆盖区边缘增益，在边缘增益处至少提高了 0.85 dB，在考虑指向误差的情况下至少提高了 0.65 dB。

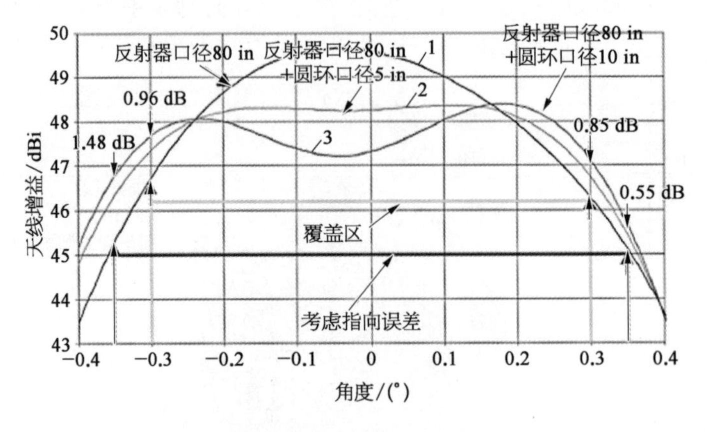

图 8-34 波束方向图

在阶梯反射器的设计过程中，由于通常将喇叭发射波束的相位中心放置在反射器焦平面上，接收波束的相位中心必将远离焦平面，进而在反射器上产生二次相位差分布。这个性质能够被利用来降低阶梯高度，通过高效率喇叭的设计，可以使得阶梯高度小于 1/4 波长，更加有利于反射器的加工。

3) 部分反射率多口径多波束天线

与阶梯反射器类似，部分反射率反射器[16]也是通过边缘的频率选择表面实现在发射和接收频率的等电尺寸，反射器的中心区域是全反射的，而外环区域只反射 17.7～20.2 GHz 发射频段电磁波，透射 27.5～30.0 GHz 接收频段电磁波，如图 8-35 所示。

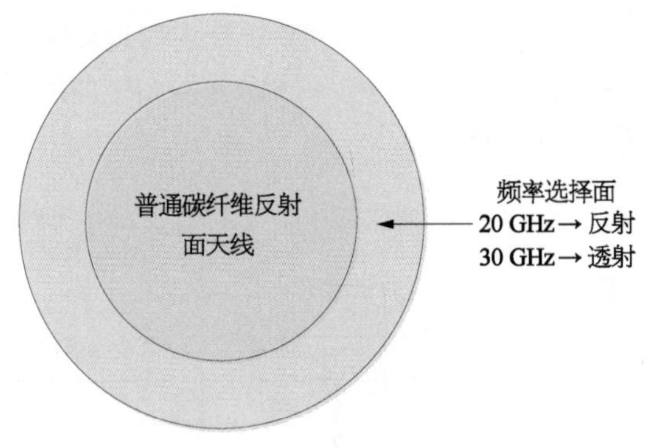

图 8-35 反射器组成示意

8.4.3.2 双频段高效率馈源技术

在多波束应用中，喇叭需要实现高辐射效率、提高增益、降低旁瓣，进而最大化频率复用能力。如果喇叭效率不够高，则将导致高的泄露损失和高的旁瓣电平，从而恶化了 C/I 性能。高效率的光壁喇叭在用户和关口站的所有收发频段内效率优于 80%，其设计模型与实物如图 8-36 所示。

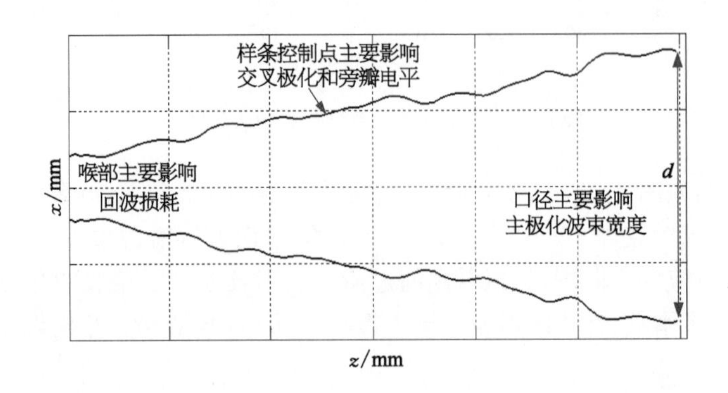

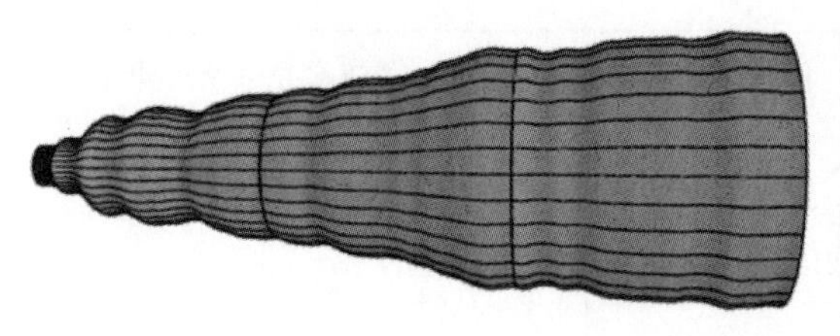
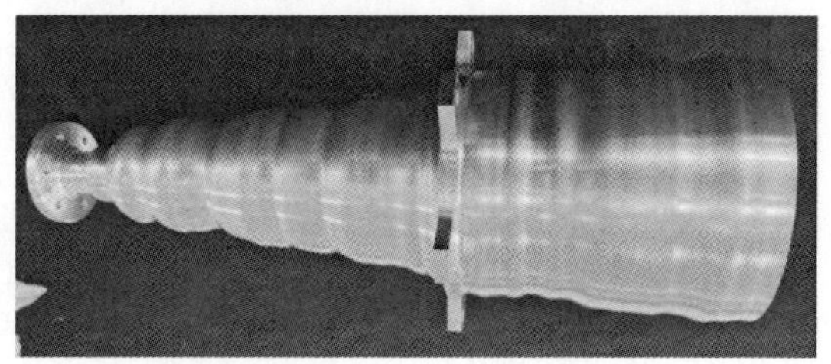

图 8-36 高效率光壁赋形喇叭结构

高效率双频段喇叭[17,18]是指在两个频段内效率高达 82%以上(传统波纹喇叭效率约为 54%),交叉极化隔离度优于 30 dB,图 8-37 和图 8-38 给出了在相同的口径下,不同喇叭类型对应的辐射效率以及边缘照射电平。这样可以使得反射器的辐射效率更高,从而提高覆盖区的边缘增益、降低波束旁瓣、降低交叉极化,进而提升下行 C/I 性能。

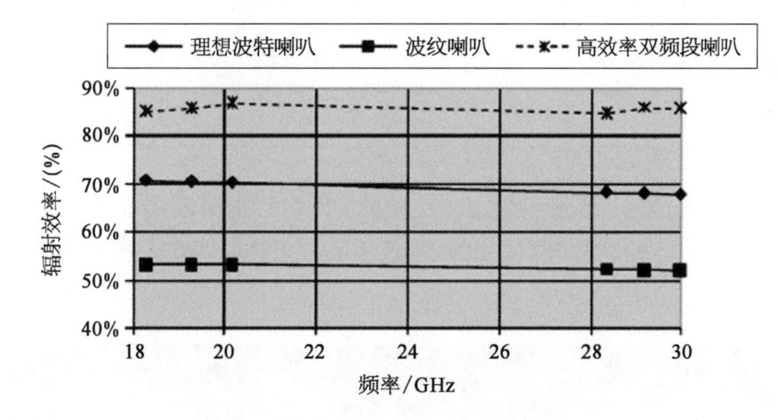

图 8-37 不同喇叭类型对应的辐射效率

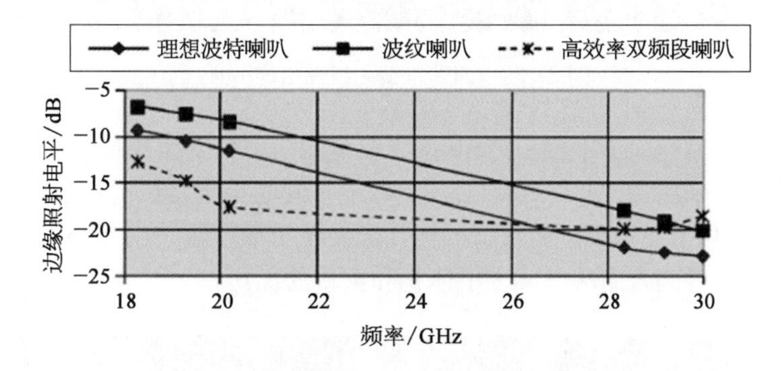

图 8-38 不同喇叭类型对应的边缘照射电平

采用高效率的馈源,可以提高天线次级波束的辐射效率,进而获得更高的增益和更低的旁瓣。表 8-2 总结了高效率馈源馈电的 MBA 和波纹馈电的多波束天线性能。高效率馈源提升了发射边缘增益约 0.9 dB、接收边缘增益约 2.0 dB,改善了发射 C/I 约 3.0 dB。

表 8-2 不同喇叭类型对应的天线性能

参　　数	传统波纹喇叭	高效率光壁赋形喇叭
	发射/接收	发射/接收
喇叭辐射性能		
辐射效率/(%)	54/52	84/85
边缘照射电平/dB	−7/−18	−13/−17
交叉极化/dB	<−30	<−30
天线辐射性能		
波束边缘增益/dBi	43.8/41.7	44.7/43.7
三色复用 C/I /dB	11.1/13.0	14.2/11.6
四色复用 C/I /dB	12.0/15.8	15.7/14.5
七色复用 C/I /dB	18.2/19.5	22.7/21.9

为了实现在收发频段的正交圆极化工作，采用了四端口正交模耦合器的结构形式，包括了OMT＋发射馈电网络＋接收膜片圆极化器，如图 8-39 所示，该馈源组件可以实现收发频段双圆极化工作。

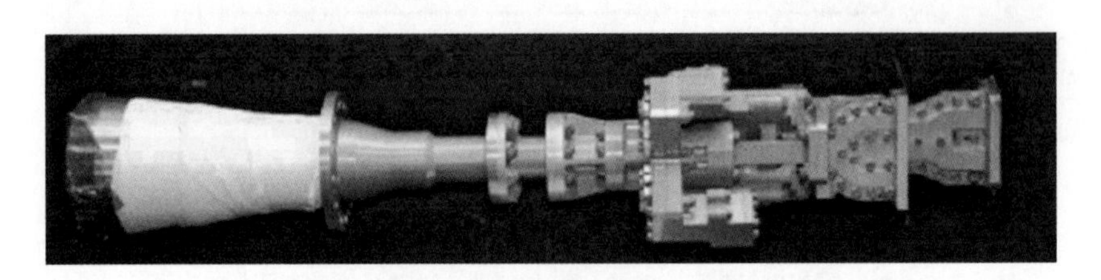

图 8-39 四端口馈源组件结构示意

一个变形的版本是逆向十字接头结构(接收馈电网络＋发射膜片圆极化器在直通端口)＋模式滤波器也成功被采用，如图 8-40 所示，相对于常规的接头，该馈源组件中直通端口作为发射通道，因此最小化了发射频段的欧姆损耗并最大化功率容量，一个特殊的带阻滤波器被用来从侧臂隔离接收信号到直通端口实现了体积和重量的优化。

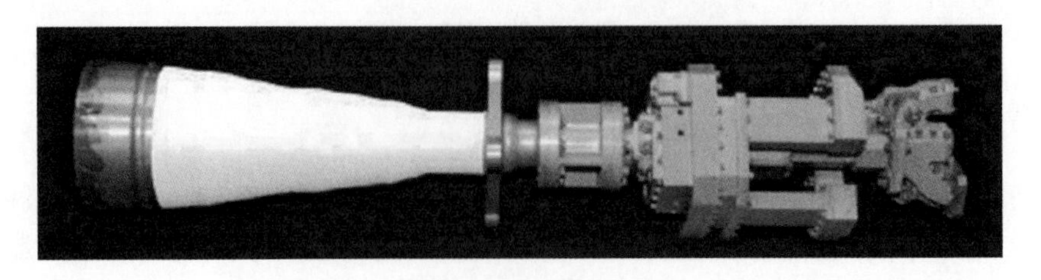

图 8-40 逆向四端口馈源组件结构示意

表 8－3 给出了典型馈源组件的性能，包括插损、回波损耗、PIM、微放电等。

表 8－3　典型的馈源组件性能

参　　数	发　　射	接　　收
工作频段	17.7～20.2 GHz	28.5～30.0 GHz
极　化	双圆极化	双圆极化
轴　比	<0.25 dB	<0.20 dB
插　损	<0.17 dB	<0.40 dB
回波损耗	<－25 dB	<－25 dB
同频极化端口隔离	>25 dB	>23 dB
收发隔离	>60 dB	>50 dB
PIM 要求	两路 170 W 单载波，9 阶，电平要求<－145 dBm	
微放电功率要求	脉冲：>43 kW 连续波：600 W	

8.4.4　宽角扫描多口径多波束天线

同步轨道卫星对地视场范围约为±9°，而单偏置反射面天线的扫描能力有限，只能覆盖较小的范围，为了在整个对地视场内利用单颗卫星提供均匀的波束性能(相似的峰值增益、波束形状、旁瓣电平和交叉极化)。

图 8－41 对 5 种候选反射面结构进行了对比，分别为单偏置反射面天线、偏置卡塞格伦天线、偏置格里高利天线、顶馈卡塞格伦天线和侧馈卡塞格伦天线。图 8－42 为不同类型天线波束的扫描特性对比。

总体而言，性能比较表明，当所有的设计限制在同样的包络体积要求时：① 单偏置反射面天线虽然结构简单，方便收拢，但由于焦距长度的限制，扫描范围有限，性能不足。② 偏置卡塞格伦天线和偏置格里高利天线提供了较好的性能，但仍不足以达到全球覆盖。③ 顶馈卡塞格伦天线和侧馈卡塞格伦天线具有较高的放大因子，在紧凑的体积范围内提供了高的 F/D，可以有效改善扫描损失，因此获得了极好的扫描性能，但是侧馈卡塞格伦天线收拢体积更紧凑，因此为最佳选择。

图 8－43 给出了常规卡塞格伦天线和侧馈卡塞格伦天线在不同扫描角度下的波束方向图对比，可以看出：① 常规的卡塞格伦天线从 3°波束旁瓣开始抬升，超过 6°后主波束已经开始呈现非对称的波束形状，以及极高的相邻波束干扰。② 侧馈卡塞格伦天线在 8.7°范围以内都可以实现一致稳定的波束形状并具备低副瓣电平和交叉极化电平。

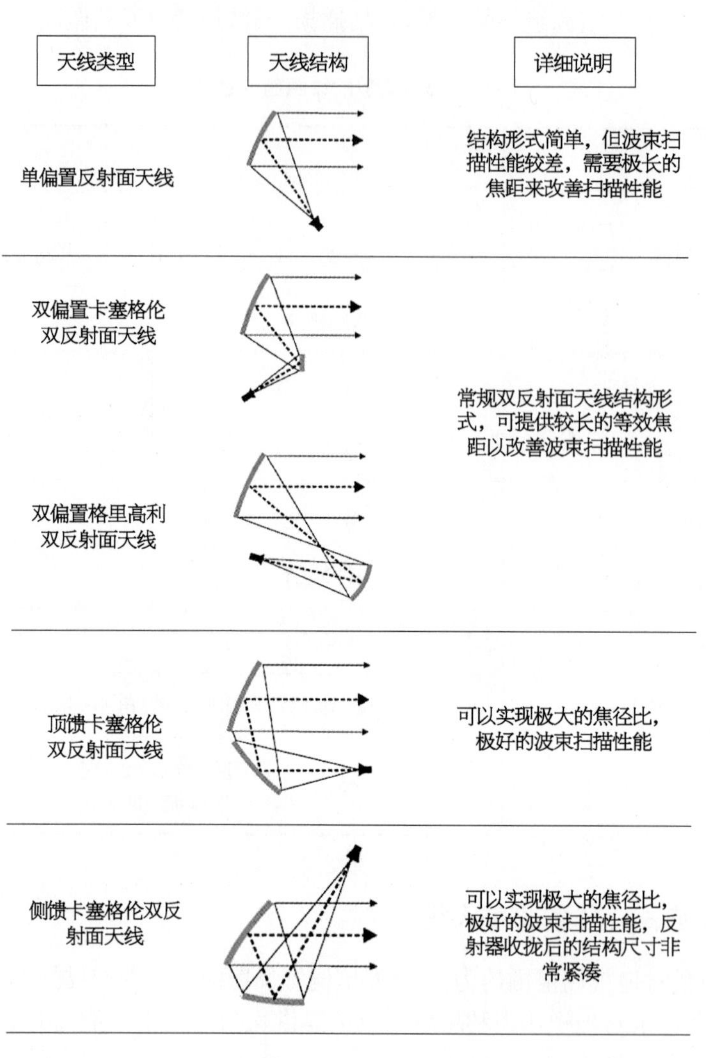

图 8-41　不同种类反射面天线结构对比

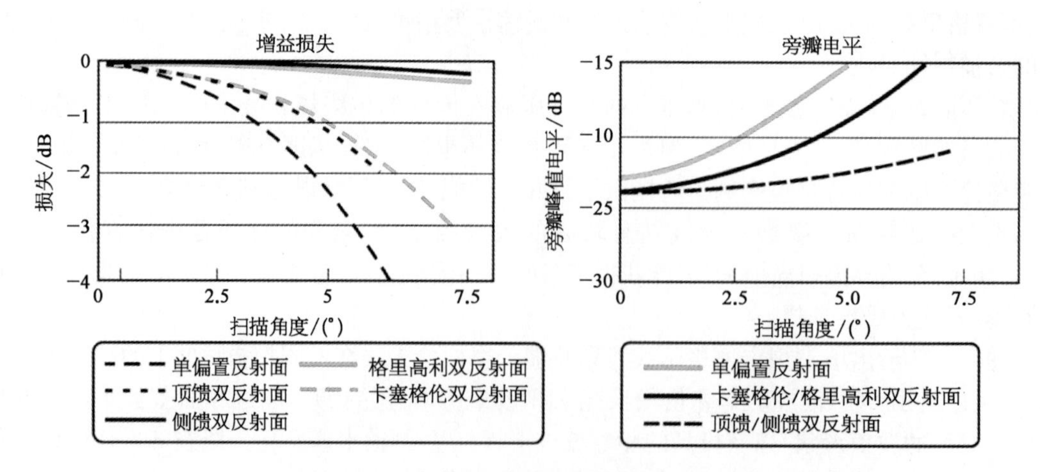

图 8-42　不同种类反射面天线波束扫描特性对比

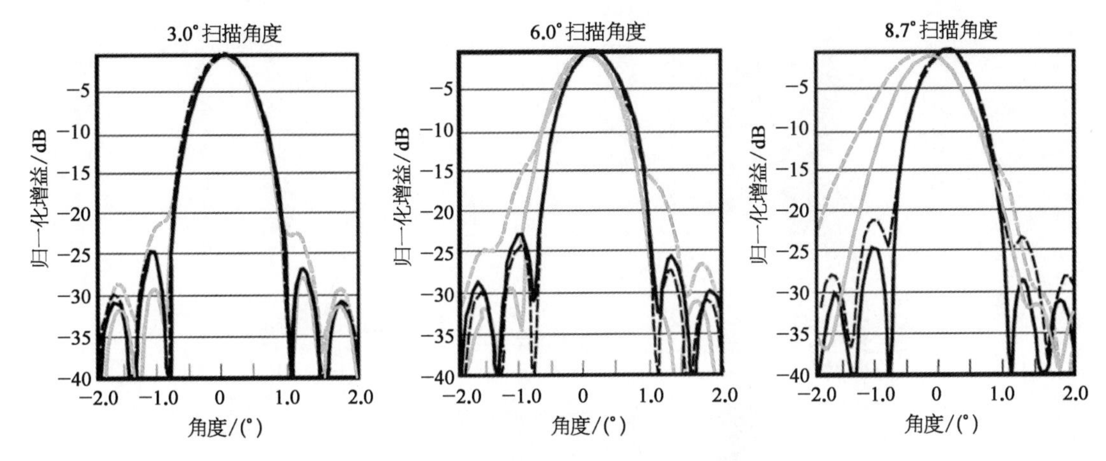

图 8－43　双反射面天线波束扫描特性对比

(灰线：常规卡塞格伦天线，虚实线代表正交圆极化)

(黑线：侧馈卡塞格伦天线，虚实线代表正交圆极化)

8.4.5　多副口径指向一致性设计

由于多口径多波束天线的波束是由多副天线分别产生，在地面形成相互交错的连续覆盖的波束。如果各副天线之间存在不同方向的指向误差，则可能导致波束之间出现缝隙，出现不能有效覆盖服务区的情况。

各副天线在加工、反射器和馈源之间的装配校准、装星后校准精度以及热变形特性等方面都有所不同，这些因素均会使各副天线产生指向误差，进而导致不同天线之间的指向不一致。对于高增益的窄波束而言，较小的指向误差也可能导致较大的性能恶化，特别是对于波束边缘特性。为了将指向误差的影响降至最低，多口径多波束天线通常都采用射频跟踪指向校准技术，利用和差波束对天线指向动态校准，校准精度一般都能达到 0.05°。

1) 收发分开多波束天线的指向校准

地面信标通常工作在卫星天线的接收频段，而收发分开多波束天线的发射天线难以接收到地面接收频段的信标信号，因此需要独立的跟踪功能，这增加了系统的复杂度。由于发射天线口径比接收天线口径大，为了更好地适应卫星布局，通常采用收发天线两两分组，混合布局的方式，2 副发射天线和 2 副接收天线一组，分别布局到卫星的东西舱板上。

因此，为了简化跟踪系统的复杂度，可以将东西 4 副天线模块化设计，成为一个整体，从而使得东西天线分别只需一组跟踪设备即可完成所有天线的指向校准，如图 8－44 所示。天线跟踪馈源采用多馈源合成的单脉冲技术，如图 8－45 所示，该技术在后续应用中采用较少，这里不再赘述。

2) 收发共用多波束天线的指向校准

为了实现更高的性能，对于高增益窄波束，指向误差会明显恶化 EOC 增益性能，例如对于波束宽度<0.7°的波束，需要将指向误差控制在±0.04°以内，以满足边缘性能。

为了降低指向误差的影响，每副通信天线的馈源组件中配置了一个通信跟踪一体化馈源[18]，采用该馈源组件配合每副反射面组成一副单脉冲天线，这样每副天线都具备独立的跟踪功能，因此指向可以独立调节。

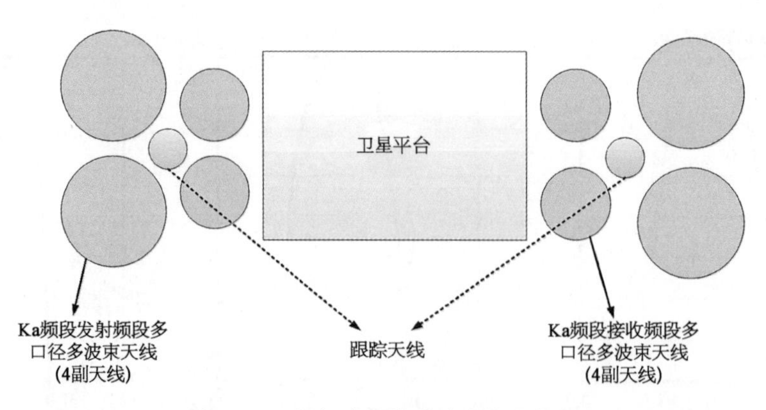

图 8-44　框架式天线的波束校准方案

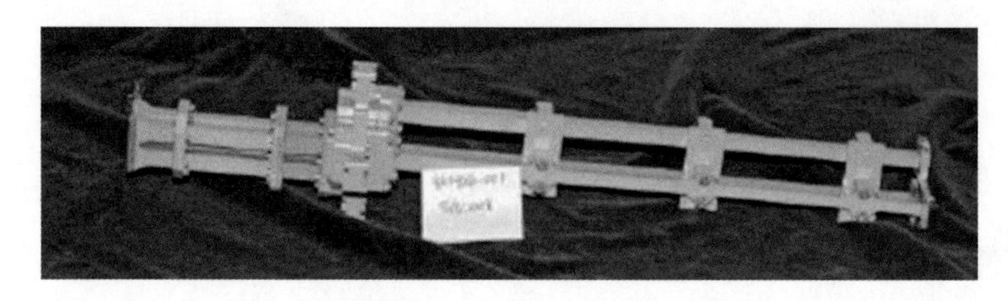

图 8-45　单脉冲馈源

采用天线的和差信号作为跟踪系统输入进行天线指向校准，跟踪校准系统主要由跟踪馈源、接收前端低噪声放大器、波导开关矩阵、校准输入预选器、跟踪接收机、天线控制器等设备组成，系统框图如图 8-46 所示。

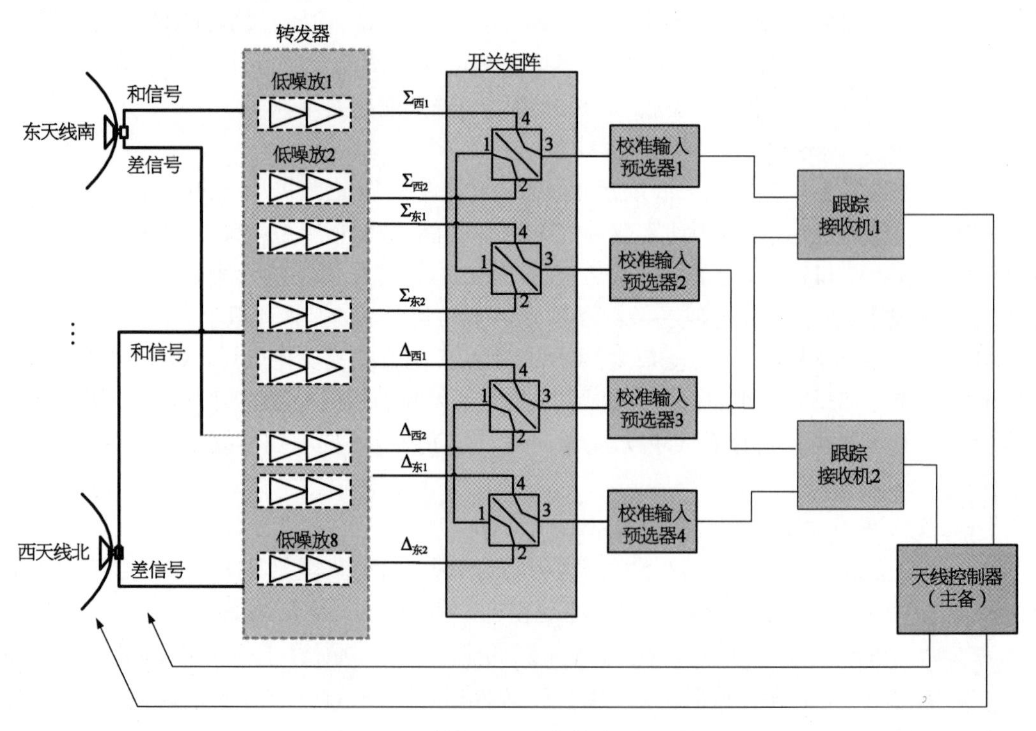

图 8-46　射频闭环波束指向校准系统

由于该系统采用电信号进行误差信号的测试并通过自闭环系统进行波束指向校准，因此可以保证极高的校准精度，其实时波束校准精度可达到 0.01°，由于通常采用偏馈单反射面天线，其和差波束会存在不大于 0.02°的固有偏差，因此天线整体指向误差可以控制在±0.03°以内。

在这套校准系统中，由于天线收发共用，因此信标信号能够被各副天线所接收，为了更灵活地选取地面信标站的位置，则信标站有可能与用户波束重叠，因此需要设计用户和跟踪一体化功能的馈源组件。其中包括 TE_{21} 模通信跟踪一体化馈源和 TM_{01} 模通信跟踪一体化馈源，具体内容详见 6.5.1 节和 6.5.2 节。

8.5　增强馈源的单口径多波束天线

在增强馈源单口径多波束天线结构中[19]，通过在等效的相邻馈源口径之间共用阵列单元以实现虚拟的重叠馈源口径，即实现了等效的大口径馈源照射，如图 8－47 所示。

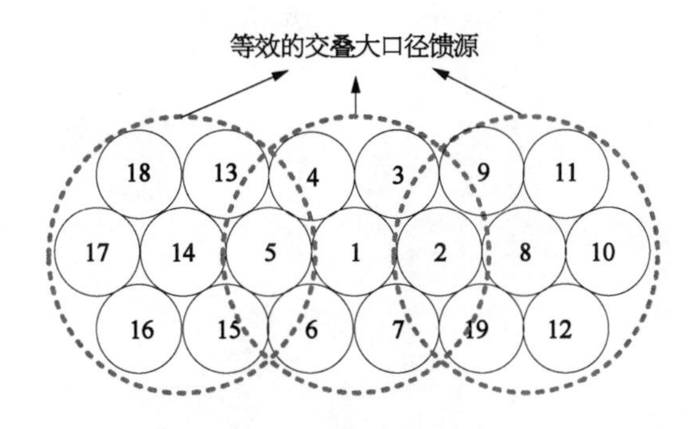

图 8－47　馈源合成原理示意

相比单馈源单波束的解决方案，增强馈源单口径多波束天线理论上只需要一副口径即可产生相邻的波束。然而在许多情况下，由于工作带宽的限制、PIM 要求、复用馈源极化正交性的要求、波束形状以及天线性能的要求，通常需要两副天线实现指定区域的波束覆盖。

增强馈源单口径多波束天线结构的主要优点是减少了反射器数目，便于卫星布局，从而使得它成为小平台以及混合业务卫星（在承担传统载荷天线的基础上附加多波束天线）的优选方案。增强馈源单口径多波束天线的另一个重要应用场合为低频段超大口径多波束，例如 L 和 S 频段的多波束业务。对于 L/S 频段的工作模式，通常采用低电平的多馈源波束形成方案，在 Ku/Ka 等高频段更适合的方式是采用高电平波束形成方式[20]，本节重点介绍高电平波束形成。

采用高电平波束形成技术的多点波束天线主要是 AirBus 公司的 Medusa[21,22] 项目，其发展目标是产生多波束覆盖区，用于四色频率复用（例如频率和极化）的宽带卫星系统，采用了收发分开的两副多波束天线实现了 20/30 GHz 多波束覆盖。MEDUSA 项目是目前欧洲采用多模波束形成网络产生多点波束天线的最新技术水平，2012 年研制出鉴定件产品，该技术已经用于 EUTELSAT 36C/ AMU1 卫星[23]，产生 18 个用户波束覆盖俄罗斯西部，图 8－48 是 Ka

收发 AFR 多波束天线作为 Eurostar 3000 平台侧向展开天线的模型，其工作频段为 17.7～20.2 GHz(发射频段)和 27.5～30.0 GHz(接收频段)，具体馈源阵实物如图 8-49 所示。

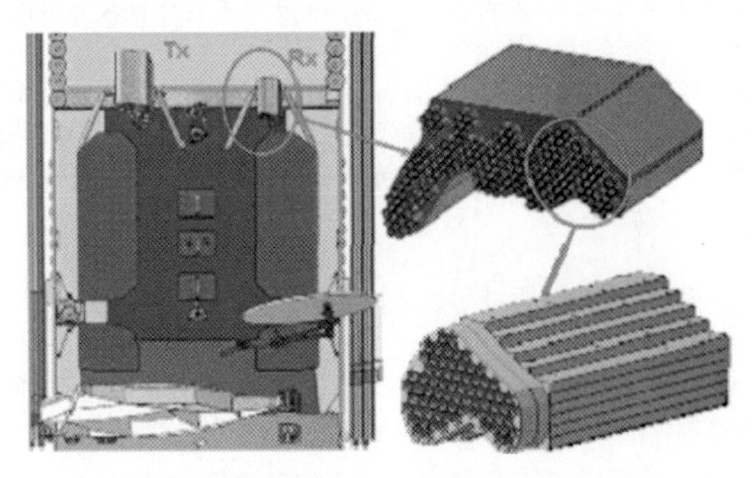

图 8-48　天线星上布局结构示意(2 副天线：发射天线 & 接收天线)

图 8-49　馈源阵实物(发射馈源阵 & 接收馈源阵)

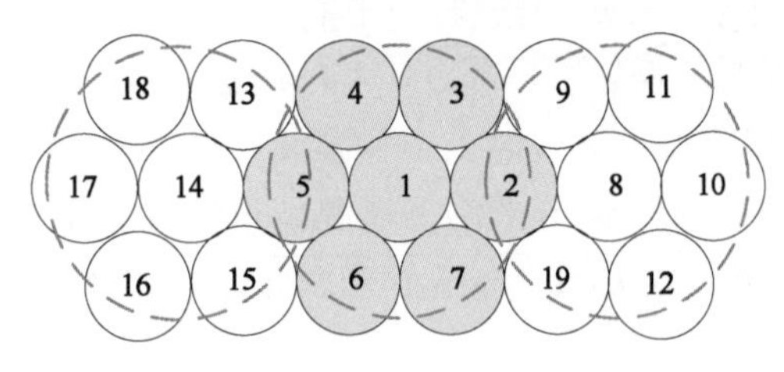

波束编号	喇叭编号
1	1,2,3,4,5,6,7
2	2,8,9,10,11,12,19
3	5,13,14,15,16,17,18

图 8-50　馈源和波束的对应关系

采用小喇叭馈源阵来产生波束，每个波束由一组喇叭产生，相邻波束共享喇叭，如图 8-50 所示，每个波束采用一个主辐射单元(即与波束输入端口连接的单元)和周围的 6 个单元[21]。周围单元在相邻波束间共享。馈电共享单元的耦合器具有较低的耦合值，在 1/10 量级。由于这种等效的大口径馈源交叠，可以通过单口径天线形成高性能的交叠波束。这明显节省了重量和成本，也简化了天线在卫星上的布局，但这些优点是以复杂的波束形成网络为代价的。

馈电网络由分支线耦合器、移相器和膜片圆

极化器组成。其中，分支线耦合器和移相器是为了产生要求的激励系数，膜片圆极化器是为了产生圆极化。图 8－51 为无耗多模波束形成网络的原理框图，波束端口在底部，馈源端口在顶部，采用模块化结构。

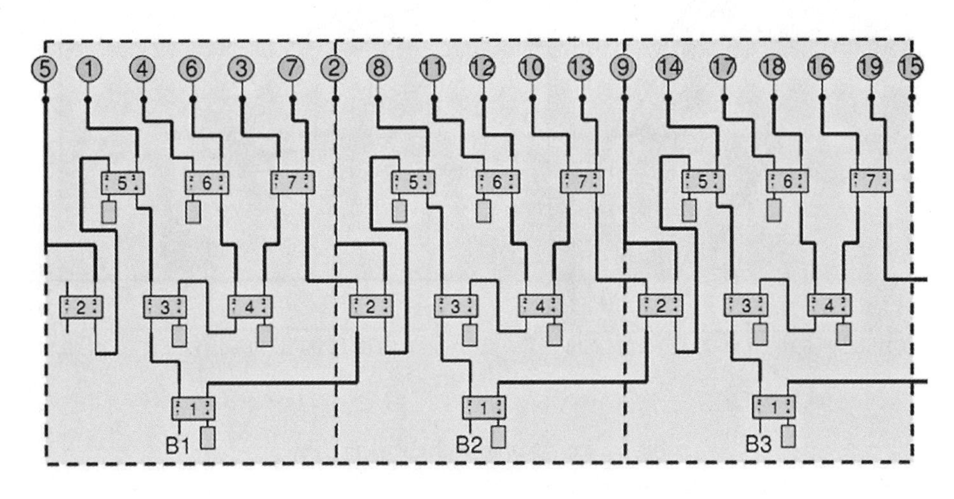

图 8－51　合成波束拓扑图

为了验证 Medusa 项目的可行性，研制了工程件。天线采用标准抛物面天线，由于收发分离，因此反射器的口径可根据频率和波束宽度分别最优化设计。选择发射口径 1.6 m，接收口径 1.1 m 以获得 0.75°的波束。

图 8－52 给出了天线在紧缩场的测试状态，图 8－53 给出了 17 个波束的测试结果，从图中可以看出 0.75°的波束增益可以达到 42.5 dBi 以上，四色复用的 C/I 高于 18 dB，实现了极好的性能[24]。

图 8－52　合成多波束天线紧缩场测试示意

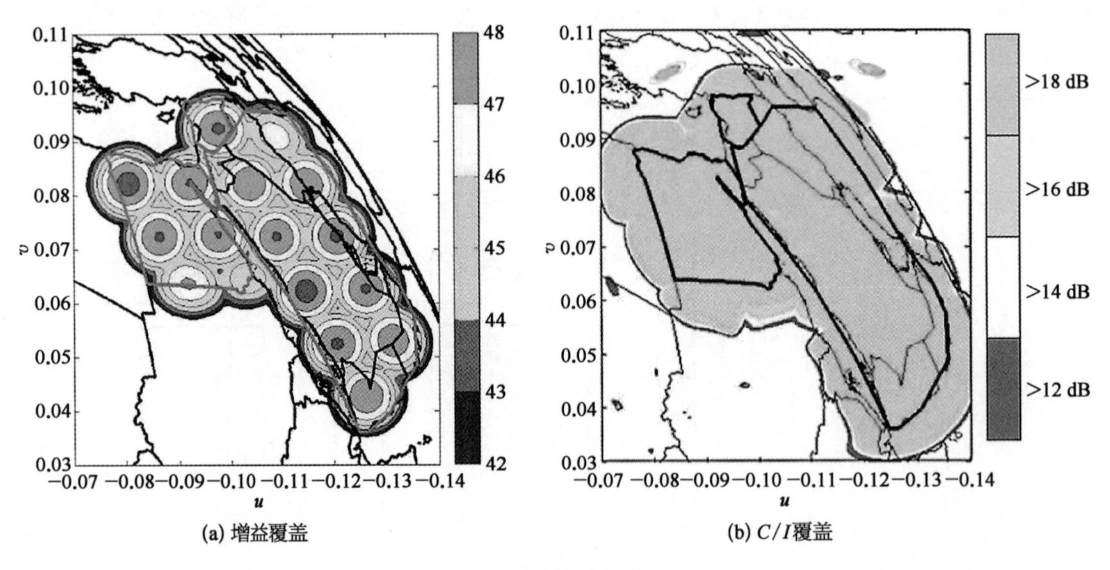

(a) 增益覆盖

(b) C/I覆盖

图 8-53　合成多波束天线测试结果

对于 SFB 天线，波束形状需要通过单个喇叭的设计或者反射面赋形来改变，对于 MFB 天线，波束形状可以通过不同数量的馈源进行合成以及不同的幅相激励系数来改变，因此具有更多的灵活性。

不同用户波束的喇叭能够被用来形成关口站波束，虽然关口站激励系数不能完全独立地选择，但相比 SFB 天线，关口站波束赋形具有更高的自由度。对于 Medusa 项目，3～7 个喇叭被用来产生关口站波束，增益在 44.4～45.3 dBi 之间。

8.6　EBG 增强馈源的单口径多波束天线

单口径天线中，如果馈源口径增加 1 倍，即相当于四口径多波束天线中的一副。因此，单口径天线欲获得良好的高增益和低旁瓣性能，需要馈源在保持间隔不变的情况下获得 2 倍的等效口径，即增益增加 6.0 dB。可以实现的方式主要有 3 种[25]：

(1) 基于波束形成网络的共享馈源。

(2) 基于 EBG 结构的增强馈源。

(3) 基于透镜结构的增强馈源。

其中，8.3.2 节介绍了通过高电平波束形成网络合成获得 2 倍等效口径的方法。该方法的主要缺点是需要复杂的馈电网络，当波束数量较大时将变得异常复杂。后两种方法的优点是不需要复杂的馈电网络，然而文献[25]的研究表明：基于透镜结构的增强馈源效果并不理想，因此本节重点介绍基于 EBG 馈源的单口径多波束天线。

8.6.1　EBG 增强馈源的辐射机理

如图 8-54 所示，EBG 增强馈源一般由基本辐射源、金属反射板、EBG 部分反射表面(partially reflecting sheet，PRS)组成[26]。其中金属反射板与 EBG 部分反射表面之间形成

F-P(Fabry-Perot)谐振腔。基本辐射源辐射的电磁波在金属反射板与 PRS 之间不断反射与透射，当两反射板的间距取合适值时，在某个频率将发生谐振，历次透射的电磁波会同相叠加，从而显著提高了馈源的方向性，得到了等效口径大于基本辐射源口径的等效馈源[27]，即 $\Delta > \phi$。对于多馈源的情形，将产生等效的重叠口径馈源，如图 8-55 所示。等效馈源能够减少漏射、降低天线的旁瓣、产生高性能的多波束覆盖[28]。

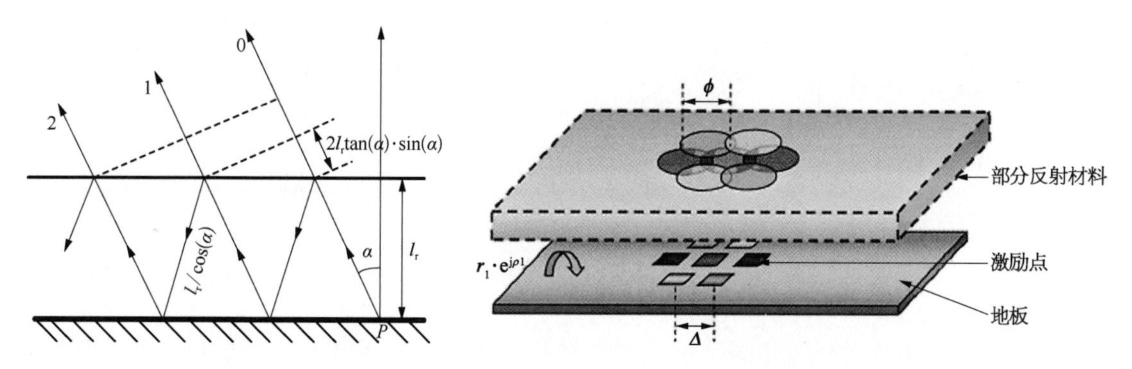

图 8-54　EBG 天线辐射机理示意　　　　图 8-55　产生等效交叠馈源

假设辐射源所在的平面为接地板(全反射表面)，PRS 的反射系数为 $\rho e^{j\varphi}$(其中 ρ 为反射幅度，φ 为反射相位)，为了满足同相叠加条件，接地板与 EBG 反射板的间距 l_r 应满足：

$$l_r = \frac{\lambda}{2}\left(\frac{\varphi + \pi}{2\pi}\right) \tag{8-20}$$

式中，φ 为 EBG 反射板的反射相位，λ 为波长。当 $\varphi = 180^\circ$ 时，$l_r = \lambda/2$，对应 PEC；当 $\varphi = 0^\circ$ 时，$l_r = \lambda/4$，对应 PMC。

EBG 天线的主向增益表示为

$$G = \frac{1+\rho}{1-\rho} \tag{8-21}$$

其可以实现的带宽为

$$BW = \frac{\lambda}{2\pi \cdot l_r} \cdot \frac{1-\rho}{\sqrt{\rho}} \tag{8-22}$$

Q 是品质因素，可以用反射系数的幅度 ρ 和相位 φ_r 来表示：

$$Q = \frac{\sqrt{\rho}}{1-\rho} \times \left(\frac{\varphi_r + \pi}{2}\right) \tag{8-23}$$

增益随着 EBG 反射板的反射率增大而增大，但是半功率增益带宽随着反射率的增大而变窄，可见增益和带宽的变化趋势是相反的。因此选用高反射率的 EBG 反射板可以提高天线的增益，但增益的提高是以牺牲带宽为代价的。图 8-56 为 EBG 天线的增益和带宽随 Q 值变化的曲线[29]。

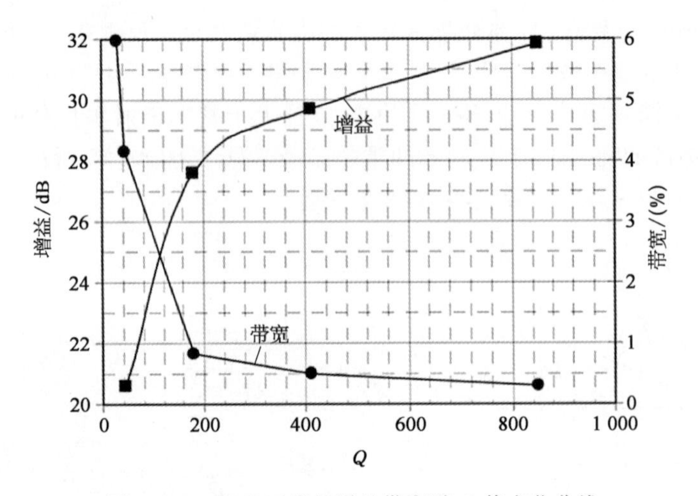

图 8-56　EBG 天线的增益带宽随 Q 值变化曲线

下面介绍一个基于双层介质结构增强馈源的实例[30]，基本馈源为方口径喇叭，边长为 0.67λ，间隔为 2.4λ，增加单层介电常数为 20.25 的介质板后，能够实现等效口径为 4.8λ 的增强馈源。作为参考馈源，选择口径为 2.4λ 的圆喇叭，图 8-57 为对比图，其中实线为参考馈源方向图，虚线为采用 EBG 结构后实现的等效馈源方向图，从图中可以看出，馈源增益比参考馈源提高了 6 dB，反射器的边缘电平约为−16 dB，接近于最佳照射电平，可以实现高效率照射，从而提高边缘增益，降低旁瓣，而参考馈源的边缘照射电平只有−3.5 dB 左右，无法获得较好的性能。

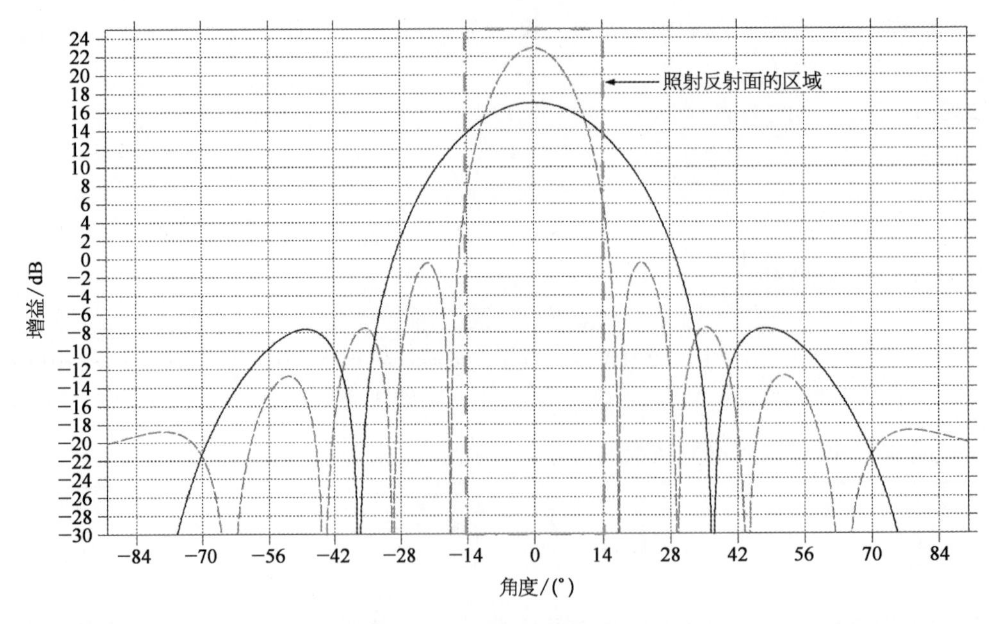

图 8-57　馈源方向图对比

然而，由于低介电常数的介质板是更容易实现的，因此文献[31]提出了等效的低介电常数(4.5)双层介质板结构。图 8-58 为方向图的对比，实线为采用普通馈源实现的波束扫描方向图，虚线为采用 EBG 进行增强后实现的波束扫描方向图，从图中可以看出，采用 EBG 进行增强后次级方向图的旁瓣电平约为−25 dB，相比于普通馈源状态下降了 6 dB，峰值增益增加了 1 dB，相邻波束交叠增益增加了 2 dB，工作带宽达 2%，能够满足现有 Ka 频段用户波束 500 MHz 带宽的使用要求，可以作为四口径多波束天线的替代方案。

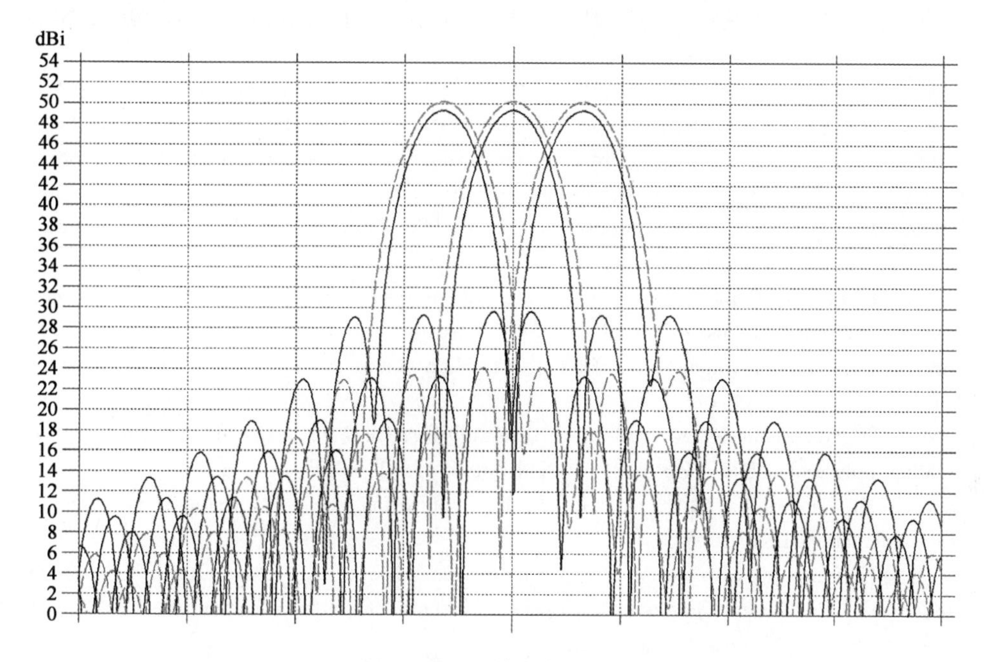

图 8 - 58　天线方向图对比

8.6.2　双频段 EBG - PRS 表面的设计

双频段的 EBG 馈源[32,33]，由两个带通的 FSS 组成，两者间隔为 d。底层对低频段是透明的，在高频段的反射系数约为 0.87。相反，顶层在高频段是透明的，在低频段的反射系数约为 0.9。顶层与接地板形成了高度为 h_1 的第一个谐振腔，它的谐振频率位于低频段。底层与接地板形成了高度为 h_2 的第二个谐振腔，它的谐振频率位于高频段。

为了在两个频段均获得良好的匹配，可以采用两对分别谐振在高低频段的半波长缝隙作为激励源。两对缝隙由工作在主模状态的方喇叭激励。EBG 馈源在两个频段具有相同的相位中心和类似的辐射特性，能够成为多波束天线所需的高效率馈源，两个频段内天线效率优于 67%。

参考文献

[1] Liujie Lei, Jixiang Wan, Qi Gong. Multibeam antennas with reflector for high throughput satellite application. IEEE Aerospace and Electronic Systems Magazine, 2022, 37(2): 34 - 46.

[2] 王旭东，万继响，张坚，等.高通量甚高通量通信卫星多波束天线馈源阵列先进制造技术研究.空间电子技术，2021，18(6): 1 - 10.

[3] 吴建军，梁庆林，项海格.国外高速率卫星 HTS 及其发展动态.第十届卫星通信学术年会论文集，2014:

57 - 63.
[4] 陈文胜，张帆.高吞吐量卫星容量计算初探.第十一届卫星通信学术年会论文集，2015：266 - 269.
[5] 沈永言.全球高通量卫星发展概况及应用前景.国际太空，2015(4)：19 - 23.
[6] 王丽君.高通量卫星通信系统设计因素分析.卫星应用，2016(5)：38 - 39.
[7] 王路阳，万继响.基于 Minimax 的多口径多波束天线赋形.电子设计工程，2019，27(1)：70 - 79.
[8] 张新刚，丁伟，陶啸，等.赋形反射面多波束天线优化设计与分析.电波科学学报，2014，29(5)：1003 - 1007.
[9] 张新刚，丁伟，陶啸，等.新型单口径赋形多波束天线优化设计.2013 年全国天线年会，2013：941 - 943.
[10] 陈修继，万继响.通信卫星多波束天线的发展现状及建议.空间电子技术，2016，13(2)：54 - 60.
[11] Ralf Gehring，Jürgen Hartmann，Christian Hartwanger，et al. Trade-off for Overlapping fed array configuration. 29th ESA Antenna Workshop，APRIL 2007.
[12] Amyotte E，Demers Y，Martins-Camelo L，et al. High performance communications and tracking multibeam antenna. Proc. EuCAP 2006.
[13] Eric Amyotte，Yves Demers，Louis Hildebrand. Recent developments in Ka-band satellite antennas for broadband communications. AIAA 2010 - 8719.
[14] Yarzal A，Castro O，Santiago-Prowald J，et al. High stability large reflectors for Ka Band. EuCAP April 2010.
[15] Tao X，Ding W，Zhang X，et al. Multiaperture multibeam antenna design method for high-throughput satellite applications. INT J RF MICROW C E. 2022，32(6)：e2311.
[16] Amyotte E，Demers Y，Martins-Camelo L. High performance communications and tracking multi-beam antennas. EuCAP 2006.
[17] Amyotte E，Demers Y，Donato M. Recent satellite antenna developments at EMS technologies Canada，Ltd. ，28th ESA Antenna Workshop on Space Antenna Systems and Technologies，31 May - 3 June，2005，at ESTEC，Noordwijk，Netherlands.
[18] Amyotte E，Gimersky M，Donato M. High performance Ka-band multibeam antennas. 19th International Communications Satellite Systems Conference.
[19] Piero Angeletti，Marco Lisi. Multimode beamforming networks for space applications. IEEE Antennas and Propagation Magazine，2014，56(1)：62 - 78.
[20] Iversen P O，Ricardi L J，Faust W P. A comparison among 1-，3-，and 7-horn feeds for a 37-beam MBA. IEEE Transactions on Antennas and Propagation，1994，42(1)：1 - 8.
[21] Baptiste Palacin，Nelson J G Fonseca，Maxime Romier. Multibeam antennas for very high throughput satellites in Europe：Technologies and Trends. 2017 11th European Conference on Antennas and Propagation.
[22] 陈修继，万继响.每束多馈源天线的设计特点研究.中国空间科学技术，2017，37(4)：49 - 55.
[23] Liujie Lei，Jixiang Wan，Qi Gong，et al. A four feeds per beam method of multibeam reflector antennas for HTS. 2022 IEEE 10th Asia-Pacific Conference on Antennas and Propagation（APCAP），Xiamen，China，2022：1 - 2.
[24] Xiuji Chen，Jixiang Wan. Impact of excitation coefficients orthogonalization on beam forming，antennas，propagation and EM theory (ISAPE). 2016 11th International Symposium，2016：772 - 775.
[25] Enrico Reiche，Ralf Gehring，Michael Schneider，et al. Space fed arrays for overlapping feed apertures. EuCAP，2006.
[26] Nuria L lombart，Andrea Neto，Giampiero Gerini，et al. Leaky wave enhanced feed arrays for the improvement of the edge of coverage gain in multibeam reflector antennas. IEEE Transactions on Antenna and Propagation，2008.
[27] Andrea Neto，Mauro Ettorre，Giampiero Gerini，et al. Leaky wave enhanced feeds for multibeam reflectors to be used for telecom satellite based links. IEEE Transactions on Antennas and Propagation，2012，60(1)：110 - 111.

[28] Menudier C, Chantalat R, Arnaud E, et al. EBG focal feed improvements for Ka-band multibeam space applications. IEEE Antennas and Wireless Propagation Letters, 2009, 8: 611 - 615.

[29] Chantalat R, Menudier C, Thevenot M, et al. Enhanced EBG resonator antenna as feed of a reflector antenna in the Ka band. IEEE Antennas and Wireless Propagation Letters, 2008, 7: 349 - 353.

[30] Chreim H, Chantalat R, Thèvenot M, et al. An enhanced Ka-band reflector focal-plane array using a multifeed EBG structure. IEEE Antennas and Wireless Propagation Letters, VOL.9, 2010, 9: 1152 - 1156.

[31] Gerard Caille, Renaud Chiniard, Marc Thevenot, et al. Electro-magnetic band-gap feed overlapping apertures for multibeam antennas on communication satellites. The 8th European Conference on Antennas and Propagation (EuCAP), 2014: 963 - 967.

[32] Abdelhamid Tayebi, Josefa Gómez, José Ramón Almagro, et al. Application of EBG structures to the design of a multibeam reflector feed. IEEE Antennas and Propagation Magazine, 2014, 56(5): 60 - 73.

[33] Kanso A, Chantalat R, Naeem U, et al. Multifeed EBG dual-band Antenna for spatial mission. International Journal of Antennas and Propagation, 2011.

第 9 章　可重构反射面天线

目前的卫星寿命约为 15 年，而卫星业务需求无时无刻不在变化，因此，为了保持卫星的竞争力，卫星供应商必须提供更快、更灵活的业务以适应新的需求。这些需求包括：

(1) 具备通过自适应覆盖区或资源分配(功率、通道等)来满足新的市场变化的工作能力。

(2) 具备在轨实现 EIRP 的可重构来应对降雨等恶劣天气带来的影响。

(3) 采用可调的副反射器来补偿大型网状天线的型面误差。

(4) 具备使卫星工作在不同轨道的能力。

(5) 通过采用高可靠性和低成本的标准载荷来缩短卫星研制周期。

虽然灵活性不能够提高总的容量但能够更好地满足市场动态的需求，为了满足上述需求，2006 年，TAS 和 CNES 启动了可重构载荷项目 FLIP(Flexible Innovative Payloads)，目的是发展短周期或中等周期的可重构载荷解决方案[1]。

覆盖区的可重构可能是可重构能力中最重要的，它决定业务区域的范围，可以采用的方案如下：

(1) 直射阵列——中等增益，全球的灵活性。

(2) 镜像相控阵——高增益，半球的灵活性。

(3) 阵列馈电反射面天线——高增益，全球/区域的灵活性，灵活性有一定的限制。

(4) 透镜天线——中等增益，全球的灵活性。

本书的重点不是介绍全有源的直射相控阵天线，而是介绍基于反射面天线技术的一些可重构技术，包括机械可重构天线、无源可重构天线、半有源和有源可重构天线等多种形式。

9.1　在轨机械可重构反射面天线

相比有源阵列天线，机械可重构的反射面天线具有成本低、重量低、功耗和热耗小等优点[2]，可分为机械可切换天线、机械可缩放天线、机械可重构天线。

9.1.1　波束在轨机械可切换天线

基于第 4 章的讨论，仅采用赋形的副反射器即可实现赋形的波束，既然副反射器是相对较小的，则有可能采用多个赋形的副反射器，通过在轨切换另一副反射器和重新指向主反射面，天线可以在几个已知业务区之间获得接近最优的性能。基于这种思想，文献[3]提出了一种副反射器可切换的三波束对地面天线。如图 9－1 所示，天

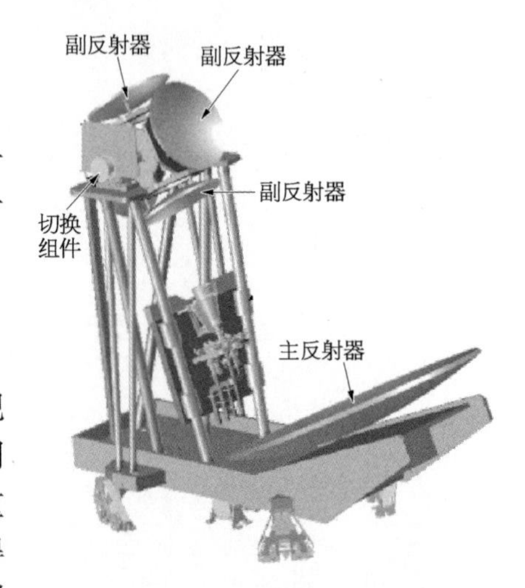

图 9－1　可切换副反射器的双反射器结构形式

线为副反射器可切换的格里高利天线，通过机械选择不同的赋形副反射器可以实现墨西哥、加勒比海地区和巴西 3 种情况下不同形状的赋形波束的切换(见图 9-2)，从而实现波束覆盖的灵活性。

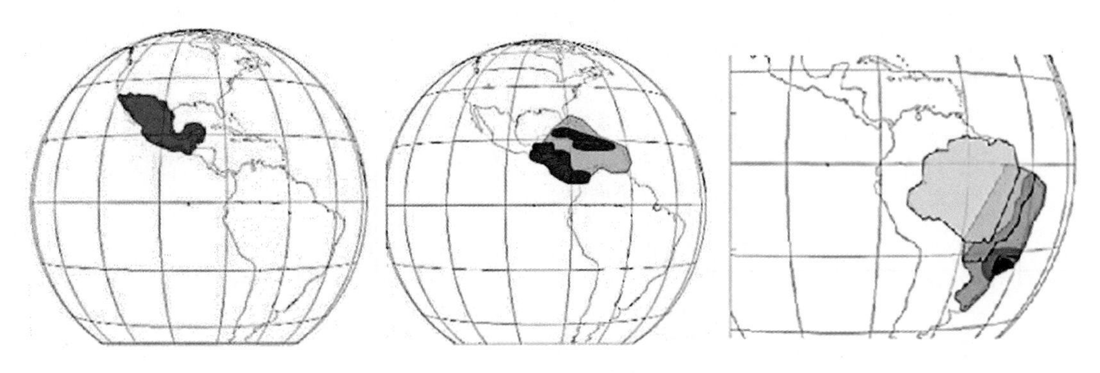

图 9-2　一个天线实现不同的覆盖区

在 CNES 支持的“FLIP”项目中[4]，一个机械选择反射阵的可重构天线也被发展，如图 9-3 所示。采用卷轴式薄膜反射阵，由于其平面形状和低轮廓的特点，能实现更高的集成度，可在 10 个覆盖区之间进行选择。

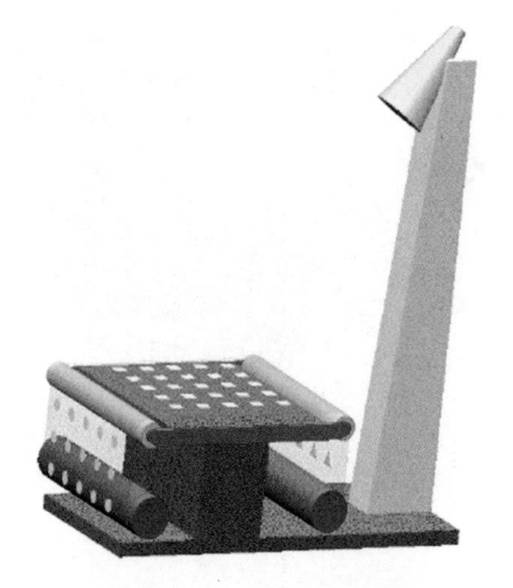

图 9-3　可动反射阵天线

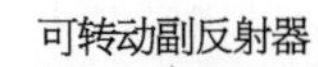

图 9-4　机械可重构天线示意

9.1.2　波束在轨机械可缩放天线

Mizzoni 提出一个机械可重构天线技术[5,6]，如图 9-4 所示。天线为双偏置格里高利天线，口径为 850 mm，工作频率为 10.95～14.50 GHz，通过旋转赋形的副反射器和沿偏置轴平移主反射器可以实现椭圆波束从小椭圆 2.3°×3.6°到大椭圆 6°×9°的变化。图 9-5 为其中的 3 个不同尺寸的椭圆波束。极端情况下，该天线可以产生圆形波束。该对地板天线(较小的口径)典型的性能比最优赋形天线低 4～5 dB。该天线适合于性能要求较低的次要覆盖区。

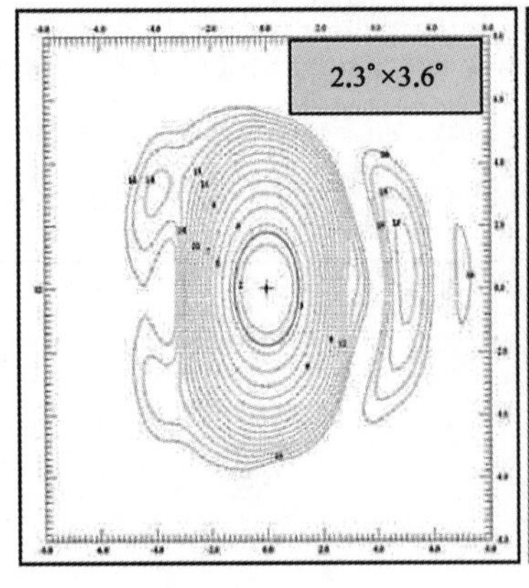

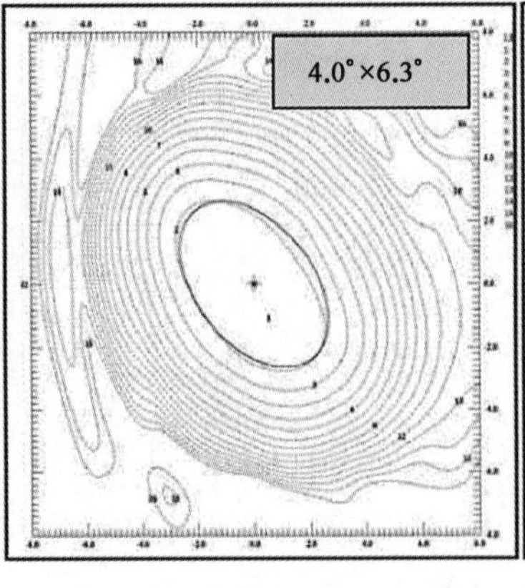

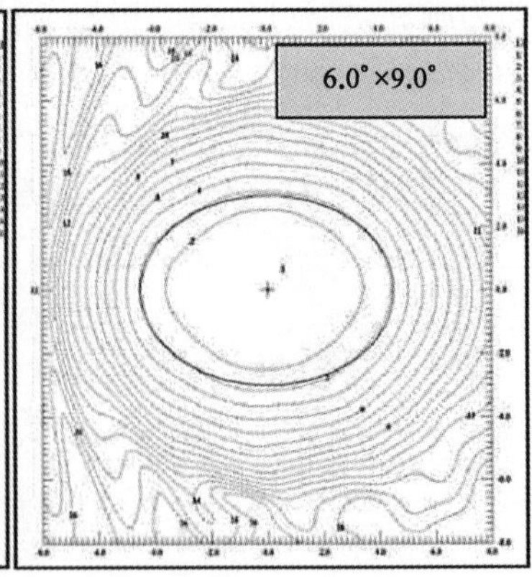

图 9-5　不同形状和宽度的波束

9.1.3　波束在轨机械可重构天线

图 9-6 为 ESA 资助研究的在轨机械可重构反射面天线[7]。首先，主副反射器针对初始覆盖区进行同时赋形，然后，可变的覆盖区通过机械调整主反射器的型面获得。主反射器可采用柔性金属涂层的聚碳酸酯材料(flexible metal coated lexan surface)、三轴编制碳纤维增强硅胶材料(triaxially woven carbon fibre reinforced silicone, TWF CFRS)、正交编织网等材料，利用压电传动装置(piezoelectric actuators)控制主反射器的型面，可以实现±10 mm 以上的调整范围[8,9]。

对大口径反射面天线，为了简化设计，也可以采用副反射器可重构天线。此时，天线的馈源和主反射器是固定的，副反射器在轨机械可调，如果同时采用主反射器指向可调[10]，则可以获得更优的性能。

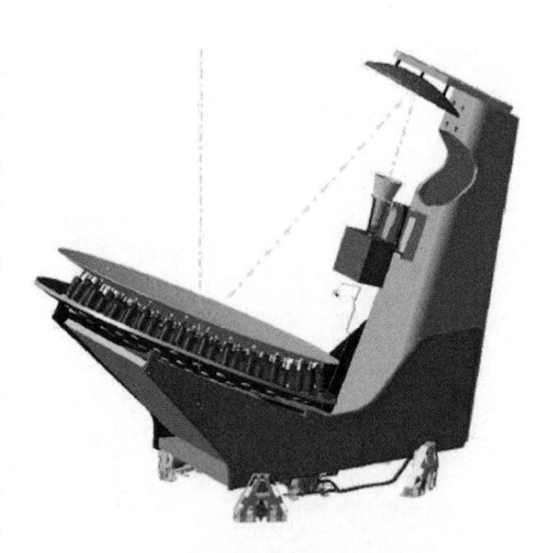

图 9-6　基于主反射面型面可变技术的可重构天线

9.2　在轨无源可重构天线

9.2.1　可重构无源透镜天线

可重构无源透镜天线的原理框图如图 9-7 所示[11]，为单馈源馈电单偏置反射面天线形式，可重构的透镜位于馈源和反射面之间，采用低损耗的铁氧体移相器作为电调器件，其整体结构如图 9-8 所示。透镜由输入和输出馈源组成(典型为 150～200 个小喇叭)，通过铁氧体移相器连接，通过控制铁氧体移相器的相位可以实现方向图的可重构[12]。

一个采用可重构无源透镜天线的可重构场景如图 9-9 所示[13]，欧洲覆盖区被分成 3 个区域波束+1 个全覆盖区波束，正交线极化工作，所有的波束具备能够根据市场需求在轨可重构的能力。

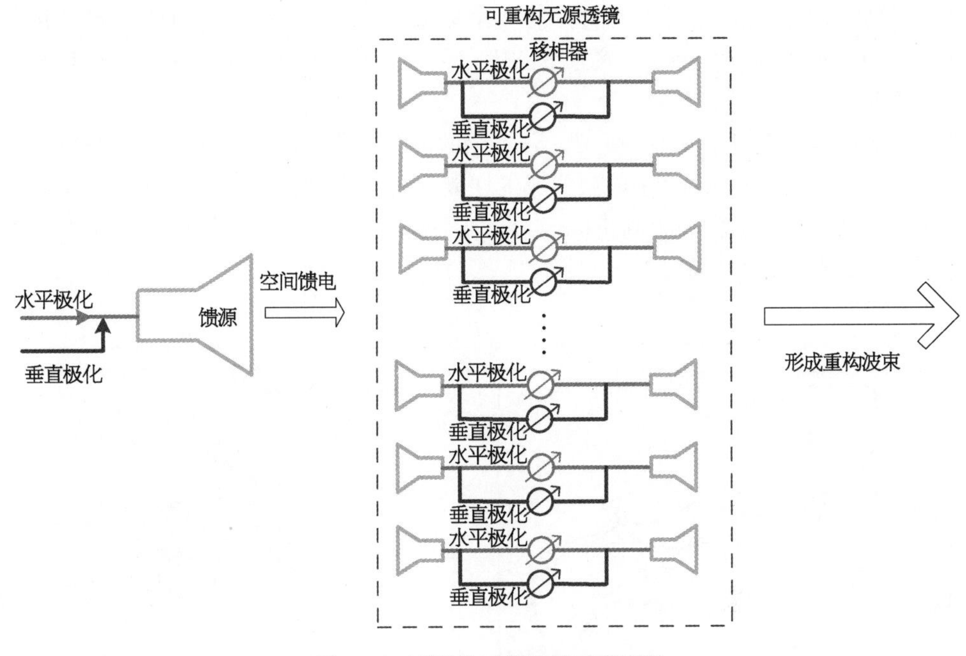

图 9－7　可重构无源透镜天线原理

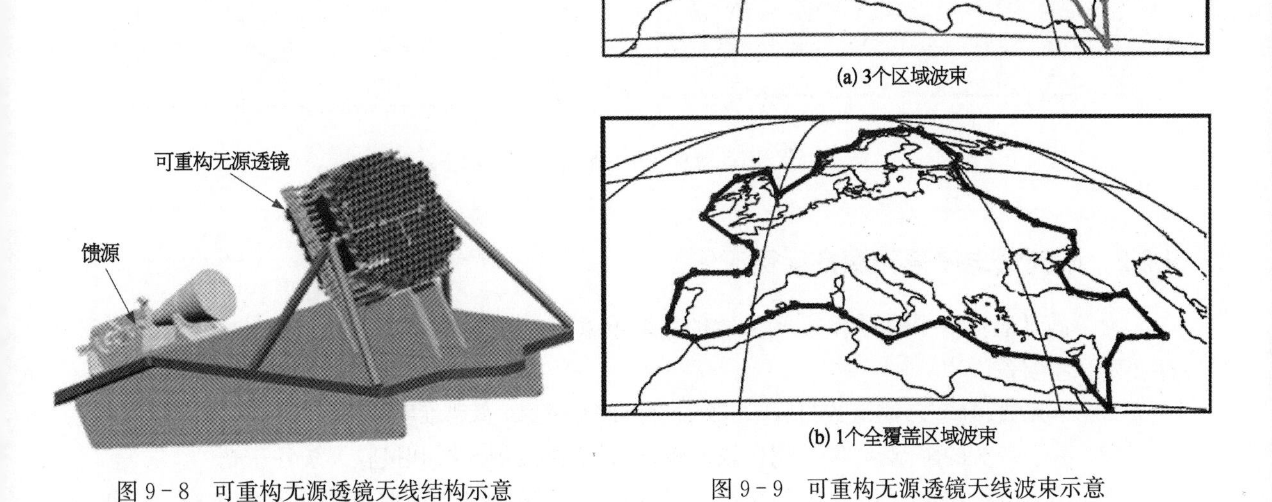

图 9－8　可重构无源透镜天线结构示意

图 9－9　可重构无源透镜天线波束示意

基于可重构的场景，假设两个不同卫星轨道位置，4 个波束（3 个区域＋1 个欧洲）由两副天线产生，每幅天线产生 2 个可重构的波束，1 个极化 1 个。双极化通过 OMT 分离，每个极化通过独立移相器来实现波束形成。该方案的优点是波束通过空间合成。主要缺点是分析的复杂性以及馈源与透镜之间的失配。

理论分析结果如图 9－10、图 9－11 所示，全欧洲波束典型的覆盖区边缘增益比最优化的无源赋形波束天线低约 2 dB，其中波束形成的性能低约 1 dB，透镜损耗约 1 dB。3 个区域波束的覆盖区边缘增益比全欧洲波束高 1.5～2 dB。透镜天线展示了良好的可重构能力。该透镜天线也可以变成有源透镜天线。

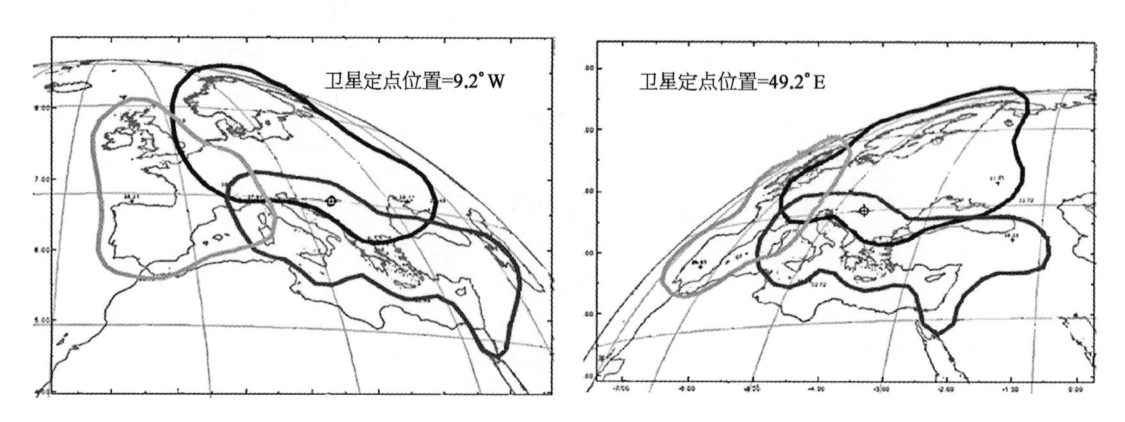

图 9－10　3 个区域波束在不同轨道位置下的覆盖

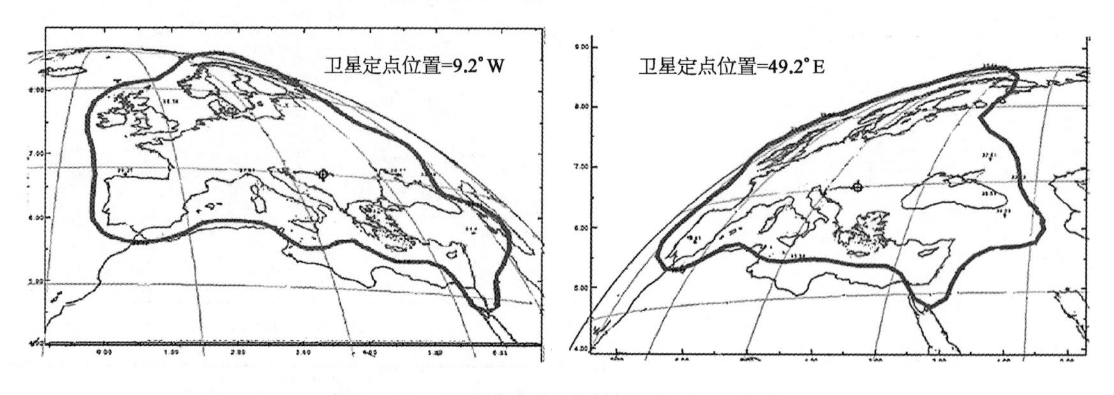

图 9－11　欧洲波束在不同轨道位置下的覆盖

9.2.2　阵列馈电赋形无源反射面天线

为了满足通信应用的要求，希望天线的发射波束方向图具备高度的灵活性，采用直射阵列存在两个主要的缺点：

（1）单元数目较多，通道数目较大，波束形成网络复杂，实现难度较大。

（2）由于带宽的限制，收发共用比较困难，通常需要发射天线和接收天线各一副。

为了克服直射阵列天线上述的缺点，TAS 提出了阵列馈电赋形反射面天线的概念，如图 9－12 所示，其基本的思想是采用小型馈源阵来降低复杂度，通过反射器赋形将子波束展宽以保证大多数辐射单元对辐射波束有贡献，每个子波束基本上可以覆盖业务区。该方法降低了幅度的动态范围(典型 6 dB)，形成了幅度固定，相位可重构的波束形成网络，利用铁氧体移相器实现，然后通过波束形成来实现期望的覆盖区特性。该概念通过反射器赋形将反射面天线的幅度系统转化为近似相控阵天线系统，馈源的数目与增益有关，通过进行相位优化即可实现所期望的性能，因此具有相控阵天线的灵活性。

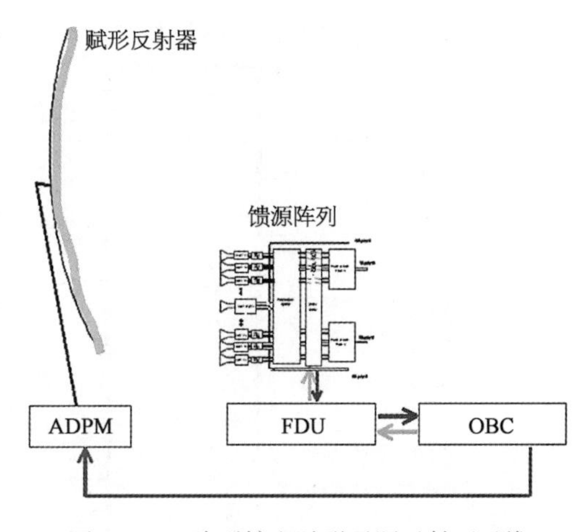

图 9－12　阵列馈电赋形无源反射面天线

为了评估该天线的波束重构能力，定义了一组任务覆盖区，如图 9－13 所示。该天线应能够产生可重构的双极化发射波束和一个固定的双极化接收波束。天线的组成如图 9－12 所示，采用焦平面上的馈源阵馈电赋形反射面技术，由赋形反射器、展开/指向机构、馈源阵、正交模耦合器、铁氧体移相器和波束形成网络等组成。天线口径为 2.2 m，焦距为 3.3 m，偏置高度为 0.9 m。在工作状态下，天线首先通过指向机构指向波束重构区域，指向机构的旋转中心靠近反射面的中心。然后通过相位优化，实现期望的赋形波束。

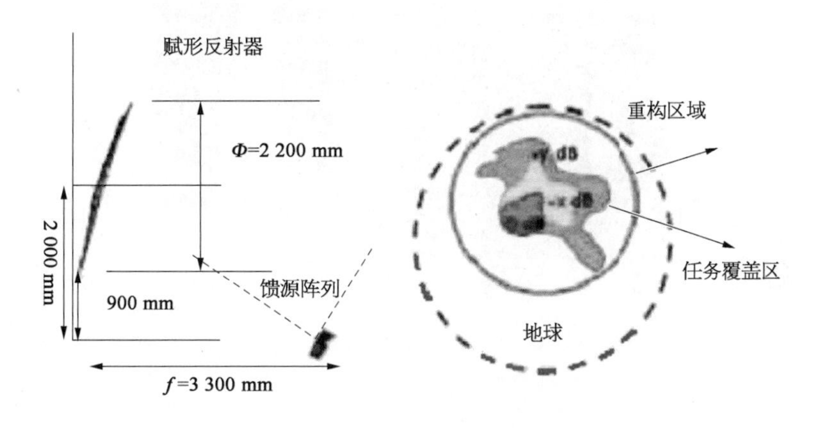

图 9－13　天线结构示意图和覆盖区

为了实现一个可重构的双极化 Tx 波束和一个固定的双极化(H&V)Rx 波束，中心馈源是 Rx/Tx 共用馈源，能够覆盖发射和接收频段。案例中选择 24 个发射双极化馈源＋1 个中心收发共用馈源共 25 个馈源组成发射馈源阵列，如图 9－14 所示。馈源为方口径喇叭。采用该类型喇叭的优点是阵列栅格中的所有可获得的面积均被利用，从而最大化的效率和天线性能。至于馈源的排列，与波束形状关系不大，在本例选择方形馈源阵列，如图 9－15 所示。

发射方向图可以通过调整每个移相器的相位来获得，可以产生水平和垂直两个极化的赋形波束，演示了 4 个完全不同形状、不同位置覆盖区的可重构能力(见图 9－16)。而且，中心馈源保证接收的固定波束具备水平极化和垂直极化能力。

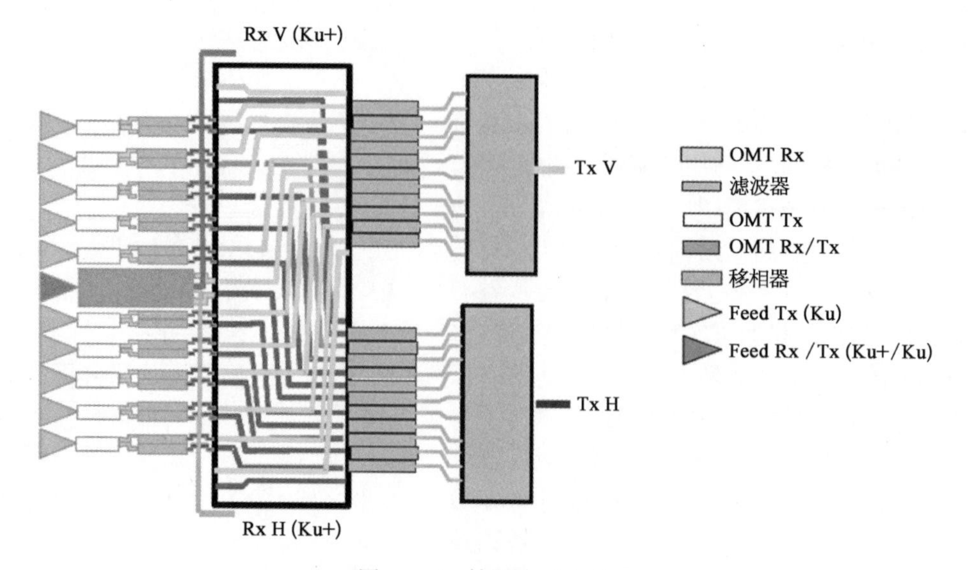

图 9-14　馈源阵列示意

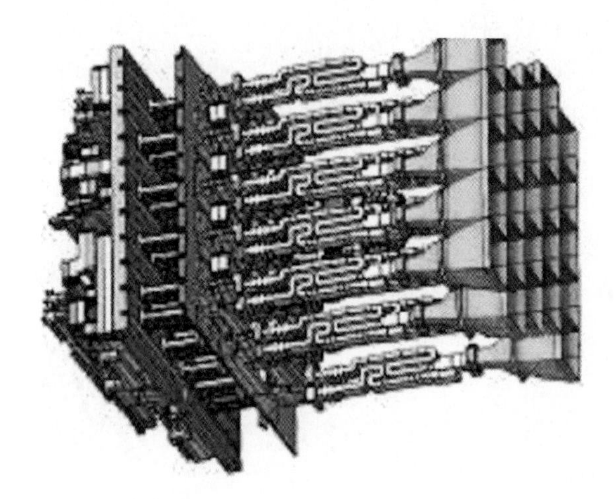

图 9-15　馈源阵列结构示意

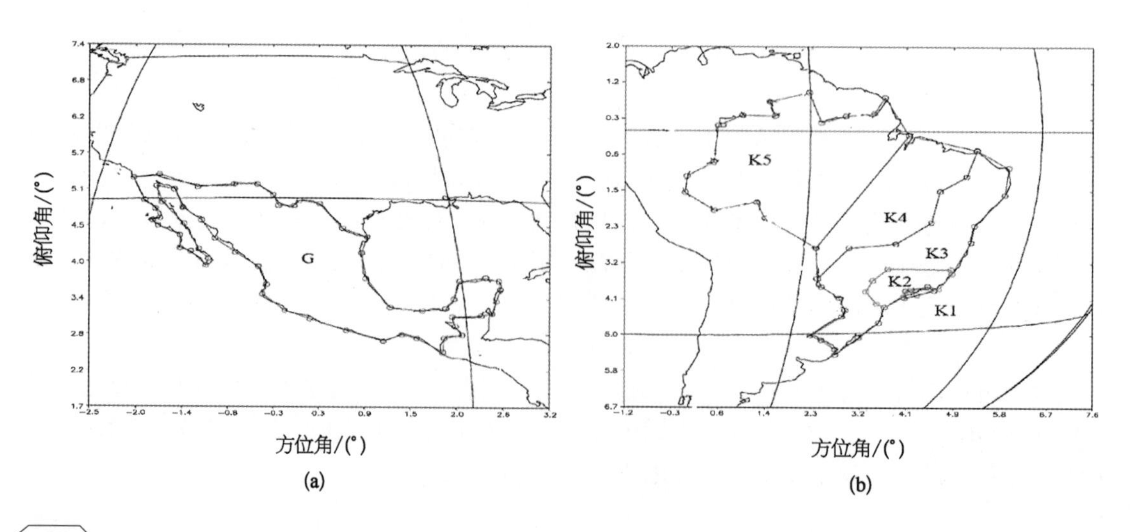

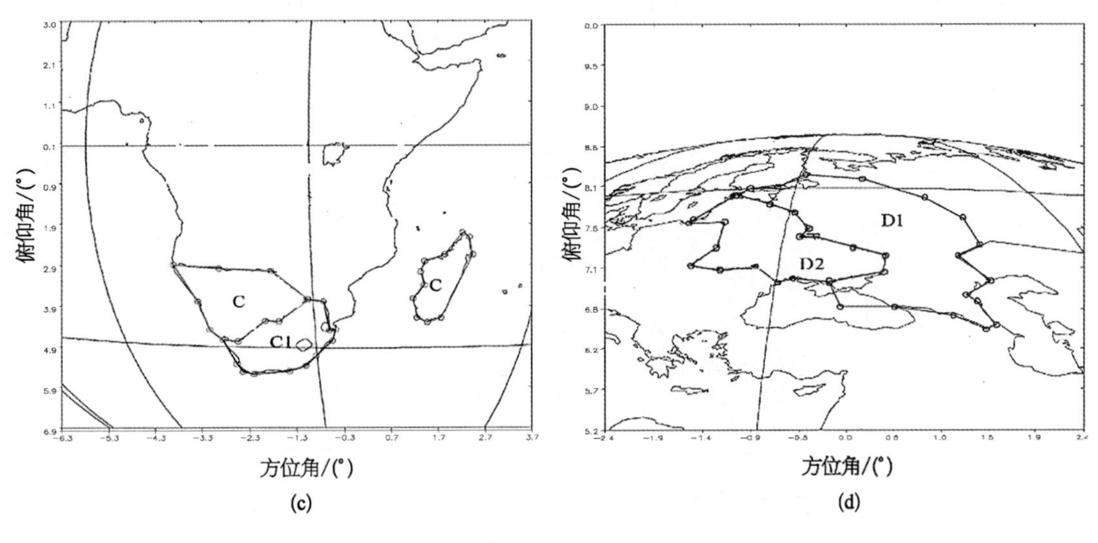

图 9－16　覆盖区示意

该类型天线也存在高功率损耗方面的缺点，因为高功率需要经过功分网络，因此产生了较高的损耗。因为这个原因，该类型天线的馈源数目典型值为 32 个。馈源数目的限制导致了波束赋形的能力，与覆盖相同业务区的单馈源赋形反射面的无源天线相比，该可重构天线的增益低 1～2 dB，以牺牲增益作为代价获得可重构能力，因此适合作为卫星的次要业务。一个典型卫星布局如图 9－17 所示，可重构天线安装在卫星的一个侧板上。

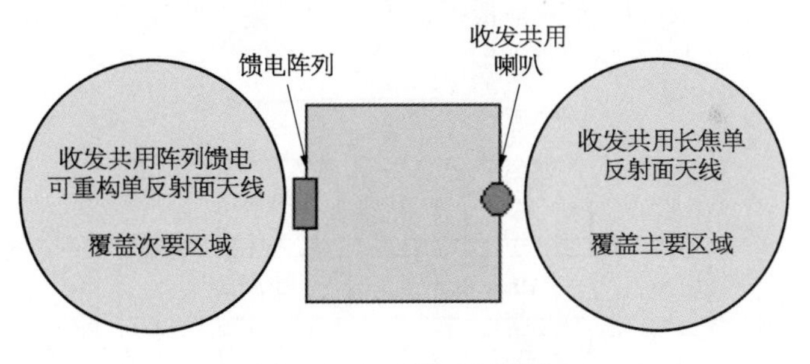

图 9－17　天线布局示意

9.3　在轨半有源可重构天线

9.3.1　Ka 频段抗雨衰广播可重构天线

为了补偿 Ka 频段的雨衰，对于经典的系统，是采用过尺寸的天线前端来应对发生在所有业务区的最坏衰减。然而，由于恶劣天气一般只发生在局部地区，很少会出现整个业务区同时发生恶化的传播情况。

另外，可重构的天线前端应根据实时的天气衰减情况，对功率进行空间分布，给出哪些地区分配多少功率，而不是增加功率。因此可有效利用星上有限的功率资源。

在多波束天线系统中,可以通过配置多端口放大器(MPA)根据不同区域需求来实现不同波束的功率分配,以实现星上功率的有效利用。以 72 个波束的覆盖区为例[14],如图 9-18 所示。

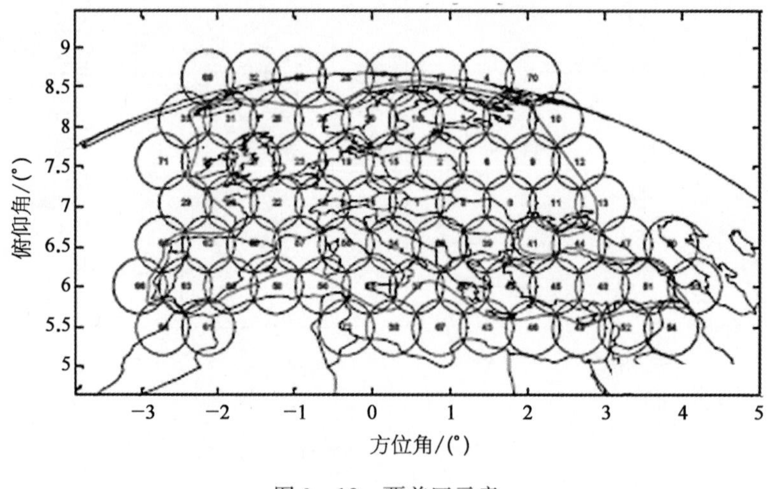

图 9-18 覆盖区示意

72 个波束可以采用 9 组 8 端口的多端口放大器组件来实现任意波束的功率可重构,为了简化,图 9-19 中只给出了 2 组 MPA。需要注意的是,输入信号首先被低功率的固定功分器(FPD)等分,然而通过一组可变移相器(VPS)馈给馈源。可变移相器的功能是控制高功率放大器(HPA)的输入。这样的排列保证了所有的放大器都工作在同一工作点(饱和点或固定回退点)。类 Butter 矩阵(BLM)的任务是根据需要将功率输入给相应的馈源。

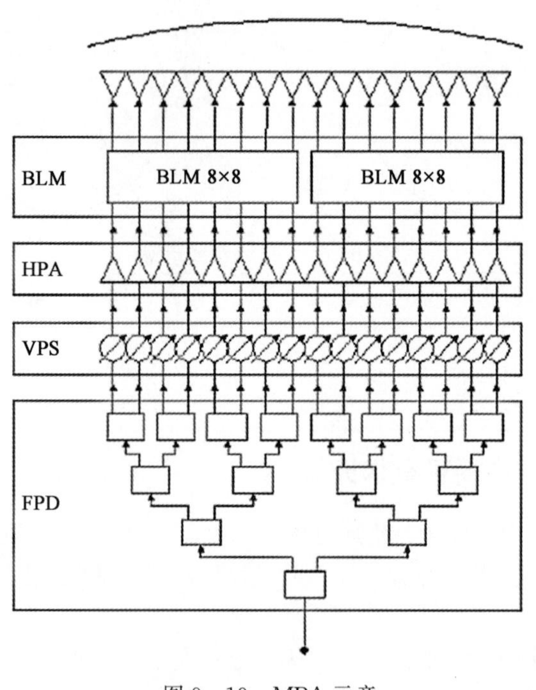

图 9-19 MPA 示意

可重构波束形成网络可以根据天气及对应的衰减模型进行实时调整，将功率分布在天气条件要求更多功率的地区，如图 9-20 所示。

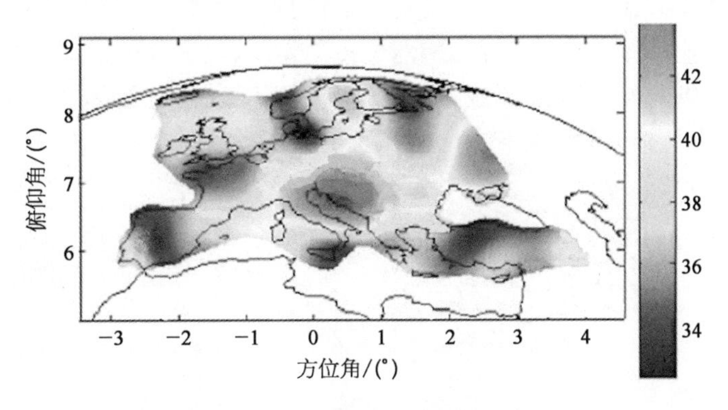

图 9-20　对局部地区进行功率加强

9.3.2　阵列馈电非聚焦反射面的高轨可重构天线

高轨倾斜轨道要求卫星在偏航方向连续旋转以保证太阳帆板相对于太阳一直保持最佳的方向。传统的抵抗偏航的天线技术是产生宽的椭圆波束或圆波束，这导致天线方向性相对于赋形波束的最优方向性，常降低了 2～3 dB。一个更有效的天线设计是采用赋形波束，且能够连续重构以致波束是抗偏航的，一直保持地面覆盖区静止。波束重构可以通过非聚焦反射面和小的馈源阵实现。

非聚焦反射面天线的概念如图 9-21 所示，通过张开或者收拢抛物面可以在反射面口径产生二次相位波前。相比传统的偏焦馈电的抛物面天线，非聚焦反射面天线能够明显展宽单元波束，从而降低了馈源阵的单元数目。既然在非聚焦天线中，馈源阵相对于反射面的焦平面没有偏焦，因此扫描性能增强。

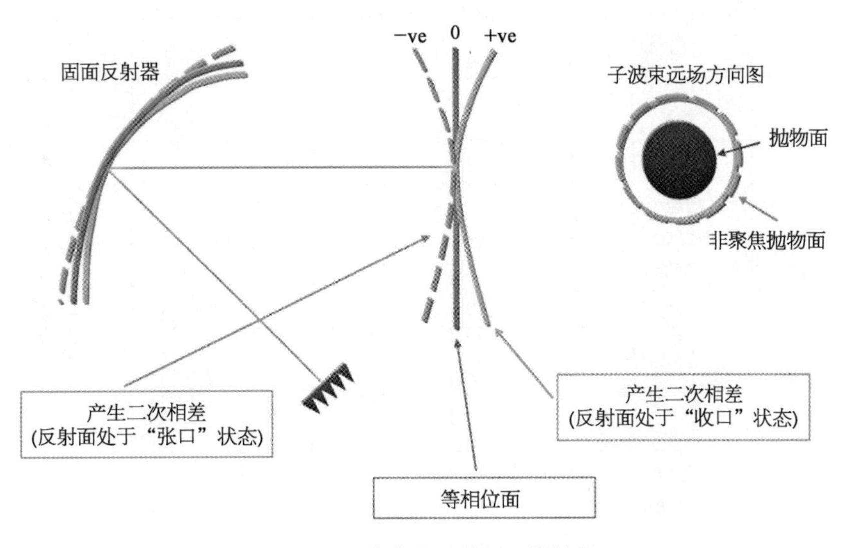

图 9-21　非聚焦反射面天线结构

典型的用于高轨倾斜轨道的非聚焦反射面可重构天线的原理如图 9-22 所示，多波束可重构非聚焦反射面天线原理如图 9-23 所示，它采用矩阵放大技术和低功率波束形成网络来实现可重构。反射面在南北方向是可以转动的，目的是补偿滚动，因为卫星经过椭圆轨道不同的时区。偏航补偿通过低电平的有源移相器电控制实现，幅度分布是固定的。一个 37 单元馈电反射面天线所形成的波束覆盖区如图 9-24 所示，需要注意的是，为了有效补偿偏航的影响，单元波束需要扩大到一个较大的圆形区域。通过相位优化，在远地点任意偏航角，覆盖区边缘方向性系数优于 29.5 dB。

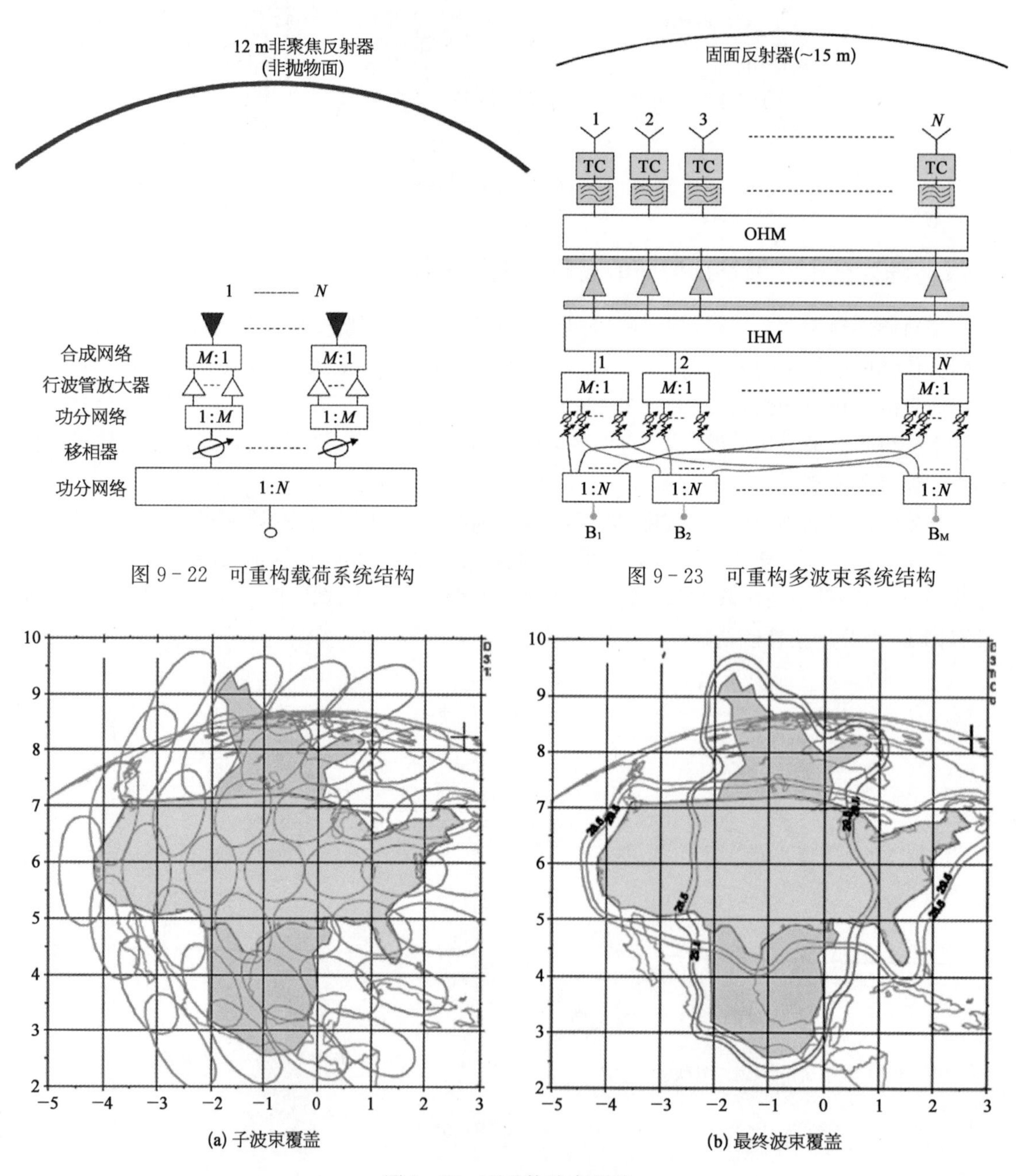

图 9-22　可重构载荷系统结构

图 9-23　可重构多波束系统结构

图 9-24　可重构波束覆盖

9.4　在轨有源可重构天线

9.4.1　有源的阵列馈电赋形反射面天线

为了克服阵列馈电赋形无源反射面天线有限馈源的赋形能力受限和网络损耗等缺点，TAS提出了有源阵列馈电赋形反射面天线，与无源阵列馈电赋形反射面天线类似。如图 9－25 所示，在该情况下，每个辐射单元采用高效率的 TWTA，而采用赋形反射面实现区域内的均匀电平覆盖，使得馈源阵可以采用均匀幅度分布，该方案具有如下优点：部件的设计可以采用现有的 TWTA 和 BFN、波束形成网络可以采用单类型的放大器，工作在同一驱动电平。

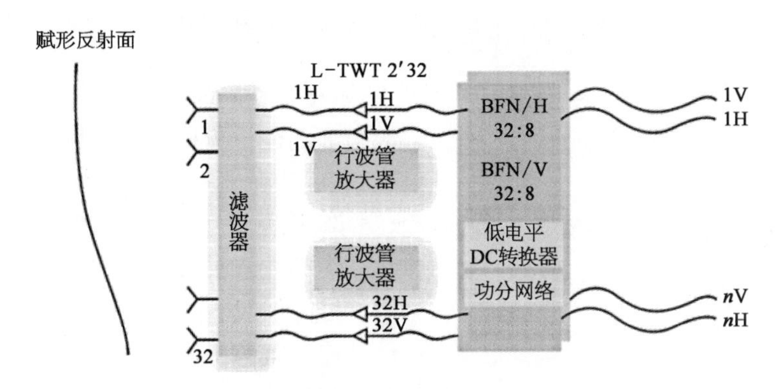

图 9－25　有源阵列馈电赋形反射面天线

一个典型的可重构场景是把欧洲覆盖区按语言分成多个波束。特定的通道分配给每个国家，如图 9－26 和图 9－27 所示。

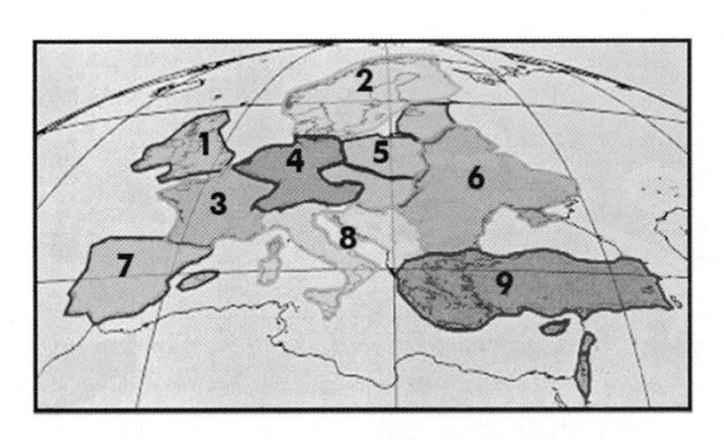

图 9－26　多个覆盖区示意

9.4.2　Ka 频段可重构镜像相控阵天线

1）镜像相控阵天线的工作原理

镜像相控阵天线有相控阵馈电的共焦双透镜天线和相控阵馈电的共焦双反射面天线两种

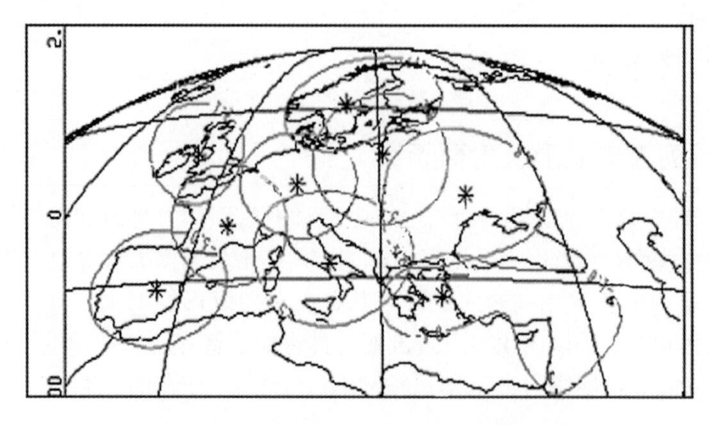

图 9-27　有源合成阵列实现多个赋形波束

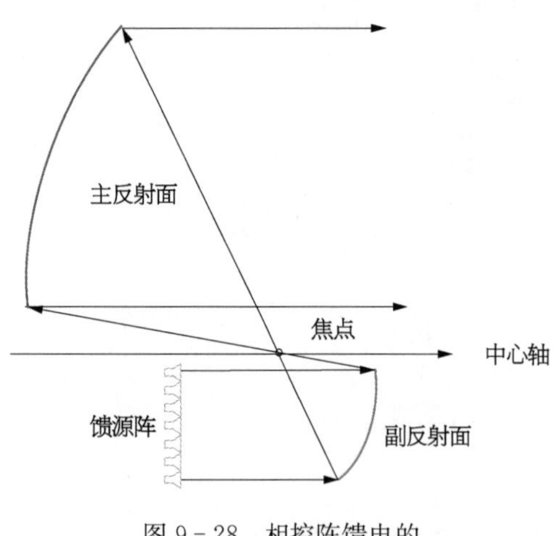

图 9-28　相控阵馈电的双反射面天线

形式，原理是相同的，都是由一个低增益的宽角扫描相控阵天线作为馈源，给共焦点双透镜或双反射面馈电，从而实现一个高增益的窄角扫描的大型相控阵天线，共焦点双透镜或双反射面相当于将一个小相控阵天线进行了镜像放大，因此称为镜像相控阵天线，又称为有限扫描天线[16]。基于双反结构的镜像相控阵天线如图 9-28 所示。

由文献[17,18]知，该天线增益和扫描范围应满足：

$$G = M^2 G_{\mathrm{Feed}} \tag{9-1}$$

$$\sin \Phi = M \sin \theta \tag{9-2}$$

式中，θ 为主波束扫描角度，Φ 为馈源阵扫描角度，G_{Feed} 为馈源阵的增益，G 为天线系统的增益，M 为焦距放大因子。

由式(9-1)和式(9-2)可知，该天线将相控阵馈源增益提高了 M 倍，扫描范围减小为馈源阵的 $1/M$。

2) 镜像相控阵天线的应用实例

日本广播协会(Japan Broadcasting Corporation, NHK)正在发展基于 21 GHz 频段超高清电视卫星广播业务，在 21.4～22.0 GHz 频段分配了 2 个 300 MHz 的通道，采用 PSK 调制方式，每个通道可以支持 240～530 Mb/s 的传输速率[19,20]，如图 9-29 所示。在这个频段，往往遭受严重降雨衰减，影响通信质量，甚至是中断。因此，需要天线具备方向图在轨可重构能力，以补偿雨衰对通信链路的影响。基于以下原因，选择阵列馈电镜像反射面天线：

(1) 对于这样的宽带转发器，为了实现 70 dBW 以上的 EIRP，需提供 2 kW 以上的功率，阵列馈电镜像反射面天线能够将每个馈电通道的高功率放大器进行合成，避免了空间的微放电现象。

(2) 阵列馈电镜像反射面天线有能力控制辐射方向图，目的是在保持相对平坦的辐射方

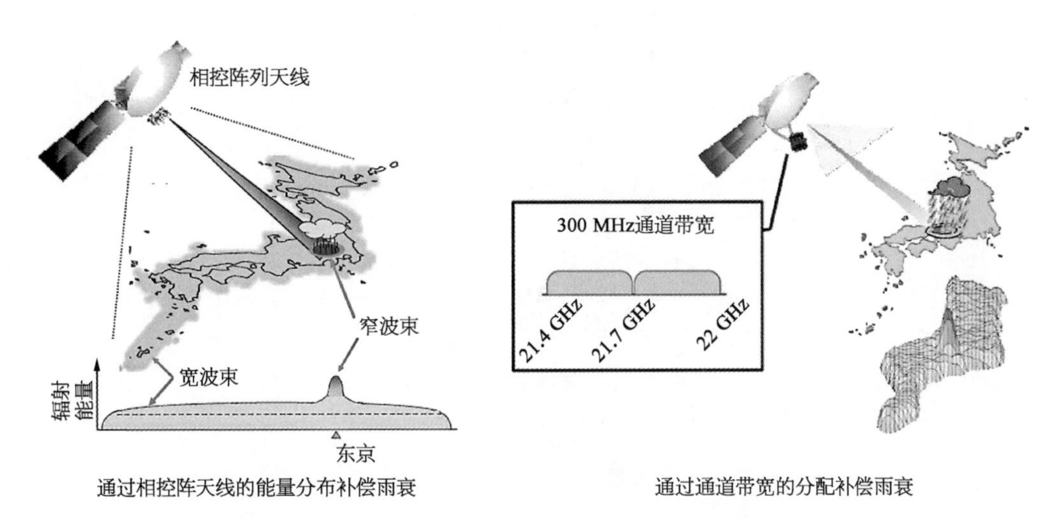

图 9-29　21 GHz 频段超高清电视卫星覆盖和带宽分配

向图中增加局部增益以提供雨衰严重地区的服务能力。

阵列馈电镜像反射面天线的结构如图 9-30 所示[21]，天线口径为 1.8 m，放大因子为 10，可以提供对馈源阵 20 dB 的放大增益。馈源阵由 32 个单元组成，馈源间隔 1.8 个波长，每个馈源的射频输出功率是固定的，采用锥削分布，中心馈源 0 dB，共 7 个；中间环馈源−3 dB，共 12 个；最外围馈源−6 dB，共 13 个。假设 TWTA 的总功率为 2 kW，则 TWTA 组成为：7 个 120 W、12 个 60 W、13 个 30 W。在此配置下，可保证雨衰 10 dB 仍满足通信要求。波束形成网络将射频输入信号等分为 32 份，然后通过移相器和衰减器来控制每个通道的幅度和相位，达到方向图可重构目的，方向图的重构主要通过相位优化获得[22]。

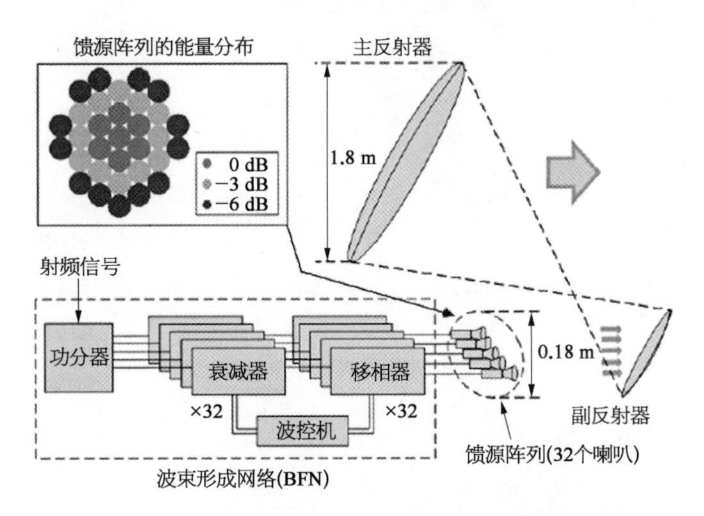

图 9-30　阵列馈电镜像反射面天线结构

图 9-31 给出了均匀增益方向图，在东京地区为 40.7 dBi，天线方向图可以根据实时(每隔 30 分钟)的天气预报进行动态更新。为了确认方向图的可重构能力，图 9-32 给出了一个典型的增益增强方向图，展示了期望的方向图可重构特性[23]。

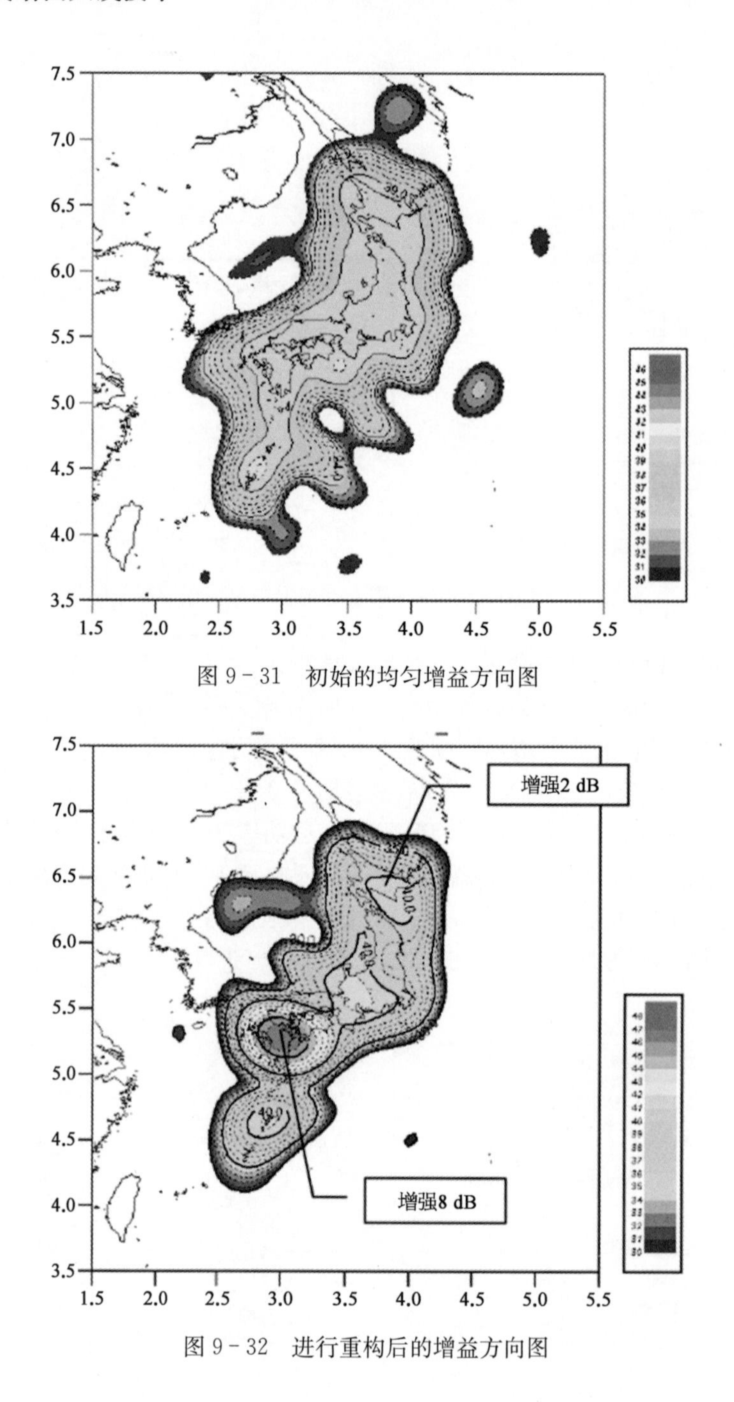

图 9-31　初始的均匀增益方向图

图 9-32　进行重构后的增益方向图

9.5　有源可重构反射阵天线

9.5.1　反射阵的基本原理和特性

反射面天线的最主要缺点是加工需要昂贵的模具，且模具难以重复利用，因此加工周期长、费用高。反射阵列天线这一概念最初由 Malech 在 1963 年提出[24]，是将反射面天线和相控阵天线的若干优点有机结合而形成的一种新型天线，它由反射阵列和馈源喇叭组成。反射阵列是由拓扑结构相似的阵元构成，通过对每个阵单元进行针对性设计而使其对馈源入射波的散射相位进行相应的调整，从而使反射场在阵列口面上形成适当的相位波前，以产生所要求的辐射波束。

通过单元反射相位的改变来实现所期望的波束性能是反射阵天线的基本工作机理，因此阵列单元的设计便成为整个天线系统设计中的关键，主要有 3 种类型：加载相位延迟线型、变尺寸型、旋转型(见图 9-33)。

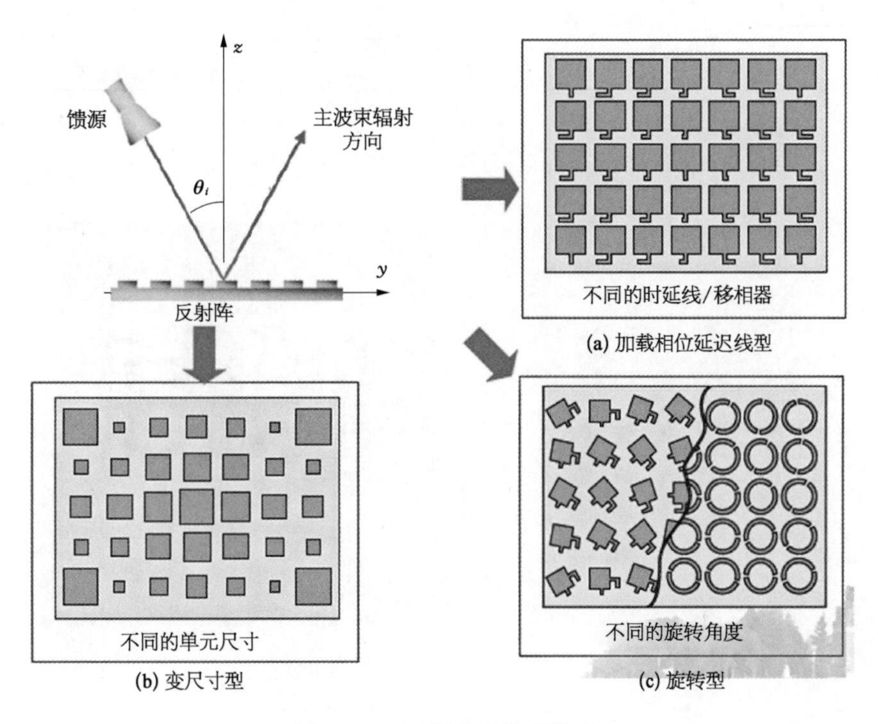

图 9-33　反射阵列单元类型

与反射面天线相比，平面反射阵天线的工作带宽受到极大的限制，成为其广泛应用的最大障碍。反射阵天线的带宽主要决定于两个因素：反射单元本身的带宽和频率色散引起的空间相位延迟差。对于中小口径的反射阵天线，制约其工作带宽的主要因素是反射阵单元本身的带宽。文献[25]表明，如果反射阵口径小于 25 个波长，F/D 大于 1，则由于空间路径差引起的带宽限制是较小的，能够获得合理的带宽。然而，随着反射阵天线口面的不断增大，空间相位延迟差成为工作带宽的主要制约因素。

9.5.2　可重构反射阵的基本特性

传统相控阵天线虽然扫描形式灵活，但是需要专门的收发组件(T/R modules)控制波束，不仅增加了设计难度、提升了制造成本，而且馈电网络的传输损耗非常大。而反射阵列天线的一个突出优点在于，可以通过在每个单元上加载低损耗的数字移相器或变容二极管来实现反射相位的动态调整，从而实现波束可重构。由于空间馈电，相对于有源阵列天线，

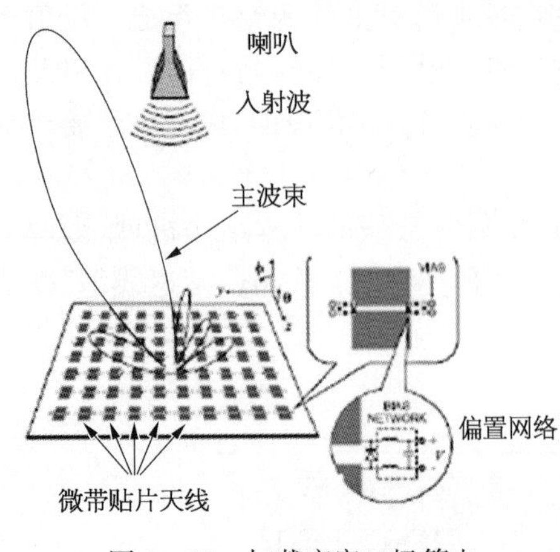

图 9-34 加载变容二极管电调反射阵列天线

损耗较低[25]。

当工作频率在X波段以下时，可使用传统的PIN二极管移相器；X波段或以上的频率，使用MEMS开关或者低耗的铁氧体移相器，这些移相器的最大插入损耗一般低于2 dB。2004年Hum提出一种采用变容二极管实现动态波束扫描的方案[26]，如图9-34所示。

图9-35中的反射阵单元由缝隙贴片加载MEMs开关组成，MEMs开关上下位置的切换允许控制单元的反射相位。对于一个10位MEMs单元(1 024种状态)，在0°～360°之间能够获得非常均匀的相位分布，产生较高的相位分辨率。

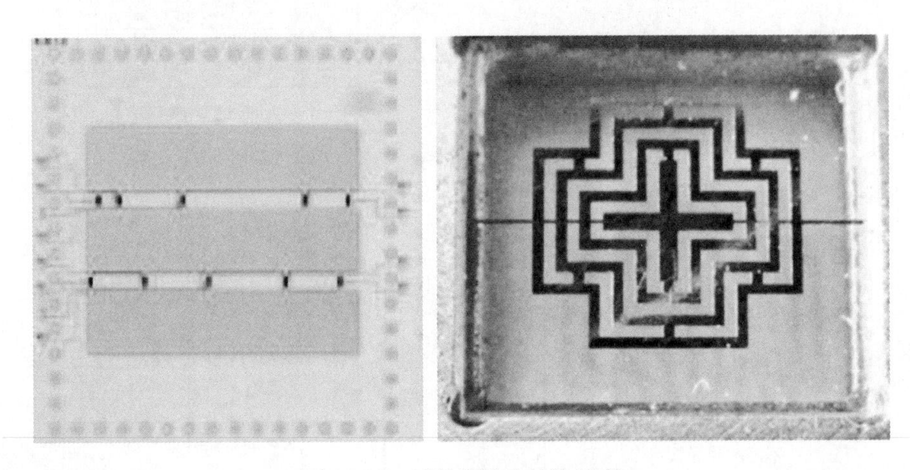
图 9-35 反射阵贴片结构示意

9.5.3 空间可重构有源反射阵天线

鉴于大型可重构平面反射阵受到工作带宽以及大量可调元件带来的复杂性和成本的限制，采用小口径的可重构反射阵作为副反射器，利用双反射面天线来实现可重构功能，是一种非常有吸引力的天线系统，反射阵的辐射被一个较大的反射器放大，以中等的代价获得全波束可重构能力。有源反射阵副反射器的双反射面天线在空间主要的应用集中在两个方面：一是用于大型网状反射面天线的型面误差补偿；二是用于在轨波束的可重构。

双反射面结构主要有格里高利天线和卡塞格伦天线两种形式。通常，利用Mizuguchi条件的格里高利双反射面天线具有更好的交叉极化特性而被广泛应用在空间天线中。卡塞格伦天线可以获得更高一点的增益性能，是以牺牲XPD为代价的，因为卡塞格伦天线很难应用Mizuguchi条件。

对于采用平面反射阵作为副反射器的双反射面天线形式，利用副反射器合适的曲率来抵消交叉极化在这类天线中不可能发生，因此选择格里高利天线的主要原因也不再有效。同时，在格里高利天线中，来自副反射器的反射波将汇聚于焦点 F_1，为了获得这种汇聚特性，需要副反射器反射阵快速的相位变化，对于格里高利副反射阵上的相位分布，这是难以实现的。而在卡塞格伦天线中，副反射阵好像模拟单偏置反射面天线的一面镜子[27]，由位于镜像焦点处的馈源馈电，它的副反射器曲率与平面的副反射阵更接近，副反射器反射阵的相位变化要缓慢得多，更容易实现，且具有更宽的宽带特性，如图 9-36 所示。文献[28]的研究表明，采用 3 位移相可以获得良好的波束赋形，4 位能够获得更好的性能，接近于副反射器实现固定赋形波束的赋形效果，可以实现 27%的带宽。

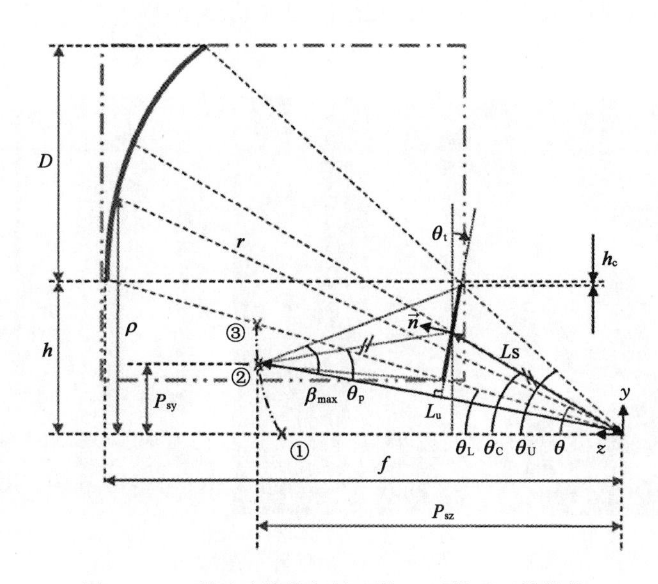

图 9-36 副反功能类似镜面的双反射面天线结构

一个采用上述可重构副反射阵天线的实例来自 TAS 公司[29]，可重构通信场景如图 9-37 所示，通过有源可重构副反射阵来实现欧洲不同覆盖区的灵活切换。工作频段为 11.2～12.2 GHz，*XPD* 应优于 27 dB。EOC 增益最小值为 34 dB，指向精度为 0.1°。卫星定点在 19.2E°。

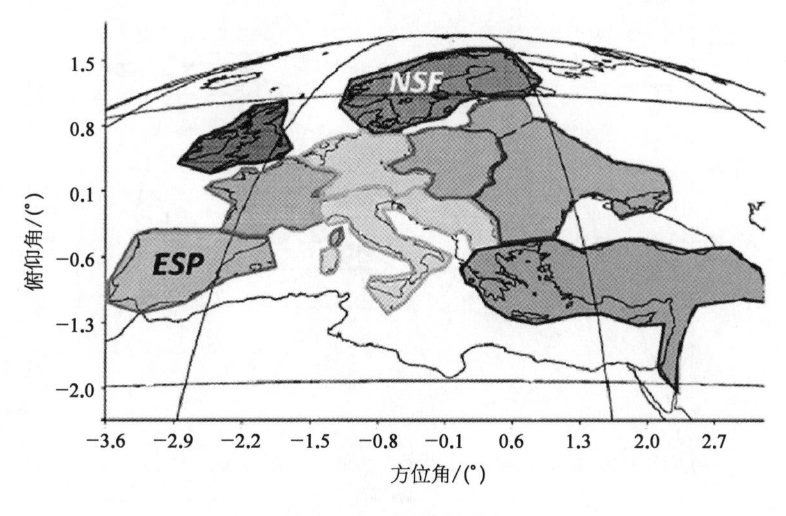

图 9-37 覆盖图示意

主反射器口径为 2.2 m，偏置为 1.7 m，焦距为 3.4 m。可重构反射阵口径为 0.532 m，口径限制在 25 个波长，设置抛物面焦点与反射阵面板之间的距离 L_s 等效 F/D 应大于 1，采用 −18 dB 锥削的线极化圆锥喇叭馈电。

如图 9 - 38 所示，可重构反射阵口径为 0.532 m，由 1 367 个波导单元组成，每个波导单元尺寸为 17.4 mm×8.4 mm，线极化工作方式。可重构反射阵采用波导单元形式，相对于微带贴片的一系列优点有高 RF 功率容量、低损耗、低互耦以及良好的极化纯度。每个单元的 PIN 二极管移相器为 4 位，为了降低功耗，采用优化过的直流状态电压。

图 9 - 38　反射阵示意

研究表明，在固定主反射器和采用 4 位相位量化进行波束扫描情况下，增益低于理想情况 0.8～1.2 dB。采用可扫描主反射器，差距减小到 0.5 dB。

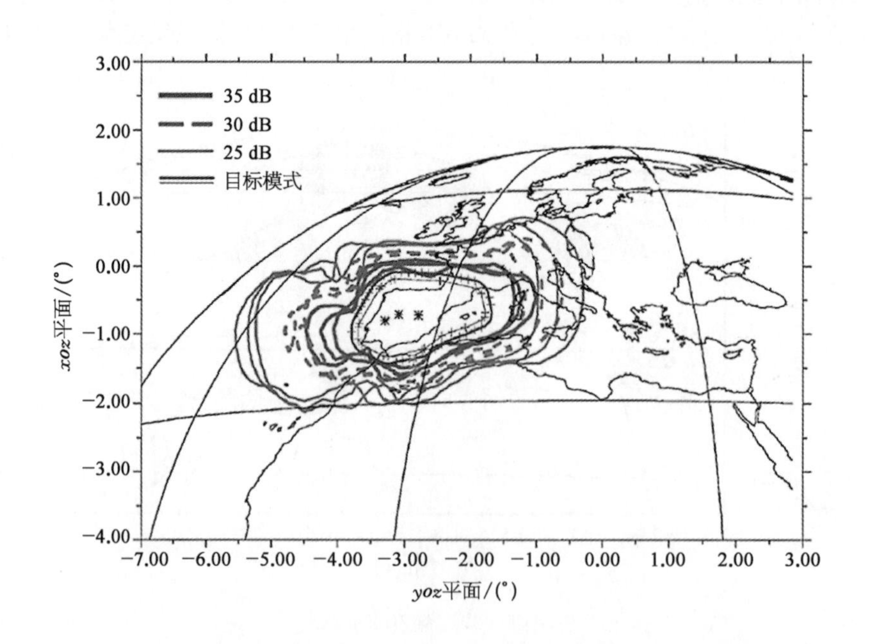

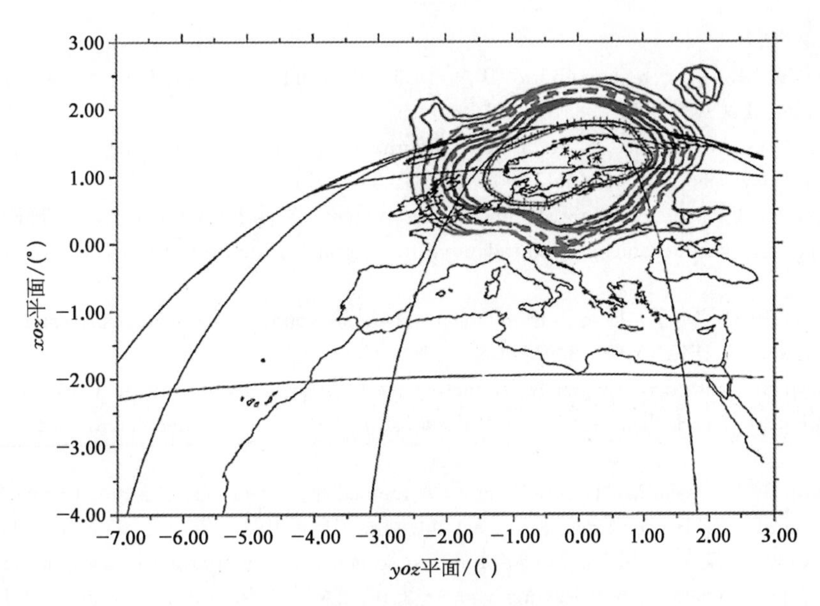

图 9 - 39　不同位置的波束覆盖

参考文献

[1] Nicola Porecki, Glyn Thomas, Andy Warburton, et al. Flexible payload technologies for optimising Ka-band payloads to meet future business needs.

[2] Eric Amyotte, Yves Demers, Virginie Dupessey, et al. A summary of recent developments in satellite antennas at MDA. EuCAP, 2011: 3203 - 3207.

[3] Ludovic Schreider, Renaud Chiniard, Serge Depeyre, et al. Earth deck antenna providing coverage flexibility. 2012 IEEE AP-S.

[4] Hervé Legay, Daniele Bresciani, Etienne Girard, et al. Recent developments on reflectarray antennas at Thales Alenia Space. European Conference on Antennas & Propagation, 2009.

[5] Crog F, Voisin P, Albert T, et al. Reconfigurable transmit antenna concepts for Ku-band Flexible innovative payloads. EUCAP 2 nd, 2007, 18(6): 567 - 571.

[6] Roberto Mizzoni, Rolf Jorgensen. A novel elliptical spot beam antenna with beam reconfiguration capability. IEEE AP-S, 1998: 824 - 827.

[7] Gonçalo Rodrigues, Jean-Christophe Angevain, Julian Santiago-Prowald. Shape control of reconfigurable antenna reflector: Concepts and strategies. The 8th European Conference on Antennas and Propagation (EuCAP), 2014: 3541 - 3545.

[8] Wilhelmus H Theunissen, Hwansik T Yoon, Walter D Burnside, et al. Reconfigurable contour beam-reflector antenna synthesis using a mechanical finite-element description of the adjustable surface. IEEE Transactions on Antennas and Propagation, 2001, 49(2): 272 - 279.

[9] Gregory Washington, Hwan-Sik Yoon, Marc Angelino, et al. Design, modeling, and optimization of mechanically reconfigurable aperture antennas. IEEE Transactions on Antennas and Propagation, 2002, 50(5): 628 - 637.

[10] Monk A D, Clarricoats P J B. Reconfigurable reflector antenna producing pattern nulls. IEEE Proc. Microw. Antennas Propag., 1995, 142(2): 121 - 128.

[11] Nadarassin M, Vourch E, Girard T, et al. PAFSR reconfigurable antenna feed array design.

IEEE, 2012.
[12] Nadarassin M, Vourch E, Girard T, et al. Ku-band reconfigurable compact array in dual polarization. EuCAP, 2011: 2857 - 2861.
[13] Crog F, Voisin P, Albert T, et al. Reconfigurable transmit antenna concepts for Ku-band flexible innovative payloads. EUCAP 2 nd, 2007, 18(6): 567 - 571.
[14] Paraboni A, Capsoni C, Buti M, et al. Assessment of performance of a Ka-band broadcasting reconfigurable satellite antenna with adaptive mitigation for atmospheric attenuation. Proc. EuCAP, 2006.
[15] Sudhakar Rao, Minh Tang, Chih-Chien Hsu. Reconfigurable antenna system for satellite communications. IEEE AP-S, 2007: 3157 - 3160.
[16] Nakazawa S, Tanaka S, Shogen K. A method to transform rainfall rate to rain attenuation and its application to 21 GHz band satellite broadcasting. IEICE Trans. Comm. 2008, E91 - B(6): 1806 - 1811.
[17] Nakazawa S, Nagasaka M, Tanaka S, et al. A method to control phased array antenna for rain fading mitigation of 21 GHz band broadcasting satellite. EuCAP, 2010.
[18] Nagasaka M, Nakazawa S, Tanaka S, et al. Experimental model of array-fed imaging reflector antenna for 21 GHz band satellite broadcasting system. 29th AIAA ICSSC, Nara, November 2011.
[19] Kamei M, Nagasaka M, Nakazawa S, et al. Engineering model of a 300 MHz class wideband transponder for the 21 GHz band broadcasting satellite. Joint conference of 30th AIAA ICSSC & 18th Ka and Broadband Communications, Otawa, September 2012.
[20] Nakazawa S, Nagasaka M, Tanaka S, et al. Designing an engineering model of reconfigurable antenna for 21 GHz band broadcasting satellite. EuCAP, Gothemburg, April 2013.
[21] Nakazawa S, Nagasaka M, Tanaka S, et al. Configuration of array-fed imaging reflector antenna for 21 GHz band broadcasting satellite. EuCAP, Gothemburg, April 2013.
[22] Susumu Nakazawa, Masafumi Nagasaka, Masashi Kamei, et al. Beam forming network for reconfigurable antenna of 21 GHz band broadcasting satellite. The 8th European Conference on Antennas and Propagation (EuCAP), 2014: 2233 - 2236.
[23] Nakazawa S, Nagasaka M, Tanaka S, et al. Near field measurement of radiation pattern configured by an array-fed imaging reflector antenna for 21 GHz band broadcasting satellite. Proc. 35th ESA Antenna Workshop, Noordwijk, the Netherlands, September 2013.
[24] Berry D G, Malech R G, Kennedy W A. The reflectarray antenna. IEEE Trans. Antenna and Propagation, 1963, 11(11): 645 - 651.
[25] Eric Labiole, Hervé Legay, Ludovic Schreider, et al. Reflectarray for large space antennas. 2nd Conference on Disruptive Technologies in Space Activities, 2010.
[26] Hum S V, Okoniewski M. An electronically tunable reflectarray using varactor-diode-tuned elements. IEEE AP-S/URSI Symposium, Monterey Califoria, 2004, 2: 1827 - 1830.
[27] Menudier C, Koleck T. Sub-reflectarrays performances for reconfigurable coverages. IEEE Transactions on Antennas and Propagation. 2012, 60(7): 3476 - 3481.
[28] Min Zhou, Oscar Borries, Erik Jørgensen. Design and optimization of a single-layer planar transmit-receive contoured beam reflectarray with enhanced performance. IEEE Transactions on Antennas and Propagation, 2015.
[29] Seyyed Mostafa Mousavil, Seyyed Abdollah Mirtaheril, Foad Fereidoonyl. Bowl-shaped beam reflectarray antenna for satellite communication. The 8th European Conference on Antennas and Propagation (EuCAP), 2014: 1948 - 1949.

第 10 章　星载反射面天线的特殊效应

10.1　复材反射器的损耗效应和去极化效应

空间固面天线常采用碳纤维复合材料，具有重量轻、强度好、热变形小等优点，相比理想的金属反射面，存在两种效应：① 损耗效应；② 去极化效应。

10.1.1　损耗特性

10.1.1.1　碳纤维反射器的损耗特性

空间天线反射面通常采用碳纤维材料，由于非理想性，会存在一定的损耗。对于 Ka 以下频段，损耗是很低的，C 频段约为 0.03 dB，Ku 频段约为 0.05 dB。对于 Ka 频段，文献[1,2]对 1.2 m 单偏置反射面天线的碳纤维复合材料(CFRP)反射器和金属反射器的增益进行了测试比对，详见图 10-1 和图 10-2 所示，在 26.0～40 GHz 范围内，金属反射器增益增加的范围为 0.1～0.5 dB。显然当碳纤维反射器工作在 Ka 及以上频段时损耗迅速增加，对于损耗要求严格的应用场合如高灵敏度的微波辐射计，损耗严重影响了探测的灵敏度，需要采用损耗更低的金属反射器或对碳纤维反射器金属化。

图 10-1　测试现场

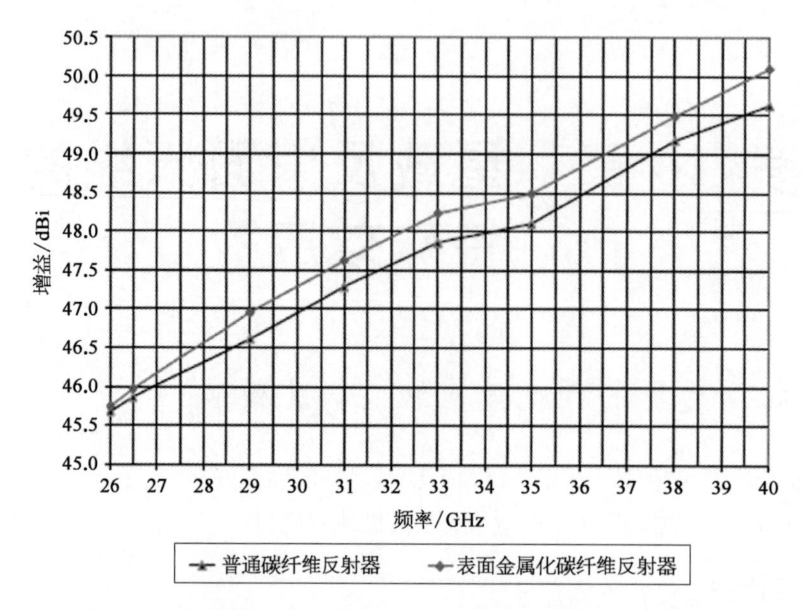

图 10-2 普通碳纤维反射器和表面金属化碳纤维反射器增益对比

10.1.1.2 金属表面反射器的欧姆损耗

在毫米波亚毫米波频段，需要对碳纤维反射器进行金属化处理，以降低损耗。然而，即使采用金属表面的反射器，其欧姆损耗也是不容忽视的。金属面不同极化的反射效率计算公式为

$$\eta_{\Omega/\!/}=\left(1-\frac{4R_{\mathrm{s}}}{\eta_0\cos\theta_{\mathrm{i}}}\right)\times 100\% \tag{10-1}$$

$$\eta_{\Omega\perp}=\left(1-\frac{4R_{\mathrm{s}}\cos\theta_{\mathrm{i}}}{\eta_0}\right)\times 100\% \tag{10-2}$$

$$\eta_{\Omega\mathrm{cp}}=\frac{1}{2}(\eta_{\Omega/\!/}+\eta_{\Omega\perp})\times 100\% \tag{10-3}$$

$$R_{\mathrm{s}}=\sqrt{\frac{\omega\mu_0}{2\sigma}}=20\pi\sqrt{\frac{f}{\sigma}} \tag{10-4}$$

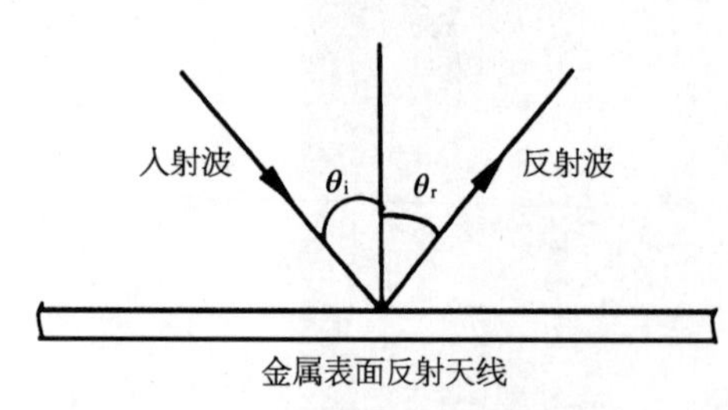

图 10-3 电磁波入射角度示意

式中，θ_{i} 为来波的入射角度，如图 10-3 所示；η_0 为自由空间阻抗；R_{s} 为表面电导率；σ 为金属电导率。

通常情况下，反射面天线的最大入射角小于 50°，对于工作在 100～300 GHz 的双反射面天线，图 10-4 给出了垂直入射情况下不同反射率金属材料的欧姆损耗效率。可以看出，电导率越高，欧姆损耗效率越高，银和铜的效率较高，而铝和铝合金的效率较低。

图 10-5～图 10-7 分别给出了铝合金(2A12)双反射面天线在 100，200，300 GHz 频率处的欧姆损耗效率随入射角的变化曲线。

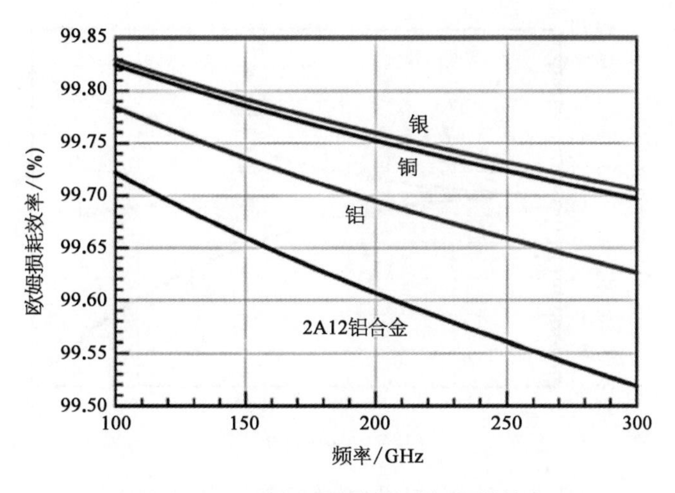

图 10-4　不同金属材料的欧姆损耗效率

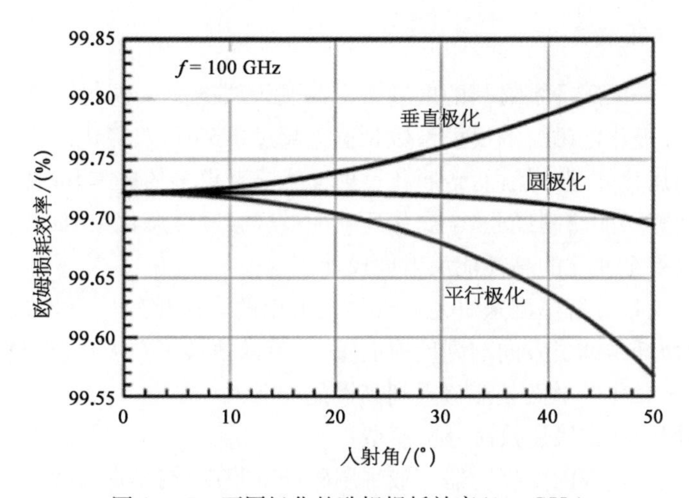

图 10-5　不同极化的欧姆损耗效率(100 GHz)

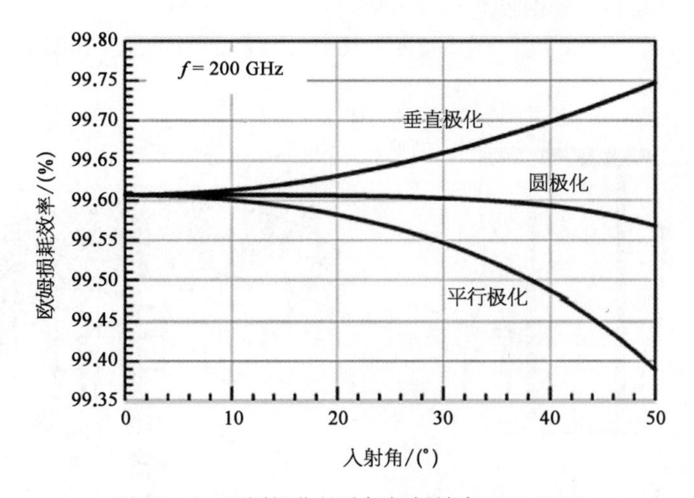

图 10-6　不同极化的欧姆损耗效率(200 GHz)

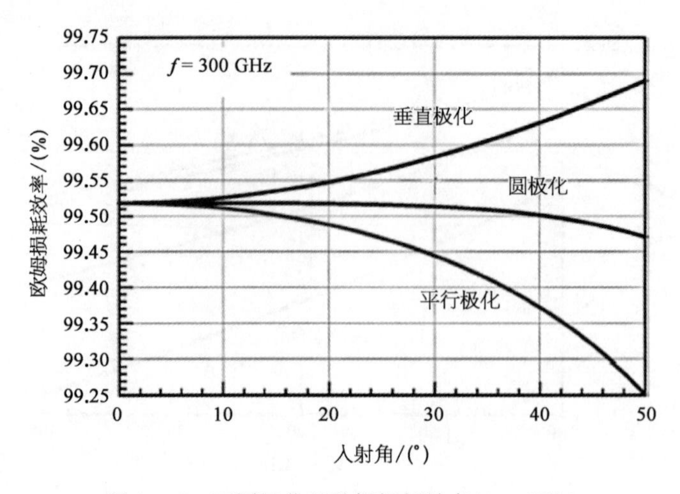

图 10-7 不同极化的欧姆损耗效率(300 GHz)

10.1.2 去极化特性

文献[7]研究了采用碳纤维材料的偏置格里高利天线的交叉极化特性。为了避免恶化交叉极化性能,当正交极化电磁波的反射系数相位差超过 1.5°时,双极化工作的 CFRP 反射面天线表面需要进行金属化处理。然而,金属化反射面意味着更多的成本和时间。同时,根据西安空间无线电技术研究所的研制经验,金属化反射面过程会轻微恶化反射面的型面精度。因此,迫切需要研究不需要金属化的高性能反射面设计技术。

可以采用层层矢量分解模型来研究 CFRP 反射面的去极化效应[8],对于 CFRP 双反射面天线,通过主反射面纤维铺层方向与副反射面正交,可以使得正交极化反射相位差得以抵消和补偿,因此不需要金属化反射面就能够得到高性能的 XPD。

10.1.2.1 多层纤维去极化效应分析模型

如图 10-8 所示,星载固面反射器一般采用碳纤维蒙皮-铝蜂窝-碳纤维蒙皮的 3 层结构。上下蒙皮均为 4 层单向带面板,厚度约为 0.2 mm。由于机械强度的原因,相邻层纤维方向排布不同。典型的纤维铺设方向有两种:[0°,90°,+45°,−45°] 和[0°/+45°/−45°/+90°],分别称之为"90 度 CFRP 蒙皮"和"45 度 CFRP 蒙皮",其中"90 度 CFRP 蒙皮"如图 10-9(a)所示。

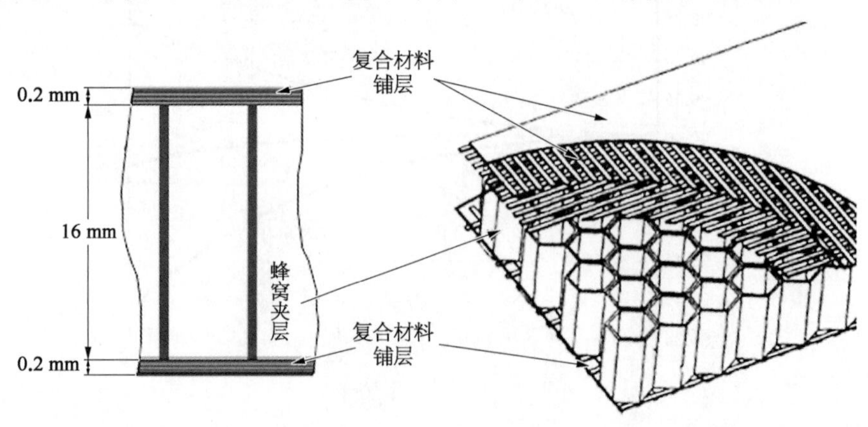

图 10-8 蜂窝夹层板结构

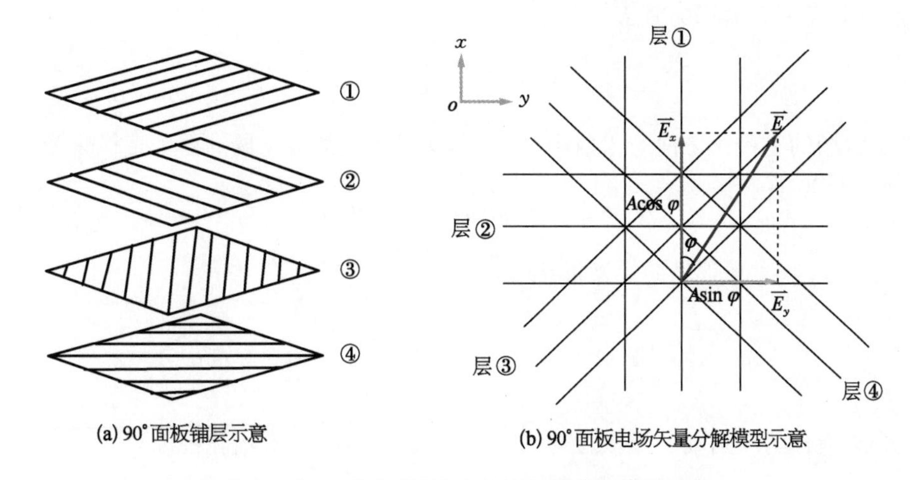

图 10-9　90°面板铺层及电场矢量分解模型示意

每层面板在纤维平行方向具有高电导率特性，在纤维垂直方向具有低电导率特性。如果入射电磁波的极化方向与纤维平行，将会被反射；如果入射波极化方向与纤维垂直，将会被透射。利用纤维的这种特性，建立层层矢量分解模型可以分析 CFRP 蒙皮的 XPD 特性。“90 度 CFRP 蒙皮”被选择用于演示所提出的理论模型。

图 10-9(b)为“90 度 CFRP 蒙皮”的电场矢量层层分解模型，碳纤维铺层从首层到第 4 层依次按照①②③④编号的方向进行。假定首层纤维方向平行于 x 轴，入射波极化方向与首层纤维方向夹角为 φ，因此入射波的主极化场的酉矢量可以表示为[9]

$$\vec{u}_{\mathrm{cp}}=\cos\varphi\,\hat{x}+\sin\varphi\,\hat{y} \tag{10-5}$$

假设电场矢量 $\vec{E}$ 的幅度为 A，则

$$\vec{E}=A\cos\varphi\,\hat{x}+A\sin\varphi\,\hat{y} \tag{10-6}$$

任意电场矢量 $\vec{E}$ 可以分解为两个正交的线极化电场分量，即

$$\vec{E}=E_x\,\hat{x}+E_y\,\hat{y} \tag{10-7}$$

由于 $\vec{E}_x$ 与纤维首层方向平行，在纤维首层发生全反射，反射波 $\vec{E}'_x$ 可表示为

$$\vec{E}'_x=A\cos(\varphi+\Delta\varphi)\,\hat{x} \tag{10-8}$$

式中，$\Delta\varphi$ 为入射波和反射波的相位差。$\vec{E}_y$ 与纤维首层方向垂直，电磁波透射，透射的电磁波与第二层纤维方向垂直，因此在第二层发生全反射。于是经反射器反射后 $\vec{E}'_y$ 为

$$\vec{E}'_y=A\sin(\varphi+\Delta\varphi)\mathrm{e}^{\mathrm{j}\delta}\,\hat{y} \tag{10-9}$$

式中，y 极化的附加相移 δ，假定两层纤维的间隔为 l，则 δ 为

$$\delta=2\beta l=2\times\frac{360^\circ}{\lambda}\times l \tag{10-10}$$

于是,经反射器反射后电场矢量 $\vec{E}'$ 可表示为

$$\vec{E}' = A\cos\varphi\,\hat{x} + A\sin\varphi e^{j\delta}\,\hat{y} \tag{10-11}$$

定义反射场的主极化方向与入射场一致,则反射场交叉极化场的酉矢量极化为

$$\vec{u}_{XP} = -\sin\varphi\,\hat{x} + \cos\varphi\,\hat{y} \tag{10-12}$$

根据式(10-10),反射场的交叉极化分量 A'_{XP} 为

$$A'_{XP} = \vec{E}' \cdot (\vec{u}_{XP})^* = -A\,\frac{\sin 2\varphi}{2}[1-(\cos\delta + j\sin\delta)] \tag{10-13}$$

定义交叉极化为反射场交叉极化与入射场主极化之比,则有极化纯度[10]:

$$\left|\frac{A'_{XP}}{A}\right| = \sin 2\varphi\sqrt{\frac{(1-\cos\delta)}{2}} = \sin 2\varphi \times \sin(\delta/2) \tag{10-14}$$

XPD 以 dB 表示为

$$XPD = 20\lg(|A'_{XP}/A|) \quad \text{dB} \tag{10-15}$$

从式(10-15)可以看出,XPD 是反射波正交极化相位差 δ 和入射波极化角 φ 的函数。图 10-10(a) 给出了相位差 δ 分别为 0°,1.5°,3.0°,4.5°时峰值 XPD 随极化角的变化情况;图 10-10(b)给出了峰值 XPD 随相位差 δ 的变化情况;XPD 性能总结在表 10-1 中,可以看出:① 像预期的一样,极化角 $\varphi=45°$ 时 XPD 性能最差,$\varphi=0°$, 90° 时线极化波没有去极化效应发生,如图 10-10(a)所示。② 峰值 XPD 随着反射系数正交极化相位差 δ 的增大而增加,如图 10-10(b)所示。对于频率复用天线,XPD 应优于 30.0 dB,考虑到馈源、反射面曲率等因素对 XPD 的影响,期望反射面材料引起的 XPD 应优于 37.5 dB。从图 10-10(b)可以看出,反射系数正交极化相位差 δ 应小于 1.5°。

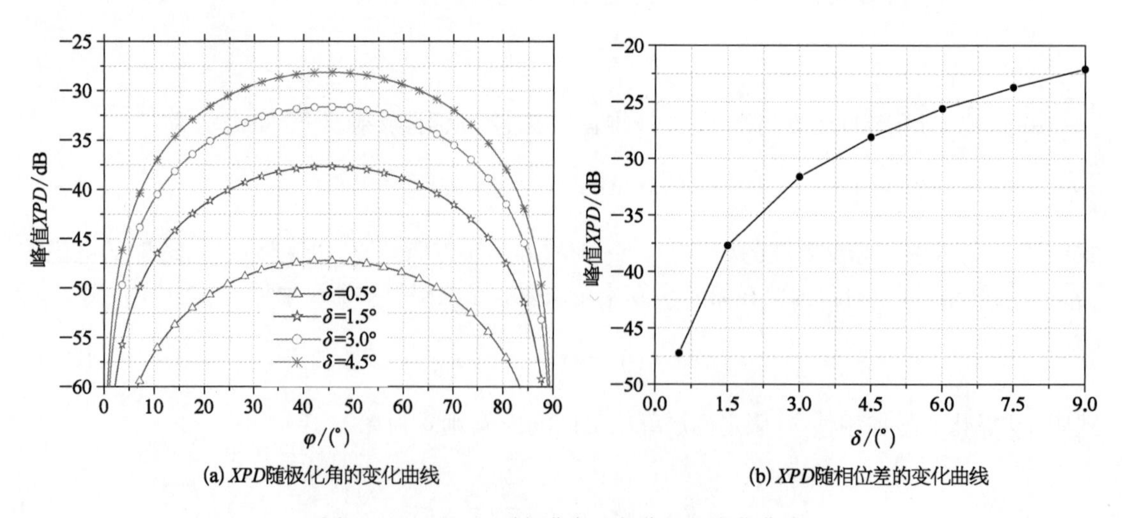

(a) XPD随极化角的变化曲线　　(b) XPD随相位差的变化曲线

图 10-10　XPD 随极化角和相位差的变化曲线

表 10-1　*XPD* 仿真结果汇总表

项　目	$\delta=0.5^\circ$	$\delta=1.5^\circ$	$\delta=3.0^\circ$	$\delta=4.5^\circ$	$\delta=6.0^\circ$	$\delta=7.5^\circ$	$\delta=9.0^\circ$
峰值 XPD/dB	−47.2	−37.7	−31.6	−28.1	−25.6	−23.7	−22.1

通过上面的模型分析可知，CFRP 反射面的材料引起的去交叉极化效应是由于入射波极化角 φ 和反射波正交极化相位差 δ 引起，通过合理设置首层纤维铺层方向，可以改变与入射波的极化角 φ；通过合理设置双反射面天线主、副反射器的纤维铺层方向，可以改变相位差 δ；从而可以不需要金属化反射器即可实现良好的 XPD 性能，详细讨论如下：

(1) 对于线极化工作的单反射面天线，为了保证天线 XPD 设计最优，主、副反射器的首层纤维方向应与电场方向平行($\varphi=0^\circ$)或者垂直($\varphi=90^\circ$)，从而使得 $\sin 2\varphi=0$，由式(10-14)可知，$XPD=0$，没有发生去极化效应。

(2) 对于线极化工作的双反射面天线，如果主、副反射器正交排列，任意极化方向的线极化信号分解为两个正交的线极化 E_x 和 E_y，则在第一个反射器，E_x 的反射信号超前 E_y 的反射信号 δ；当它们达到第二个反射器时，由于纤维铺层与第一个反射器正交，则 E_x 的反射信号落后 E_y 的反射信号 δ；最后的反射信号 E_x 和 E_y 相对相位差与入射信号保持不变，因此合成后的反射信号没有引入去极化效应，可以不需要对主、副反射器进行金属化处理，如图 10-11 所示。

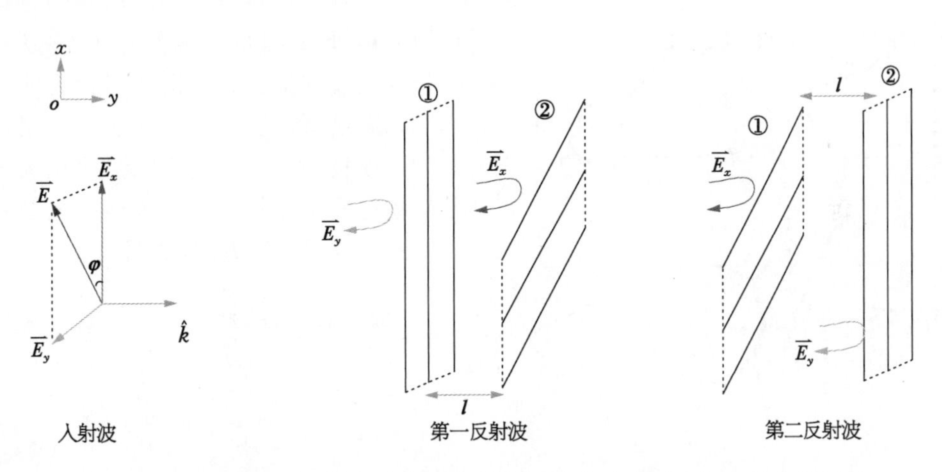

图 10-11　双反射面天线主副反射器纤维正交铺设实现无去极化效应的原理

(3) 对于圆极化工作的单反射面天线，圆极化信号可以分解为两个正交的线极化 E_x 和 E_y，它们将在不同的纤维层反射，会存在相位差，恶化周比性能，对于 XPD 要求高的天线，需要进行反射面金属化处理，消除相位差。

(4) 对于圆极化工作的双反射面天线，如果主、副反射器正交排列，同样可以实现无去极化效应，可以不需要对主副反射器进行金属化处理。

10.1.2.2　天线验证实例

为了演示主、副反射器纤维正交铺设双反射面天线实现无去极化效应，这里选某卫星 Ku

频段对地面点波束天线作为实例。

CRFP 双反射面天线为 Ku 频段的可扫描点波束天线，电性能要求如表 10－2 所示，天线半功率波束宽度为 2°，扫描范围为±8°，能够灵活指向地球任意位置，一个典型的波位如图 10－12 所示。

表 10－2　Ku 频段对地面点波束天线

项　　目	技　术　要　求	
	下　行	上　行
频率范围	11.46～11.58 GHz	13.75～13.87 GHz
极化方式	Horizontal	Vertical
半功率波束宽度	2.0°	2.0°
覆盖区边缘增益	≥33.0 dBi	≥34.0 dBi
XPD	≥30 dB	≥30 dB

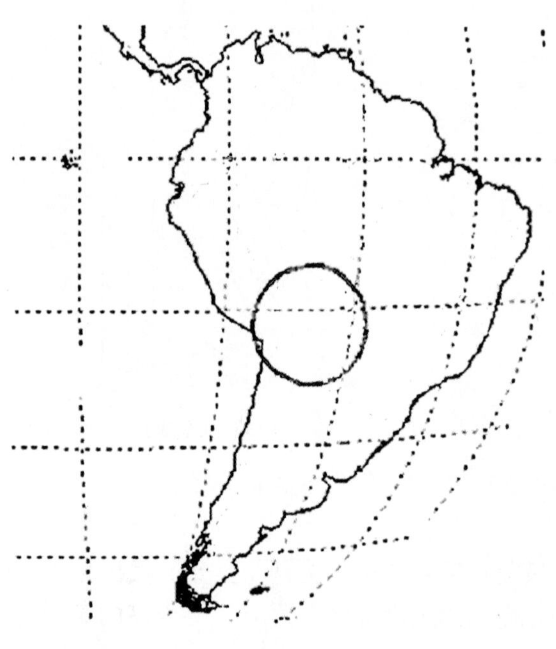

图 10－12　Ku 频段对地面点波束天线覆盖区

为了获得良好的 XPD 性能，选择满足 Mizuguchi 条件的双偏置格里高利天线形式作为天线方案。主反射面口径为 600 mm，可以满足覆盖区增益要求。为了避免增益扫描损失和 XPD 性能恶化，采用天线整体转动的波束扫描方式。天线被安装在卫星对地板的对角线方向，如图 10－13 所示。

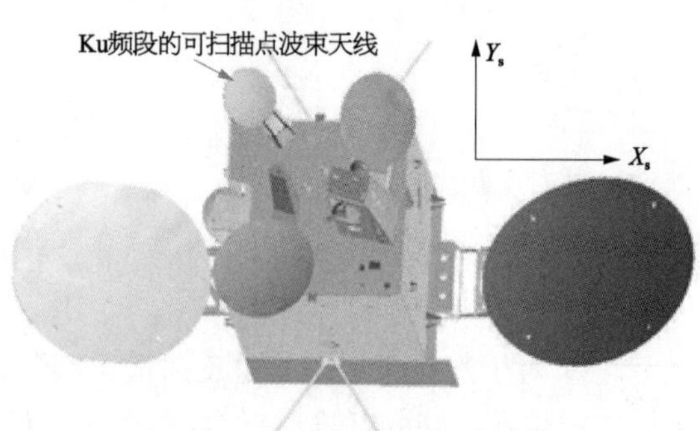

图 10－13　Ku 频段对地面点波束天线布局示意

天线工作在线极化方式，极化方式以卫星坐标系定义，平行 X_s 轴为水平极化，平行 Y_s 轴为垂直极化。天线坐标系相对于卫星坐标系，绕 Z_s 轴旋转 45°，如图 10－14(a)所示。天线仿真时，假定复材反射器为金属表面，即不考虑去极化效应带来的影响，如图 10－15 和图 10－16

的实线覆盖图所示，在覆盖区 XPD 优于 30 dB 以上。现假定主、副反射器纤维首层方向均平行天线坐标系的 X_a 轴，馈源极化平行卫星坐标系 X_s 轴，则入射波极化方式与主、副反射器纤维首层夹角为 45°，此时，纤维铺层带来的去极化效应最为严重。利用式(10-10)，可得在 Ku 频段的正交极化反射系数相位差 $\delta \approx 1.5°$。测试得到的 XPD 覆盖图如图 10-15 和图 10-16 的虚线覆盖图所示，只有 27.0 dB。通过将副反射器旋转 90°，主、副反射器首层碳纤维铺层方向正交，使得彼此因铺层影响产生的交叉极化分量抵消，XPD 改善 3.0～4.0 dB。基于 XPD 补偿技术的 XPD 等值线图与 PEC 表面的天线仿真曲线吻合良好，测试结果如图 10-17 和图 10-18 所示，验证了补偿技术的有效性。

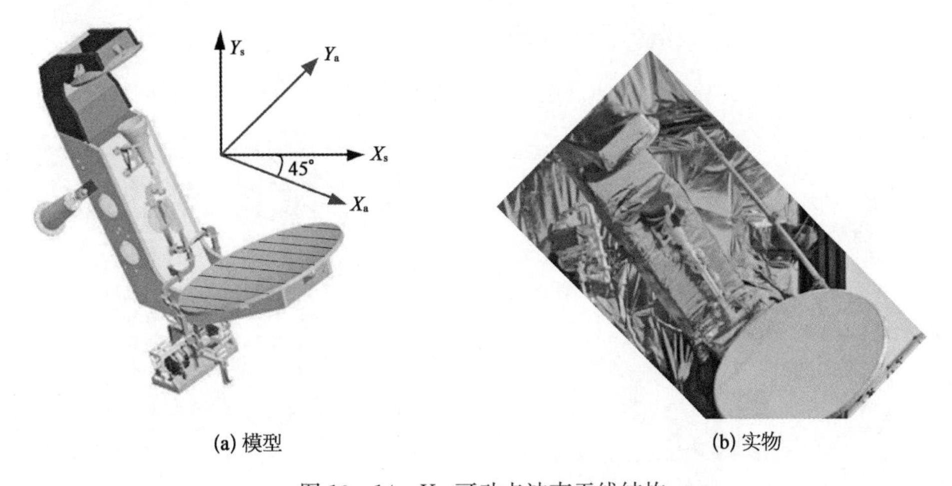

图 10-14　Ku 可动点波束天线结构

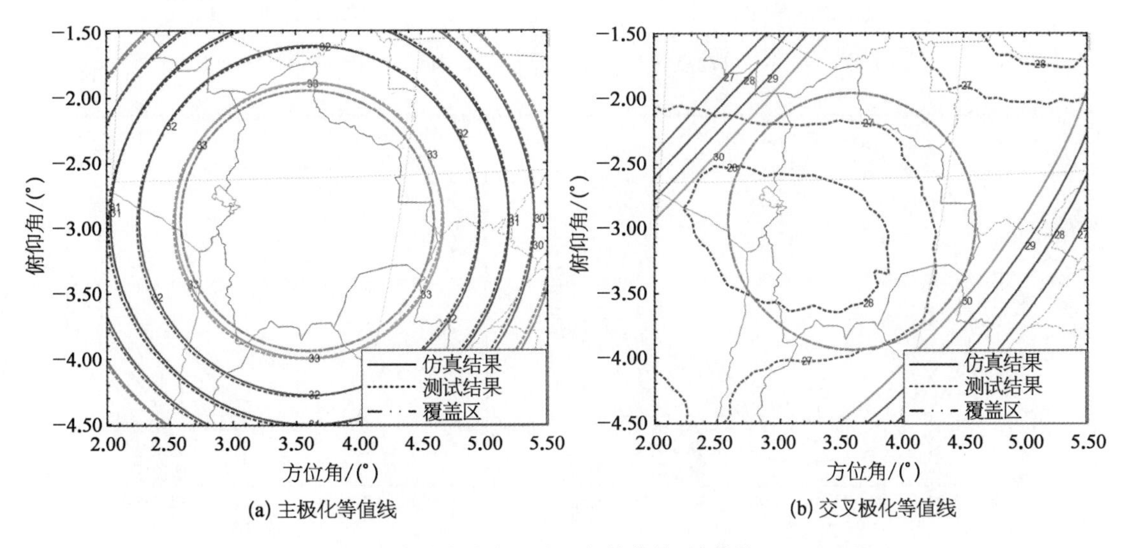

图 10-15　Ku 可动点波束天线下行等值线(补偿前，11 560 MHz)

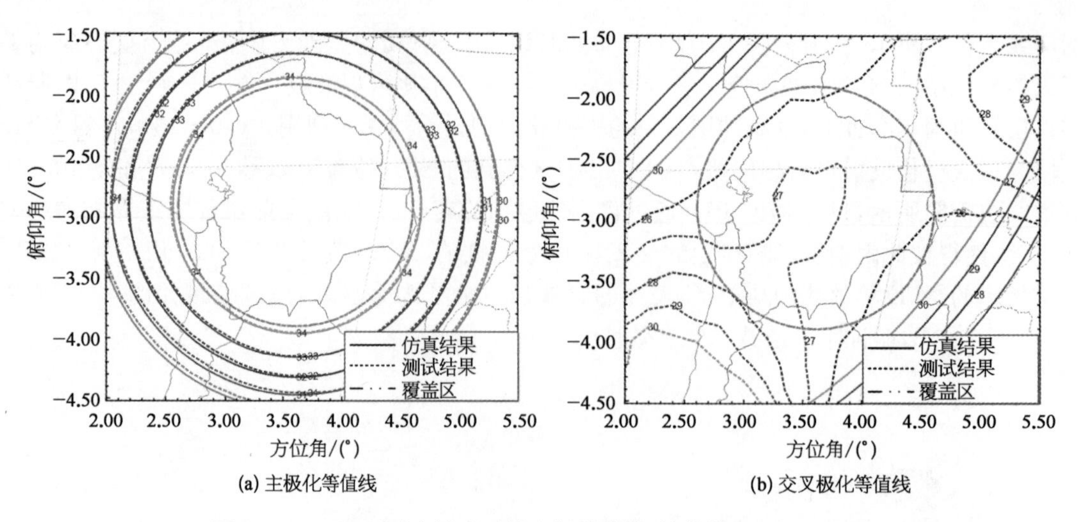

图 10-16　Ku 可动点波束天线上行等值线(补偿前,13 850 MHz)

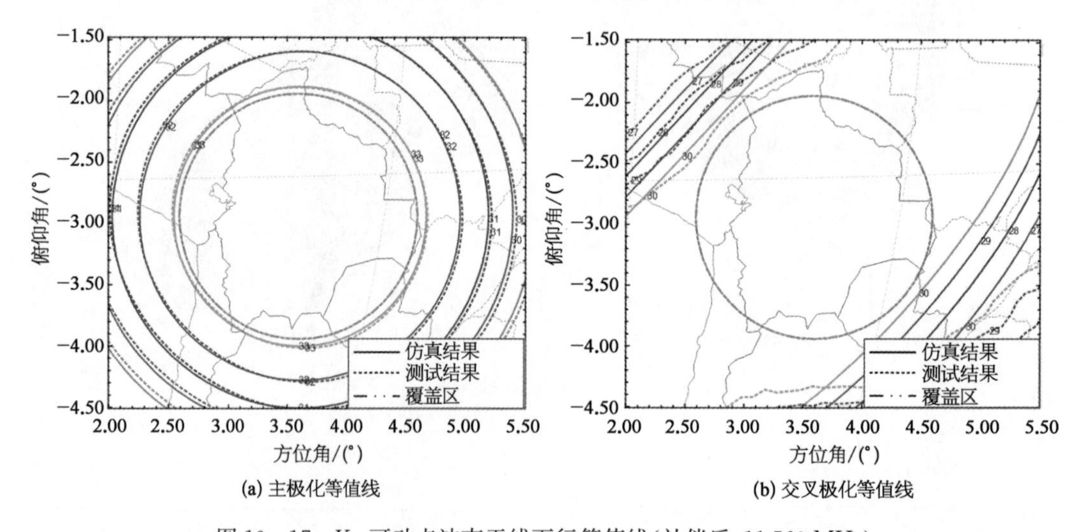

图 10-17　Ku 可动点波束天线下行等值线(补偿后,11 560 MHz)

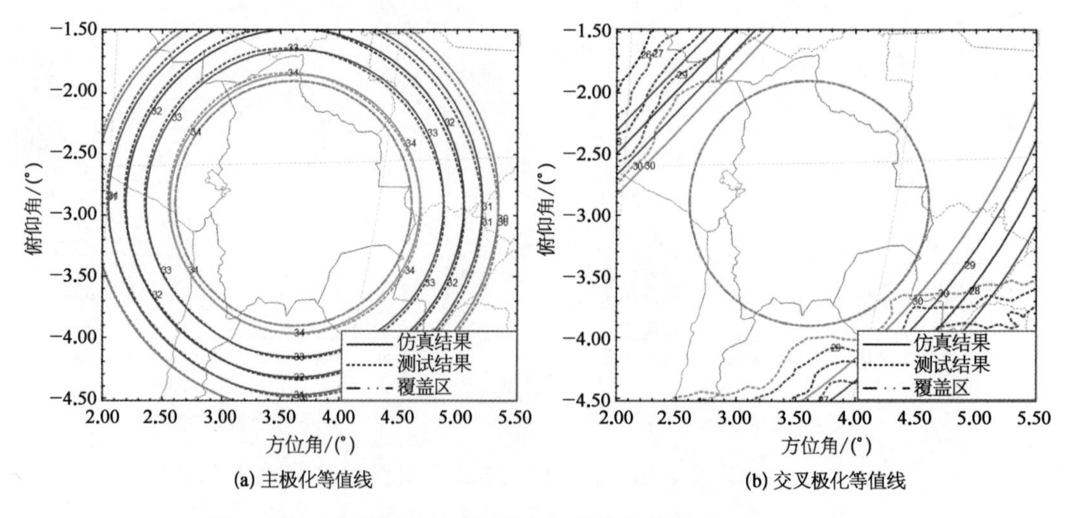

图 10-18　Ku 可动点波束天线上行等值线(补偿后,13 850 MHz)

10.2　微放电设计、功率容量分析及其控制技术

有效载荷正在向大容量、多信道、大功率发展，随着大功率卫星有效载荷应用需求日益增大，有必要对在空间大功率条件下微波部件的功率承受能力以及抗低气压放电和真空微放电能力进行研究。其中低气压放电和微放电(统称放电)都是一种环境效应。从卫星发射到入轨，星载微波设备一般要经历从 1 个大气压到高真空(压力低于 1×10^{-6} Pa)的环境变化，其中，压力 300～1 300 Pa 为低气压放电区域，6.65×10^{-3} Pa 以下为微放电区域，中间范围为过渡区域。通常星载有效载荷在入轨后才启用，其使用环境压力低于 1×10^{-3} Pa，因此重点是防止微放电。

然而，如果真空微放电现象造成微波器件的介质材料、黏接剂等出气，形成局部低真空条件。这时，微波电场也可能使低真空环境的气体分子电离，产生功率击穿、电弧放电等低气压放电现象。当微放电过渡到低气压放电后，气体放电会吸收大量微波功率，产生的高温强电离效应会烧坏微波系统，使航天器出现彻底失效的灾难性故障。因此，寻求正确的设计途径和控制技术，确保卫星有效载荷正常工作有着极其重要的意义。微波测控设备则是从发射到定点的全过程均处于工作状态，因而须同时防范低气压放电和微放电。

10.2.1　耐功率分析及其控制技术

10.2.1.1　耐功率分析

天线馈电部件一般采用镀银表面处理，其功率承受能力主要是指在大功率条件下，该部件温度不超过银表面所能承受的极限温度，仍能够保持正常工作的能力。对于大功率部件，重点考虑高温情况。

对于功率为 P_i，插入损耗为 L(+dB)的部件，其上的热耗 P 为

$$P = P_i \times (10^{-L/10} - 1) \tag{10-16}$$

根据部件热耗及其前后的热边界条件，可以分析出该部件表面温度。

10.2.1.2　耐功率控制技术

在输入功率确定的情况下，从式(10-16)可以看出，提高耐功率能力的一种措施就是减小部件的插损。这可以从如下几个方面出发：

(1) 在保证电性能指标的前提下，从部件方案设计上尽可能选择插损小的方案。

(2) 采用损耗小的表面处理，如镀银等。

(3) 严格控制部件的保护等。

另一方面，如果采取上述措施仍不能满足温度要求，则可以在热控方面采取散热措施，比如：

(1) 采用部件表面喷温控白漆等措施提高散热能力。

(2) 通过加散热片等方式，增加部件的散热面，从而降低高温。

(3) 采用温控包扎等方式，形成小温室，减小空间外部环境的影响等。

10.2.2 真空微放电及其控制技术

10.2.2.1 微放电的机理

1) 微放电产生的条件

二次电子倍增微放电(简称微放电)是一种在两个表面间的自由电子在射频场作用下加速,以一定动能撞击表面,产生二次电子发射,导致电子倍增产生真空表面辉光放电的现象。所以,航天器微波系统的电子倍增微放电一般发生在微波器件、部组件结构的缝隙处。微波器件、部组件产生二次电子倍增微放电现象应具备如下条件[11]:

(1) 缝隙间存在自由电子。要产生二次电子倍增效应,必须有自由电子源。空间的电子源可能有几种:① 空间等离子体中的电子。随轨道高度、倾角不同,空间等离子体中的电子密度、能量有很大变化。② 空间的电磁辐射和粒子辐射会导致辐射电离和光电子发射等效应,从而产生自由电子。③ 航天器在轨道上由于材料出气、发动机点火等造成的分子污染、粒子污染、羽流污染等会长期残留在航天器周围,这些污染粒子在空间电磁辐射和粒子辐射的诱导下,会产生自由电子。④ 当导体表面电场强度足够高,电场方向使电子加速离开表面时,导体表面的势垒会变得很窄,有可能产生电子隧道,导致发射电子的出现。特别在表面不规则、氧化、污染等情况时,很低的场强就能造成电子发射。

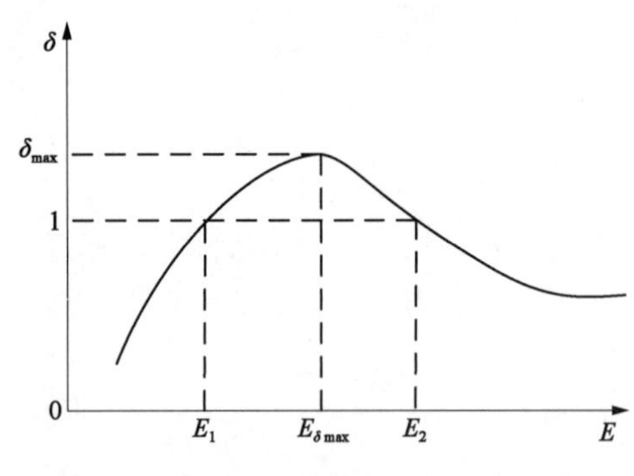

图 10-19 初始电子能量与二次电子发射系数关系曲线

(2) 缝隙材料表面二次电子发射系数大于 1。二次电子发射系数,又称二次电子发射比,是判断一种材料能否具有二次电子倍增性质的衡量标准,用 δ 来表示。定义为在一个初始电子的轰击下,从被轰击的材料所受激发射出的二次电子的平均值。如图 10-19 所示,二次电子发射系数是与初始电子能量有关的函数,δ_{max} 对应初始电子能量的最大值 $E_{\delta_{max}}$ [12]。从图中可以看到,有两个不同初始电子能量 E_1 和 E_2 对应于同个二次电子发射系数临界值 1,其中 E_1 对应于导体材质,而 E_2 则对应于绝缘体材质。当电子撞击表面后,如果次级电子发射系数 $\delta >1$,即撞击能量位于图中 E_1 和 E_2 之间,此时次级电子才能够返回到另一极板,微放电现象才会增长。E_1 和 E_2 分别称为初级渡越点和次级渡越点。

二次电子发射系数对表面污染相当敏感,当材质表面有氧化物或碳质沉积时,二次电子发射系数都会发生很大变化。因此,无论何时,都要尽可能保证材质表面的清洁。

常用金属材质的二次电子发射系数的最大值 δ_{max} 如表 10-3 所示。通常 δ_{max} 越小,金属的微放电效应阈值电平越高。

表 10-3 常用金属材质的二次电子发射系数表[13]

材料	铝	铜	银	阿洛丁
δ_{max}	2.85	2.25	1.99	1.23

(3) 具有一定真空度，自由电子的平均自由程远大于缝隙尺寸。在真空环境($<1.3\times10^{-3}$ Pa)下，电子的平均自由程很长(和结构缝隙尺寸相比)。

(4) 电子在缝隙中的渡越时间满足射频电场半周期的奇数倍，即

$$t_{\tau}=\frac{T}{2}(2n-1) \tag{10-17}$$

式中，t_{τ} 为电子在缝隙的渡越时间，T 为微波场周期，n 取 1,2,3,…。

(5) 缝隙中有足够的微波电磁场强度，使电子获得的动能足以在缝隙表面产生二次电子发射。

(6) 对介质表面的微放电，其表面混合电荷产生的直流电场必须能够使电子加速返回到介质表面，从而能够产生二次电子。

2) 微放电产生的过程

微放电现象最早是在 1924 年由 Guttons 观察到的，但直到 30 多年以后，才由 Hatch 和 Williams 对该实验进行了合理的解释，创立了经典的微放电理论。

在上述条件下，电子在缝隙两表面间来回撞击反射的运动周期正好与微波电磁场的周期一致，就有可能出现微放电现象。图 10-20 给出了二次电子倍增效应的具体过程[13]。首先，进入两极板之间的电子在射频场的正半周中向一个极板加速，若在电场通过零点时，电子正好击中极板，产生了二次电子，并且在负半周内加速回到另一极板。如此不断持续下去，每次撞击时由于电子二次发射都释放出更多的电子，直到出现稳态平衡为止，最终导致表面出现雪崩辉光微放电现象。从物理本质上看，这种现象是次级电子的谐振效应。

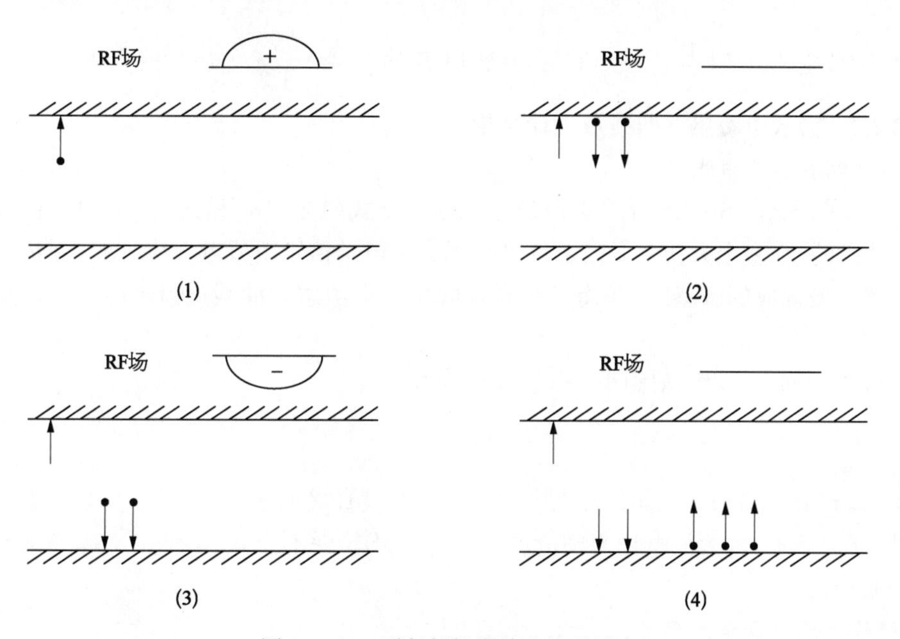

图 10-20　平行板间微放电机理示意

3) 微放电的阶数

从电子运动方程着手，Hatch 和 Williams 给出了计算微放电的基本公式。从峰值为 E_0 的正弦变化射频电场内质量为 m 的两平板间电子运动方程出发：

$$m\frac{d^2x}{dt^2}=eE_0\sin(\omega t+\varphi) \tag{10-18}$$

对上式进行两次积分，即可求得两平板间的击穿电压：

$$V_b=\frac{m}{eK}(2\pi fd)^2 \tag{10-19}$$

$$K=\frac{(k+1)}{(k-1)}(2n-1)\pi\cos\varphi+2\sin\varphi \tag{10-20}$$

式中，ω 为时变电场角频率；f 为射频电场工作频率(GHz)；d 为两平板间的间距(mm)；m，e 分别为电子的质量和电荷量；E_0 为时变电场场强；φ 为初级电子相角；k 为金属表面比例系数，它与金属表面最大二次电子放射系数 δ_{max} 有关。对于不同金属，k 值不同。比如铝表面，$k=1.89$。n 表示第 $2n-1$ 个半周电子渡越时间。当 $n=1$ 时，表示 1/2 周电子渡越时间；当 $n=2$ 时，表示 3/2 周电子渡越时间；依次类推。

考虑电子在间隙结构的两个表面之间运动，当电子在 1/2 个电场周期内可以被加速撞击到另一表面时，称为一阶微放电[2]。当间隙结构两表面间的间距 d 较大，电子在 1/2 个电场周期内并未加速撞击到另一个板，则在下一个 1/2 个电场周期内减速，但是由于得到加速后的速度值大，此时的减速过程并不能使电子返回另一个表面，这样电子在第 3/2 个电场周期又得到加速，依次类推。直到电子被加速撞击到另一个表面为止。因此微放电的阶数就有 1 阶、3 阶、5 阶……

显然，微放电阶数 M 与 $f\times d$ 有关，在银层表面，取离 $\frac{f\times d}{1.32}$ 最近的奇数。

10.2.2.2 微放电敏感性曲线及设计余量

1) 微放电敏感性曲线

从 1984 年开始，ESA ESTEC 微波设备试验室从式(10-18)和式(10-19)出发，结合对 C，X，Ku 波段的 50 多个大功率微波部件进行了二次电子倍增微放电效应试验，逐步认识了不同材料电子倍增效应的敏感区，获得了平行板间微放电敏感性曲线(见图 10-21)，并形成了 ESA 的微放电设计标准。

对于镀银表面，微放电敏感曲线用公式表示为

$$V_{th}=Kf_{min}d \tag{10-21}$$

式中，当 $f_{min}d\geqslant 1.62$ 时 $K=62.4$；当 $1.0\leqslant f_{min}d\leqslant 1.62$ 时 $K=37.9$。

显然，$f\times d$ 愈大，微放电功率阈值愈大；部件工作功率低于阈值愈多(余量愈大)，部件产品工作愈安全。

2) 微放电设计余量的确定

在微放电效应研究的初期，通常要求部件设计的阈值功率要留有 6 dB 的功率余量，以避免生产加工、调试和测试过程中因污染、氧化等因素带来的影响[4]，详见表 10-4。然而，这样虽然提高了微放电部件的安全性，但大大降低了部件的其他电性能，同时增大了部件的重量、体积和设计难度。

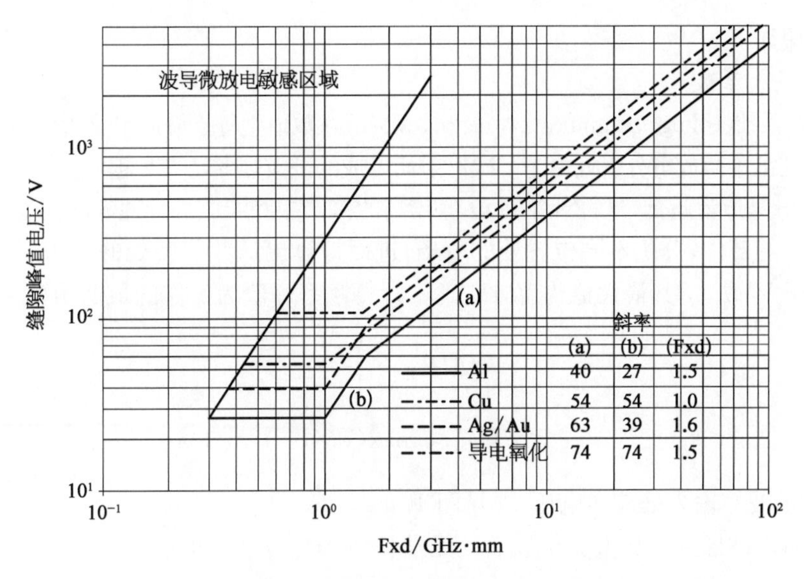

图 10 - 21　不同材料的微放电敏感区域曲线

表 10 - 4　影响阈值的因素及其导致阈值下降的分贝数

序号	影响阈值下降的因素	容限分贝数	备　　注
1	驻波比变坏	2.5	
2	氧　化	0.5	
3	污　染	2.0	包括地面污染和卫星发射后产生的污染扩散
4	污染变化	1.0	
5	合　计	6.0	

目前，随着空间技术的飞速发展和对微放电效应研究的深入，欧空局技术中心将微放电效应的设计余量定为高于门限功率 3 dB，大大降低了部件的设计成本和难度。目前国内一般情况下，鉴定级产品微放电设计余量取 3～6 dB，验收级产品微放电设计余量取 3 dB。

10.2.3　微放电的分析方法

对于微波部件，微放电分析的模型如图 10 - 22 所示[15]。

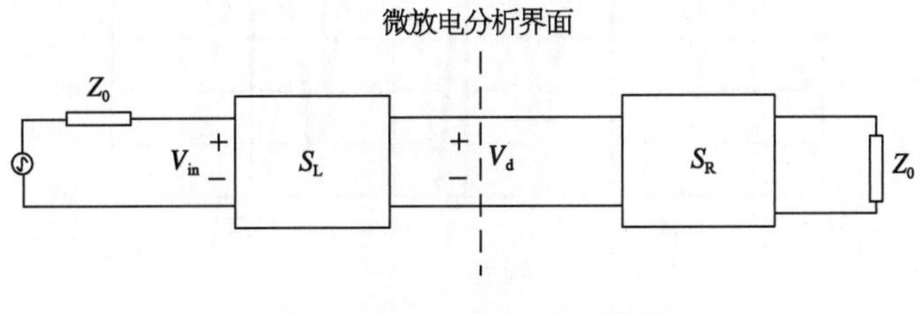

图 10 - 22　微放电分析模型

具体步骤如下：

1）电压放大系数

电压放大系数(voltage magnification factor，VMF)在数值上等于微放电分析处与波导输入处前向电压比值，表征了微放电分析处由于多次反射而形成的驻波强弱，VMF 越大，微放电分析处驻波就越大，微放电阈值就越低，这种现象在 Q 值较高的多谐振腔组成的带通滤波器里尤为常见。

对于给定的部件，分析不同位置处的电场，进而计算出这些位置处的电压 V_{di}。从而可得电压放大因子 VMF_{di}，其最大值为 VMF_{max}。计算频率一般为工作的最低频率 f_{min}。

$$VMF_{di}=\frac{V_{di}}{V_{in}^{+}} \tag{10-22}$$

$$VMF_{max}=\max_{\forall di}(VMF_{di}) \tag{10-23}$$

式中，V_{in}^{+} 表示波导输入处前向电压，参见图 10-22。

假定从输入波导到微放电分析界面处无损耗，则 $P_1=P_2$，于是有

$$\frac{V_1^2}{Z_1}=\frac{V_2^2}{Z_2} \tag{10-24}$$

式中，Z_1 表示波导输入口的阻抗，Z_2 表示微放电分析界面处的阻抗。波导阻抗计算应采用功率-电压定义，即

$$Z_0=240\pi\frac{b}{a}\frac{1}{\sqrt{1-(\lambda_0/\lambda_c)^2}} \tag{10-25}$$

式中，b 为缝隙高度，a 为波导宽度，λ_0 为自由空间波长，λ_c 为波导截止波长。
因此有

$$VMF=\sqrt{Z_2/Z_1} \tag{10-26}$$

图 10-23 给出了一个典型带通滤波器发射频段电压放大因子 VMF 与回波损耗随频率的变化关系，从中可以看出，在上下边频是微放电发生的瓶颈。

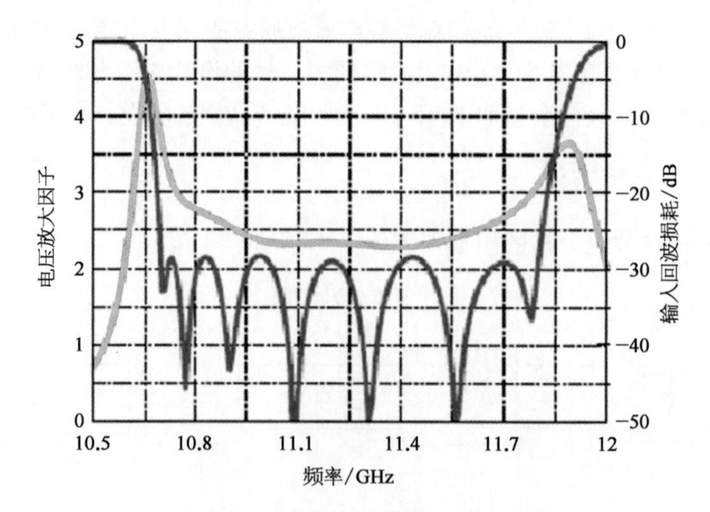

图 10-23　电压放大因子和回波损耗曲线

2）输入端口单载波门限功率

根据 VMF 的定义，可以把微放电处的最大承受峰值电压等效到波导输入端口。即

$$V_{sc}=\frac{V_{th}}{VMF} \tag{10-27}$$

对应的波导输入端口单载波门限功率为

$$P_{sc}=\frac{V_{sc}^2}{2Z_{pv}} \tag{10-28}$$

式中，对于矩形波导，$Z_{pv}=2\frac{b}{a}\sqrt{\frac{\mu}{\varepsilon}}\frac{\lambda_g}{\lambda}$，在真空中，$Z_{pv}=240\pi\frac{b}{a}\frac{\lambda_g}{\lambda}$；$\lambda$ 和 λ_g 分别为自由空间波长和波导波长。

3）输入端口等效多载波输入功率

在多载波条件下，最恶劣的情形莫过于各载波等幅同相叠加，此时在载波数目很多的情形下，其输入功率可达 N^2P_i，N 为载波数，P_i 为每路输入功率。但当 N 较大(如大于 5)时，采用以上的峰值功率进行微放电设计和试验已过于苛刻和不现实，这是由于随着载波数的增加，这种峰值出现的概率和持续时间都会减小，不足以引起放电。能够产生放电，除了电压满足外，持续的时间也应大于电子在分析区域来回 20 次需要的时间。所以多载波的微放电阈值功率在 $\sqrt{N}\sim N$ 倍的单载波功率之间，对于等幅等频率间隔情况，这个系数可以由下式得到

$$F_V=V_{mc}/V_{sc}=-(\sqrt{N}-1)\ln(T_{20}/T_H)+\sqrt{N} \tag{10-29}$$

$$T_{20}=20M/(2\times f_{min}) \tag{10-30}$$

$$T_H=1/\Delta f \tag{10-31}$$

式中，N 为载波数，T_{20} 为电子在分析区域来回 20 次需要的时间，f_{min} 为最低工作频率，M 为微放电阶数，Δf 为载波频率间隔。

以上公式在 $\sqrt{N}\leqslant F_V\leqslant N$ 有效。如果 $T_{20}>T_H$，则 $F_V=\sqrt{N}$；如果 $F_V>N$，则 $F_V=N$。相对单载波的功率 P_i 乘 F_V^2，就可得到多载波情况下的输入功率。

值得指出的是，对于不等幅、等频率间隔或等幅、不等频率间隔以及不等幅、不等频率间隔情况，可对功率或频率间隔采用近似等幅方法处理，然后利用上述公式进行计算。

4）微放电余量的确定

微放电分析区域的阈值为

$$\text{margin}=10\lg\frac{P_{sc}}{F_V^2P_i} \tag{10-32}$$

10.2.4 微放电分析实例

以 Ku 频段大功率波导电感膜片滤波器为例，波导为 BJ120(19.05 mm×9.525 mm)，频率为 12.25 GHz，载波间隔 40 MHz，有 8 路载波，其中 7 路载波每路平均功率 100 W，一路载波每路平均功率 200 W，对其进行微放电分析。该滤波器内部电场分布如图 10－24 所示，图中也给出了微放电分析界面。

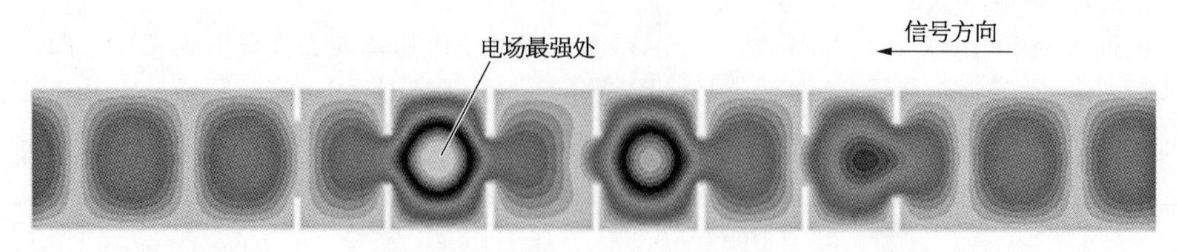

图 10 - 24　波导电感膜片滤波器场分布

具体分析步骤如下：

1) 计算电压放大系数 *VMF*

滤波器输入口的反射系数为 0.029 78，在滤波器输入口输入 1 W 的平均功率，可得波导输入口的瞬态峰值电压 $V_{in}=\sqrt{2Z_{pv}}$，其中 $Z_{pv}=491.74\ \Omega$，$V_{in}=31.36\ \text{V}$。因此前向（输入方向）瞬态峰值电压为 $V_{in}^{+}=\dfrac{V_{in}}{1+0.029\ 78}=30.45\ \text{V}$。

用电磁仿真软件计算出当输入口输入 1 W 功率时最大电场处的瞬态峰值电压 $V_{peak}=93.6\ \text{V}$。因此电压放大系数 VMF 为

$$VMF=\frac{V_{peak}}{V_{in}^{+}}=3.07 \tag{10-33}$$

2) 输入端口单载波门限功率 P_{sc}

滤波器表面处理镀银，频率为 12.25 GHz，$d=9.525\ \text{mm}$，因此 $V_{th}=kfd=7\ 280.9\ \text{V}$。于是可得输入端口单载波门限功率为

$$P_{sc}=\frac{V_{th}^{2}}{2Z_{pv}VMF^{2}}=5\ 719.1(\text{W}) \tag{10-34}$$

3) 输入端口等效多载波输入功率

由 $N=8$，$\Delta f=0.04\ \text{GHz}$，$f=12.25\ \text{GHz}$，由式(10 - 29)可得 $F_{V}=1$。因此，取 $F_{V}=\sqrt{8}$。

4) 计算微放电阈值

$$\text{margin}=10\lg\frac{P_{sc}}{F_{V}^{2}P_{i}}=8.10(\text{dB}) \tag{10-35}$$

由于功率不是等幅的，所以在计算 P_{i} 时做等幅处理。处理方法是：令实际各路载波同相叠加的电压近似等于 8 路等幅载波同相叠加的电压。若等幅载波的功率为 P，则有下面等式：$8\sqrt{2PZ_{pv}}=7\sqrt{2\times100Z_{pv}}+\sqrt{2\times200Z_{pv}}$，计算可得 $P=110.623\ \text{W}$。而利用算术平均得到的近似等幅功率为 $P=\dfrac{7\times100+1\times200}{8}=112.5\ \text{W}$，显然算法平均计算的结果更为苛刻。

10.2.5　微放电的危害及抑制措施

1) 微放电的危害

工作在大功率状态下的微波无源部件如果发射微放电现象，则可能产生如下危害：

(1) 导致微波传输系统驻波比增大、增益下降、反射功率增加,甚至部件损坏,不能正常工作。

(2) 使谐振类设备失谐,造成某些设备甚至整个系统的损坏。

(3) 根据选用材料的不同,会引起材料内部放气,从而诱发气体放电,可吸收和反射比微放电效应本身更大的能量,从而导致部件损坏,甚至彻底毁坏整个系统。

(4) 对传输设备的表面产生慢性电蚀,性能退化,并最终导致其失效。

(5) 引起腔调谐、耦合参数、波导损耗和相位常数等的波动,产生谐波引起带外干扰和交调产物。

(6) 产生很高的附加噪声,通常可达到 30 dB。

所有这些因素会造成部件性能下降或系统不能正常工作。

2) 微放电的抑制措施

为保证卫星有效载荷通信系统的正常工作,在进行空间大功率无源部件的设计中,一定要考虑微放电问题。为了破坏微放电建立的条件,通常在部件设计与加工工艺上可采取如下要点来抑制微放电产生:

(1) 设计时要有足够的设计余量,使用大间隙尺寸设计方法,控制频率与间隙尺寸之积 $f \times d$,使之在微放电敏感区之外。

(2) 采用适当表面处理工艺以减小表面二次电子发射系数,采用 Alodine 表面处理;实验表明,采用硌酸盐处理过的铝的放电阈值要比铝的放电阈值高很多。而且,镀金或镀银的金属的阈值也可提高。同时,要避免使用复合物,对介质的使用也需慎重。

(3) 填充介质。

(4) 采用直流或磁性偏置。

(5) 工艺上严格把关,避免加工毛刺、细丝等不利因素。

(6) 在调试、存储过程中保持部件洁净,防止污染物降低部件的放电阈值。

(7) 部件设计要采用避免微放电产生的结构设计,如普通软同轴电缆的接头设计采用了介质全填充,其阈值较高。

(8) 要保证部件有足够的通风性能,使得部件内部的压力低于 1.5×10^{-3} Pa,减少部件内气体放电的可能性。

最后,大功率部件应进行微放电测试,发现问题,不断完善部件设计方案或加工工艺的不足,留有足够微放电余量、以避免部件微放电产生。

10.3　低气压放电及其控制技术

10.3.1　低气压放电的机理

低气压放电又称日冕放电击穿,一般认为它是残留气体中的自由电子因微波功率激发获得能量产生等离子体,继而引起放电,其过程复杂。在高度为 25～90 km 甚至 120 km 的气体中,电子主要由碰撞电离产生,此时其平均自由程小于电极间距。

相比微放电,低气压放电的机理更加复杂,研究表明,低气压放电的击穿电压涉及 10 多个微观和宏观参数,如电子的碰撞频率、碰撞电离频率和气体电离频率、电离系数、电子扩散系数、气压、电子速度分布函数、极板距离、电子密度、电子迁移率等。低气压放电与器件表面状态、残余气体密度相关。当气压降至 300 Pa 后，放电现象会逐渐消失。

下面简要说明低气压放电的基本过程[17,18]。在两电极之间加上电压以后，处在两电极之间的自由电子在电场的作用下运动，并以一定的能量与气体分子或原子碰撞，从而使被碰撞的气体分子或原子中的电子获得能量，产生从低能级向高能级的跃迁，当获得的能量足够大时，该电子脱离原气体分子或原子的束缚，进入了自由空间，接着在电场的作用下又以一定的能量与其他气体分子或原子相碰撞，使其他气体分子或原子进一步释放出电子。这个气体电离的不断发生，使气体的电导率不断改善，在两电极之间的电流也不断加强。这样，在外加电压高到一定程度的时候，气体电离类似于“二次电子倍增效应”猛烈进行，气体导电率骤变，两电极之间的电流急剧增大，从而发生了气体击穿，气体就成了“导体”。同时，击穿的气体将发生电晕、辉光、电弧和闪光等放电现象，这种气体放电现象很容易在低真空环境中发生，特别在 260～750 Pa 最容易发生。因此，低气压放电对需要在低真空环境中工作的微波部件来说的确是一个威胁，一旦在微波部件发生气体放电，无论是哪一种放电现象，都将使星载有关部件或设备暂时不能工作，影响有关部件或设备的技术指标，甚至丧失有关部件或设备的功能。

10.3.2 低气压放电和微放电

微放电是在真空状态下两导体间在高频电场的作用下形成的电子谐振现象，与低气压放电不是一个类型，但这两种放电都是在两导体间存在高电压的情况下才发生的。微放电在高真空环境中发生；而低气压放电是在低真空环境中出现，它们都将影响星上设备的正常工作。

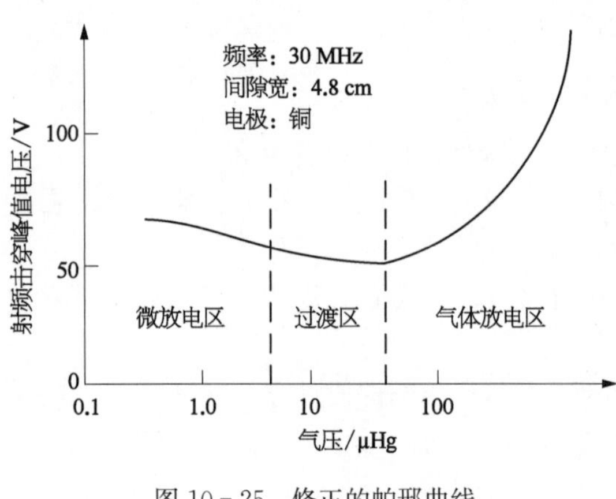

图 10－25 修正的帕邢曲线

图 10－25 为一个修正的帕邢曲线。由该图可见，帕邢曲线通过最低点以后，随着真空度的不断增加，其曲线也不断回升，所需要激励放电的电压也不断提高，并以这样的规律进入和通过过渡区域，真空度在 20 Pa 左右时，微放电就开始发生，到 1 Pa 左右时，在洁净环境中气体放电一般已不再出现，于是进入微放电区域。为了能测准微放电功率，应避免由于污染或介质释放气体造成气体放电，同时其气压应到 1×10^{-3} Pa 状态下进行。由曲线可见，微放电电压的门限比低气压放电的要高得多。在相同间距的情况下，频率越高，电压门限的差别越大。总的来说，微放电的激励功率要比低气压放电的至少大 6 dB，甚至 10 dB 左右。由此对低气压放电的威胁要给予足够的重视。

10.3.3 低气压放电控制技术

低气压放电可使信道功率发生部分或全部反射，严重时甚至会造成部件永久性损坏，信道丧失工作能力。虽然目前还无法对低气压放电容量完全进行定量分析，但仍可通过一些途径进行预防。为防止低气压放电，关键是从气压、工作电压(电场强度)、电极形状和距离等几个方面着手，破坏引起气体击穿的条件。可采取的措施有[19]：

(1) 合理规范的设计。通过合理设计微波设备结构参数,可避免在所使用的功率与环境条件下发生低气压放电,如增加通气孔、在放电区空间填充惰性气体或固体介质、表面材料选择与处理等。

(2) 严格的工艺控制。微波设备对加工工艺和环境的要求较高。为保证微波部件的实际承受功率值与理论计算阈值相近,工艺应做到:① 严格处理电极边缘的突变和尖点,避免出现加工毛刺、细丝,拐角加工成圆角等。② 防止污染,避免因污染而造成放电功率阈值降低。装配前用酒精清洗零部件;在满足洁净度要求的专用操作间内进行装配、调试,调试完成后用超声波清洗。③ 存放时,用不起毛的织物或绵纸将部件包裹后放入密封口袋或容器,长期存储应充氮或抽真空。

(3) 完整和充分的微波设备试验验证。空间大功率设备须满足鉴定级产品低气压放电余量 6 dB、正样产品低气压放电余量 3 dB 的测试要求。虽然部分微波设备功率不高,设计也留有余量,但由于无法对多余物和表面污染进行量化控制,且空间产品无法在轨维修,因此必须严格执行产品的试验验证。同时,因低气压放电和微放电的机理、环境条件不同,两者的试验不具备互换性。

10.4　空间天线的低 PIM 设计

无源互调(PIM)是微波无源部件在大功率多载波条件下,因传输媒质非线性而产生互调产物的现象。在卫星上观察到无源互调现象,最早是在 20 世纪 60 年代末的林肯实验室系列卫星 LES-5,LES-6 上观察到的[1],自此以后,卫星中的 PIM 问题受到越来越多的关注和研究,已经成为关系整个卫星成败的关键技术之一。互调产物会使接收信号底噪抬高,使接收机灵敏度下降、信噪比降低、误码率升高;当互调电平进一步增高时,甚至会影响整个通信系统的正常工作,被迫降低功率使用或分通道使用;严重时互调产物将淹没接收信号,导致通道阻塞、通信中断,使整个系统处于瘫痪状态。20 世纪七八十年代以来,国外由于 PIM 问题而导致卫星故障、发生失效的情况时有发生,美国舰队通信卫星 FLTSATCOM 的 3 阶互调产物、美国海事卫星 MARISAT 的 13 阶互调产物、欧洲海事卫星 MARECS 的 43 阶互调产物、国际通信卫星 INTELSAT 的 27 阶互调产物等都曾引起了卫星接收频带的严重干扰,拖延了卫星系统的进度甚至影响了卫星系统的发展。我国卫星在轨时也发生无源互调现象,影响了系统的正常工作。

鉴于 PIM 形成机理复杂、攻关难度大、可用经验少,且与在轨热环境关系密切,地面试验难以充分模拟,已成为困扰星载天线设计者的一个突出问题。未来应用,PIM 问题会越来越突出,主要原因如下:

(1) 转发器通道数及载波数的增加。

(2) 输出功率的增加。

(3) 带宽再扩展,PIM 阶数进一步降低。

(4) 产品尺寸进一步减小,小型化致使电流密度分布更为集中。

(5) 系统灵敏度越来越高,且数字系统比模拟系统对 PIM 更敏感。

(6) 相对于有源互调,无源互调无法通过滤波器滤除,且产生的关键部位在天线部分。

10.4.1 PIM 产生的机理

PIM 是 passive intermodulation(无源互调)的缩写,是两路或者两路以上大功率载波信号同时在无源部件中传输时,由于非线性的影响而产生的基本频率的线性组合产物。收发共用的天线,或者发射天线距离接收天线较近时,发射通道产生的无源互调产物(PIMP)可能对接收通道的高灵敏度接收机产生影响,使接收机灵敏度下降,严重时可使通信中断。在单载波系统中,由于无源部件的不牢靠连接,在特定因素(温度、振动等)下也会产生干扰接收通道的有害噪声,这是否是 PIM 目前尚无定论,但从对这种干扰的抑制所采取的措施来看,与抑制 PIM 的措施相同,因此本书把由单载波引起的无源干扰也归入无源互调范畴。

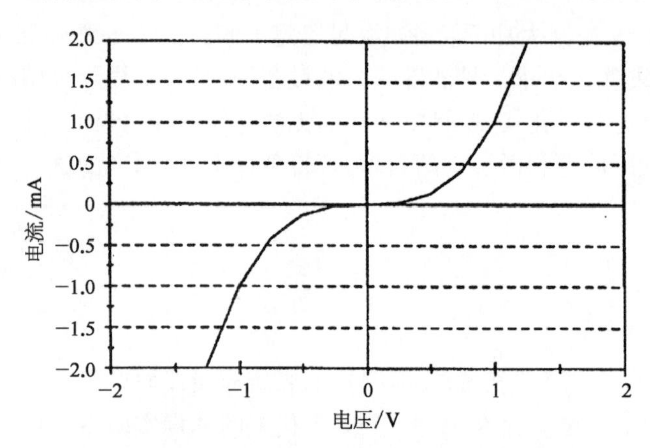

图 10－26　典型的非线性电压-电流特性曲线

微波和射频频段通信系统中 PIM 干扰主要来自两种无源非线性:接触非线性和材料非线性。前者表示任何具有非线性电流/电压行为(见图 10－26)的接触引起的非线性(金属连接等);后者指具有固有非线性导电特性的材料引起的非线性(铁磁材料、碳纤维、半导体等)。

若接触非线性和材料非线性随时间变化是稳定或基本稳定的,则由其产生的 PIM 也是稳定的。但是,非线性接触节和材料往往都会暴露在外界环境中,环境的温度、电磁环境以及动力学情况复杂多变,会直接或间接作用于非线性接触节和材料,引起非线性接触节和材料参数与特性的瞬时的或不稳定的变化,导致 PIM 电平出现瞬时的或不稳定的跳变。这种 PIM 电平瞬时跳变和不稳定的现象比单纯的接触非线性和材料非线性机理复杂得多,目前仍属于世界级难题。

10.4.2 接触非线性产生 PIM

接触非线性表示任何具有非线性电流/电压行为的接触引起的非线性,典型如氧化、污染、松动接触的金属连接(统称锈栓效应)。

如图 10－27 所示,两块金属 A,B 相互连接,在其连接面形成了 5 种连接状态。

1) 金属连接

绝对光滑的纯金属紧密连接,可看成是由无穷多个金属连接[见图 10－27(1)]形成的收缩电阻并联形成的,非线性效应最小。纯金属的松连接,会产生非常高的 PIM 电平。

2) 氧化层连接

氧化层连接[见图 10－27(2)]在金属之间形成膜层电阻(厚度小于 10 nm),是靠电子隧

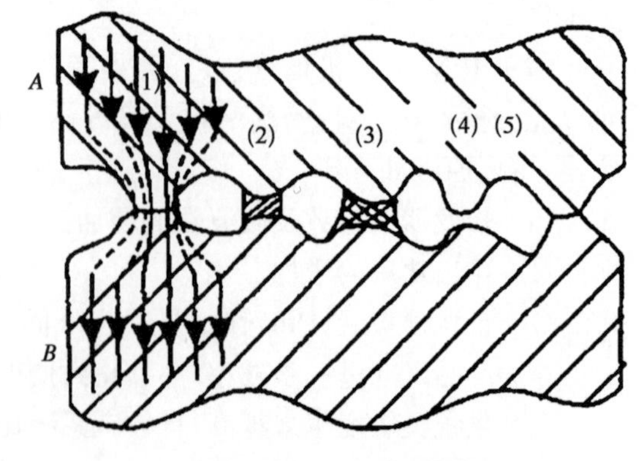

图 10－27　非线性接触面

道效应导电，属于半导体接触导电，是非线性的。金属在潮湿的环境中极易氧化，金是唯一一种表面不易氧化的金属。这种由电子隧道效应引起的非线性，在接触压力大于 70 MPa 时消失。

3）污染物连接

污染物连接［见图 10－27(3)］中的污染物，可以是水、汗渍、金属表面碳化层、金属碎屑（颗粒）、灰尘等。对射频信号，污染物可等效为由接触电容、分布电感和接触电阻构成的非线性电路。

4）小间隙连接

小间隙连接［见图 10－27(4)］由于间隙小，射频电流的一部分通过耦合的方式（位移电流）通过，主要表现为非接触电容效应，另一部分旁路到邻近的金属连接(1)、氧化层连接(2)和污染物连接(3)通过，整体上可等效为由非接触电容、接触电阻及接触电容构成的非线性并联电路。

5）大间隙连接

大间隙连接［见图 10－27(5)］由于间隙大，电流很难通过耦合的方式通过，大部分能量耦合到金属连接(1)、氧化层连接(2)和污染物连接(3)处通过。

总体来说，金属表面越洁净，所对应的状态(2)和状态(3)就越少，金属表面越光滑，所对应的连接状态(1)就越多，非线性效应就越弱。

当增大金属 A，B 之间的接触压力，状态(2)连接中的氧化层和状态(3)连接中的绝缘层被刺破，逐渐转化为状态(1)，同时连接状态(4)，(5)越少，可以有效减弱接触非线性。

因此，改善接触非线性的原则是“压紧、防污、防氧化以及平整的接触面”。

10.4.2.1 常见的两类金属接触非线性机理分析

1）松动的法兰连接

众所周知，直流电流可在理想导体内部传播，而振荡的电流，由于其不具有直流成分，因此只能在理想导体的表面传播。因此，在射频时，考虑金属间的接触仅需要考虑金属连接缝隙所在的具有微小厚度的面即可，所考虑的电流密度相应的为面电流密度。

如图 10－28 所示，每一个接触点为一个微小的 PIM 源。

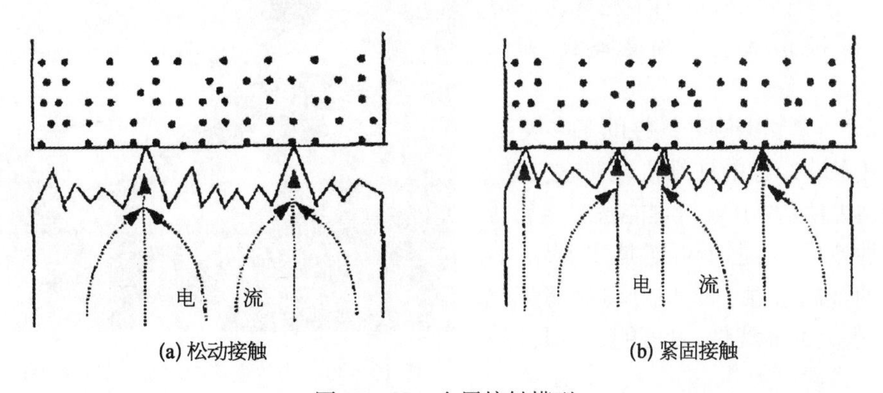

图 10－28 金属接触模型

当两个法兰松动接触时，接触发生在较少的点上，形成的接触节数目较少，因此每个接触节处具有较大的电流密度；当法兰逐渐压紧时，出现越来越多的接触点，这就使电流被分散到更多的接触节点上，因而每个接触节点上的电流密度减小。因此，随着法兰压力的增大，法兰结合处内表面的非线性效应逐渐减小，当法兰压力继续增大，氧化层逐渐被刺破，非线性效应进一步减弱，当法兰接触压力达 70 MPa 时，氧化层、污染层均被刺破，法兰结合处产生的 PIM 电平可以忽略[2]。

2）法兰接触面氧化

氧化的金属表面会形成一层非常薄的氧化层，当金属接触时，这种氧化层可等视为半导体[3]，即金属-半导体-金属连接(MIM)，如图 10－29 所示。MIM 具有非线性的电流/电压特性，一般采用电子隧道模型说明其非线性原理，然而，由于内在的复杂性，简化的电子隧道模型不可能准确预测 PIM 电平。

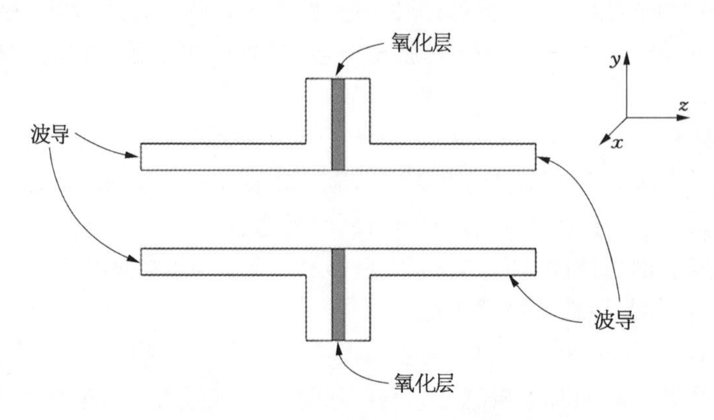

图 10－29　两个矩形波导法兰连接剖视图

根据量子理论，电子隧道效应穿过一个障碍的概率与绝缘层厚度的指数呈反比，当绝缘层厚度超过 100 A 时电子不可能穿透。例如，典型的铝氧化层的厚度约为 20 A，电子隧道效应是铝-氧化铝-铝接触产生非线性的主要原因。

某型号点波束天线馈源组件在各个法兰连接处增加了 0.1 mm 厚的 KAPTON SHIM WR－62 法兰垫片，大大增加了绝缘层的厚度，使得电子隧道效应大幅度降低，如图 10－30 所示。

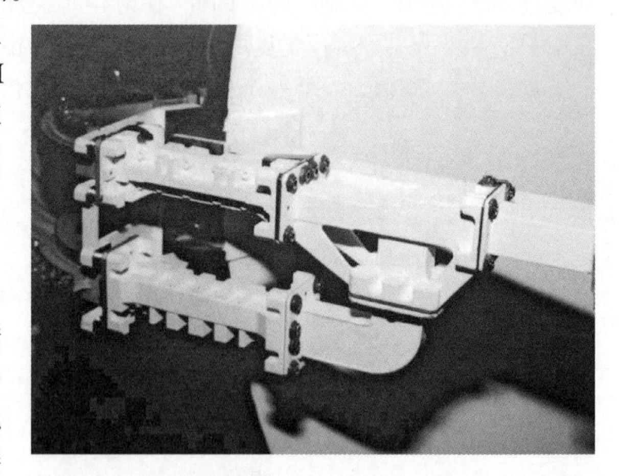

图 10－30　法兰连接处增加 0.1 mm 厚的介质膜

10.4.2.2　金属接触非线性的基本规律

金属接触非线性的详细机理非常复杂，即使试验结果使得 MIM 机理能解释金属接触的非线性效应，它也不可能是主要原因，因为松动的金属接触(如镀金层，没有氧化层)也会产生大的非线性，且可能比 MIM 接触产生的非线性更大。

1）金属接触非线性与接触面类型的关系

纯粹的金属接触可使用图 10－28 所示的模型解释(此模型要求接触非线性与电流密度有关)，该模型可解释文献[4]不同形状的接触的实验结果。

如图 10－31 所示，文献[4]表明，点接触和球接触比面接触产生更大的非线性，无论接触类型如何，低的接触压力产生大的非线性效应。但是弄清电流密度与非线性接触之间的关系仍然是需要深入研究的课题。

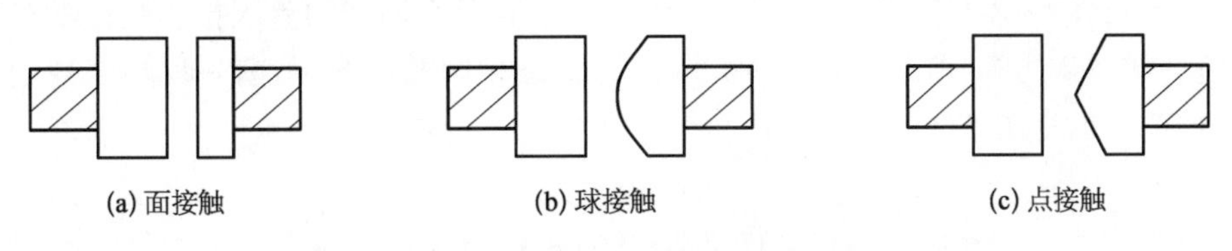

图 10－31　测试样品的几何构型

文献[5]表明，对于形状如图 10－32 所示的两种金属，M1 和 M2 选用材料的软硬不同，则 PIM 性能不同，即不同金属接触时，若两种金属材质都硬，则 PIM 量级高；若球面金属材质软，平面金属材质硬，则在金属接触轴向力到一定范围时会发生表面机械损坏，破坏氧化层，PIM 量级降低。

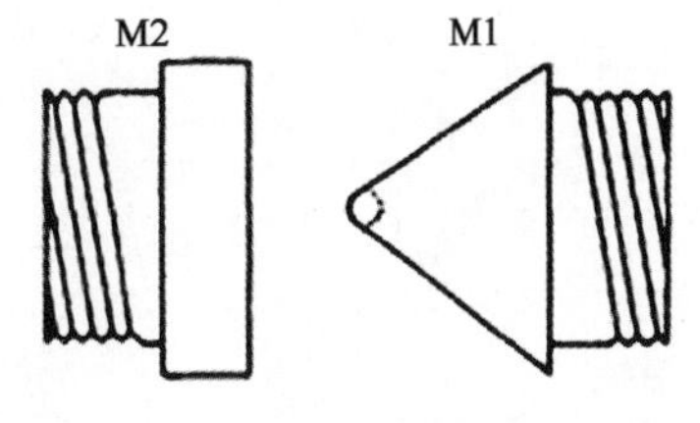

图 10－32　金属接触几何示意

2) 金属法兰连接的接触非线性基本规律

(A) PIM 电平与阶数的关系

对单个金属法兰的研究表明，一般情况下，偶数次交调分量低于邻近奇数次交调分量约 20 dB，因此在实际预算时，主要关心奇数阶的交调分量。另外，阶数每提高一奇数阶，交调产物约降低 24 dB[6]，因此，最终关心的是最低奇数阶的交调产物分量，同时可得，4 阶的 PIM 电平与 7 阶的 PIM 电平相当。这种规律对所有的接触非线性都使用，文献[7]测试了 Hybrid 卫星有效载荷的 PIM 性能，如图 10－33 所示，测试显示 PIM 阶数每增加一级，PIM 电平降低 24～26 dB。

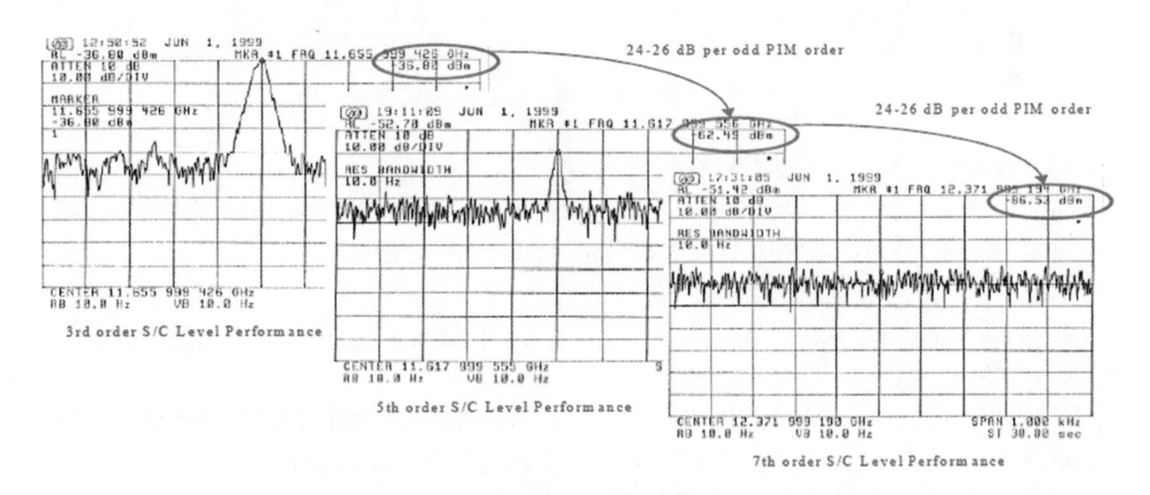

图 10－33　Hybrid 卫星测试的 PIM 电平随奇数阶变化的规律

根据多载波系统互调最低次模式的计算公式 $f_{\mathrm{pim}}=N_1 f_1+N_2 f_2$，可以看出频率规划决定了 PIM 的最低阶数和频率，其中 $N=|N_1|+|N_2|$ 为交调次数，f_1 为最低工作频率，f_2 为最高工作频率。合理的频率规划可以避免低阶 PIM 落入接收频带内，阶数越高，交调信号电

平越小。

例如，标准 Ku 频段频率规划，Tx Band：12.25～12.75 GHz，Rx Band：14～14.5 GHz，发射频段交调产物落入接收频段的最低奇数阶为 7 阶；扩展 Ku 频段频率规划，Tx Band：11.46～11.9 GHz，Rx Band：13.75～14.19 GHz，发射频段交调产物落入接收频段的最低奇数阶为 11 阶。如图 10－34 所示，在输入功率、设计状态相同的情况下，前一种频率规划在理论上比后一种产生的交调产物高约 48 dB。

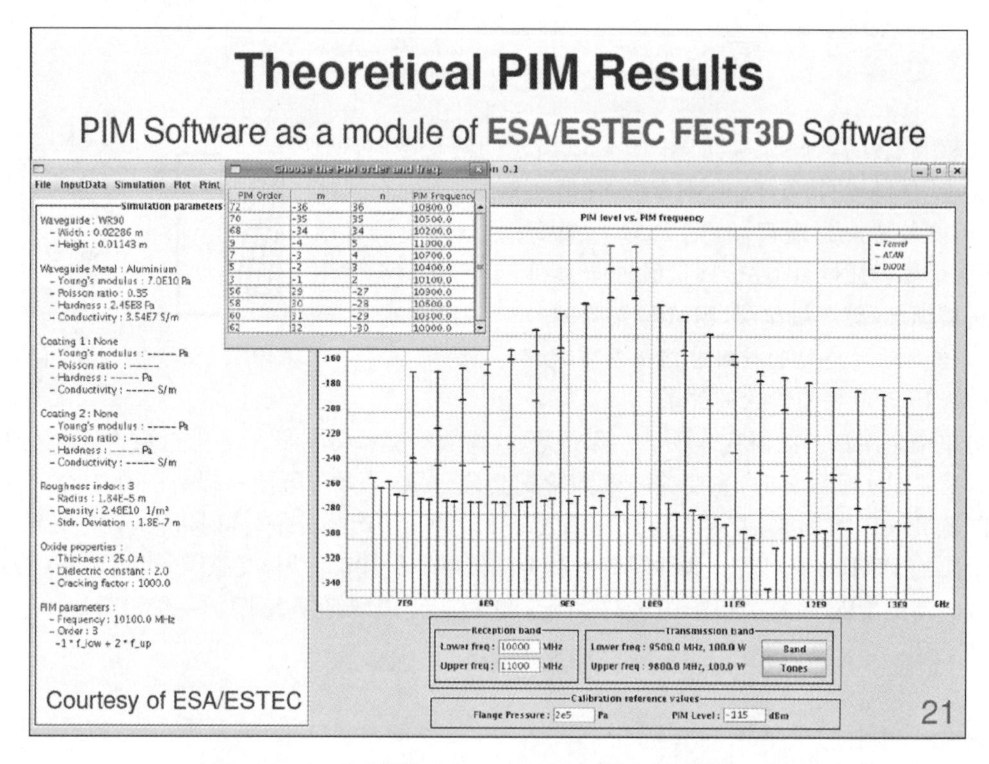

图 10－34　理论计算的 PIM 电平随阶数分布(金属法兰)

(B) PIM 电平与法兰压力的关系

通常波导接触面产生 PIM 的原因主要是接触不良，表面氧化、表面粗糙等。研究表明：当金属接触压强大于 70 MPa 时，这些因素引起的 PIM 电平可以忽略。

(C) PIM 电平与合成功率的关系

PIM 电平与合成功率存在 N dB/dB 关系，即功率每增加 1 dB，PIM 电平增加 N dB。这里，N 为 PIM 阶数。

劳拉公司在测试 Intelsat Ⅶ卫星 Ku 点波束天线 1 的馈源组件的 3 阶 PIM 性能时，使用 2×100 W 输入功率代替了原来的 2×50 W 输入功率，结果 PIM 电平提高了约 9 dB[7]。当然，由于 PIM 产生的复杂性和多源性，大多数情况下，输入功率与 PIM 电平的关系与 N dB/dB 的关系有较大差别。

(D) PIM 电平与载波功率的关系

PIM 电平最大值出现在 $P_2/P_1=m/n$ 处[8]。这里，$f_{\mathrm{pim}}=mf_1+nf_2$，$N=|m|+|n|$。文献[8]以铝金属法兰 PIM 为例进行了相关研究，主要参数如下：

(1) 发射载波频率：$F_1=11.21$ GHz，$F_2=11.895$ GHz，测试 3 阶互调分量，PIM 频率为：$F=2\times F_2-F_1=12.580$ GHz。

(2) 两载波总功率为 170 W。

理论分析与测试结果如图 10－35 所示，在 $m/n=2$ 处得到最大 PIM 电平值。

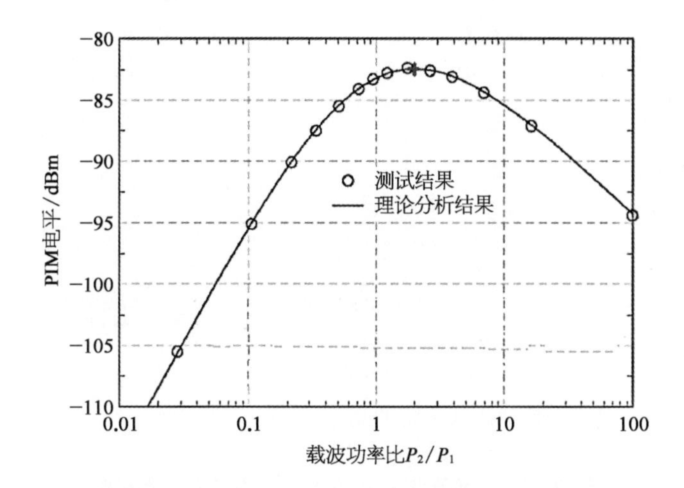

图 10－35　3 阶 PIM 电平与两载波功率比的关系曲线

10.4.2.3　射频同轴连接器非线性的基本规律

射频连接器广泛应用在航天产品中，由于同轴类连接器是内外双导体，不可避免地需要使用连接，目前流行的针孔插合方式不能有效解决内导体可靠连接的问题，因此一般的同轴(TEM)类馈源很难获得低的、稳定的 PIM 性能。下面对影响射频连接器 PIM 特性的因素进行逐一分析。

1) 不同连接器的类型

射频连接器广泛使用在诸如螺旋天线、同轴波导转换、同轴馈源、振子天线、旋转关节等诸多产品中，而根据应用的不同，射频连接器的种类也五花八门，但在目前星载天线的应用中，最常见的有 SMA，TNC，N 以及潜在的低 PIM 应用 L29(7/16)。

文献[20]详细研究了各种不同类型的射频连接器的 PIM 特性。在相同材料参数情况下，不同类型的射频连接器具有不同的 PIM 特性。其特点是：尺寸越大的连接器，其 PIM 特性越优异；尺寸越小的连接器，其 PIM 特性越差，这与连接器内部的电流密度有关。例如 SMA 的 PIM 特性不如 TNC，而 TNC 的 PIM 特性不如 N 型，N 型头 PIM 特性不如 L29 接头。

2) 表面状态

标准的连接器，为了多次插拔的需要，其内导体镀金，外导体往往镀镍或不锈钢，镍和不锈钢都为铁磁性材料，不宜使用在低 PIM 场合。试验表明，内外导体都镀银的连接器其 PIM 性能最好，实际使用时，为了耐插拔，连接器表面处理镀金。

图 10－36 和表 10－5 分别展示了不同连接器及不同表面处理状态时连接器的 3 阶 PIM 性能。

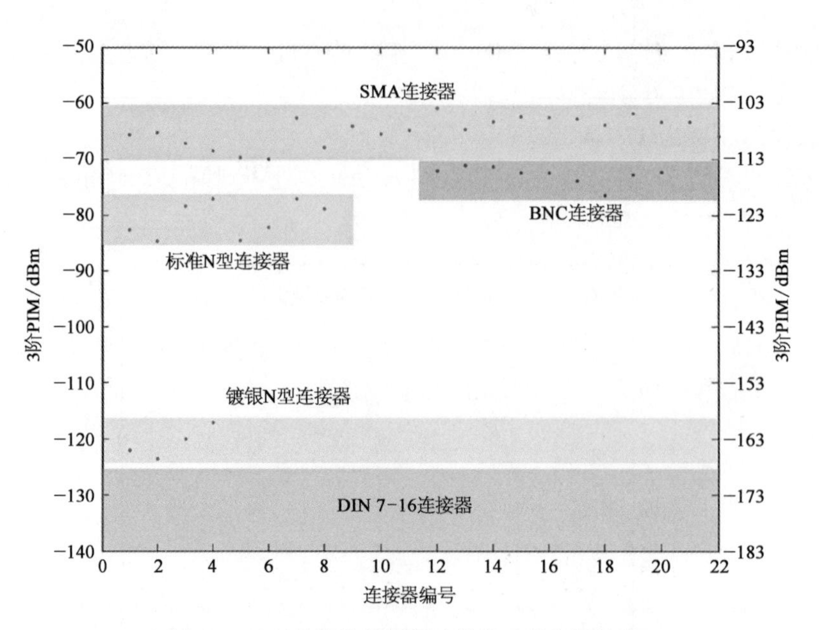

图 10-36　几种常见射频连接的 3 阶交调性能

表 10-5　几种常用射频连接器与 PIM 有关的参数

连接器类型	直径/mm		电流密度/(A/m^2)@1 W		表面处理	PIM Level	系统误差
	内导体	外导体	内导体	外导体			
SMA	1.27	4.43	54.7	16.7	standard	−70～−60 dBm	0.5 dB
TNC/BNC	1.85*	6.5	37.0	11.3	standard	−70～−76.5 dBm	2 dB
N	3	7	23.1	10.6	standard	−76.5～−80 dBm	0.2 dB
N	3	7	23.1	10.6	镀银	−117～−124 dBm	−8 dB 或 4 dB
L29	7	16	9.4	4.65	镀银	≤−140 dBm	
L29	7	16	9.4	4.65	镍	−97 dBm	
L29	7	16	9.4	4.65	镍镀金**	−113 dBm	

注：* 为等效尺寸；standard：内导体镀金，外导体镀镍或不锈钢；** 镀金层厚度 2.8 μm

载波频率	载波 1	463 MHz
	载波 2	468 MHz
载波功率	载波 1	20 W
	载波 2	20 W
PIM 频率		458 MHz
PIM 阶数		3 阶

注：在只传输 TEM 主模的情况下，相同功率、固定尺寸的连接器表面电流密度与频率无关

3）连接力

射频连接器与连接对象之间连接的紧密程度也会影响其 PIM 性能，如图 10－37 所示，由图可以看出，连接较松的射频连接器其 PIM 电平不断跳变，很不稳定。这种连接的紧密程度可能是内导体插芯的连接力不足，或者是没有按照规定的力矩拧紧螺纹等。射频连接器连接紧密程度对 PIM 的影响可以概括为接触非线性影响。

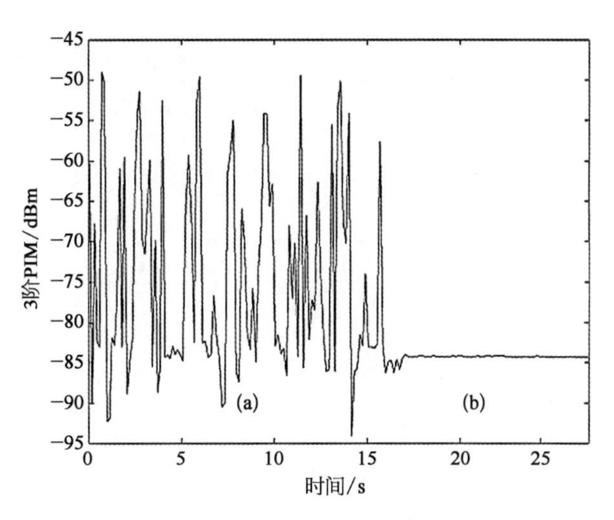

图 10－37　两个标准 N 型连接器 PIM 性能曲线：（a）松连接　（b）紧连接

4）趋肤深度

相同类型、相同表面处理的射频连接器，其 PIM 特性也受到使用频率的影响而不同。这是因为，对于相同的金属，随着频率的不同，其趋肤深度也不同。

趋肤深度 $\delta=1/\sqrt{\pi f\mu\sigma}$，即在其他参数不变的情况下，频率越低，趋肤深度越大，且关系为：$\delta_1/\delta_2=\sqrt{f_2}/\sqrt{f_1}$。对同一种金属，频率分别为 0.2 GHz 和 1.8 GHz 的趋肤深度之比约为 3。可见，对于同一种金属，若 S 频段的镀层厚度为 3 μm 可达到理想的低 PIM 效果，对于 UHF 频段镀层需达到 9 μm 才可达到同样的低 PIM 效果。

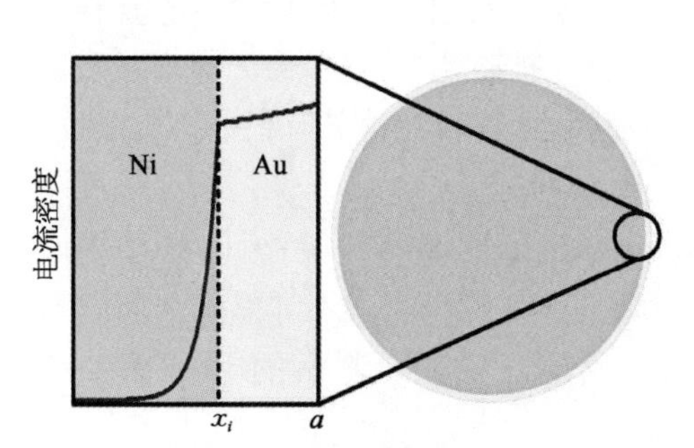

图 10－38　镍打底镀金层中的电流密度

图 10－38 展示了镍打底镀金层中的电流密度分布。镍是铁磁性材料，具有强烈的非线性，而金具有良好的 PIM 特性，但若镀金层厚度不够，则会引起强烈的非线性。对高频来说，镀金层达到了良好的屏蔽镍的效果，但对低频却未必。

5）多个连接器级联

几个射频连接器级联时的 PIM 与单独一个连接器时的 PIM 性能有较大差异，且 PIM 性能随着连接在一起的射频连接器数目呈规律性变化，如图 10－39 所示。这说明组件的总 PIM 与各个不同 PIM 源产生的 PIM 产物相位有一定的关系。不考虑系统残留 PIM 和吸收负载自身 PIM 及反射的情况下，被测 N 个 SMA 连接器级联组件的端口反射 PIM 电压公式为：$V_{\mathrm{pim}\Gamma}=\sum_{n=1}^{N}V_{\mathrm{con}}\exp[\mathrm{j}2(n-1)]\beta l_{\mathrm{con}}$，前向传输 PIM 电压公式为：$V_{\mathrm{pimS}}=NV_{\mathrm{con}}$。可见，级联后端口反射的 PIM 电压与电压反射系数的公式一致，与级联后 PIM 源的位置有关；但传输 PIM 电压是各个 PIM 源的同相叠加。

由此可见，只要改变两个射频连接器之间的距离，就可以改变这两个射频连接器产生的总的反射 PIM 电平。这可以用来改善已知系统的 PIM 性能，例如一个系统的 PIM 性能测试后不满足要求，可以在系统外连接一个已知 PIM 性能的射频连接器，改变连接器的距离，就可以调节整个系统的反射 PIM 性能，如图 10－40 所示。

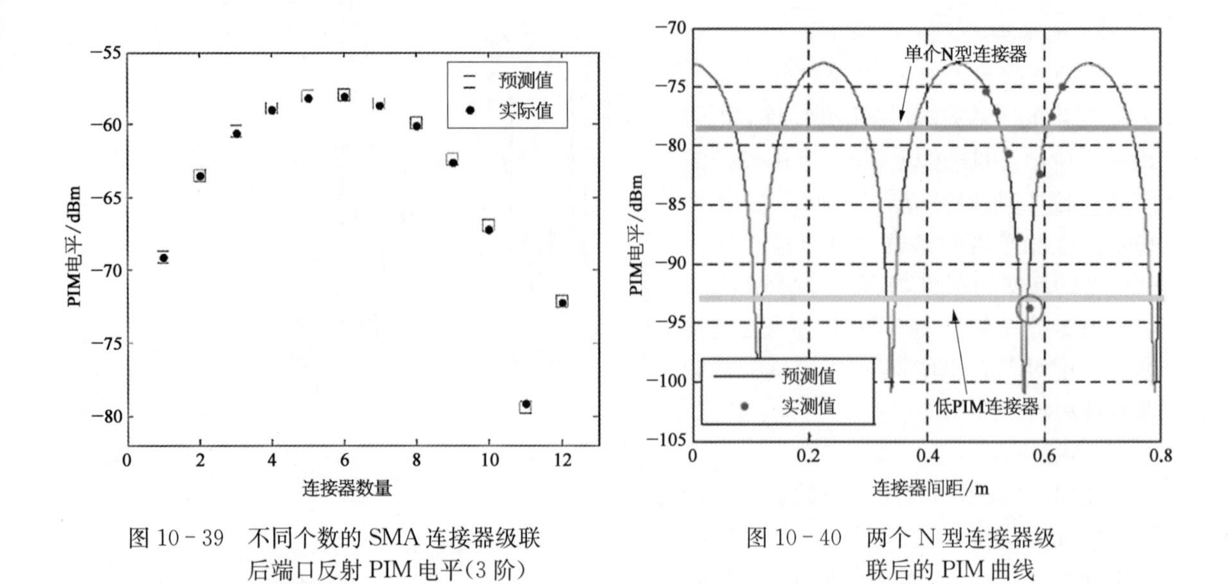

图 10-39　不同个数的 SMA 连接器级联后端口反射 PIM 电平(3 阶)

图 10-40　两个 N 型连接器级联后的 PIM 曲线

10.4.3　材料非线性产生 PIM

材料非线性是指具有固有非线性导电特性的材料引起的非线性，如铁磁材料、碳纤维、表面具有厚氧化层的金属。

10.4.3.1　铁磁材料

铁磁材料主要表现出铁磁效应。铁磁材料(如铁氧体、铁、钴、镍以及其他一些过渡族元素)具有很大的磁导率和顺磁性，在外加磁场时，铁磁材料首先被磁化，并可以极大地增强磁场的大小，当磁场撤销时铁磁材料不会完全消磁，表现出磁滞特性，这种特性具有很强的非线性，因此铁磁材料能引起很强的 PIM 产物。

当对铁磁材料施加外部磁场 H，则在铁磁材料内部磁感应强度为 B，$B=uH$，由于铁磁材料 $u-H$ 的强烈非线性关系，导致 $B-H$ 的关系也是强烈的非线性。若外加电磁场是线性的，则通过铁磁材料后的 B 成为非线性，根据麦克斯韦方程 $\nabla\times E=-\dfrac{\partial B}{\partial t}$ 可知由磁感应强度感应的电场 E 也是非线性的。电磁线性材料必须满足 u_r-H 为线性关系以及 ε_r-E 是线性关系，图 10-41 为硅钢的 u_r-H 曲线。

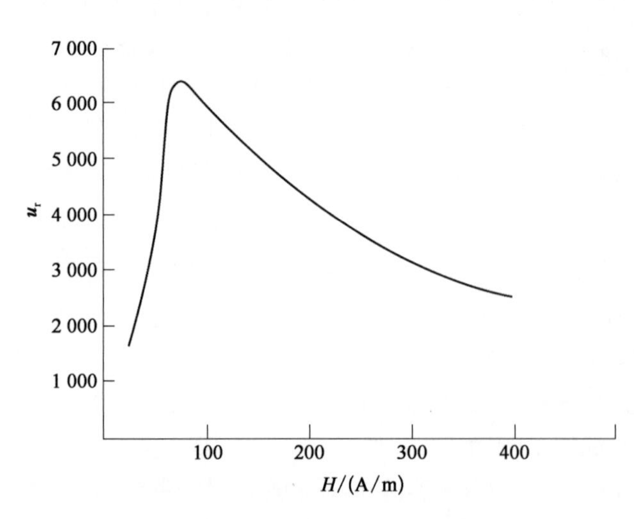

图 10-41　硅钢的 u_r-H 曲线

常用的 PIM 特性较好的金属材料有金、银、铜、黄铜、铍青铜，一些 PIM 性能较差的材料有铁、钴、镍、钢、不锈钢、铝和铁氧体。

铁氧体是常见的铁磁性材料，大量应用在负载、隔离器、环形器中，尤其是负载，在星载天线中广泛应用，因此设计师必须注意在设计大功率微波部件时保证负载所在处的隔离度足够大，避免负载产生额外的 PIM。

星载天线中铁磁材料的典型应用为负载材料，如 MF 系列材料。对于含有隔板式圆极化器的复杂单圆极化馈源组件，由于加工制造等各方面的原因，其左、右旋端口之间的隔离度往往在 20 dB 左右，大功率使用时，由一个端口泄露到另一个端口的功率可能达 1 W 以上，此时若此端口接负载，可能会产生干扰附近天线的 PIM 产物。

10.4.3.2　复材反射器 PIM 分析

天线主反射器采用铝蜂窝夹层结构，反射器芯子材料用 11 mm 厚的铝蜂窝，面板材料用 4 层 M55J 碳纤维单向带，以 0°/±45°/90°方式铺陈。碳纤维为混合物，材料本身具有非线性，相邻碳丝不完全接触也会产生非线性。反射面制作时，碳纤维按照 0°，±45°，90° 4 个角度进行铺设，同一个铺层或者相邻铺层之间，局部存在碳丝的不完全接触状态，如图 10－42 所示，形成载流子(电子)隧道。当达到一定条件，载流子集中从隧道跃迁时产生 PIM 现象。

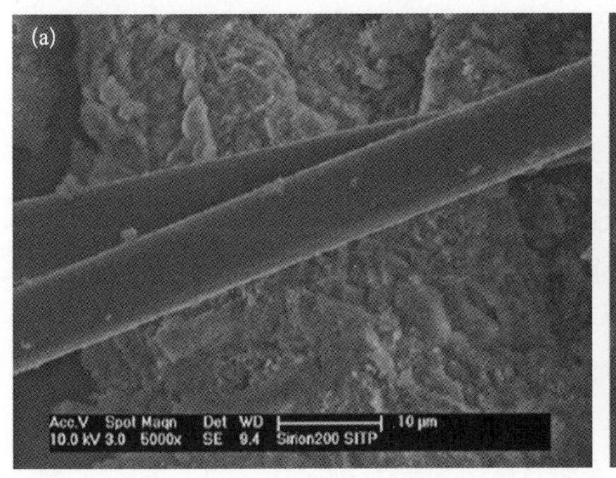

图 10－42　碳丝的不完全接触状态

载流子的能量可以表示为

$$E_{\zeta}=E_0+E_{\mathrm{v}} \tag{10-36}$$

式中，E_0 为载流子自身能量，E_{v} 为在外加电场作用下，载流子获取的动能。

$$E_{\mathrm{v}}=\frac{1}{2}mu^2\zeta^2 \tag{10-37}$$

式中，m 为载流子质量，u 为载流子迁移率，ζ 为外加电场。在隧道处，能够成功完成电子迁跃的数目 n 可表示为

$$n=n_0T^{N_0}=n_0\left|\frac{2ik_1}{ik_1-k_2}\right|^{2N_0}\cdot\exp\left[-\frac{2a}{h}N_0\sqrt{2m(U_0-E_{\zeta})}\right] \tag{10-38}$$

$$k_1=\frac{2mE_{\zeta}}{h^2} \tag{10-39}$$

$$k_2=\frac{2m(U_0-E_{\zeta})}{h^2} \tag{10-40}$$

式中，n_0为载流子总数，T 为迁跃概率，N_0为串联的隧道障碍数，U_0为隧道势垒高，a 为隧道宽度，h 为 Plank 常数。经过简化，可以得到成功电子迁跃数与外加电场的关系为

$$\frac{\mathrm{d}n}{\mathrm{d}\zeta}=nN_0\left[\frac{1}{E_0}+\frac{2am}{h\sqrt{2m(U_0-E_0)}}\right]mu^2\zeta^2 \tag{10-41}$$

根据欧姆定理，隧道传输电阻率 ρ_t 为

$$\rho_t=\frac{1}{\sigma_t}=\frac{1}{nqu} \tag{10-42}$$

式中，σ_t 为隧道的电导率，q 为载流子的静电电容。得到

$$\begin{aligned}&\frac{\mathrm{d}\rho_t}{\mathrm{d}\zeta}=-2\rho_t K\zeta\\&K=\frac{mu^2N_0}{2}\left[\frac{1}{E_0}+\frac{2am}{h\sqrt{2m(U_0-E_0)}}\right]\end{aligned} \tag{10-43}$$

总电阻率为

$$\rho=\rho'+\rho_t=\rho'+\rho_0\mathrm{e}^{-K\zeta^2} \tag{10-44}$$

式中，ρ' 为传导电阻率，ρ_0 为没有外加电场时隧道的电阻率。

可以看出，隧道处的电阻率是一个受到多个变量影响的值，与电子本身能量有关(即与温度相关)，与隧道障碍数、障碍宽度、隧道势垒高(与相邻碳纤维的物理接触状态相关)、电子迁移率等众多因素有关。电阻率的变化直接导致电流变化，所有的因素使得隧道类似二极管，当能量达到一定条件时，大量电子产生迁跃，产生干扰频谱，即产生 PIM。

10.4.3.3 金属表面氧化

钢铁结构暴露在空气中会形成不同的氧化物。这些氧化物的厚度明显大于 100 A，文献[10]认为：在这种情况下，非线性整流结效应代替了电子隧道效应。金属氧化物过渡状态的氧化物的导电率可能是很高的，例如，在室温情况下，FeO 的导电率约为 20 S/m，Fe_3O_4接近于金属，然而 Fe_2O_3的导电率仅为 10^{-3} S/m。

10.4.3.4 电致伸缩

任何介质，在外加电场的情况下，都会发生变形，且其形变量与电场强度的平方成正比。文献[11]研究表明，产生于聚四氟乙烯(PTFE)中的电致伸缩效应对电缆中的 PIM 有贡献。

10.4.4 产生 PIM 的其他诱因

除了接触非线性和材料非线性等基本的 PIM 产生机制外，下面的一些因素也或多或少地影响 PIM 电平，在某些情况下甚至是主要因素。

1) 机械振动

机械振动包含机械载荷的缓冲和振动。接触非线性对机械振动非常敏感，振动引起接触面的微观变化，从而导致 PIM 产生跳变。典型的如金属网的振动和连接器的振动等。

2) 温度变化

由大量 PIM 测试实验可知，接触非线性对温度载荷的变化非常敏感，且与温度变化率有

关。温度的变化可引起 PIM 电平的瞬时或短时间跳变，但其机理目前尚不清楚。

3）金属表面微放电

微放电，即二次电子倍增放电，是无源互调产生的机理之一，尤其在高空通信卫星中，若设计不当，微放电易发生，从而引起无源互调危害。1976 年，Chapman 在 8 GHz 天线馈源中做了系列测试，发现金属表面缝隙和气孔的微放电产生了 PIM 产物[12]。由于在几何结构和构造不确定的波导馈源组件中，微放电引起无源互调的过程是微观的，无法通过数学建模建立起两者之间的关系，科研人员多是利用试验验证找寻功率电平与 PIM 产物的关系。

因此，在大功率波导馈源组件的电气设计中，应该提高其功率耐受能力和微放电余量，避免狭缝设计，对于谐振腔体结构的部件通过多载波方法正确分析微放电余量，产品工艺和制造过程需严格控制，保证金属波导内表面光洁度，镀层厚度和洁净度。

10.4.5　低 PIM 设计的通用原则

目前，尚没有精确的数学模型来模拟 PIM 特性，但有一些低 PIM 的设计原则是必须遵循的，测试也是一个很好的检验方法。

为抑制 PIM 电平，可采取如下措施：天线部件细分为很多种，如金属反射面、CFRP 复材反射面、金属网面、TEM 链路、波导链路以及喇叭、螺旋等，这些部件所针对的低 PIM 设计原则侧重点可能不同，但又遵从一些共性的通用原则。

1）设计

低 PIM 产品是设计出来的。从顶层方案来看，频率规划至关重要，在进行频率规划时应尽可能避免发射频率产生的低阶次 PIM 落入接收频段。文献[7]中 XTAR 卫星/SPAINSAT 卫星通过业务约束（一定规则下，得到用户认可），将带宽由 500 MHz 减至 300 MHz，使得 PIM 阶数从 3 阶变为 5 阶，从而显著降低了每个子系统内的 PIM 威胁，特别是输出谐波滤波器、双工器和天线馈源。

能收发分开设计的天线尽量采用收发分开的方式进行设计。

2）避免铁磁性材料的应用

铁磁材料具有强烈的非线性，在有低 PIM 要求的场合，在设计初期就应该统筹考虑材料的选择，避免在方案中使用任何铁磁材料。

3）压紧

松连接是引发瞬时不稳定 PIM 最主要的因素。松连接更易受到振动、温变等外部环境的影响，使 PIM 严重恶化。因此部件之间的法兰必须压紧、连接器必须使用符合力矩的力矩扳手拧紧。

高压法兰是广泛采用的一种方式，其目的是减弱接触非线性。高压法兰是在标准的法兰面上开槽的方式，减小法兰的接触面积以增大法兰之间的压力。这里需要注意的是，减小法兰的接触面积并不意味着增大了流过法兰处的电流密度。波导部件中的电流密度为面电流密度，仅分布在波导内表面及趋肤深度所能达到的区域。RF 频段，趋肤深度为微米级，因此如图 10－43 所示的低 PIM 高压法兰靠

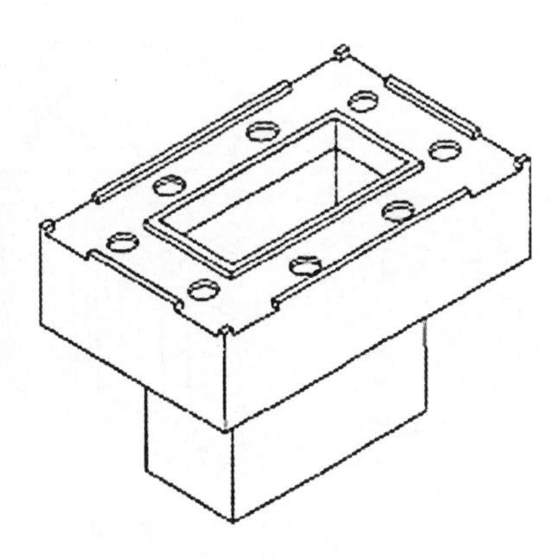

图 10－43　低 PIM 高压法兰示意

近波导内腔的一圈台阶外电流密度为零,高压法兰的采用并不会改变波导内部的面电流密度。高压法兰的压力计算及不同种类高压法兰的压力大小可参见《星载反射面天线电气设计手册》一书。

文献[7]中,Hybrid 卫星馈源组件中的调谐螺钉由原来的螺纹连接改为销钉过盈压配连接后,有效改善了其 3 阶 PIM 性能。

4) 低电流密度

在非线性区,电流密度与 PIM 电压之间的关系呈非线性。文献[13]研究表明,电流密度越大,PIM 电平越高,如图 10-44 所示,对于 PIM 特性较好的金属材料,PIM 电平随电流密度的增长较缓慢,对于铁磁性材料,PIM 电平随电流密度的增长非常快。设计时,应尽量避免在高电流密度区产生非线性源,如调谐螺钉、加工剖分区等。

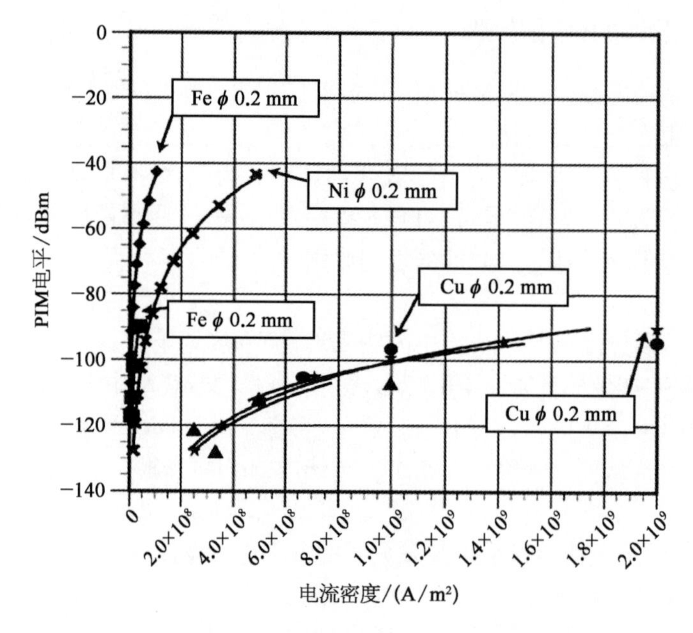

图 10-44 电流密度与 PIM 电平的关系(3 阶)

对于必须剖分加工,又没有低电流密度的部件,如矩形波导,最好沿其宽边中心剖分。如图 10-45 所示,传输 TE_{10} 模的矩形波导,其宽边中心电流密度矢量沿纵向分布,沿宽边中心剖分,不会切割电流密度线,因此不会存在由位移电流形成的电容,可以把剖分引起的接触非线性降低到最小。

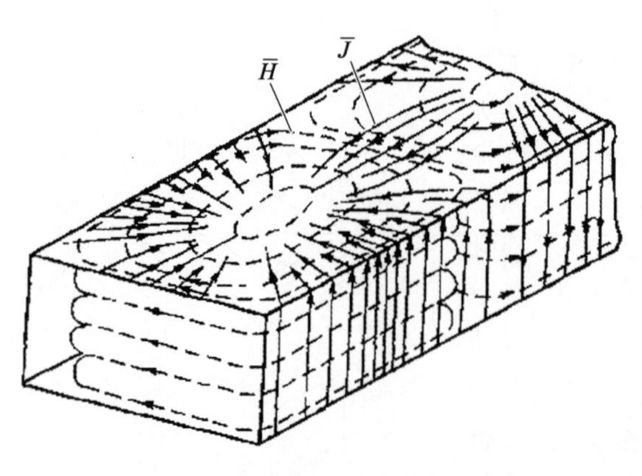

图 10-45 矩形波导内表面电流密度矢量分布

对于圆波导,可以靠增大圆波导的直径降低电流密度,从而改善其 PIM 性能。文献[14]中,法兰连接没有选择在喇叭的根部,而是从喇叭的中间某个部位断开,是一个很好的设计典范,如图 10-46 所示。

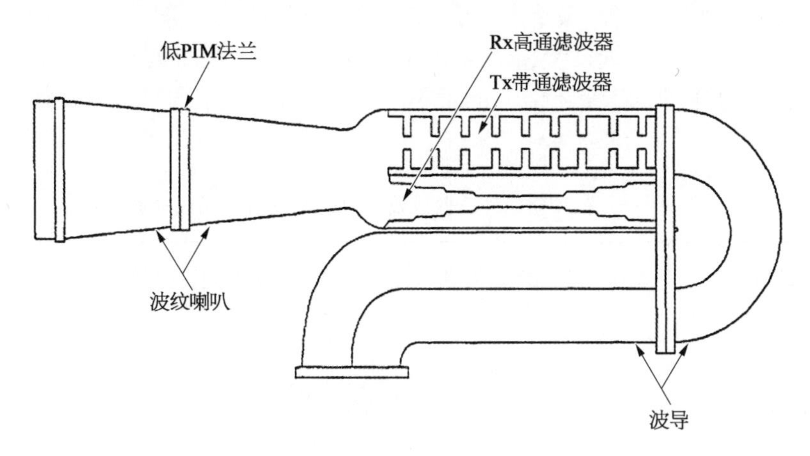

图 10－46　Intelsat VIIA 双栅天线馈源

5）尽量少的连接部分

过多的连接将会使部件或系统的 PIM 恶化。减少连接部分数量的主要措施是优化加工工艺，能整体加工的尽量采用整体加工（电火花、电铸），也可采用电子束焊接的方式使连接部分无缝连接。

6）表面处理

表面处理是改善材料非线性的有效手段。星载天线馈源组件一般为铝材制作，铝材的 PIM 特性较差，若不对其进行表面处理，则用其制作的部件将会产生较高的 PIM 电平。银具有良好的 PIM 特性，但其价格昂贵，不宜直接使用制造部件，采用电镀的方式在铝制品表面镀银是最好的办法。在低轨卫星中，由于原子氧的作用，镀银层会氧化，此时选用铜镀金的方式；另外，在连接器中也常采用铍青铜镀金，以适应连接器多次插拔的要求。

7）污染物及多余物的控制

污染物是引起 PIM 恶化的重要来源。污染物主要体现在加工制造过程、装配过程、试验过程中的不规范操作，因此需要加强过程控制，必要时对相关人员进行培训，使其了解防污染对 PIM 防护的重要性。另外，污染物会导致微放电阈值的降低，引发微放电风险；金属或介质材料加工遗留的毛刺也是引发微放电的重要因素。一旦发生微放电，PIM 性能将受到严重影响。

8）防氧化

馈源组件装配完成后放入氮气柜存放，装入天线后或运输时，应包覆保鲜膜隔潮，在包装箱内装入适量的干燥剂。

10.5　空间环境适应性设计

空间反射面天线是实现航天器与地面、航天器之间通信和数据传输的重要载荷，也是微波遥感仪器的重要组成部分。而空间环境是空间反射面天线设计的重要约束条件之一，是对空间反射面天线在轨工作的严峻考验。

对空间反射面天线具有较大影响的空间环境要素包括真空环境、空间热环境、空间带电粒子辐射、太阳紫外辐射、原子氧、微重力环境、空间等离子体和污染等。这些空间环境要素单独地或共同地与空间反射面天线发生相互作用,对空间反射面天线产生各种空间环境效应,进而对空间反射面天线的长期可靠运行产生负面影响。表 10-6 为各种空间环境效应对空间反射面天线的影响。

表 10-6 各种空间环境效应及其对空间反射面天线的影响

空间环境效应	对应的空间环境因素	对空间反射面天线的影响
大气与真空环境适应性	空间真空环境	天线内部蜂窝芯出气,锁紧座接触表面黏着或冷焊
真空热循环效应	空间热环境	天线在轨热变形
抗电离总剂量防护设计	地球辐射带、太阳耀斑质子	有机材料的物理性能和机械性能下降,热控材料发射率和吸收率发生变化
太阳紫外辐射防护设计	太阳紫外辐射	复合材料蠕变柔量增加,热控涂层的太阳吸收率增加
原子氧防护设计	原子氧环境	天线材料氧化剥蚀
微重力环境适应性设计	空间微重力环境	天线的在轨展开不受重力影响,天线展开后的准确位置和形状也与重力无关
表面充放电防护设计	太阳光子、等离子体	击穿天线材料、损伤材料表面性能
污染控制	有机材料的放气和发动机喷出的羽流	影响热控涂层的性能

10.5.1 大气与真空环境适应性设计

空间反射面天线基本为碳纤维蒙皮铝蜂窝夹层结构,卫星发射前天线结构内部的蜂窝芯充满了空气,卫星发射过程中随着高度的增加,天线内外产生了一定的压差,若天线蜂窝芯内部的空气不及时放出,会造成天线蒙皮鼓包甚至破裂。同样,天线表面的热控多层材料若没有放气孔,卫星发射过程中随着高度的增加,热控多层材料由于内部密封气体的膨胀而胀大,从而造成意想不到的问题。

固体表面原有吸附的气体膜、氧化膜等在真空条件下部分或全部消失,固体表面相互接触时便发生不同程度的黏合现象,称为黏着。如果除去氧化膜,使表面达到原子清洁程度,在一定的压力负荷下接触表面可进一步整体黏着,即产生冷焊。空间固面天线设计时,应避免天线锁紧座和锁紧预埋件产生黏着或冷焊。

由于树脂基体具有一定程度的吸湿性,其复合材料也同样会表现出吸湿特性。潮湿是除热之外容易导致应力产生的环境之一,在一定时间的湿应力作用下,复合材料的各项特性会发生变化,最终导致变形,进而影响结构的尺寸稳定性。

为了解决空间固面天线大气与真空环境适应性问题,一般采取如下措施:

(1) 需考虑真空环境带来的材料出气、材料蒸发、材料升华、材料分解(质损)等效应,特别对于光学遥感卫星,应对材料的出气和质损进行分析。

(2) 选择不易发生冷焊的配偶材料，避免同种金属材料配偶使用；使用自润滑材料，或在接触面上涂敷固体润滑剂；机构部件需采用不挥发的润滑方式以防止机构的真空干摩擦与冷焊，并在初样阶段对机构部件中运动部分的材料进行干摩擦和冷焊试验，以验证其设计满足真空中的运动要求，对于已经过验证的材料不需要重复进行验证。

(3) 对于在轨无需密封的产品，应具有使产品内部气体快速泄放的措施(如放气孔等)，以尽快平衡产品内外气压。天线设计时要求蜂窝芯每一蜂格至少 3 个壁有通气孔，胶接面不能有孔，每个壁有 1～2 个孔，孔径 Ø 为 0.3～0.5 mm。若天线背箱碳纤维铝蜂窝板上无减轻孔，应在背箱蜂窝板蒙皮上打放气孔，同样对天线反射器封边的铝基胶带和天线表面的热控多层材料也应打放气孔。通过这些放气孔的设置，在卫星发射阶段可以使天线内部气体快速泄放，从而达到尽快平衡天线内外气压的目的。

(4) 湿变形与环境湿度变化密切相关，所以要求在固面天线的生产、成型、测试及储存过程中严格控制环境湿度。

10.5.2　抗总剂量防护设计

带电粒子入射到物体(吸收体)时，将部分或全部能量转移给吸收体，带电粒子所损失的能量也就是吸收体所吸收的辐射总剂量。当吸收体是反射面天线时，反射面天线将受到总剂量辐射损伤，这就是反射面天线的总剂量效应。

空间辐射总剂量的主要贡献者是地球辐射带的捕获电子和捕获质子，由捕获电子引起的韧致辐射(即次级辐射)和太阳耀斑质子对辐射剂量也具有一定贡献。这些带电粒子通过电离和位移两种作用方式，对固面天线材料造成总剂量损伤，使反射面天线材料产生功能衰退，严重时会完全失效或损坏，从而对反射面天线造成损伤或危害。对于设计寿命较长的卫星来说，总剂量效应是影响反射面天线可靠性的原因之一。

空间反射面天线材料在空间带电粒子的电离或位移总剂量损伤下，将呈现出不同的损伤现象。有机材料的物理性能和机械性能下降，热控材料发射率和吸收率变化。

为了避免上述问题，可以采取如下措施：

(1) 空间反射面天线设计时应尽量选用具有空间飞行经历的材料和工艺，对新使用的材料应进行带电粒子辐照试验。对于不同轨道高度、安装在卫星不同部位的固面天线，其进行带电粒子辐照试验时的试验条件各不相同，试验时应根据具体的卫星空间环境分析结果，确定固面天线的辐射剂量。可用同批次的小样品进行试验，由于本项试验为破坏性试验，辐照试验样品在试验后将会受到不同程度的损伤，因此试验后的固面天线或小样品不能再用于卫星任何阶段产品，更不能上天飞行。辐照试验时，天线材料用 ^{60}Co(γ 射线)源，天线表面的涂层及热控多层材料用电子或质子源试验。试样在辐照试验前、后均应测定其机械性能和物理性能，由于卫星入轨后固面天线所承受的力学条件得到显著改善，因此天线的强度不会产生问题，但应关注天线的展开基频变化情况。另外，还应注意天线材料玻璃化转变温度下降对天线在轨工作的影响。

(2) 天线机构上所采用的所有材料和器件均应进行抗电离总剂量(TID)分析，对于非金属材料(如介质材料)，选用的器件和材料的抗 TID 能力应满足型号规定的使用允许下限值。

(3) 对于厂家不提供抗电离总剂量能力数据的元器件及材料，应进行辐照试验测定。

(4) 用于辐射屏蔽的材料应选择次级辐射较小的金属，以避免带来更明显的次级辐射剂量。建议选择的材料有 Al,Ta 等,不建议选择的材料有 Cu,Pb 等。

(5) 产品设计优先考虑局部屏蔽防护,不允许出于抗辐射目的对设备外壳进行加厚。

10.5.3 太阳紫外辐射防护设计

太阳紫外辐射是波长小于 0.39 μm 的紫外波谱区间的辐射,是太阳辐射的一部分,占太阳辐射的 7%,我国航天工业采用 $S=1\,353\pm21(\mathrm{W/m^2})$ 作为标准。高真空环境下长期的太阳紫外辐射会使复合材料蠕变柔量大大增加,热控涂层的太阳吸收率明显增加、复合材料黏结剂的黏接性能退化。

空间反射面天线设计时应选用耐受紫外辐射能力不低于在轨期间太阳紫外辐射总量的材料。经过类似飞行试验(轨道、辐射强度、卫星寿命)考核成功的产品,可免做太阳紫外辐射试验。对于结构尺寸稳定性要求高的固面天线,设计时应考虑复合材料蠕变柔量增加对天线性能的影响,在不影响天线电性能的前提下,可以在天线反射器正面覆盖一层镀锗聚酰亚胺太阳屏减小太阳紫外辐射的强度。必要时应进行太阳紫外辐射试验,试验应涵盖 10～200 nm 谱段,以确定天线材料蠕变柔量和黏结剂的物理性能变化。

空间反射面天线在轨热分析时,应根据卫星的寿命,采用对应年限末期阶段热控涂层的太阳吸收率进行分析计算。

10.5.4 原子氧防护设计

在 100～700 km 高空原子氧是大气的主要成分,原子氧具有很活泼的化学特性,虽然在 350 km 高度原子氧的数密度不高,但由于航天器以 7 km/s 以上的速度运行,原子氧的通量高达 $10^{14}/(\mathrm{cm^2\cdot s})$,因此在低轨道运行的航天器会受到原子氧的化学反应,导致材料表面形成氧化物,性能下降或改变表面特性,或者生成可挥发的氧化物,造成氧化剥蚀,材料损失。因此对于近地轨道航天器,尤其是长期工作的近地轨道航天器,必须对原子氧环境予以关注。

根据航天任务的轨道,计算寿命期内原子氧的总通量,对敏感材料进行评估,对于不满足要求的环节,一般采用下述方法克服原子氧的总通量:

(1) 选择耐受原子氧的材料。各种材料的原子氧反应效率相差很大,常用材料的反应效率参考值如表 10-7 所示,金的反应效率几乎为 0,而银则高达 $10.5\times10^{-24}\ \mathrm{cm^3}$/原子氧。常用的聚酰亚胺反应效率为 $3.04\times10^{-24}\ \mathrm{cm^3}$/原子氧,也比较高,若直接用于 200 km 高度圆轨道航天器迎风表面上,每年的剥蚀厚度可能达到 0.38 mm,因此选用反应效率低的材料将有效地抵御原子氧的剥蚀。

表 10-7 常用材料的反应效率参考值

材　　料	反应效率范围/($10^{-24}\ \mathrm{cm^3}$/原子氧)	反应效率最佳值/($10^{-24}\ \mathrm{cm^3}$/原子氧)
铝		0.00
金		0.0

（续表）

<table>
<tr><th colspan="2">材　　料</th><th>反应效率范围/
(10^{-24} cm^3/原子氧)</th><th>反应效率最佳值/
(10^{-24} cm^3/原子氧)</th></tr>
<tr><td colspan="2">银</td><td></td><td>10.5</td></tr>
<tr><td colspan="2">碳</td><td>0.9～1.7</td><td></td></tr>
<tr><td colspan="2">环氧树脂</td><td>1.7～2.5</td><td></td></tr>
<tr><td colspan="2">氧化铟锡</td><td></td><td>0.002</td></tr>
<tr><td colspan="2">聚酯薄膜</td><td>1.5～3.9</td><td></td></tr>
<tr><td rowspan="4">含氟聚合物</td><td>FEP Kapton</td><td></td><td>0.03</td></tr>
<tr><td>Kapton F</td><td></td><td><0.05</td></tr>
<tr><td>Teflon,FEP</td><td></td><td><0.05</td></tr>
<tr><td>Teflon</td><td>0.03～0.5</td><td></td></tr>
<tr><td rowspan="6">漆</td><td>S13GLO</td><td></td><td>0.0</td></tr>
<tr><td>YB71</td><td></td><td>0.0</td></tr>
<tr><td>Z276</td><td></td><td>0.85</td></tr>
<tr><td>Z302</td><td></td><td>4.5</td></tr>
<tr><td>Z306</td><td></td><td>0.85</td></tr>
<tr><td>Z853</td><td></td><td>0.75</td></tr>
<tr><td rowspan="2">聚酰亚胺</td><td>Kapton</td><td rowspan="2">1.4～2.5</td><td></td></tr>
<tr><td>Kapton H</td><td>3.04</td></tr>
<tr><td rowspan="2">硅橡胶</td><td>RTV 560</td><td></td><td>0.443</td></tr>
<tr><td>RTV 670</td><td></td><td>0.0</td></tr>
</table>

(2) 使用保护涂层。在反应效率高的材料表面涂上一层薄薄的抗原子氧涂层，对减轻原子氧剥蚀有显著效果。为了避免涂层改变材料表面的热物理特性而影响航天器热控制性能，涂层应很薄。如在聚酰亚胺(Kapton H)表面涂上不足 0.1 μm 的三氧化二铝(Al_2O_3)或二氧化硅(SiO_2)，可以分别降低材料损失 1 或 2 个数量级。

(3) 将原子氧敏感的表面避开迎风面。航天器以接近 8 km/s 的速度运行，迎风面遭受原子氧的通量远大于背风面的通量，避免将敏感表面安排在迎风面，将显著减小原子氧造成的损伤。

10.5.5 微重力环境适应性设计

航天器在引力场中自由运动时表现出的视重力为零的状态，称为零重力或失重。实际上由于卫星受到地球引力以外的各种干扰力，卫星上达到的是微重力环境，一般达不到完全的零重力环境。

在微重力环境下，空间反射面天线在轨展开过程中基本不受重力影响，天线展开后的准确位置和形状也与重力无关。

天线固化成型后，特别是对于口面尺寸比较大的天线，测试天线型面精度时应将天线平放在地面上进行测试，避免天线在直立状态进行测试。

在地面进行天线展开试验时，应提前进行重力卸载，尽量消除地面重力对天线展开的影响。进行天线展开机构驱动力矩计算时，也不用考虑重力对驱动力矩的影响。

对具有在轨展开、旋转等运动功能的机构部件，在其运动及力学特性设计中，需考虑在轨微重力环境的影响。对在轨可能产生微小颗粒（如磨屑等），需确保其在微重力环境下不会团聚、漂浮以致形成影响产品性能及安全的多余物。

10.5.6 表面充放电防护

空间反射面天线表面充电有两种机制，一种是光电效应，太阳光子撞击航天器表面将电子溅射到空间，相对于周围空间，空间固面天线表面将呈出现正的电位，若空间固面天线表面为非导体，非光照部位与光照部位之间将产生电位差，一般情况下这种电位差不至于过高。

另一种充电是等离子体轰击的结果，浸没在等离子体环境中的空间固面天线不断地受到带电粒子的撞击，能量在数千电子伏以上的电子能够穿入表面介质 1 μm 的浅表层而被黏附在空间固面天线表面，结果相对于周围空间，空间固面天线表面将呈现出负的电位，表面各部位的电导率不同将出现不等量充电，使得各部位之间出现电位差。空间固面天线负电位的电场阻止能量低于其电位的电子继续撞击和黏附，但能量在数千电子伏以上的电子能够克服这种电场，继续撞击和黏附到空间固面天线表面，最终可以使电位升高到数千伏甚至超过 2 万 V，不等量的充电将导致高压静电放电（ESD）。

静电放电有热二次击穿、介质击穿、气体电弧放电和表面击穿等多种方式，静电放电可以击穿材料、损伤材料表面性能。放电电流以及放电的电磁辐射会干扰空间固面天线的正常工作。

对经过 20 000～65 000 km 高度范围内运行的空间反射面天线采取表面充放电防护设计，常采用的方法有：

(1) 空间反射面天线外表面最好具有一定的导电能力，使得各部分之间不致产生过高的电位差。天线口面可喷涂 ACR－1 防静电白色热控涂层，多层隔热材料以一定间隔设置接地点，以降低表面各部分间的电位差。

(2) 对于天线副反射器、馈源等孤立导体应采取接地措施，避免与周围介质材料所形成的负电位产生静电放电。

(3) 必要时采用有源等离子体发生器，将低能等离子体喷射到天线表面，用以中和表面的静电，降低表面电压。

(4) 涉及暴露于星外的最外层材料使用的设备（如热控、天线等），必须考虑抗表面充放电效应问题。

(5) 对于覆盖在产品表面的低温多层隔热材料，其最外层若采用单面镀铝聚酰亚胺薄膜，薄膜的外表面(非镀铝面)应镀 TO 膜，TO 膜层的表面电阻率应不大于 $1\times10^6\ \Omega\cdot m$；若采用渗碳聚酰亚胺薄膜，表面电阻率应不大于 $1\times10^8\ \Omega\cdot m$。

(6) 使用于产品外表面的热控漆应采用防静电漆，体电阻率不大于 $1\times10^7\ \Omega\cdot m$ 时，涂覆厚度应小于 0.15 mm。

(7) 多层隔热材料和热控漆均应考虑接地，接地设计满足总体的要求。

(8) 在产品研制过程中应注意环境洁净度的控制和产品防护，禁止直接用手触摸、操作卫星表面材料(正样产品)。

10.5.7　污染控制

真空环境下有机材料放出的各种气体和发动机喷出的羽流等物质，通过分子流动和物质迁移而沉积在航天器的其他部位上，释放出的物质在热控面板、太阳电池阵、光学部件等敏感表面上沉积造成表面污染，严重的表面污染会降低观测窗和光学镜头的透明度、改变热控涂层的性能、减少太阳电池的光吸收率。

为了避免污染，通常采用如下方法：

(1) 选用放气量少的材料，材料总质量损失一般应低于 1%，挥发物凝聚量应低于 0.1%。

(2) 在安装到航天器前将材料进行烘焙，先除掉量大而易释放的气体，降低入轨后的放气量。

(3) 为敏感部位配制防护罩，待航天器入轨、火箭的羽流消退以及航天器初期较大放气量结束后，再抛掉防护罩投入工作。

(4) 避免使用低温升华的材料，不使用镀镉或镀锌的零件。必要时配制加热功能进行去污染处理，升高敏感表面的温度，以便提高被污染表面污染物分子的释放能力，减轻污染程度。

参考文献

[1] Dietmar Fasold, Engin Gülten. Comparative gain measurements of a high gain CFRP reflector antenna at Ka-band. 3rd European Conference on Antennas and Propagation, 2009: 686 - 690.

[2] Ernst K Pfeiffer, Thomas Ernst, Alexander Ihle. Highly stable lightweight antennas for Ka/Q/V-band and other advanced telecom structure concepts. 3rd European Conference on Antennas and Propagation, 2009: 745 - 749.

[3] Shunyou Qin, Biao Du, Wenjing Zhang. Calculation of Ohm loss efficiency for millimetre wave reflector antennas. IEEE AP-S, 2010: 23 - 25.

[4] Kojiro Morioka, Yoshiyuki Tomita. Effect of lay-up sequences on mechanical properties and fracture behavior of CFRP laminate composites. Materials Characterization, 2000(45): 125 - 136.

[5] Milind Mahajan, Rajeev Jyoti, Khagindra Sood, et al. A method of generating simultaneous contoured and pencil beams from single shaped reflector antenna. IEEE Transactions on Antennas and Propagation, 2013, 61(10): 5297 - 5301.

[6] 万继响，钟鹰.星载可控点波束天线两种波束扫描方案的电性能比较.2007 年全国天线年会，合肥，2007: 637 - 641.

[7] Jixiang Wan, Li Li, QiaoShan Zhang, et al. A high XPD performance design method for satellite CFRP

dual-reflector antenna without metallizing reflectors. Microwave and Optical Technology Letter, 2023: 1 - 6.

[8] Rabindra (Rob) Singh, Eric Hunsaker. PIM risk assessment and mitigation in communications satellites. 22nd AIAA International Communications Satellite Systems Conference & Exhibit, Monterey, California, 2004: 1 - 17.

[9] Volker Hombach, Eberhard Kuhn. Complete dual-offset reflector antenna analysis including near-field. paint-layer and CFRP-structure effects. IEEE Transaction on Antennas and Propagation, 1989, 37(9): 1093 - 1101.

[10] David K Hsu, Kwang-Hee Im, Young-Tae Cho, et al. Characterization of CFRP laminates' layups using through-transmitting ultrasound waves. KSME International Journal, 2002, 16(3): 292 - 301.

[11] 童靖宇,阎德葵,贾瑞金.航天器天线二次电子倍增微放电试验与测试技术.2005 年度结构强度与环境工程专委会与般天空间环境工程信息网学术讨论会,2005: 137 - 142.

[12] 辛宇,崔骏业.微放电现象建立时间的分析.空间电子技术,2004(1): 27 - 32.

[13] 曹桂明,聂莹,王积勤.微波部件微放电特性分析.航空计算技术,2006,36(2): 6 - 9.

[14] 辛宇,崔骏业.多载波情况下抗微放电性能分析.空间电子技术,2002(4): 42 - 47.

[15] Parikh K S, Singh D K, Praveen kumar A, et al. Multi-carrier multipactor analysis of high power antenna Tx-Tx diplexer for satcom applications.

[16] 曹桂明,聂莹,王积勤.微波部件微放电效应综述.宇航计测技术,2005,25(4): 36 - 40.

[17] 王小林,安城,唐德效,等.FY - 2 卫星功率合成器低气压放电和微放电预防.上海航天,2005(增刊): 69 - 71.

[18] 吴须大,杨军.腔体滤波器与低气压放电.空间电子技术,2001(4): 55 - 60.

[19] 王宇平,夏玉林.星载微波设备低气压放电及其防范.上海航天,2005(增刊): 65 - 68.

[20] 张蕾,万继响,张明涛,等.星载天线波导馈源组件 PIM 控制方法研究.2013 年全国天线年会,广州,2013: 1424 - 1427.

第 11 章　天线分系统的布局与分析

11.1　典型的通信卫星平台简介

自从 1963 年发射第一颗“SYNCQM”通信卫星以来，随着卫星通信、广播业务的不断发展，尤其是信息产业、多媒体、IP 网络产业的兴起和突飞猛进的发展，卫星通信业务所涉及的领域和频段不断拓宽，极大地推动了通信卫星技术的发展，通信卫星技术正在兴起一场新的、革命性的突破。卫星通信技术的发展，直接推动了通信卫星产业，包括常规通信卫星、移动通信卫星和数字直播卫星的发展，真正实现了在任何时候、任何地点都能方便地交流信息、获得信息、使用信息的目标。并将间接地影响和改变人们的通信方式、工作方式和生活方式。

纵观国外各主要卫星公司的卫星研制、生产状况可以看出，中、高轨道通信卫星正向着大功率、高通量和长寿命方向发展，甚高通量卫星已成为国际通信卫星行业发展和竞争的主要目标。作为高通量通信卫星的核心技术，多波束天线以频率复用、密集高增益波束结合跨洲际的覆盖能力，使卫星通信容量得到十倍乃至百倍的提升，成为行业中重新书写规则的革新性技术。多波束天线的关键技术包括大口径(3～6 m)高精度、高热稳定天线反射器技术，几百波束量级的合成多波束馈源技术，在轨高精度指向技术等。天线技术的出新对卫星平台的相关指标(如空间尺寸、承载能力、卫星姿轨控制精度等)提出了更高的要求。因而有必要对欧美等宇航强企的主流卫星平台的技术指标进行研究分析，从系统级的方向分析未来通信技术的发展。

目前欧美几个卫星大公司包括洛克希德-马丁公司、劳拉公司、波音公司、泰雷兹阿莱尼亚公司、空客公司等，均具备先进的系列卫星平台的制造能力(见表 11-1)，且可靠性极高，在轨表现优异。

表 11-1　平台类型总结

序　号	公　司　名　称	代　表　性　平　台
1	洛克希德-马丁公司(Lockheed Martin)	3000，4000，5000，7000 系列通信卫星以及最新的 A2100 系列卫星平台
2	劳拉空间系统公司(SSL)	LS-3000
3	波音公司(BSS)	BSS-702

（续表）

序　号	公　司　名　称	代　表　性　平　台
4	泰雷兹阿莱尼亚公司(Thales-Alenia)	空间客车 Spacebus 系列卫星平台
5	空中客车集团(Airbus)	欧洲星 Eurostar 系列卫星平台
6	航天五院	东方红系列平台

11.1.1　洛克希德-马丁公司

美国洛克希德-马丁(以下简称“洛马”)公司是目前世界第一大军工企业，也是第一大宇航公司。洛马公司根据市场需求，逐步推出了 3000/4000/5000/7000 系列卫星平台，并在此基础上于 1992 年开始研制 A2100 系列卫星平台。A2100 系列的特点是零件数目减少、质量减轻、生产成本降低、制造周期缩短、在轨可靠性提高等。1996 年 9 月 8 日第一颗 A2100 系列卫星“通用电气”(GE)发射成功。

A2100 卫星平台作为洛马公司新一代高功率、大容量地球静止轨道通信卫星而推出的主流卫星平台，具有以下主要特点[1,2]：

(1) 较高的性能：可提供 15 kW 的供电功率以及超过 6 500 kg 的卫星发射质量。

(2) 采用箱板式结构：卫星平台的核心结构由铝蜂窝型石墨环氧树脂夹层平板构成，所有燃料箱和绝大部分推进设备都直接连接在卫星平台上。

(3) 采用了模块化、系列化的设计：卫星平台主要分为平台舱和有效载荷舱两部分，由于采用了箱板式和模块化的结构，可以根据载荷的情况对卫星平台的配置进行剪裁，配合载荷的不同需求，如有效载荷的安装面积和散热能力仅通过加长或缩短中心结构和散热器板就可以得到改进。为了进一步贯彻模块化理念，洛马公司对 A2100 卫星平台根据载荷情况进行了系列化的设计，在 A2100 卫星平台基本型的基础上形成了卫星平台系列，包括 A2100A，A2100AX(见图 11－1)等。

图 11－1　采用 A2100AX 卫星平台的卫星

(4) 适应多种载荷：由于 A2100 卫星平台(主要参数见表 11－2)的系列化设计，使其对于各种载荷的适应能力大大加强，它不仅可以用于通信卫星载荷，还可用于“天基红外系统”(SBIRS)地球静止轨道导弹预警卫星。

表 11－2　A2100 卫星平台主要参数

参　　数	指　　标
卫星平台尺寸	2.3 m×2.3 m×2.4 m
太阳电池翼翼展/m	26
发射包络	2.7 m×3.7 m×4.7 m
寿命初期功率/kW	5.7～15
寿命末期功率/kW	5.0～13.5
发射质量/kg	2 000～4 700
入轨质量/kg	1 100～2 580
设计寿命/年	15
推力器	MR－106：26.7 N,肼 MR－510：0.4～0.44 N,肼
电推进	2.5 kW 电弧推力器 4.5 kW 双模式霍尔效应推力器(在研)
远地点发动机	490 N,N_2O_4/MMH

(5) 缩短了卫星的研制周期：模块化、系列化的卫星平台设计使之与有效载荷的相关性得以降低，两者间的设计、制造、测试等工序可以并行，大大缩短了卫星研制周期。洛马公司宣称收到订单后可以在 18 个月内交付卫星。

(6) 高可靠性：模块化、系列化同样使卫星平台的零部件的通用率和可靠性提高，使之成为世界上可靠性最高的静止轨道卫星平台之一。

A2100 卫星系列平台产品众多，其中 A2100A 卫星平台是 A2100 的缩减版本，质量和能力有所降低。A2100AX 卫星平台功率为 6～12 kW，最大发射质量为 4 700 kg。A2100AXX 陆地移动卫星平台功率为 6～12 kW，最大发射质量为 5 000 kg，A2100AXS 卫星平台是 A2100AX 的增强型，可提供 7.5～12 kW 的功率，最大发射质量为 6 000 kg。A2100M 卫星平台采用了抗辐射加固等安全保护措施，主要用于军用卫星，其中应用该平台的“先进极高频”卫星发射质量为 6 577 kg，已经达到了超大型卫星平台的水平。截至 2012 年 6 月底，采用 A2100 卫星平台的卫星共计发射 47 颗，广泛应用于军事、民用和商业通信卫星。

11.1.2 劳拉空间系统公司

劳拉空间系统公司成立后，其研制的卫星平台向公用化、系列化发展，包括 LS-400，1300 等系列卫星平台，目前广泛采用的是 LS-1300 系列卫星平台[3,4]。

LS-1300 系列卫星平台是大功率通信卫星平台，其研制始于 20 世纪 80 年代中期。该卫星平台采用碳纤维中央承力筒作为载荷的支撑结构，承力筒内装有远地点发动机(AKM)和钛材料推进剂贮箱。其推进剂贮箱由远地点发动机和位置保持推进器系统共用。天线安装在主结构的对地面板和东西面板上(见图 11-2)。为了向有效载荷提供更大的容量，LS-1300 卫星平台配置有扩展模块，可将卫星结构高度增加 30%，为配置更大燃料贮箱、安装大口径天线以及更多的有效载荷设备提供了可行性。扩展型 LS-1300 卫星平台是劳拉空间系统公司在 20 世纪末开始研制的改进型平台，目的是发展 Ku 和 Ka 频段宽带通信，提供高数据率互联网和多媒体业务，提高卫星平台性能。采用该卫星平台的卫星于 2003 年进行了首次发射。相比 LS-1300 基本型来说，扩展型 LS-1300 卫星平台采用了等离子推力器(SPT)、锂离子电池、可扩展超级电源系统(SPS)和可展开热辐射器(DTR)等新技术。这些改进能比基本型 LS-1300 卫星平台多提供 40%的容量，更加符合多频段、多波束有效载荷的要求。LS-1300S 卫星平台能够提供的功率范围为 12～18 kW，卫星最大发射质量为 7 t 左右，如图 11-3 所示。

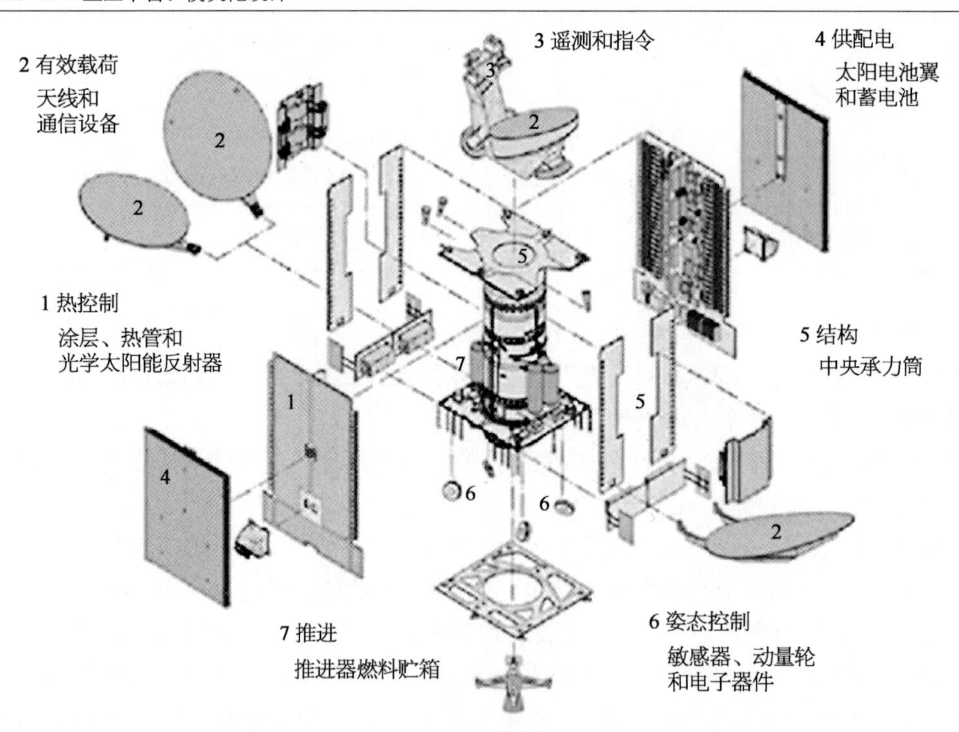

图 11-2 平台组成

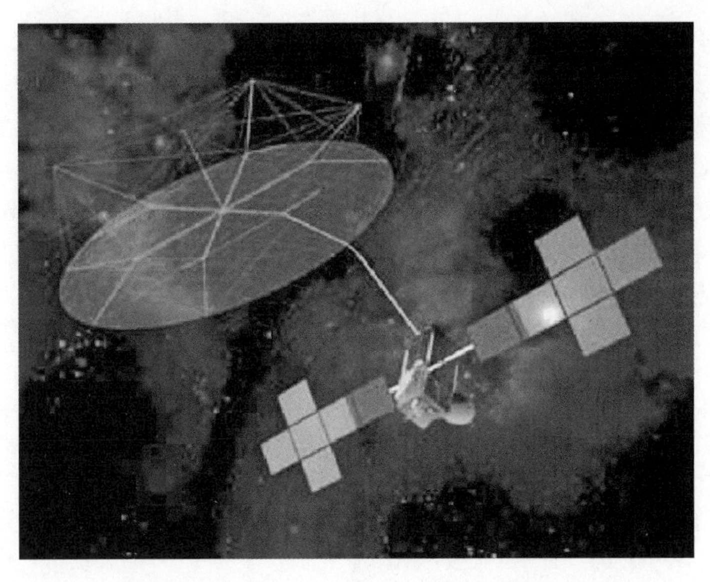

图 11-3　地网星-1(采用 LS-1300 卫星平台)

11.1.3　波音公司(BSS)

波音卫星系统-702(BSS-702)系列平台是美国波音公司地球同步轨道的主力卫星平台系列,包括 BSS-702,BSS-702HP,BSS-702MP,BSS-702GEM 及 BSS-702SP 等。其中,BSS-702SP 平台是针对约 500 kg 有效载荷推出的全电推进平台,其余平台主要面向有效载荷质量在 600～1 300 kg 的中大型通信卫星需求,用户主要为商业及政府用户。BSS-702 系列平台由休斯公司从 20 世纪 90 年代初开始开发,第 1 颗基于 BSS-702 平台的卫星在 1999 年发射成功,2002 年随休斯公司的卫星业务整体转入波音公司。经历了约 15 年的不断改进,BSS-702 系列平台已经成为国际通信卫星平台领域最先进的卫星平台之一,其在国际通信卫星市场上的占有量仅次于劳拉公司的 LS-1300 平台,而基于该平台的通信卫星每路转发器成本远低于市场平均价格,成为参与市场竞争的有力武器[5,6]。

BSS-702 系列卫星平台已发展了 BSS-702HP(高功率平台)、702MP(中功率平台)、BSS-702SP(小功率平台),具备完整的固定、移动业务领域兼备的卫星型谱系列[7]。

BSS-702HP 是高功率卫星平台,采用锂离子电池,有效载荷功率为 12～18 kW。卫星在轨指向精度为 0.025°。BSS-702MP 卫星平台的有效载荷功率为 6～12 kW,采用该卫星平台的卫星发射质量为 5.8～6.16 t,寿命初期在轨质量为 3.58～3.83 t。与 BSS-702HP 卫星平台相比,BSS-702MP 卫星平台除了具备高通信能力的优点之外,对平台结构进行了大幅度的改进,推进系统有所简化。

BSS-702 卫星平台设计上具有以下主要特点:

(1) 具有较高性能:BSS-702 是超大型的卫星平台,可提供 1 200 kg 的有效载荷承载能力和 18 kW 的电源供电能力,卫星的最大发射质量可达 6 100 kg,在轨寿命为 15 年。

(2) 采用模块化结构:BSS-702 采用新型桁架式结构,并延续了 BSS-601 的卫星平台和有效载荷舱的两舱式平台结构,便于卫星平台和分系统进行模块化的设计。

(3) 由于 BSS-702 卫星平台(基本参数见表 11-3)使用了桁架式结构和模块化的设计,

使得卫星平台具有一系列的优点：① 有效载荷与卫星平台接口明确简单，仅用4个机械连接位置和6组电连接件，就可以将有效载荷和卫星平台连接起来，公用舱的设计可以更有效地兼容不同配置的有效载荷，从而缩短了研制周期，降低了成本。② 增加了有效安装面积。由于使用了桁架结构，使4个贮箱能并联放置，降低了卫星平台高度，所以增加了卫星平台对地面积，使卫星可以装上各种结构的大口径、高增益天线。③ 增加了卫星平台对载荷的适应能力。由于模块化设计可以对各种配置如电池、推进系统、控制系统等的功能实现自由剪裁，适应各种载荷对卫星平台能力的要求。

表 11-3 BSS-702 系列卫星平台的基本参数

卫星平台	BSS-702HP	BSS-702M
卫星平台尺寸	3.2 m×3.2 m×3.6 m	
太阳电池翼翼展	4 面板：34.5 m 5 面板：40.8 m 6 面板：47.1 m	3 面板：36.9 m 4 面板：38.1 m
典型发射包络	3.8 m×3.8 m×6.2 m	3.6 m×3.1 m×5.8 m
BOL 有效载荷功率/kW	13～18	6～12
EOL 有效载荷功率/kW	10～15	
发射质量/kg	5 250	5 800～6 160
入轨质量/kg	3 200	3 582～3 833
设计寿命/年	15	15
推力器	2 台×10 N，8 台×22.2 N，MMH/N_2O_4	2 台×10 N，8 台×22.2 N，MMH/N_2O_4
电推进	4×165 mN 氙离子推进	4×165 mN 氙离子推进
远地点发动机/N	490	

11.1.4 泰雷兹阿莱尼亚公司(Thales-Alenia)

"空间客车"(Spacebus)是原法国宇航公司(现泰雷兹-阿莱尼亚空间公司)自20世纪80年代开始研制的一个静地通信卫星系列平台的名称，"空间客车"名称后的数字大体上反映了卫星的重量级别，如采用空间客车-2000平台的卫星重量都在2 000 kg左右。

"空间客车"系列平台包括"空间客车"100，300，2000，3000(含A，B2，B3和B3S型)和4000(含B2，B3，C1，C2，C3和C4型)几个系列[8,9]。

其中，空间客车-4000(Spacebus-4000)卫星平台是法国泰雷兹-阿莱尼亚公司面向新一代的高功率、大容量地球静止轨道通信卫星市场推出的卫星平台系列。该卫星平台采用中心承力筒设计，为了提高卫星平台的灵活性，采用模块化设计。采用该卫星平台的卫星发射质量为 3 000～5 900 kg，具有良好的继承性和批量生产性，能承载大质量的有效载荷以及携带各个频段(Ku，C，Ka，X，S，L 频段)的转发器，整星功率可达 15.8 kW，有效载荷功率可达 11.6 kW，卫星平台可靠性较高，适合于多种运载火箭。

空间客车－4000 卫星平台采用了与空间客车－3000 卫星平台类似的设计，它分为服务舱和通信舱两部分，东西面板可以最多安装 9 副天线，太阳电池翼、通信有效载荷和热辐射器安装在北面和南面的面板上。空间客车－4000 卫星平台创造了数个全球第一：使用星跟踪器(Star Tracker)姿态控制系统、6 块电池板的太阳电池翼、长焦距天线的二次展开。

空间客车－4000 卫星平台主要性能如下：

(1) 发射质量可达 6 t。

(2) 工作寿命 15 年。

(3) 寿命末期功率 15 kW。

(4) 有效载荷质量可达 1 000 kg，可携带 120 台转发器，适应 Ku，C 及 Ka 频段的配置；其他频段(X，S，L 频段)载荷需要对卫星平台进行适应性修改。

(5) 地面交付时间为 27～33 个月。

(6) 适应通信天线尺寸为(2.4～3.2)m×2.4 m。

(7) 与当时所有可用运载火箭兼容。

(8) 100 V 母线设计。

空间客车－4000 系列卫星平台基本参数如表 11－4 所示，各系列平台如图 11－4 所示。

表 11－4　空间客车－4000 系列卫星平台基本参数

卫星平台	B2	B3	C1	C2	C3	C4
卫星质量/kg	2 900～3 500	4 100	4 500	4 850	5 300	5 900
功率/kW	4.7/5.5	5	6	8	10	12
基本尺寸	1.8 m×2.3 m×2.8 m	1.8 m×2.3 m×3.7 m	2.0 m×2.2 m×4.0 m	2.0 m×2.2 m×4.5 m	2.0 m×2.2 m×5.1 m	2.0 m×2.2 m×5.5 m

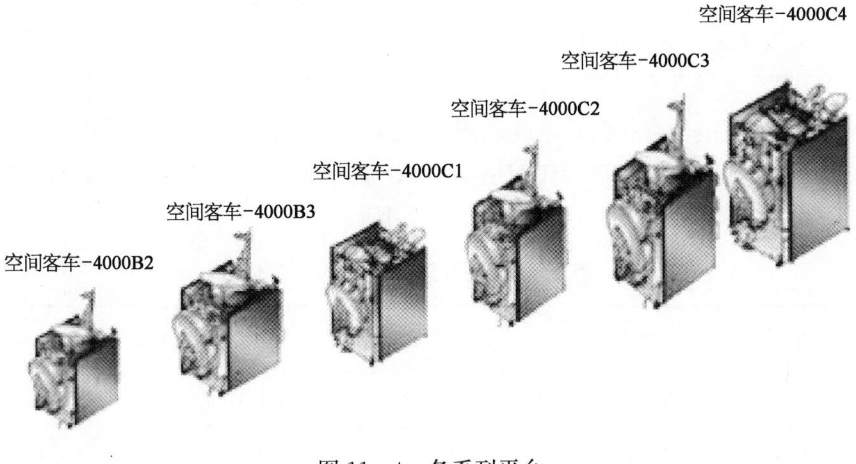

图 11－4　各系列平台

11.1.5 空中客车集团(Airbus)

空中客车集团,原欧洲宇航防务集团,旗下公司包括空中客车公司(从事商用飞机业务)、空中客车防务及航天公司(整合原Cassian,Astrium和空中客车军用飞机业务)、空中客车直升机公司(从事商用和军用直升机业务)。

自首颗采用阿斯特留姆公司(Astrium)"欧洲星"(Eurostar)卫星平台的卫星"国际移动卫星-2"(Inmarsat-2)1990年10月30日发射以来,截至2022年11月,已有百余颗采用"欧洲星"系列卫星平台的卫星成功进入地球静止轨道。"欧洲星"卫星平台包括1000,2000,3000系列卫星平台[10]。

欧洲星-3000平台是阿斯特留姆公司从1995年开始研制的,设计上延续了前两代卫星平台的通用结构和灵活有效载荷适应性的特点,并在发射质量和电源功率方面进一步提高:卫星高度尺寸可在4~7 m间变化,最大有效载荷承载质量达到850 kg,最高有效载荷功率达到14 kW,可同时支持超过100台转发器。欧洲星-3000卫星平台主体为箱式铝制结构,有效载荷安装在南、北面板和对地板内侧,天线安装在东、西面板和对地面上。欧洲星-3000卫星平台是全球率先采用锂离子蓄电池的商用卫星平台,电源功率的全面提升使其全面支持等离子/离子推进器[11],其标准配置的南北位置保持推进器采用了稳态等离子推力器(SPT-100)。其相关性能指标如表11-5所示。

表11-5 欧洲星E3000平台的相关性能指标

项目	参数
发射质量/t	超过6.4
高度/m	4~7
推进能力/t	2.4~2.9
推进系统	化学或化学等离子体
使用寿命/年	15
可利用功率/kW	卫星15 有效载荷12
有效载荷	最多达120台高功率转发器

"欧洲星"系列卫星平台作为标准化的通用卫星平台,能够根据用户需求进行修改和演变也是其主要特色之一。随着用户群体的逐步扩大,欧洲星-3000卫星平台也陆续衍生出了众多改进型号,如表11-6所示。

表11-6 欧洲星平台系列的性能

系列	2000+	3000S	3000/E3000LX	3000GM
发射质量/t	3.4	3.5~5.5	4.5~6.4	5~6
有效载荷功率/kW	3~6	5.5~8.5	8~12	12

（续表）

系　　列	2000＋	3000S	3000/E3000LX	3000GM
通信模块配置	1 块模板	1 块模板	2 块模板	1～3 块模板
转发器/台	40	52	96	—
推进系统	化学	化学	化学等离子体	化学等离子体
电池	镍氢	锂离子或镍氢	锂离子或镍氢	锂离子或镍氢

11.1.6　中国航天科技集团五院(CAST)

我国通信卫星平台包括东方红-2,3,4(含增强型),5 等系列卫星平台,对我国通信卫星的发展起到重要的推动作用。

其中东方红-4 卫星平台是我国空间技术研究院新研制的第 3 代大型静止轨道卫星公用平台[12],其平台能力与目前国际上通信卫星公用平台的水平相当,具备了开发同等容量通信卫星的技术基础和能力。东方红-4 卫星平台性能如表 11-7 所示,结构如图 11-5 所示。

表 11-7　东方红-4 卫星平台性能

平　台　名　称	东方红-4 平台
平台尺寸	2.36 m×2.10 m×3.60 m
卫星质量/kg	5 150
有效载荷承载能力/kg	600
轨道类型	地球静止轨道和其他轨道
姿轨控制方式	全三轴稳定
太阳电池翼输出功率/kW	10.5
可提供有效载荷功率/kW	8
设计寿命/年	15
位置保持精度(3σ)/(°)	东/西±0.05,南/北±0.05
天线指向精度(3σ)/(°)	<0.1(正常条件下),<0.15(恶劣条件下)
可靠性	≥0.78(在 15 年末期)
应用	高容量通信与广播、直播与区域移动通信卫星

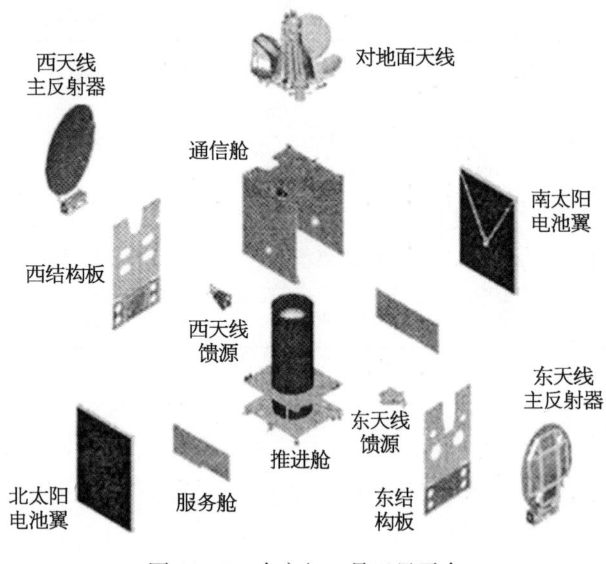

图 11-5　东方红 4 号卫星平台

东四增强型平台(东方红-4E)在东四基本型平台基础上进行了设计改进[13],快速实现了卫星服务寿命、有效载荷质量和容量的提升,其主要技术特点体现在以下方面:

(1) 大承载能力结构。在延续 DFH-4 卫星平台主承力结构设计不变的基础上,通过增加中心承力筒高度及改进材料工艺水平,实现了承载能力提升 0.5 t,整星起飞质量 6 t 的设计目标。

(2) 多层通信舱。多层通信舱增加了转发器的布局空间,提高了有效载荷的携带数量。

(3) 大功率供配电。通过增加太阳翼电池板数量、使用高效率太阳电池片、增加太阳翼驱动机构传输通道、选用高能量比的锂离子蓄电池等技术,实现了有效载荷功率的提升。

(4) 先进推进系统。先进推进系统可以提高卫星的服务寿命,而且可以将推进剂的质量转化为有效载荷,提升卫星的应用价值。电推进技术的应用,使我国的平台能力大幅提高。并通过超大容积贮箱、大容量高压气瓶、高比冲发动机的应用,解决了推进剂装填量的限制,保证卫星在轨服务寿命。

东四增强型平台作为中大型容量通信卫星公用平台,与国际主流通信卫星平台进行了对比,其中反映平台对有效载荷承载水平的典型指标“载干比”——即有效载荷质量与干星质量之比,能力达到了同期的先进水平。

东方红 5 号卫星平台(见图 11-6)采用了桁架式主承力结构、二次展开十字太阳翼以及大推力电推进等先进技术,具备高承载、大功率、高散热、长寿命、可扩展等多项优点,是我国为下一代超大通信容量卫星研发的超级平台[14],各项技术处于国际领先状态。

图 11-6　东方红 5 号卫星平台

11.2　卫星坐标系的定义

对于同步轨道 GEO 卫星,如图 11-7 所示,卫星坐标系 $X_sY_sZ_s$ 的原点在卫星的中心,3 个坐标轴的定义如下:

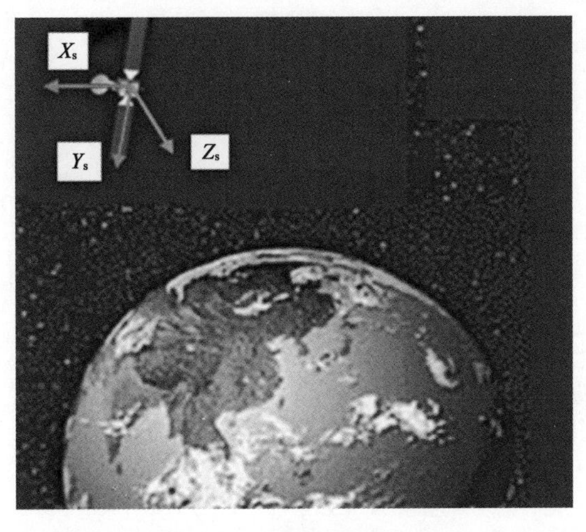

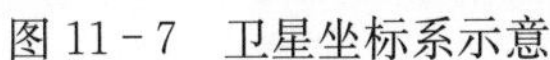
图 11－7　卫星坐标系示意

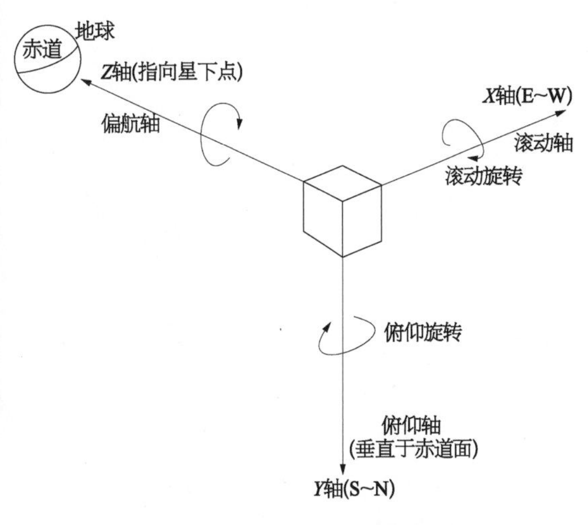

图 11－8　俯仰、滚动和偏航轴示意

(1) X_s 轴——卫星飞行方向，滚动 Roll 轴，指向东。

(2) Y_s 轴——根据 X，Z 轴定义满足右手螺旋定律，俯仰 Pitch 轴，指向南。

(3) Z_s 轴——指向星下点，偏航 Yaw 轴，指向地心。

卫星姿态可由滚动、俯仰和偏航 3 轴定义，如图 11－8 所示。其中偏航轴直接指向地球中心，俯仰轴垂直于卫星轨道面，而滚动轴则垂直于这两个轴。对于赤道轨道，卫星相对于滚动轴的移动使得天线波束覆盖区向北和向南移动；卫星相对于俯仰轴的移动使得波束覆盖区向东和向西移动；卫星相对偏航轴的移动使得天线波束覆盖区旋转。

11.3　典型的天线分系统布局

GEO 轨道通信卫星平台一般为六面体结构，卫星平台的东西两侧和对地板可用于安装天线。为了提高卫星容量、支持更多的业务，要求同一颗卫星安装尽可能多的天线，卫星天线布局也出现了新的发展，具体如下：

(1) 东西可展开天线从单展开天线过渡到双展开天线；或者将几副小口径天线集成为一个独立的模块，在结构上成为一副展开天线(Anik F2)；甚至发展到两组多天线模块的双展开结构。

(2) 对地板多副天线模块化设计。图 11－9～图 11－11 给出了不同类型的天线分系统布局。

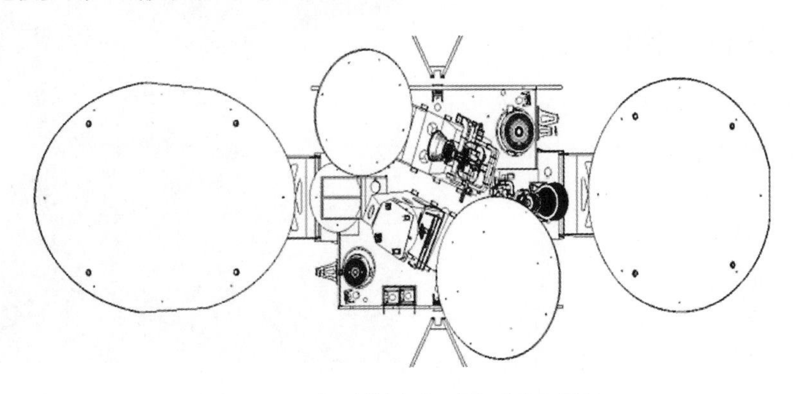

图 11－9　东西单展开，对地面独立设计

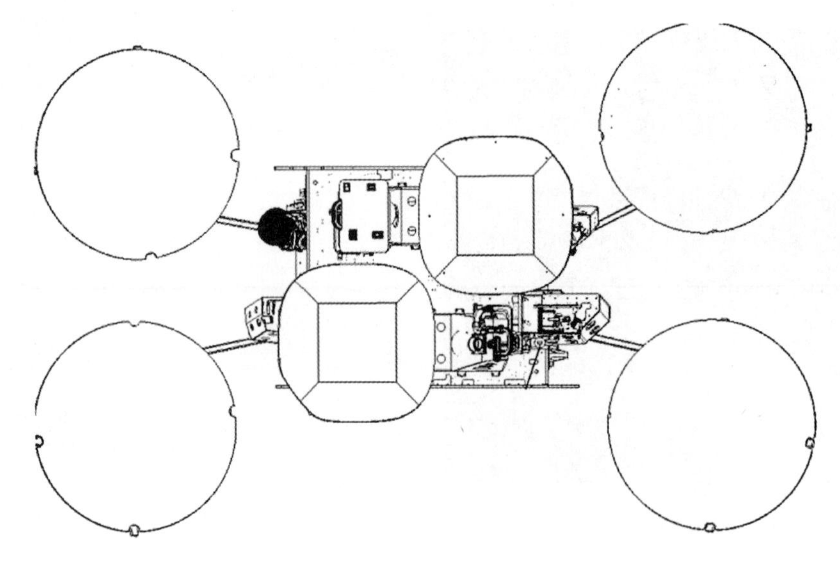

图 11-10　东西双展开，对地面独立设计

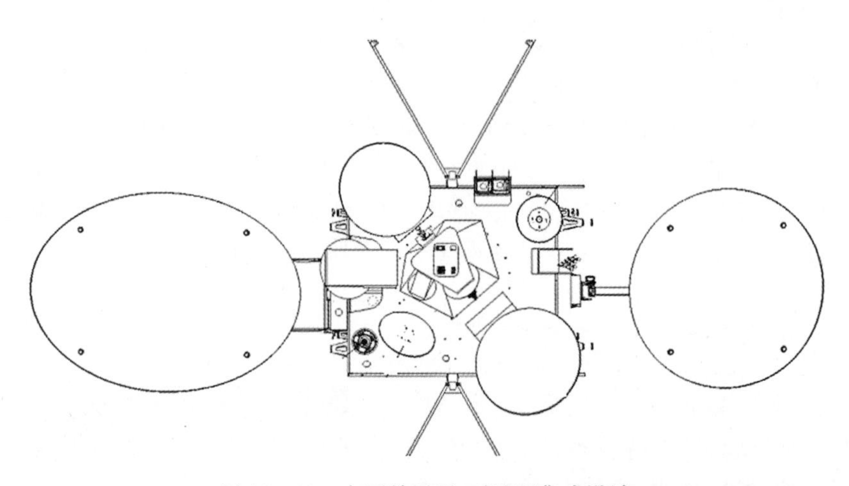

图 11-11　东西单展开，对地面集成设计

下面按东西天线布局和对地板天线布局分别加以介绍。

图 11-12　SINO-2 卫星天线布局状态

11.3.1　东西天线的典型布局

东西可展开天线早期的布局为东西面各安装一副大口径的单展开反射面天线，一般为 C 频段或 Ku 频段的区域波束赋形天线，如图 11-12 所示。

随着高通量卫星的发展，出现了 Ka 频段的多波束天线，早期 Ka 频段多波束天线采用收发分开的四口径多波束天线，4 个天线形成接收波束，另外 4 个天线形成发射波束，共 8 副反射器，天线数量众多，但口径相对 C 频段和 Ku 频段较小，一般在 0.6～1.5 m，因此可以将这些小口径反射面集成为一个独立的结构模块，在结构上成为一副单展开天线。世界上第一颗 Ka 高通量卫星 Anik F2 就采用这样的布局设计，两幅发射天线和两幅接收天线分别组成一个模块，安装在卫星的一侧，如图 11－13 所示。

图 11－13　Anik F2 天线布局状态

随着 Ka 高通量卫星对容量提升的进一步需求，需要更窄的波束来实现对覆盖区的多波束覆盖，从而可以提升波束数量和频率复用次数，进而提升系统容量。世界上首颗 100 Gbit/s 容量的 Ka 多波束卫星——Ka－SAT 卫星由 Astrium 研制，容量达 70 Gbit/s，采用 130 W 的 TWTA 和 4 副 2.6 m 口径单反射面天线，通过收发共用技术将天线口径由 8 副减少到了 4 副，共产生 82 个波束宽度 0.6°＋0.8°的波束，4 色复用。4 副 2.6 m 的反射器分为两组，通过重叠收拢技术，可实现卫星东西两侧各安装两幅大口径的反射面，每幅反射面都配置了独立的展开机构，形成了双展开结构，如图 11－14 所示。

图 11－14　Ka－Sat 天线布局状态

图 11－15　ViaSat 天线布局状态

ViaSat－1 采用了类似的技术，收发共用的四口径多波束天线技术，工作在 Ka 频段，波束宽度 0.6°、天线为 2.5 m 口径的双反射面天线，分为两组分别安装在卫星东西两侧，如图 11－15 所示。

随着高通量卫星的进步，可能需要对两个覆盖区同时进行多波束覆盖，需要两组多波束天线，由于波束宽度的需求不同，窄波束采用大口径天线实现，宽波束采用小口径天线实现。为了满足布局要求，两组多波束天线分别采用收发共用的三口径多波束天线技术，共 6 副反射面、3 幅大口径天线、3 幅小口径天线。其中 3 副小口径天线通过支撑结构组合成一个独立的模块，如图 11－16 所示。

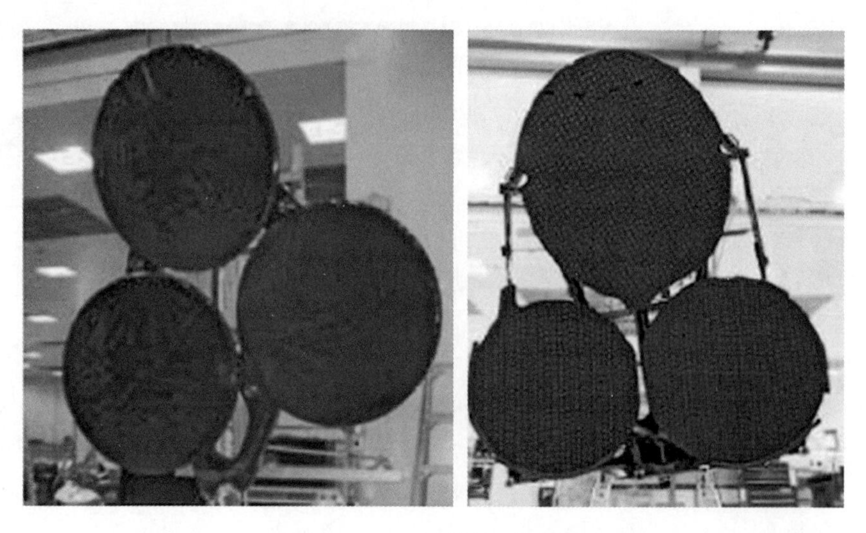

图 11 - 16　三天线共框架设计

通过这样的布局方式，可以将对地板预留给其他功能的天线，从而提升单颗卫星的业务服务能力，比如 AM - 5/6 卫星就能够支持多种业务，这两颗卫星共 21 副天线，AM5 卫星 10 副天线，AM6 卫星 11 副天线。AM - 5/6 卫星东西两侧共安装两组三口径多波束天线[15]，对地板安装了 MDA 提供了 L 频段直射阵列天线、C 频段固定覆盖区可展开反射面天线、C 频段可展开扫描反射面天线、Ku 固定覆盖区可展开反射面天线和 Ku 格里高利可扫描天线，分别如图 11 - 17 和图 11 - 18 所示。

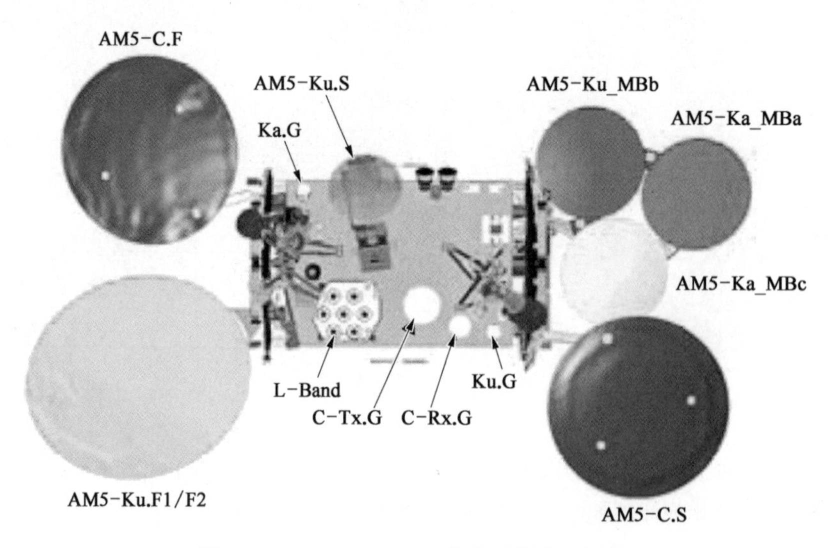

图 11 - 17　AM5 卫星天线分系统布局设计

进一步，如果高通量需要多波束覆盖的两个区域波束宽度相当，则两组反射面天线口径相当，此时可以采用 SES - 17 卫星的三重叠多波束天线技术(见图 11 - 19)，卫星东西两侧各安装三幅口径相当的多波束天线，利用三口径收发共用多波束天线技术各产生一组多波束覆盖区。

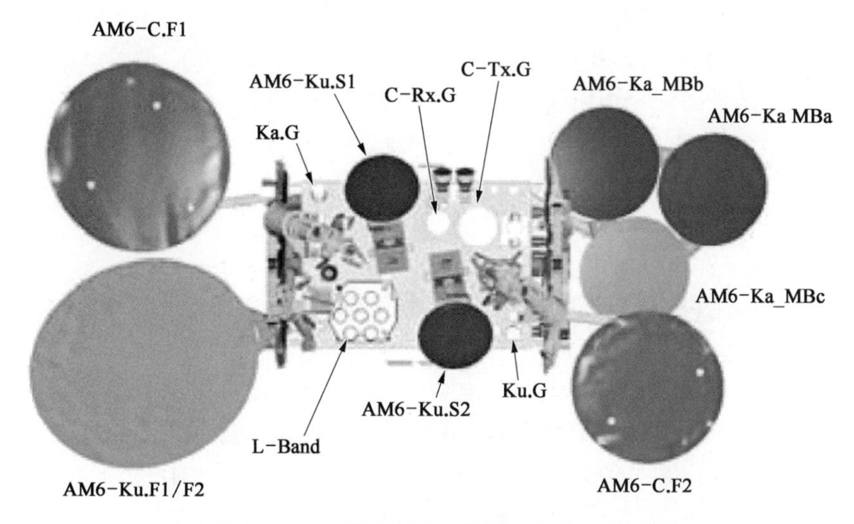

图 11-18　AM6 卫星天线分系统布局设计

图 11-19　三重叠天线设计

11.3.2　对地面天线的典型布局

对地板天线典型的频段为 Ku 和 Ka，然而，SHF 频段在军用中也是比较普遍的。大型通信卫星要求在对地面上配置更多的天线，以完成不同的功能，如移动和固定的点波束、馈电链路波束、广播波束、全球波束、测控波束等。这些天线口径通常在 0.1～1.6 m 之间，天线数目可达 10 副甚至更多。此外，其他设备也可能安装在对地板上，例如红外和太阳敏感器、LNA、热辐射器、跟踪天线等。尽管要安装这么多天线和设备，然而受限于发射火箭的限制，现代化的平台（Spacebus，Eurostar）虽然增加了他们的长度（>4 m），但是它们的对地板仍在 2 m×2 m 的量级[16]。

如果每幅天线仍采用独立的支撑结构安装在对地板上，则存在一个主要的系统缺陷，即天线安装过程受到有限空间的影响，操作相当复杂，且导致较长的周期和计划风险。为了克服上述问题，许多国际先进的宇航企业均采用了“天线模块”的概念，目的是降低系统级 AIT 操作的风险，允许安装更多数目的天线，减少重量、增加刚度，并提供更高的指向稳定性。

对地面多天线是否适合采用模块化设计需要考虑天线的数目、天线的构型以及需要安装的设备等，需要作如下的折中考虑：

(1) 天线数目：天线的数目应该与对地板接口的类型一起分析。即使是两副天线，也需要考虑模块化还是独立天线结构。

(2) 反射器的口径：与运载和射频视场需要全面确认。

(3) 焦距长度：应尽可能使焦距长度接近，以便于馈源几乎位于同一高度以共享公共的支撑顶板。

(4) 单偏置反射面：相比格里高利天线结构，意味着轻的重量和包络，但馈源为悬臂结构，波导较长，而且单偏置反射面天线并不一定可以满足 RF 性能要求。

(5) 格里高利天线：意味着较大的重量和包络，但较短的波导和较低的重心。

(6) 点波束扫描方法：反射器扫描方式更适合模块化结构，因为整体扫描需要软波导或旋转关节。然而，反射器扫描方式并不一定满足 RF 性能要求。

下面通过例子加以说明。

图 11-20 为 Astrium 公司研制的卫星[17]，天线分系统由 7 副天线组成，2 副 UHF 螺旋天线安装在卫星的东西两侧；对地面需要安装 5 副天线，其中 3 副 SHF 频段可扫描单偏置反射面天线为了便于与卫星平台安装，3 副天线合并在一个支撑结构上，如图 11-21 所示，且测控天线位于天线塔顶部；而全球波束喇叭则独立安装在卫星平台上。

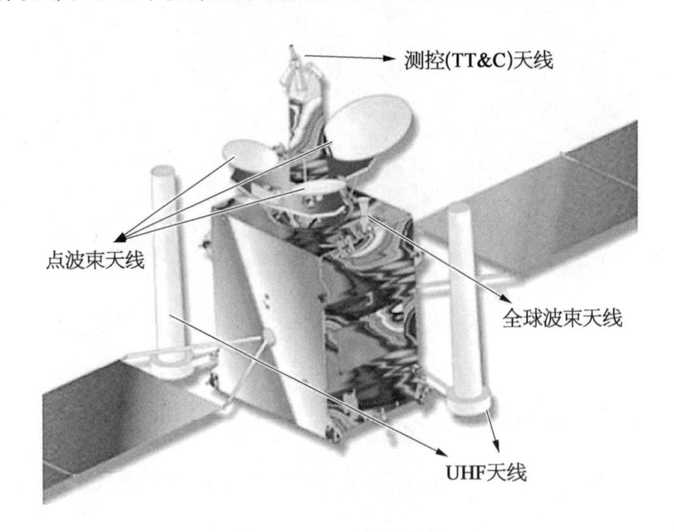

图 11-20　天线布局

MDA 公司在多颗卫星研制中都采用了对地面天线模块化技术，其中最新对地板天线组件为 Eutelsat 3B 卫星对地板天线[18]，由 5 副 Ka 频段和 1 副 Ku 频段可动点波束天线组成。所有的 6 副对地板天线波束都可独立在卫星对地视场范围内移动。

如图 11-22 所示，EUTELSAT 3B 卫星 6 副对地板天线由两个独立的模块(Ku 天线模块和 Ka 天线模块)组成，分别安装在对地板的西边和中心位置。Ku 天线模块是整体转动的格里高利天线，而 Ka 天线模块是 5 副单偏置反射面天线组成的天线场，均采用主反射器转动的

图 11-21　对地面三天线共塔设计

形式。选择单偏置反射面天线的原因是能够将 5 组馈源组件比较集中地布局在天线塔顶，以便 5 副 Ka 频段天线共享一个公共的 LNA 组件。LNA 组件通过热控以最小化温度对 LNA 噪声系数的影响。LNA 组件靠近馈源组件，将接收波导长度缩短 1 m 以上，从而能够最大化 G/T 值性能。

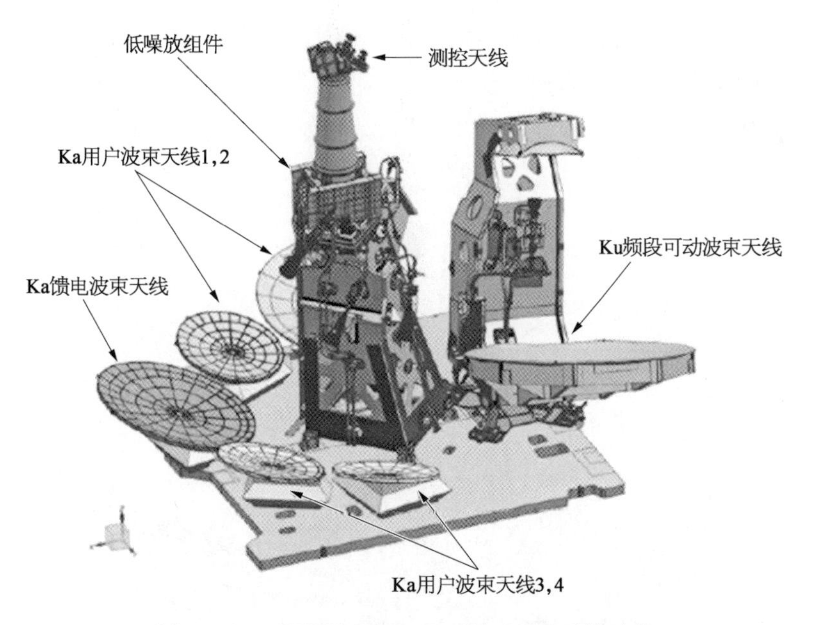

图 11-22　EUTELSAT 3B 卫星对地面天线示意

Astrium 公司和 MDA 公司的对地面天线塔多采用复材支撑板的解决方案，而 TAS-I 公司采用支撑杆的解决方案。TAS-I 研制的第一个模块为 2000 年的 Hot Bird 6 卫星，随后在

Sicral 1B 卫星、W7 卫星等卫星上均采用了模块化技术。其中 Sicral 1B 卫星对地板天线模块如图 11－23 所示，由 6 副天线组成，包括 2 副可扫面点波束天线和 1 副 1.6 m 的多馈源可展开天线。

图 11－23　集成化对地面天线

TAS－I 的对地板天线模块化技术十分成熟，典型的天线结构(固定天线和可扫描天线)都已经应用在该结构上，然而，TAS－I 仍在发展新的天线模块(其中可扫描天线达 7 副[18])以及其他的标准天线、传感器和设备等，水平达到了一个新的高度，如图 11－24 所示。

图 11－24　大规模集成化可动天线

11.4　天线分系统整星布局的兼容性分析

天线分系统整星布局是否满足物理兼容性和电磁兼容性是天线分系统设计的一个主要工作，如图 11－25 所示，重点关注如下几个方面：

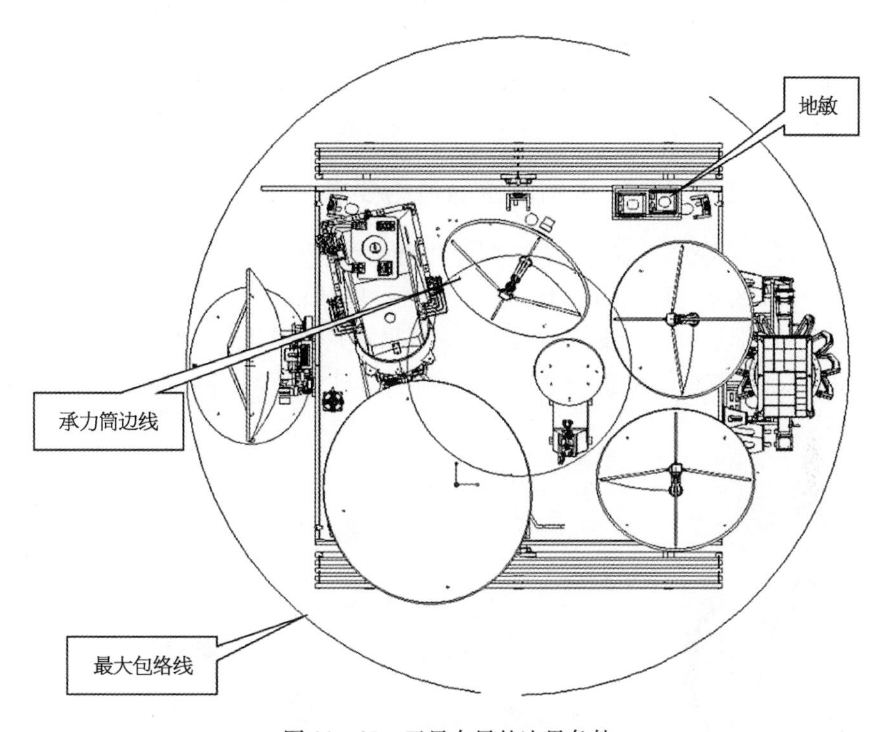

图 11－25　卫星布局的边界条件

(1) 天线布局应考虑覆盖区的要求，同时应考虑天线主瓣外的辐射和接收电平的影响，对不同频率和不同极化天线之间的电磁兼容性干扰进行有效的空间隔离。

(2) 天线布局时应满足天线的几何视场要求，在天线的几何视场范围内不能有遮挡物，并留有一定的余量(考虑如总装误差的影响等)。对于在轨需指向调整、扫描转动的机械可动天线，需在各个运动的极限位置分析视场遮挡情况。

(3) 天线布局时，优先选择卫星平台刚度较好的区域，如对地板中心区域承力筒附近以及设有隔板加强的安装板等位置。对于窄波束的多波束天线、反射器与馈源组件分别安装的分体式天线，天线的各部分应尽量放置在结构变形相同的区域。

(4) 天线布局应满足整流罩的净空间包络要求。

(5) 与卫星其他设备布局的兼容性要求。

(6) 星敏感器、地球敏感器、太阳敏感器的视场范围内不得有天线遮挡。

(7) 天线布局时，需考虑与探伸出星体表面设备(如辐冷型行波管的辐冷头、舱板扩展板)的兼容性，并充分考虑力学环境下的动位移余量、温控多层包覆后的最小间隙等；对于展开天线，还需考虑天线各级展开路径与其他设备几何兼容性检查。

(8) 姿控发动机羽流与天线的干涉检查。

(9) 天线对太阳翼的遮挡检查：天线展开状态如对太阳翼有遮挡，应进行详细的太阳翼遮挡分析，以进一步确定对整星功率的影响以及需采取的措施。

(10) 天线收拢状态反射及其对氧化剂加排阀和燃烧剂加排阀的遮挡。

(11) 质量特性检查：天线布局，需统筹分析大型展开天线展开、收拢两种状态下卫星的质心平衡，尽可能减少配重重量，满足运载火箭及在轨飞行对卫星质心的要求，如需进行多次展开的天线，则需分析各级展开过程的质量特性。

(12) 天线布局设计应考虑地面各工况下吊装、总装、测试、试验操作的可实施性、可靠性、安全性和可检测性要求。

11.4.1 天线布局应满足整流罩的净空间包络要求

通信卫星天线分系统收拢状态布局应满足整流罩许用净包络要求，最小设计间隙尺寸应大于 0；如图 11－26 所示，我国常用的民商用通信卫星一般采用 CZ－3B 火箭，可供卫星安装的净包络直径为 Φ3 650 mm，天线分系统布局完成后对其收拢状态进行多个方向的干涉检查，一般东、西天线反射器收拢状态布局空间最为紧张，通过 Z 方向的布局干涉检查可以直接找到最小间隙位置。

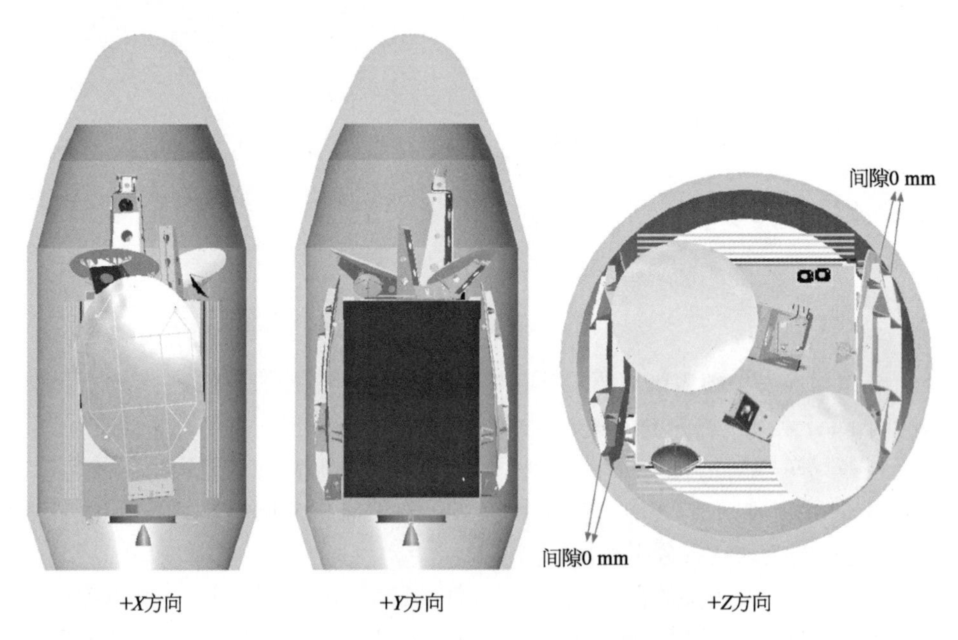

图 11－26　天线布局与火箭整流罩干涉检查

若东、西天线反射器确实与整流罩包络空间发生干涉，可以修整反射器背筋局部结构或者对反射器进行切边处理，改善干涉问题(见图 11－27)。

11.4.2 与卫星其他设备布局的兼容性要求

1) 地球敏感器、星敏感器、太阳敏感器的视场范围内不得有天线遮挡

地球敏感器、星敏感器、太阳敏感器均为卫星姿态控制系统中重要的姿态测量器件，分别

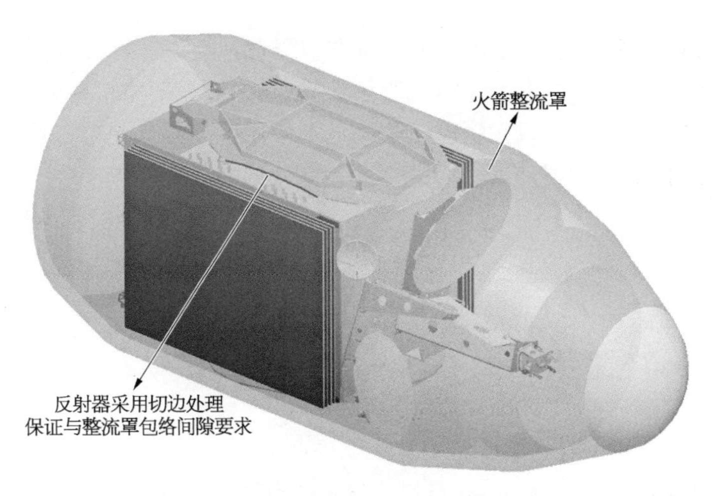

图 11 - 27　东、西天线反射器采用切边处理改善整流罩干涉情况

以地球、恒星、太阳作为参照物，确定卫星在太空轨道的姿态和指向位置。敏感器光学系统的视场角主要由卫星运行时的轨道高度以及对应参照物的张角决定，如地球敏感器视场不同高度对应的地球张角计算原理如图 11 - 28 所示。

若布局天线进入敏感器视场，会影响卫星姿态控制采集精度，图 11 - 29 给出天线布局与地球敏感器视场的检查方法，可以看出对地面天线布局与地敏视场留有余量空间。

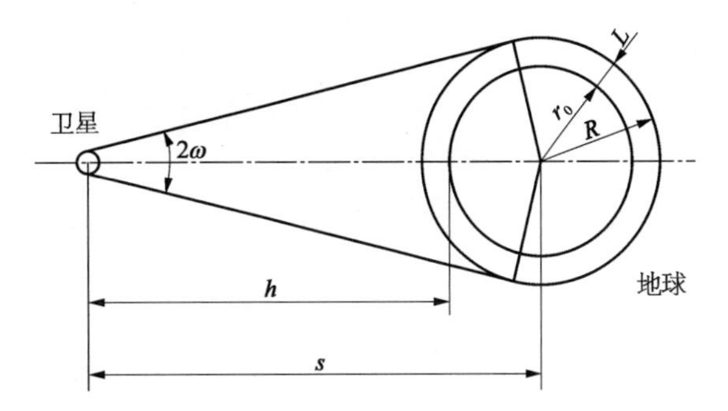

S -地球敏感器到地心的距离；2ω -地球敏感器对地球的张角；r_0-地球平均半径；L -取定的 CO_2 层厚度；h -卫星轨道高度。

图 11 - 28　卫星对地张角示意

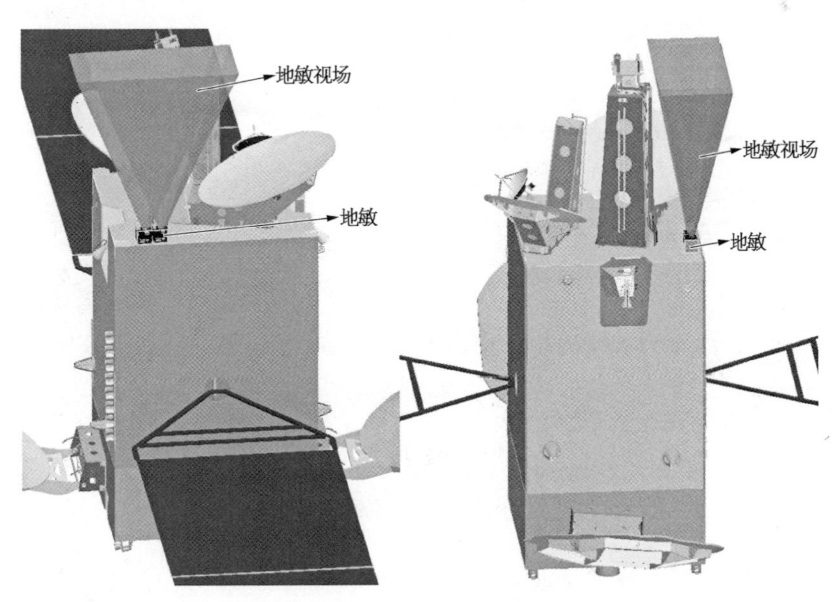

图 11 - 29　地敏视场干涉检查

如图 11－30 所示，相对地敏、星敏一般放置在卫星背地板，东西天线反射器展开状态有可能与太敏视场产生干涉，有时也很难完全规避干涉问题，因而需要姿轨控分系统对太敏视场遮挡角度进行进一步的分析，在太敏在轨使用策略上不使用遮挡部分参与姿轨控计算，也可以继续调整优化太敏角度以及天线布局满足太敏使用要求(见图 11－31)。

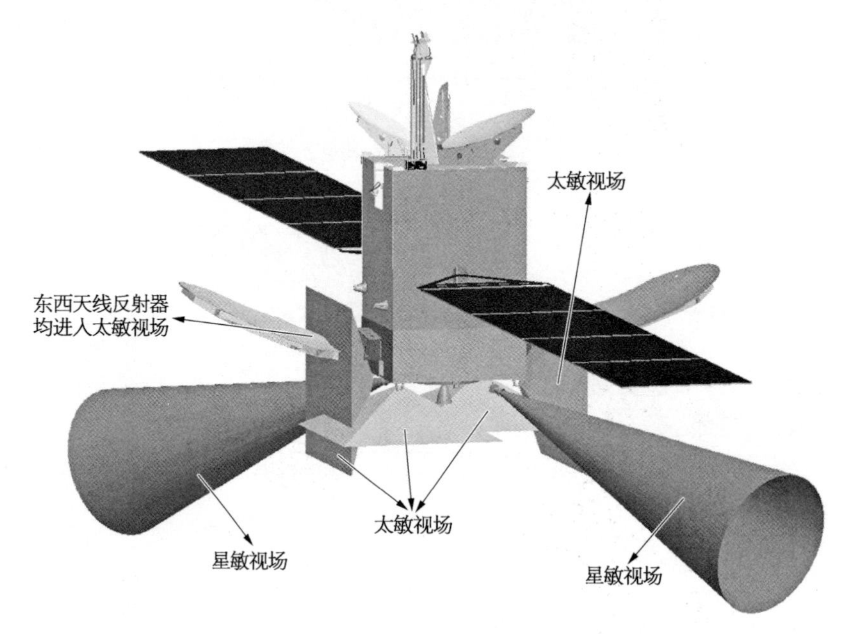

图 11－30　星敏、太敏视场干涉检查

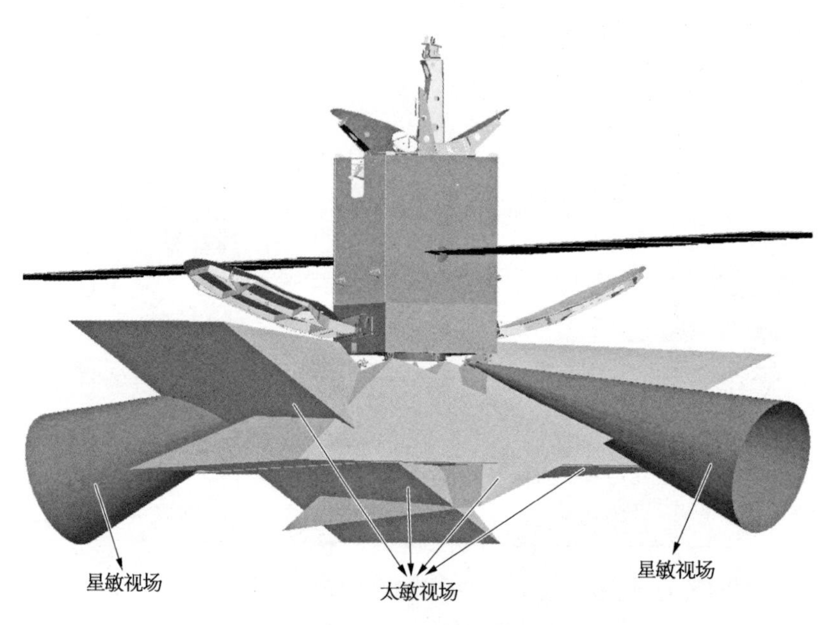

图 11－31　太敏优化安装角度避免视场干涉

2）星体表面设备与天线布局干涉检查

典型的星体表面设备包括卫星东西板的辐冷型行波管的辐冷头、南北舱板扩展板等，东西天线布局时需要考虑收拢状态反射器与辐冷头的安全间隙，特别是由于天线材料基本上为环氧体系碳纤维-铝蜂窝夹层结构，主要依靠模具固化成型，同时天线结构均为大尺寸的装配体，尺寸精度上无法与传统的金属材料机械加工精度相比拟，因而在布局上需要留出余量；同时，东西天线收拢状态垂向（即卫星 X_s 方向）频率较低，两米口径以上的反射器一阶频率一般在 30～50 Hz，在整星 X_s 方向力学试验时反射器边缘会产生一定的位移，因此要特别考虑留够整星力学试验以及发射载荷下的动位移余量。图 11－32 为东西天线反射器与卫星辐冷头的余量检查情况。

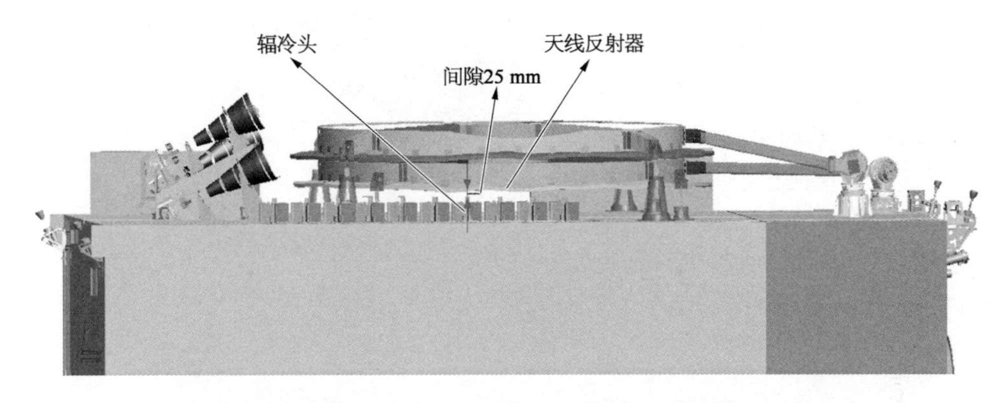

图 11－32　东西板突出表面的辐冷头与反射器收拢状态间隙检查

对于展开天线，卫星南北舱板的扩展板突出了表面，天线展开时需对展开路径是否与扩展板干涉进行检查，如图 11－33 所示；天线在整星力学试验前后需要在卸载状态进行天线展开试验，扩展板的布置有时也遮挡卸载吊索的悬挂路径，因此天线布局或者卸载设计时也需要综合考虑扩展板的位置，防止后续干涉问题的发生。

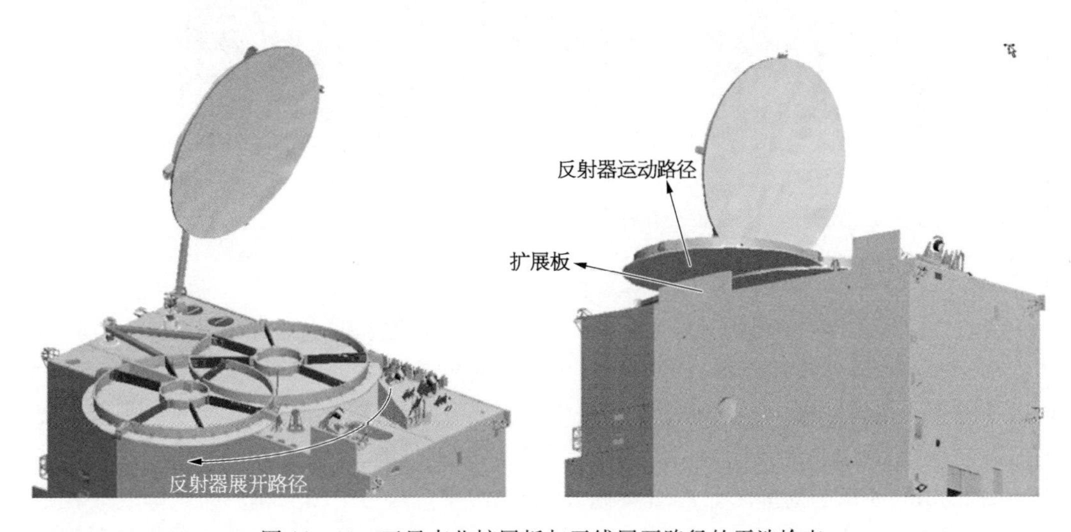

图 11－33　卫星南北扩展板与天线展开路径的干涉检查

3）姿控发动机羽流与天线的干涉检查

卫星定点后通常利用安装于对地板和背地板的 10 N 姿轨控发动机对其姿态指向进行控

制，发动机推进剂从喷管喷出后迅速膨胀形成真空羽流(见图 11－34)。

若布局天线处于羽流流场中，会对天线带来羽流污染、气动力和启动热效应等问题，使天线处于羽流导致的热环境中，造成温度升高、影响对环境温度有严格要求的机构的正常工作或工作质量下降等问题，同时对卫星的姿态控制造成影响。

4) 天线收拢状态反射器对氧化剂加排阀和燃烧剂加排阀的遮挡

我国 DFH－4 系列平台氧化剂、燃烧剂加排阀设置在卫星西板服务舱与通信舱交界处，天线布局设计时，需检查反射器收拢状态与加排阀的预留间隙，满足加注工具操作空间的要求(见图 11－35)。

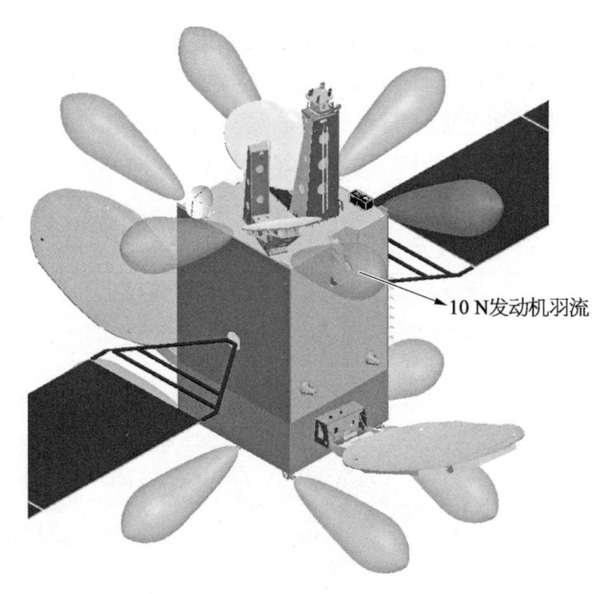

图 11－34　发动机羽流与天线干涉检查

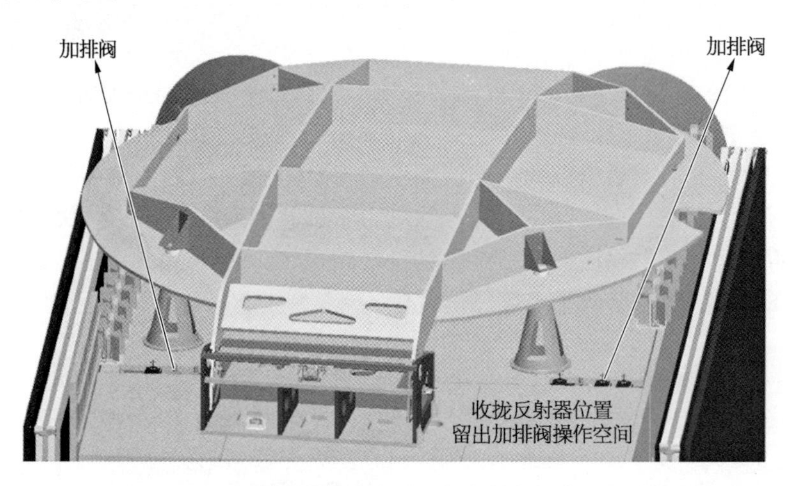

图 11－35　反射器收拢状态下卫星加排阀操作空间检查

11.4.3　天线布局环境适应性选择

天线布局位置要综合考虑抗力、热环境，比如运载火箭发射时会带来起飞噪声环境、飞行气动载荷、级间分离、整流罩分离、星箭分离、火工品解锁冲击等一系列事件组成的力学环境，在轨运行时有冷热环境变化导致的热应力问题。因此天线布局时应优先选择卫星平台刚度较好的位置，如对地板中心区域承力筒附近以及设有隔板加强的安装板等。

如图 11－36 所示的对地面 C 频段双栅天线，天线重量接近 70 kg，布局时选择安装在承力筒附近，同时天线安装点借用了承力筒的安装螺孔，较大缓解了对地板预埋件承载力临界的问题。

此外，东西天线反射器安装位置一般也选择在刚度较好的服务舱下中板(见图 11－37)，服务舱下中板安装后一般无需拆卸，可以保证良好的安装位置精度，同时下中板底部设有支撑

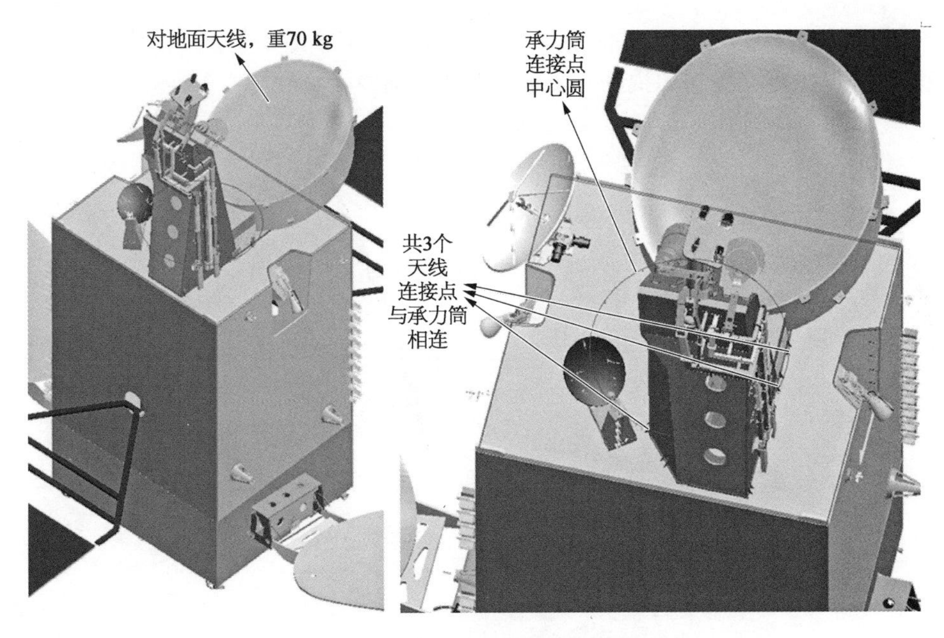

图 11－36　对地面 C 频段双栅天线布局

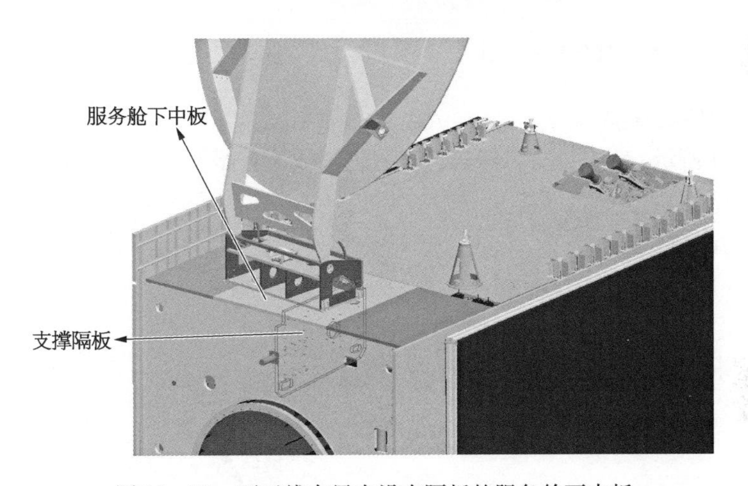

图 11－37　西天线布局在设有隔板的服务舱下中板

隔板，因而刚度较好，可以减少在轨冷热变形带来的热应力，对于高精度指向天线的指向稳定有很大帮助。

11.4.4　天线视场要求

对于喇叭馈电的反射面天线，有视场要求的主要是反射面和喇叭馈源，在提供机电数据接口单前天线构型应满足自身无遮挡的要求。在此基础上，由电设计师在机电数据接口单中提出天线初步视场要求，结构设计师进行整星布局，针对布局过程中存在的问题，结构设计师应及时反馈给电气设计师，由电气设计师根据具体情况最终分析确认。

1）喇叭馈源的视场要求

如图 11－38 所示，对于喇叭馈源视场要求可采用 3λ 原则，即将馈源口径下边缘与反射器下边缘连线沿馈源坐标系 $-X_f$ 方向平移 3λ 距离，再将平移后的射线绕馈源对称轴 Z_f 旋转 360°，所得到的区域定义为馈源视场。要求在视场范围内无障碍物。

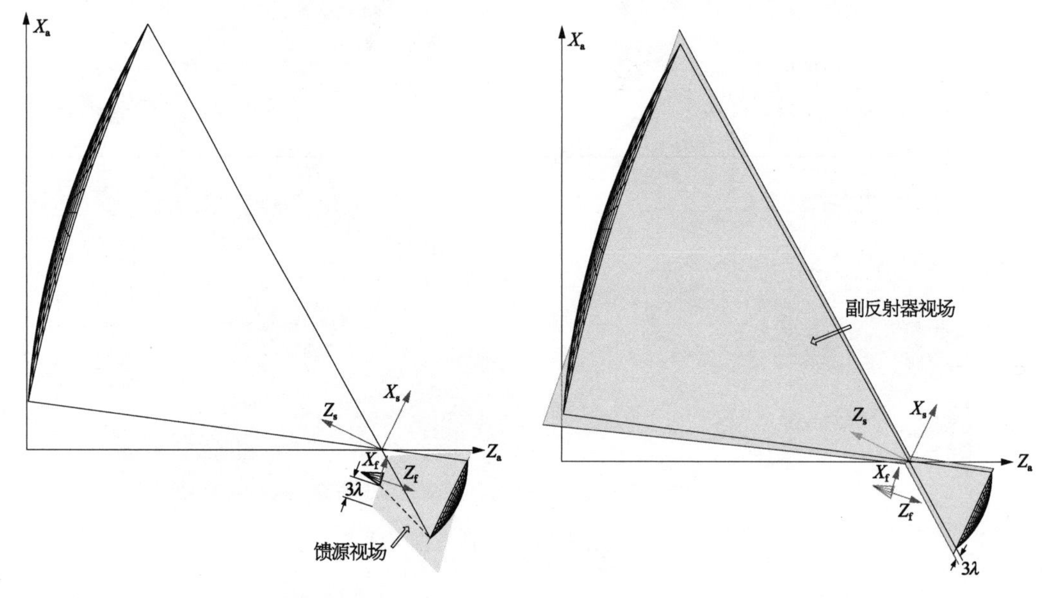

图 11-38　馈源视场要求示意　　　　图 11-39　副反射面视场要求示意

2）副反射器的视场要求

如图 11-39 所示，对于副反射器，其视场即在副反射器两端射线方向向外平移 3λ 距离，在此区域内无障碍物。

3）主反射器的视场要求

如图 11-40 所示，主反射器的视场即在反射器两端沿天线指向 Z_a 方向，一般情况下应向外扩 6°～8°，要求在视场范围内无障碍物。

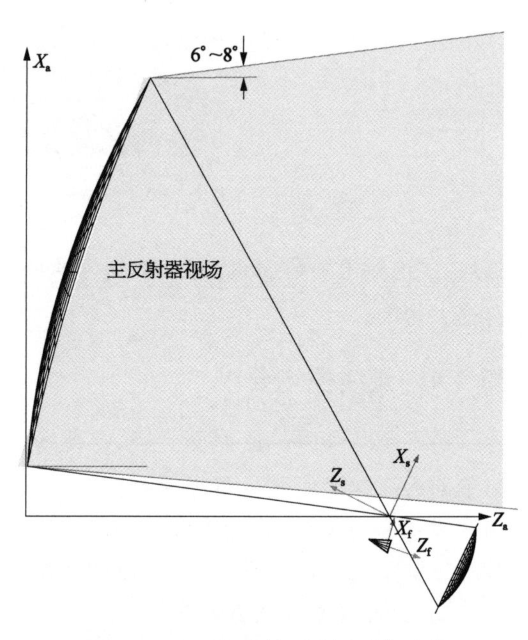

图 11-40　主反射面视场要求示意

11.4.5　天线覆盖区视场优化与天线布局

天线分系统的布局应使得各副天线具有更优的视场和散射环境，如覆盖区位于卫星定点位置以东的天线应尽可能布局在卫星平台东板；覆盖区位于定点位置以西的天线应尽可能布局在平台西板，对地面天线的天线布局也可参考上述要求，将天线位置调配到与指向方向相匹配的位置。

如图 11-41 所示，采用卫星东板安装的天线 1 形成对覆盖区 1 的覆盖，卫星西板安装的天线 2 形成对覆盖区 2 的覆盖，较图 11-42 所示的交叉覆盖方式布局更优，原因在于：图 11-41 布局方式天线指向均远离各自安装的东西舱板，视场更优，可以减少东西舱板的散射影响。

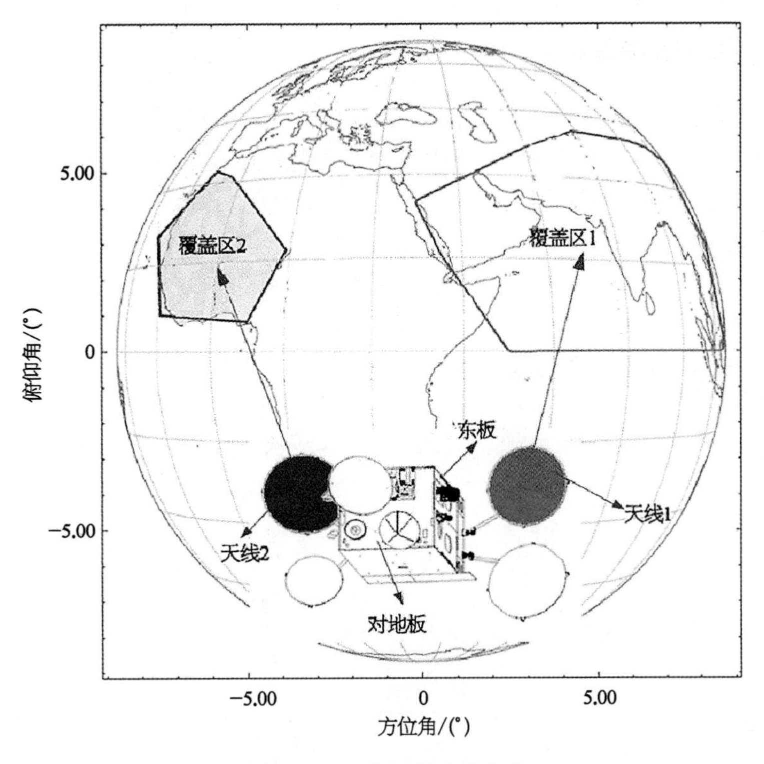

图 11－41　合理的布局方式

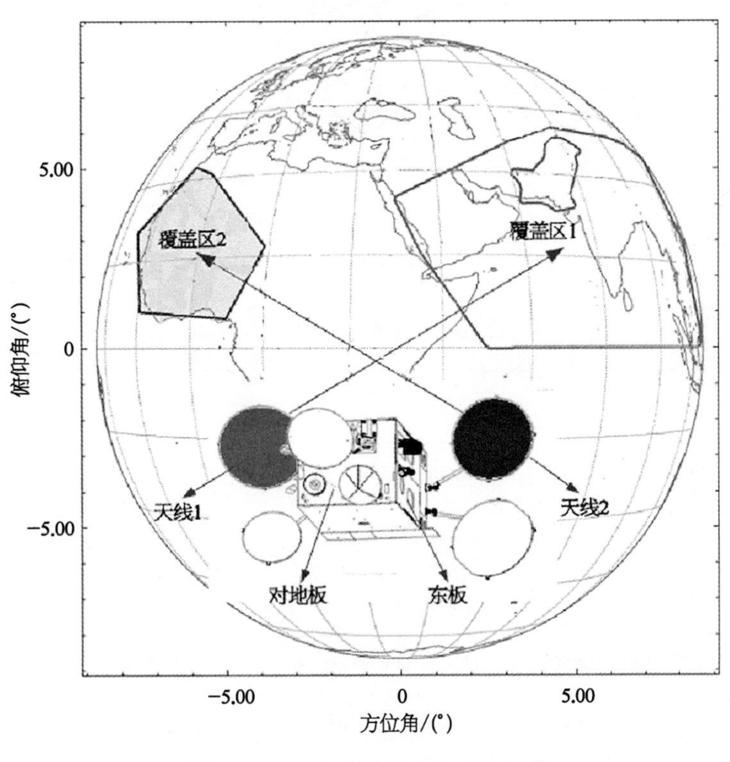

图 11－42　不建议采用的布局方式

11.4.6 天线 PIM 隔离与布局关系

天线分系统布局时需考虑不同天线之间的 PIM 相互影响，以降低系统 PIM 风险。

如天线分系统中两副不同天线间的 PIM 阶数为较低情况时，布局时应尽可能将两副天线布局到不同舱板增加两副天线间的距离以获得较大的空间衰减，降低天线间的 PIM 风险。

图 11－43 给出了 Optus C1 Satellite 天线分系统布局示意图，该卫星包含 UHF，X，Ku 以及 Ka 频段等天线，在布局时详细地考虑了不同天线之间的 PIM 问题。表 11－8 给出了不同天线间 PIM 阶数分析的情况，其中：

（1）Ka，X，UHF 频段 3 个天线不同发射频率组合后落到 Ku 频段天线 1 接收频段的 PIM 阶数为 2 阶和 3 阶。

（2）Ku 天线 2 及 UHF 天线不同发射频率组合落到 UHF 天线接收频段的 PIM 阶数为 2 阶和 3 阶。

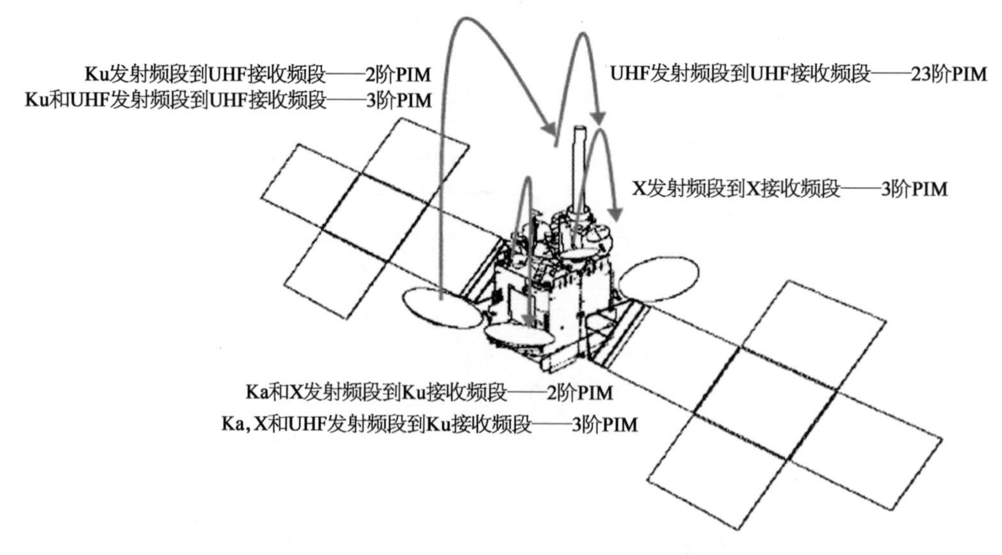

图 11－43 Optus C1 Satellite 布局示意

表 11－8 Optus C1 卫星天线布局及 PIM 阶数分析

序 号	天线间 PIM 阶数分析	天线布局说明
1	Ka 频段天线发射频段＋X 频段天线发射频段到 Ku 天线 1 接收频段 PIM 阶数为 2 阶	Ka 频段天线布局对地板 X 频段天线布局对地板 UHF 天线布局对地板 Ku 天线 1 布局东板
2	Ka 频段天线发射频段＋X 频段天线发射频段＋UHF 频段天线发射频段到 Ku 天线 1 接收频段 PIM 阶数为 3 阶	
3	Ku 天线 2 发射频段到 UHF 天线接收频段 PIM 阶数为 2 阶	Ku 天线 2 布局东板 UHF 天线布局对地板
4	Ku 天线 2 发射频段＋UHF 天线发射频段到 UHF 天线接收频段 PIM 阶数为 3 阶	

针对上述不同天线间 PIM 阶数较低的情况，天线分系统布局时将 Ka，X，UHF 3 个天线布局在卫星对地板，Ku 天线 1 和 Ku 天线 2 布局在东板，增加了 Ku 天线 1,2 与其他 3 个天线之间的空间隔离，改善系统 PIM 性能。

11.4.7　天线极化与布局关系

星载天线反射器为了轻量化、高刚度、热稳定性的需求一般采用环氧碳纤维复合材料作为其制造材料，特别是使用单向带预浸料材料复合成型时，反射器首层单向带铺层一般需要与卫星坐标系的 X 轴或者 Y 轴平行，否则会对线极化天线的 XPD 造成影响。而短焦距线极化天线的 XPD 性能对于单向带的铺层方向更为敏感，如图 11－44 所示，若天线选择与卫星坐标系（$XYOZ_{sat}$）X_{sat} 夹角 45°布局时，反射器碳纤维单向带在加工坐标系（$XYOZ_{manu}$）下的首层铺设方向虽然与卫星 X_{sat} 方向保持一致，但由于反射器抛物面以及布局的夹角 45°的布局影响，首层碳纤维铺丝方向仍然产生了弯曲状的变形，造成天线 XPD 性能下降。

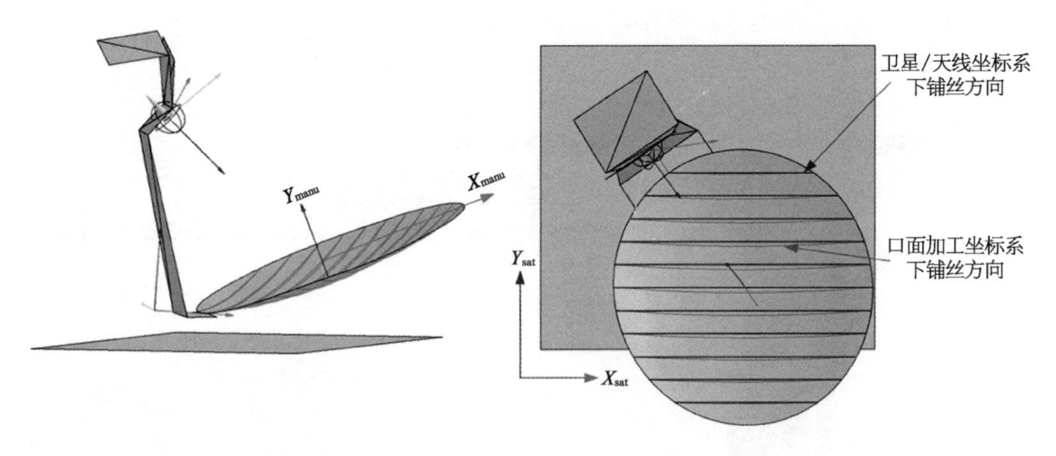

图 11－44　短焦线极化天线斜向布局使反射器首层碳纤维铺层方向产生变形

因而布局时天线可以沿卫星 X 方向或 Y 方向进行布局，如图 11－45 所示，此时反射器首层铺层方向的误差极小，可减少对天线 XPD 性能的影响。

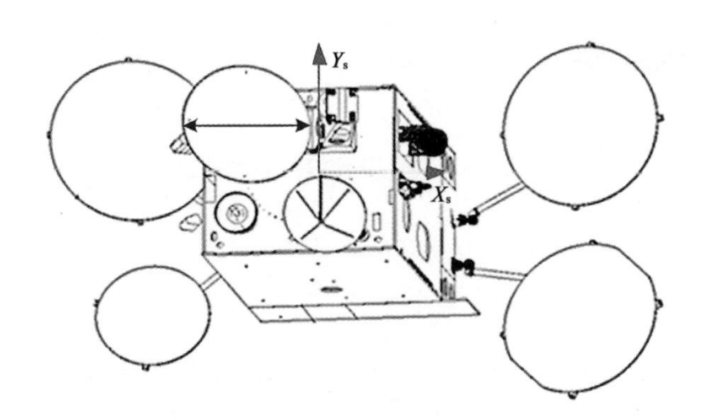

图 11－45　短焦线极化天线沿卫星正方向布局

11.4.8 天线布局的电磁兼容性分析

整星布局完成，可根据整星布局建立天线及平台间电磁兼容分析模型，采用 Grasp，FEKO 等软件进行相互影响分析，确保布局满足要求。

通常情况下，天线分系统的布局较为复杂，对于天线外部反射体，如果全部进行分析，则计算时间过长，模型过于复杂，因此重点考虑对天线影响较大的外部反射体，用几何光学方法和电场分析法找出对天线有影响的物体，通过对有影响的物体在商用软件中进行建模分析得到对天线性能的影响(见图 11-46～图 11-48)。

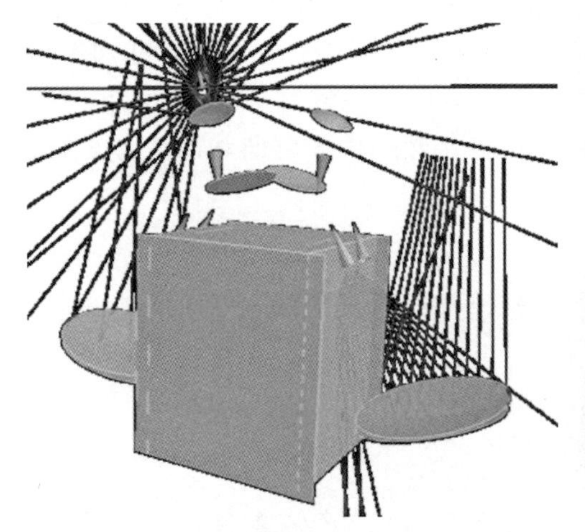

图 11-46　整星布局及几何光学分析

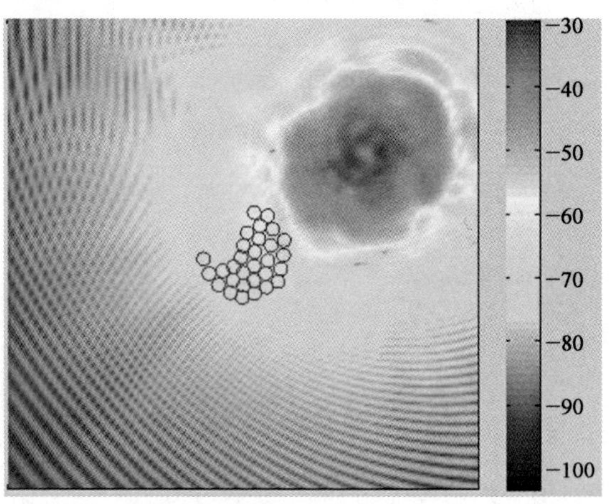

图 11-47　散射源电场分析

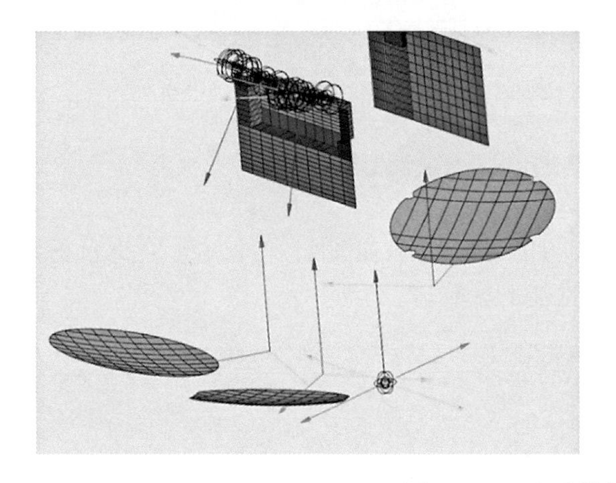

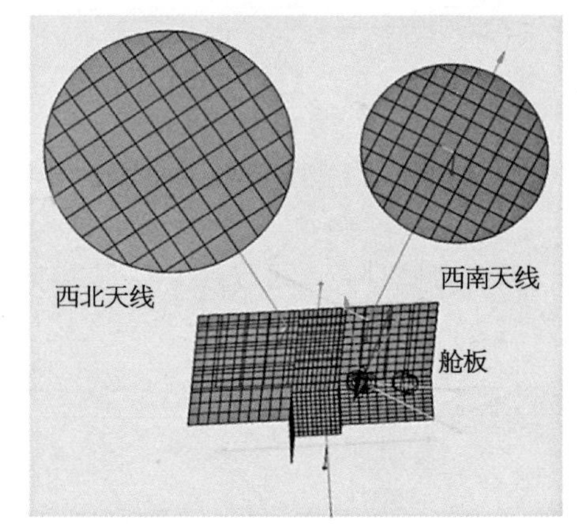

图 11-48　电磁散射分析模型

参考文献

[1] 临风.欧美通信卫星的发展简史和市场竞争现状.中国航天，2001(8)：18-21.
[2] 翟峰，朱贵伟.洛马公司 A2100 卫星平台的设计与应用.国际太空，2012(11)：41-43.
[3] 高宇.劳拉公司 LS-1300 卫星平台硕果累累.国际太空，2012(11)：35-37.

[4] Hollingsworth T, Kim D, Ommering G V. Evolutionary enhancement of SS/L's 1300 bus for broadband payloads. AIAA International Communication Satellite Systems Conference and Exhibit, 2002.

[5] Krebs D. Hughes/Boeing: HS-702/BSS-702, HS-GEM/BSS-GEM. URL http://www.skyrocket.de/space/docsat/hs-702.htm.

[6] Milford R, Pena M. Boeing's 702 product line: System engineering a cost effective product portfolio strategy. IEEE Aerospace Conference, 2014: 1-8.

[7] 杨军,周志成,李峰,等.BSS-702 系列平台低成本设计分析及启示.航天器工程,2016,25(1): 141-146.

[8] 阳光.空间客车卫星平台介绍.中国航天,2012(12): 20-25.

[9] 烨希.空间客车-4000 卫星平台及应用.国际太空,2012(11): 24-26.

[10] Roux M, Bertheux P Alphabus. The european platform for large communications satellites. AIAA International Communications Satellite Systems Conference, 2007.

[11] 王余涛.浩瀚天宇中的欧洲之星——欧洲星系列卫星平台发展简述.国际太空,2012(11): 27-31.

[12] 庞之浩.中国的东方红 4 号通信卫星平台.卫星应用,2012(5): 15-18.

[13] 石明,魏强,刘闯斌.东方红四号增强型卫星平台优化验证经验与启示.航天器工程,2016,25(6): 13-17.

[14] 李峰.中国新一代大型地球同步轨道卫星公用平台——东方红五号卫星平台.国际太空,2020(4): 27-31.

[15] Fenech H, Amos S, Tomatis A, et al. The many guises of HTS antennas. The 8th European Conference on Antennas and Propagation (EuCAP), 2014: 171-174.

[16] Christian Hartwanger, Unpyo Hong, Ralf Gehring, et al. SHF Antenna Farm. Proceedings of the 5th European Conference on Antennas and Propagation (EUCAP), 2011: 1995-1999.

[17] Christian Hartwanger, Unpyo Hong, Ralf Gehring, et al. SHF Antenna Farm. Proceedings of the 5th European Conference on Antennas and Propagation (EUCAP), 2011: 1995-1999.

[18] Glatre K, Renaud P R, Guillet R, et al. The Eutelsat 3B top-floor steerable antennas. IEEE Transactions on Antennas and Propagation, 2015, 63(4).

索　引